普通高等教育"十一五"国家级规划教材

陕西省高等教育优秀教材一等奖

模拟电子电路及技术基础

（第三版）

主　编　孙肖子

副主编　赵建勋

参　编　王新怀　　朱天桥
　　　　顾伟舟

西安电子科技大学出版社

内 容 简 介

本书共十三章，主要介绍集成运放特性及基本应用、RC 有源滤波器、常用半导体器件原理及特性、晶体管和场效应管放大器、集成运放内部电路、放大器的频率响应、反馈、特殊用途集成运放及其应用、低频功率放大电路、稳压电源等。

本书将纸质教材与在线开放课程相结合，尝试着向新形态数字化课程的目标努力。本书的一个新特点是在许多章中增加了大作业和综合设计实验题目，旨在增强解决复杂工程问题的能力。本书更注重系统和应用，更贴近工程实际。

本书可作为高等学校通信工程、电子信息工程、电气与自动化工程、测控技术与仪器、生物医学工程、微电子、电子科学与技术等有关专业的本科生或专科生"电子线路基础""电子技术基础"等课程的教材或教学参考书，也可作为广大工程技术人员的参考书。

图书在版编目(CIP)数据

模拟电子电路及技术基础/孙肖子主编. —3 版.
—西安：西安电子科技大学出版社，2017.4(2024.11 重印)
ISBN 978 - 7 - 5606 - 4445 - 5

Ⅰ. ① 模…　Ⅱ. ① 孙…　Ⅲ. ① 模拟电路—高等学校—教材
Ⅳ. ① TN710

中国版本图书馆 CIP 数据核字(2017)第 068800 号

责任编辑　雷鸿俊　刘玉芳
出版发行　西安电子科技大学出版社(西安市太白南路 2 号)
电　　话　(029)88202421　88201467　　　邮　　编　710071
网　　址　www.xduph.com　　　　　电子邮箱　xdupfxb001@163.com
经　　销　新华书店
印刷单位　陕西天意印务有限责任公司
版　　次　2017 年 4 月第 3 版　2024 年 11 月第 26 次印刷
开　　本　787 毫米×1092 毫米　1/16　印张 26
字　　数　614 千字
定　　价　59.80 元
ISBN 978 - 7 - 5606 - 4445 - 5
XDUP 4737003 - 26

本教材配套的在线课程资源使用说明

  本教材配有孙肖子、赵建勋、王新怀等老师主讲的模拟电子技术基础课程知识点讲座视频，发布在西安电子科技大学出版社学习中心网站，请登录后开始课程学习。具体网站登录方法如下：

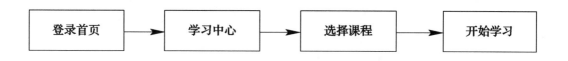

出版社网站首页地址 http://www.xduph.com

本教材在线课程地址 http://www.xduph.com:8081/CInfo/1045

前　言

　　"模拟电子电路及技术基础"课程是电子、电气、信息工程类专业的主干课程，是最重要的学科技术基础课之一。该课程的教学宗旨是"打好基础，学以致用"。一方面该课程要为后续课程的学习打好基础；另一方面该课程的概念性、实践性、工程性特别强，很多内容与工程实际密切相关，"直面应用"是本课程的特点之一。

　　本书以模拟电子技术的重要知识点和知识链为载体，注重加强学科理论基础，培养创新意识、科学思维方法，提高分析问题和解决复杂工程问题的能力。同时，本书的编写遵循立德树人的准则，将自然科学和人文哲理相融合，引导学生树立正确的世界观和科学的方法论，增强家国情怀和创新意识。

　　"兴趣是最好的老师""想象力比知识更重要"，本书在绪论中首先简单介绍了"电子管的发明""晶体管的发明"以及"集成电路的发明"等电子技术发展的里程碑，显示人类智慧是无限的，科学技术的发展、发现、创新是永无止境的。

　　编者结合多年的教学与科研实践，编写本书时力图做到"基础更扎实，内容更实用，视野更开阔，编排更合理"。本书有以下特点：

　　1. 本书遵循"以产出为标准，以全体学生为中心，以质量持续改进为根本目的，提高学生解决复杂工程问题的能力"的宗旨，充分利用现代"互联网＋"技术，将纸质教材与在线开放课程相结合，向新形态数字化课程的目标努力。

　　2. 本书在加强理论基础的同时，突出实践和应用，内容丰富，学以致用，在许多章中增加了大作业和综合设计实验题，在最后一章中增加了综合设计实验案例，旨在增强解决复杂工程问题的能力。

　　3. 在第四章清晰地描述了常用半导体器件的特性，加强了器件参数的介绍，特别加强了有关场效应管参数的讨论，增加了 CMOS 的简介以及晶体管和场效应管作为电子开关的应用。

　　4. 在第一章提前介绍"反馈"的概念与框图，并将"反馈"的概念贯穿全书。在第五章双极型晶体三极管和场效应管放大器基础及第六章集成运算放大器内部电路中，均不回避"负反馈"在稳定工作点、提高输入电阻、提高放大倍数稳定度及提高共模抑制比等方面所发挥的作用。在第二章及第三章运算放大器基本应用和滤波器中，归纳电路结构可以发现其实质是"运放加反馈"。第八章全面回顾和总结负反馈的特性、分类及深反馈条件下增益的估算方法，讨论反馈稳定性及相位补偿的基本概念与原理。在第十一章低频功率放大电路及第十二章电源及电源管理中，仍然大量应用"负反馈"来改善电路性能。可见，"反馈"的概念和应用在模拟电子技术中是非常重要的。

　　5. 为更好掌握应用，本书仍然将重点前移，将运放基本运用与有源滤波器安排在第二章和第三章，但为了降低教与学的难度，将第二版的第三章电压比较器和弛张振荡器后移，拼入第十章——集成运算放大器的非线性应用中。相应地第二版中的第四章中许多与运放有关的非线性电路也移至第十章，使本书的条理性和系统性更好。

6. 滤波器是最重要的一类模拟电路，本书将有源 RC 滤波器从运放基本应用中独立成章，旨在加强这方面的相关内容。书中对滤波器概念、形式、分类及其特点的介绍更为清晰，对滤波器的工程设计方法的介绍更加准确，对实际应用更具指导意义。

7. 第五章借助"电路分析基础"的二端口网络模型来介绍放大器模型及放大器主要指标，一开始就提出了三种基本组态电路，并用简化交流小信号模型来计算放大器的主要指标。对直流工作点的分析也以解析法估算为主，适当淡化了图解分析法，只将其作为讨论非线性失真和动态范围较为形象的方法。本章还提出了一种"快速估算法"，看到电路图，就能写出各项指标的结果，而无需画出等效电路。本书在重要分析后都进行讨论、归纳，提炼规律性的结论，对实际应用具有较好的指导意义。

8. 电源是所有电子设备中必备的部件，本书也做了重点介绍。

9. 各学校、各专业可根据教学要求，对书中的章节内容进行取舍。例如，对开设高频电子线路课的专业，书中第十章有关正弦波振荡器的内容就不必讲；又如对非通信电子专业，第九章特殊运放也可舍去，关于滤波器传递函数、频率响应、反馈稳定性等内容只需介绍基本概念即可，而不需要详细展开讲解。

10. 关于大作业也可灵活掌握。大作业的跨度大，可能涉及多章内容，实践证明对提高学生的综合设计能力非常有用，一般一学期只需挑上 1～2 题让学生做即可。第十三章的设计案例也可不讲，可作为学生完成大作业时的参考。

本书由西安电子科技大学"丝绸之路云课堂"教学团队修编，其中赵建勋教授修编了第四章和第十章，王新怀副教授新编了第九章、第十三章以及各章的大作业和综合设计仿真实验题，朱天桥老师修编了第八章，顾伟舟副教授修编了第十一章，其他各章由孙肖子教授修编。最终由孙肖子教授和赵建勋教授负责整理定稿。

许多老师为本课程和本书的建设付出了很多努力，这里编者要特别感谢两位老师：一位是电子工程学院的张企民老师，张老师长期从事模拟电子技术课程和教材建设，目前虽已退休不参加新教材的编写了，但他留给我们的许多宝贵经验对新教材的编写是非常有帮助的；另一位是空间科学与技术学院的谢楷老师，谢老师是我校年轻的教授和博导之一，他为本课程的改革和新教材的编写提供了许多新的思想与建议，对编者很有启发。

江晓安教授审阅了全书，并提出了许多宝贵意见。西安电子科技大学出版社的相关工作人员为本书的出版付出了辛勤劳动。在此，谨对为本书编写和出版提供过帮助的所有人员表示最衷心的感谢！

由于时间和水平所限，书中可能还存在一些不足之处，恳请广大读者批评指正。

编　者

2016 年 10 月于西安

目 录

第 一 章

绪　论

本章主要介绍模拟电子电路的特点及其主要应用领域、电子器件的发展概要及模拟电子电路的核心部件——放大器的主要指标参数。本章还引入了一个贯穿全书的重要概念即"负反馈"的基本概念，并提出了关于模拟电子电路学习方法的若干建议。通过对本章内容的学习，可了解本书内容的基本脉络。

1.1　"模拟电子电路及技术基础"是怎样一门课

"模拟电子电路及技术基础"是电气、电子信息类专业的主干专业基础课之一，是所有涉及硬件设计课程的基础。不仅如此，它还是一门直面实际工程应用、与工业界有着密切联系的重要课程。

"信号"是"信息"的载体。"信号"有非电物理量信号与电信号之分，如光、温度、压力、流量、位移、速度、加速度等属非电物理量信号，而电信号一般指的是随时间变化的电流或电压，也包括电容器的电荷、线圈的磁通以及空间的电磁波等。非电物理量信号可借助"传感器"转换为电信号，以便于进一步加工、处理和传输。

电信号可分为模拟信号和数字信号。所谓模拟信号，是指在时间和数值（幅度）上都是连续变化的信号，如图 1.1.1 所示。

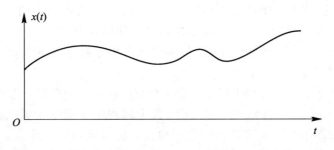

图 1.1.1　模拟信号

如图 1.1.2 所示，大部分电子设备都是从物理世界获取信息，进行处理，再将信息返回物理世界。真实的物理世界的本质是模拟的，模拟电路是电子设备与真实物理世界交互的重要桥梁。

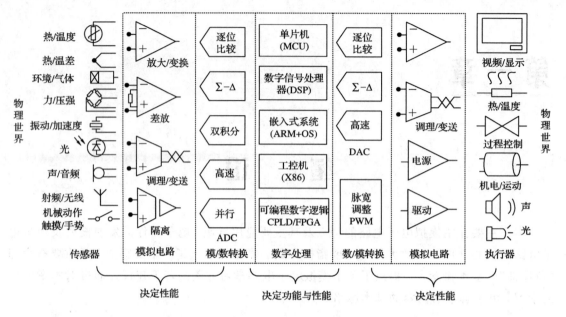

图 1.1.2　一般电子系统信号处理的组成框图

"模拟电子电路与技术基础"就是一门研究模拟信号处理,以及模拟电子电路性能、设计和应用的课程。其内容包括两部分,即电子器件及由电子器件组成的电子电路。

1.2　电子器件与电子电路的发展概况

在"电路分析基础"课程中,曾经介绍过耗能元件电阻(R)和储能元件电容(C)、电感(L),以及受控源模型等,人们一直在寻找具有能量转换和功率放大功能的新器件新元件,即真实的、可用于工程实际的受控源。新器件的出现,大大地推动了电子技术的发展。

1.2.1　电子管的发明

受"爱迪生效应"启发,1904 年英国物理学家和电气工程师弗莱明发明了电子管,并获得了发明专利权。电子管的诞生,使人类找到了一种实现电信号放大、产生、变换、控制与处理的核心器件,开辟了通信、雷达、仪器仪表等电子技术飞速发展的道路,标志着人类迈进了"电子时代"。

电子管又名真空管,其工作原理是在抽成真空的玻璃管内放置一个灯丝和若干个金属电极(如图 1.2.1 所示),当灯丝通电加热后,使金属内电子获得足够能量而发射出来,并在金属电极电压的作用下形成可控的电子电流,从而达到信号的放大、产生、控制、处理和加工的目的。在一定的历史阶段,电子管的应用大大推动了人类科学技术的发展。然而,电子管存在许多难以克服的缺点:体积大、功耗大、发热严重、寿命短、电源利用率低、结构脆弱、可靠性差、需要高电压电源等。世界上第一台由电子管构成的计算机用了1.8 万只电子管,占地 170 m^2,重 30 t,耗电 150 kW。

由于电子管存在上述问题,促使人们继续探索和寻找新理论、新材料与新器件。

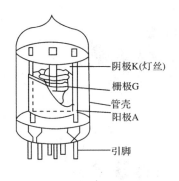

图 1.2.1　电子管结构示意图和实物照片

1.2.2　晶体管的发明

20 世纪中期，人们对电子器件研究的兴趣由真空环境转向物体内部。当时的美国贝尔实验室总裁默文凯利从 30 年代起就致力于寻找新材料、新原理工作的电子放大器件，二战后他果断地决定加强半导体的基础研究，以开拓电子技术的新领域。由贝尔实验室理论物理学家威廉·肖克利(1910 — 1989 年)、约翰·巴丁(1908 — 1991 年)和实验物理学家沃尔特·布拉顿(1902 — 1987 年)三人组成的研究小组于 1947 年 12 月发明了具有放大作用的点触式晶体三极管，1950 年又宣布成功研制了基于 PN 结的结型晶体管。晶体管是 20 世纪中期最伟大的发明，它标志着"固体电子技术时代"的到来。基于此项发明，肖克利、巴丁、布拉顿三人获得了 1956 年的诺贝尔物理学奖。图 1.2.2 是晶体管的发明者与点触式晶体管实验装置的照片。

图 1.2.2　晶体管发明者与点触式晶体管实验装置

一些现代晶体管器件如图 1.2.3 所示。晶体管的寿命比电子管长几百倍乃至几千倍，具有体积小、耗能小、工作电压低、可用电池供电、不需预热、抗震、可靠性高等优点。晶体管的出现和广泛应用改变了世界，此后除某些显像管、示波管和高频大功率无线发射设备仍部分沿用电子管外，电子管已基本被淘汰出局，从而逐渐退出了历史舞台。

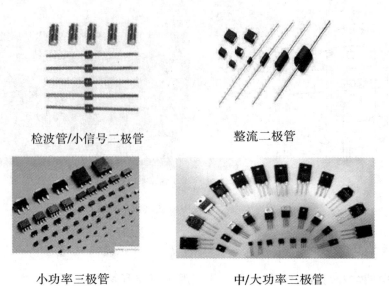

检波管/小信号二极管   整流二极管

小功率三极管   中/大功率三极管

图 1.2.3   部分半导体晶体二极管及晶体三极管外形图

1.2.3   集成电路的发明

晶体管的诞生大大推动了电子技术的发展,但是对于复杂的电子设备,仍需大量的导线和焊接点将众多晶体管、电阻、电容连接起来,设备还是过于庞大和沉重,于是人们继续探讨电子设备微型化之路。1952 年英国皇家雷达研究所提出"集成电路"的概念,1958年 9 月 12 日美国德州仪器公司年轻的工程师杰克·基尔比(Jack S. Kilby)发明了世界上第一块集成电路——相移振荡器,成功地实现了把电子器件(电阻、电容、晶体管)集成在一块半导体材料上的构想,并获得了集成电路发明专利权。集成电路的发明,不仅大大地推动了现代科学技术和工业的发展,而且改变了人们生活的世界,从此人类迈进了"现代微电子时代"。基尔比因发明集成电路而获得了 2000 年的诺贝尔物理学奖。

电子管发明到晶体管发明相距 43 年,而晶体管发明到集成电路发明仅相隔 10 年。这些伟大的发明改变了世界,也改变了人们的生活。如今集成电路正在朝着超微精细加工、超高速度、超高集成度、片上系统 SoC(System on Chip)方向迅速发展,MEMS(硅片上的机电一体化)技术和生物信息技术将成为下一代半导体主流技术新的增长点,而人类探求新的科学技术的脚步将永不停息。

1.3   模拟电路的基本命题及主要内容

凡是能够处理、加工模拟信号的电路统称为模拟电路。模拟电路的内容十分丰富,主要包括器件、放大器、滤波器、振荡器、电源及电源管理、调制解调等,如图 1.3.1 所示。在本课程中,将介绍调制解调以前的所有内容。由于放大器是所有模拟电子电路的基础,所以本书将重点介绍放大器的工作原理、分析方法和设计要点。另外,电源是所有电子设备不可或缺的组成部分,故本书也将有所强调。

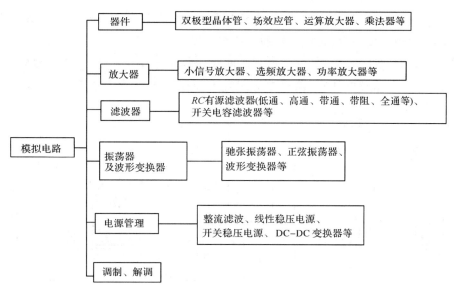

图 1.3.1 模拟电路的基本命题及主要内容

1. 为什么需要放大器

本书的重点是放大器，为什么需要放大器？因为众多的模拟信号都十分微弱，例如生物电信号（心电、脑电、肌电等仅为微伏至毫伏量级），许多传感器（压力传感器、温度传感器等）转换得到的电信号也为毫伏量级，天线接收到的无线电信号一般为-90 dBm 左右，这样小的信号转换为在 50 Ω 电阻上产生的电压也仅为几微伏，而通常数字化或进一步加工处理的信号强度为几百毫伏甚至是伏量级，所以要将信号放大几十、几百、几千或几万倍。放大器就是将信号按比例不失真地放大的电子电路。图 1.3.2 和图 1.3.3 分别表示放大器框图及线性放大特性，图中 X_i 为放大器的输入信号，X_o 为放大器的输出信号，A 为输出信号与输入信号的比例系数，称为放大器的"放大倍数"或放大器的"增益"，即

$$X_o = AX_i \qquad (1.3.1)$$

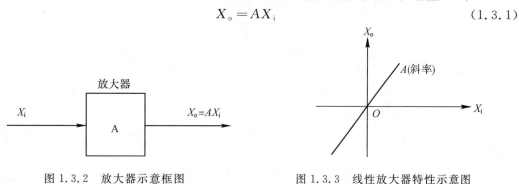

图 1.3.2 放大器示意框图　　　　　图 1.3.3 线性放大器特性示意图

2. 寻找受控源——放大器件

要实现信号放大，首先要寻找有"放大"功能的元器件，目前最常用的这类元件是由半导体材料制成的晶体管和场效应管。我们知道，能量不可能凭空被"放大"，而只能被"转换"，晶体管和场效应管实质上是一种"受控源"，它通过微弱的电压变化来控制器件电流的变化，将直流电源的能量转化为信号能量，从而达到信号放大的目的。晶体管的控制电压和器件电流关系服从指数特性，场效应管的控制电压和器件电流关系服从平方率特性，

它们都是具有非线性特性的器件,如何将非线性特性线性化是本书的重点和难点之一。

3. 利用"小信号模型"简化放大器的分析与计算

在小信号线性放大状态下,可以将非线性器件特性线性化,以"小信号模型"取代非线性器件,从而将"电路分析基础"课程中的所有定理和定律应用到电子电路分析计算之中,如图 1.3.4 所示。

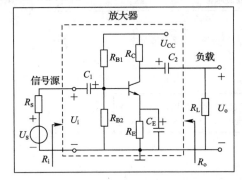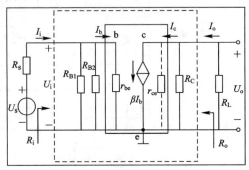

图 1.3.4 用小信号模型来代替晶体管,然后用电路分析方法来求解

1.4 放大器模型及主要性能指标

放大器可以等效为一个有源二端口网络,如图 1.4.1 所示。放大器的输入端口连接待放大的"信号源",其中 $\dot{U}_s$ 为信号源电压(复相量),R_s 为信号源内阻,$\dot{U}_i$ 和 $\dot{I}_i$ 分别为放大器的输入电压和输入电流。放大器的输出端口接相应的负载电阻 $R_L(Z_L)$,$\dot{U}_o$ 和 $\dot{I}_o$ 分别为放大器的输出电压和输出电流。通常输入端口和输出端口有一个公共的电位参考点,称之为"地"。输入端口的 $\dot{U}_i$ 或 $\dot{I}_i$ 作为网络的"激励"信号,那么输出端口的 $\dot{U}_o$ 或 $\dot{I}_o$ 则为"响应"信号,信号传输方向通常是从输入到输出。

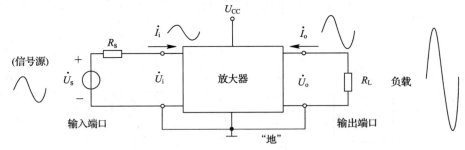

图 1.4.1 放大器等效为有源二端口网络

放大器的基本任务是不失真地放大信号,其基本特征是具有功率放大功能,即功率放大倍数大于 1:

$$A_P = \frac{P_o}{P_i} = \frac{U_o I_o}{U_i I_i} > 1 \tag{1.4.1}$$

根据这一点,变压器不是放大器,因为变压器的功率增益小于或等于 1,根据变压比不同,若次级电压增大 n 倍,则电流必减小 n 倍,加之变压器本身的损耗,次级功率是小于初级的。

1.4.1 四种放大器及四种放大倍数的定义

对放大器最关心的是放大倍数 $\dot{A}$。根据信号源与负载的不同，输入量和输出量可取电压或电流，故有四种放大器和四种放大倍数 $\dot{A}$（增益），其中电压放大器的输入量和输出量均为电压，其电压放大倍数 $\dot{A}_u$ 定义为

$$\dot{A}_u = \frac{\dot{U}_o}{\dot{U}_i} \quad （输出电压与输入电压之比） \tag{1.4.2}$$

电流放大器的输入量和输出量均为电流，其电流放大倍数 $\dot{A}_i$ 定义为

$$\dot{A}_i = \frac{\dot{I}_o}{\dot{I}_i} \quad （输出电流与输入电流之比） \tag{1.4.3}$$

互阻放大器的输入量为电流，输出量为电压，其互阻放大倍数 $\dot{A}_r$ 定义为

$$\dot{A}_r = \frac{\dot{U}_o}{\dot{I}_i}（\Omega） \quad （输出电压与输入电流之比） \tag{1.4.4}$$

互导放大器的输入量为电压，输出量为电流，其互导放大倍数 $\dot{A}_g$ 定义为

$$\dot{A}_g = \frac{\dot{I}_o}{\dot{U}_i}（1/\Omega） \quad （输出电流与输入电压之比） \tag{1.4.5}$$

电压放大倍数 $\dot{A}_u$、电流放大倍数 $\dot{A}_i$ 是无量纲的比例系数，而互阻放大倍数 $\dot{A}_r$ 的量纲为电阻（Ω），互导放大倍数 $\dot{A}_g$ 的量纲为电导（$1/\Omega$），即西门子"S"。四种放大器的结构与特点各有不同，要根据不同的应用来选择。

1.4.2 放大器模型及放大器主要指标

1. 放大器模型

由于电压放大器的应用最为普遍，所以，以电压放大器为例来讨论放大器模型。如图 1.4.2 所示，对信号源而言，放大器是信号源的负载，一般用输入阻抗 $R_i(Z_i)$ 来等效。而对负载 $R_L(Z_L)$ 而言，放大器又相当于负载的信号源，也可以用一个电压源来等效，不过该电压源不是独立的电压源，而是一个受输入电压 $\dot{U}_i$ 控制的"受控源"。该受控源为负载提供放大了的信号，其受控电压与输入电压成正比（$\dot{A}_{uo}\dot{U}_i$），比例系数称为"开路放大倍数 $\dot{A}_{uo}$"，"受控源"的内阻称为放大器的输出电阻 R_o。电压放大器的受控源相当于电压控制电压源（VCVS），如图 1.4.2 所示。

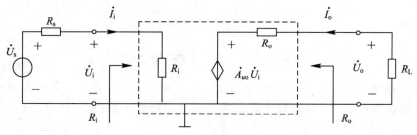

图 1.4.2 电压放大器模型（VCVS）

2. 放大器的主要指标

1) 电压放大倍数 $\dot{A}_u$

由图 1.4.2 可见,由于放大器输出端存在输出电阻 R_o,输出电压 $\dot{U}_o$ 是 $\dot{A}_{uo}\dot{U}_i$ 给输出电阻和负载的分压值,即

$$\dot{U}_o = \frac{R_L}{R_L + R_o}\dot{A}_{uo}\dot{U}_i \tag{1.4.6}$$

那么,电压放大倍数 $\dot{A}_u$ 为

$$\dot{A}_u = \frac{\dot{U}_o}{\dot{U}_i} = \frac{R_L}{R_L + R_o}\dot{A}_{uo} \tag{1.4.7}$$

其中,$\dot{A}_{uo}$ 为开路电压放大倍数,可见只有当 $R_L \to \infty$ 时,$\dot{A}_u = \dfrac{\dot{U}_o}{\dot{U}_i} = \dot{A}_{uo}$。

又由于信号源存在内阻 R_s,故真正加到放大器输入端的信号 $\dot{U}_i$ 比信号源电压 $\dot{U}_s$ 小,即

$$\dot{U}_i = \frac{R_i}{R_s + R_i}\dot{U}_s \tag{1.4.8}$$

如果同时计入 R_o 与 R_s 的影响,则可以得到"源增益 $\dot{A}_{us}$":

$$\dot{A}_{us} = \frac{\dot{U}_o}{\dot{U}_s} = \frac{\dot{U}_i}{\dot{U}_s} \times \frac{\dot{U}_o}{\dot{U}_i} = \frac{R_i}{R_i + R_s} \times \frac{R_L}{R_L + R_o}\dot{A}_{uo} \tag{1.4.9}$$

可见,只有当 $R_i \gg R_s$,$R_L \gg R_o$ 时,有

$$\dot{A}_{us} \approx \dot{A}_{uo} \tag{1.4.10}$$

因此,对电压放大器而言,希望放大器输入阻抗越大,输出阻抗越小,则增益损失越小。

互导放大器的模型如图 1.4.3 所示,其输入量为电压 $\dot{U}_i$,输出量为电流 $\dot{I}_o$,受控源为电压控制电流源(VCIS),可见只有当 $R_L \ll R_o$ 时,才可以得到最大的输出电流 $\dot{I}_o$ 和最大的互导放大倍数 $\dot{A}_g = \dot{I}_o/\dot{U}_i$。

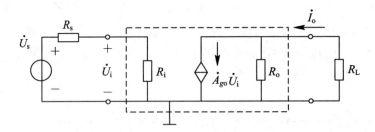

图 1.4.3　互导放大器的模型(VCIS)

电流放大器与互阻放大器的模型分别如图 1.4.4(a)、(b) 所示,其中电流放大器相当于电流控制电流源(ICIS),互阻放大器相当于电流控制电压源(ICVS)。

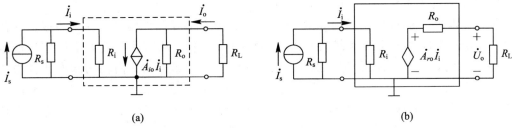

图 1.4.4　电流放大器与互阻放大器的模型

（a）电流放大器的模型（ICIS）；（b）互阻放大器的模型（ICVS）

2）输入电阻 R_i

如图 1.4.2 所示，放大器的输入电阻是从放大器输入端看进去的等效电阻，其定义和计算方法为

$$R_i = \frac{\dot{U}_i}{\dot{I}_i} \tag{1.4.11}$$

为了减小信号源内阻 R_s 对输入信号的衰减作用，希望 $R_i \gg R_s$。

3）输出电阻 R_o

如图 1.4.5 所示，输出电阻 R_o 是从放大器输出端看进去的等效电阻，其定义和计算方法为

$$R_o = \frac{\dot{U}_o}{\dot{I}_o} \Bigg|_{u_s = 0, \, R_L = \infty} \tag{1.4.12}$$

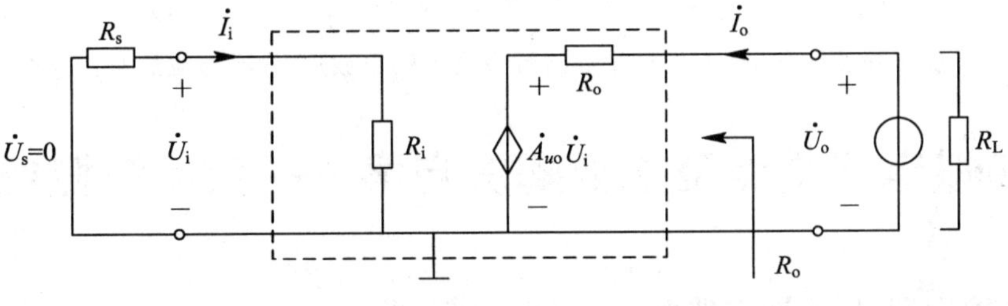

图 1.4.5　输出电阻 R_o 的定义和计算方法

由图 1.4.2 所示，输出电阻 R_o 的大小决定了放大器带负载的能力，当 $R_o \ll R_L$ 时，

$$\dot{U}_o \approx \dot{A}_{uo} \dot{U}_i, \quad \dot{A}_u \approx \dot{A}_{uo}$$

可见，当 $R_o \ll R_L$ 时，负载电阻 R_L 变化对输出电压及电压放大倍数影响越小，输出电压及电压放大倍数也越稳定。

4）频率响应

理想的放大器的放大倍数应该是一个与频率无关的常数，但由于器件和电路中存在电抗元件（主要是电容），其阻抗与频率有关（容抗 $Z_C = \dfrac{1}{j\omega C}$，感抗 $Z_L = j\omega L$），导致放大器的放大倍数是频率的函数，即是一个"复函数"：

$$A_u(j\omega) = \frac{U_o(j\omega)}{U_i(j\omega)} = |A_u(j\omega)| \angle \varphi(j\omega) \tag{1.4.13}$$

式中，模值 $|A_u(j\omega)|$ 与角频率 ω 的关系曲线称为"幅频特性"，相移 $\varphi(j\omega)$ 和角频率的关系曲线称为"相频特性"。关于频率响应在第七章再详细讨论，这里先不展开。

5) 总谐波失真系数(非线性失真系数)THD

由于晶体管、场效应管等器件的特性都是非线性的,因此工作区选择不当或输入信号太大,都会使器件进入非线性区(饱和区或截止区)工作,从而使得放大了的信号产生失真,这种失真称为"非线性失真"。例如,输入为单一正弦波信号,而输出却变成被限幅的非正弦信号(如图1.4.6所示)。失真的信号中包含了许多输入信号中所没有的、新的谐波分量,新的谐波分量越多,失真越严重,故用总谐波失真系数(即非线性失真系数)THD来衡量由器件的非线性特性所引起的非线性失真的严重程度,即

$$\text{THD} = \frac{\sqrt{U_{2m}^2 + U_{3m}^2 + \cdots + U_{nm}^2}}{U_{1m}} = \frac{\sqrt{\sum_{n=2}^{\infty} U_{nm}^2}}{U_{1m}} \tag{1.4.14}$$

式中,分母 U_{1m} 为放大器输出信号的基波分量振幅,分子为各次谐波功率和的开方(因为功率与电压平方成正比)。可见谐波分量越大,THD就越大,说明非线性失真越严重。

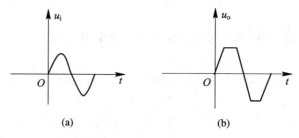

图1.4.6　由于器件的非线性特性而产生的非线性失真波形
(a) 输入正弦波波形;(b) 产生非线性失真的输出波形(含有谐波的非正弦波)

1.5　模拟电路难点及主要解决方案——负反馈概念的引入

1.5.1　模拟电路难点及主要解决方案

模拟电路难就难在"敏感"二字。模拟电路设计要在速度、功耗、增益、精度、电源等多种因素间进行折中,模拟电路对串扰、噪声等远比数字电路敏感,电阻、电容数值,特别是器件的非线性特性和温度不稳定特性对模拟电路的影响远比数字电路严重。

针对不同的应用场合,需要改善放大器的某些性能,例如:在温度、电源变化的环境下,希望放大倍数稳定;当输入信号较大时,仍要求不产生严重的非线性失真;当输入信号频谱很宽时,要展宽放大器的通频带,以求减小线性失真等。这些难点的主要解决方案为:一是发明性能更加优越的新器件、新电路;二是引入"负反馈"。

"负反馈"作为改善放大器性能的主要手段,其概念及方法将贯穿本书的始终。

1.5.2　"负反馈"的基本概念及基本框图

以图1.5.1所示的电压放大器为例,基本放大器 A_u 是一个性能有待改进的放大器,在 A_u 的基础上加入反馈网络,构成"闭环"。图中,反馈网络 F 将输出信号 U_o 的部分或全部返回到放大器的输入端,形成反馈信号 U_f,并与输入信号 U_i 相减,使真正加到基本

放大器输入端的净输入电压 U_i' 减小，即"净差"：

$$U_i' = (U_i - U_f) < U_i \tag{1.5.1}$$

此种反馈称为"负反馈"。

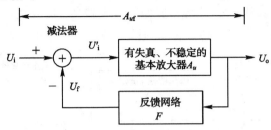

图 1.5.1　负反馈放大器框图

图 1.5.1 中，基本放大器放大倍数

$$A_u = \frac{U_o}{U_i'}$$

反馈系数

$$F = \frac{U_f}{U_o}$$

负反馈具有自动调节作用。例如，环境温度升高，导致放大器增益 A_u 增大，从而使输出电压增大，而负反馈的自动调节作用可以使输出电压稳定。其过程如图 1.5.2 所示。

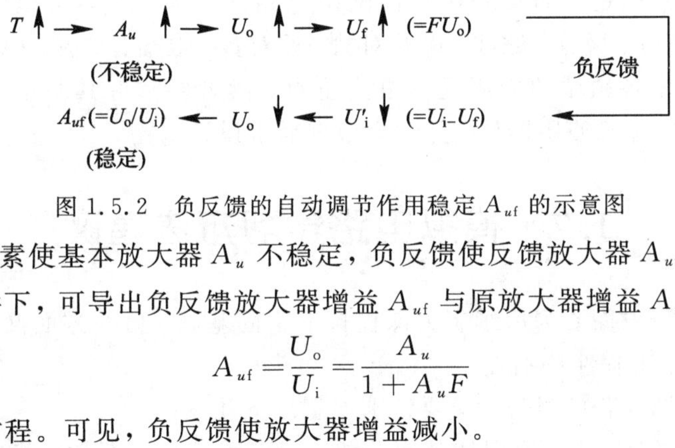

图 1.5.2　负反馈的自动调节作用稳定 A_{uf} 的示意图

可见，外界因素使基本放大器 A_u 不稳定，负反馈使反馈放大器 A_{uf} 趋于稳定。

在负反馈条件下，可导出负反馈放大器增益 A_{uf} 与原放大器增益 A_u 的关系式为

$$A_{uf} = \frac{U_o}{U_i} = \frac{A_u}{1 + A_u F} \tag{1.5.2}$$

该式称为负反馈方程。可见，负反馈使放大器增益减小。

1.5.3　负反馈的启示

在式（1.5.2）中，其分母 $1 + A_u F$ 称为"反馈深度"，当满足

$$1 + A_u F \gg 1 \quad 即 \quad A_u F \gg 1 \tag{1.5.3}$$

时，有

$$A_{uf} = \frac{A_u}{1 + A_u F} \approx \frac{1}{F} \tag{1.5.4}$$

称式 $1 + A_u F \gg 1$ 为深度负反馈条件。可见，在深度负反馈条件下，反馈放大器放大倍数 A_{uf} 与基本放大器放大倍数 A_u 几乎没有关系，而完全取决于反馈网络 F。这是一个十分重要的结论，它告诉我们：只要将基本放大器放大倍数 A_u 做得足够大，使之满足深度负

反馈条件,且反馈网络 F 稳定(这很容易做到),那么反馈放大器一定是稳定的,基本放大器任何因素引起不稳定的影响都会减小。

通过以上分析使问题转化为:怎么把基本放大器的增益 A_u 做大(不要求线性好,不要求稳定度好,这相对容易得多),并将相减器与放大器 A_u 集成在一起成为一个产品。集成运算放大器就是一个满足要求的具有相减与高增益放大功能的产品,如图 1.5.3 所示。

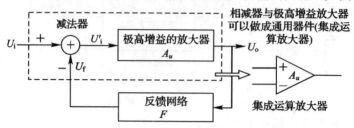

图 1.5.3　具有相减功能的高增益放大器——集成运算放大器

1.6　集成运算放大器的应用

集成运算放大器是具有相减功能的高增益放大器,其放大倍数 A_u 高达 $10^5 \sim 10^7$,即 $100 \sim 140$ dB。引入负反馈后肯定能满足深度负反馈条件,故闭环后的放大倍数只取决于反馈网络 F,将十分稳定。而且利用反馈网络电路的不同结构,可以实现信号的比例放大、相加、相减、积分、微分、滤波,以及对数、反对数、限幅、整流、检波等功能。集成运算放大器在电子技术各领域的应用是本书的重点,读者要掌握其基本原理和电路分析方法,合理选择器件与正确使用器件,并学会根据需求设计电路。

1.7　模拟电路学习方法建议

模拟电路课程一方面要为后续有关课程打下牢固基础,另一方面又直面应用,其特点是概念性、实践性、工程性特别强。

在学习模拟电路课程的过程中,要特别注意以下几点:

(1) 重视基本概念、基本原理和基本分析方法,善于总结对比,找出不同电路的异同点,发现电路的内在规律,很好地梳理思路,融会贯通,举一反三。

(2) 掌握工程处理方法,在不影响大局的前提下,抓住主要矛盾,忽略次要因素,尽量简化电路和指标计算;要特别注意元件的数量级概念,本课程讨论的工程问题属弱电范畴,电阻很少有欧姆级(Ω),不可能出现法拉级(F)的大电容和亨利级(H)的大电感。

(3) 要学习虚拟仿真技术,掌握现代电子设计自动化工具及方法。

(4) 要特别重视实验技术,开展研究型实验方法,注意电路和理论的应用背景、应用条件,提高工程实践能力和创新意识。

(5) 最后要上升到数学层面上,以增强抽象能力。正如马克思所说:"一门科学只有当它成功地运用数学时,才算到达了真正完善的地步"。

第 二 章

集成运算放大器的基本应用电路

集成运算放大器是将电子元器件(电阻、电容、管子等)以及互连线都集成在同一硅片上构成的放大器,由于早期用于实现模拟运算而得名"运算放大器"。实际上,运放作为一类通用有源器件,其功能和应用范围早已远远超出"运算"的范畴,随着微电子技术的发展,集成运算放大器的性能越来越完善,应用也越来越广泛,并深入到许多电子设备和系统中。

本章主要介绍集成运算放大器的模型、电压传输特性以及基本应用电路,重点是同相比例放大器和反相比例放大器,从而为运放的更多工程应用打下基础。

2.1 集成运算放大器应用基础

2.1.1 集成运算放大器的符号、模型及理想运算放大器条件

集成运算放大器的一般符号如图 2.1.1 所示,用"A"表示运算放大器模块,运放通常有两个输入端,一个称为"同相输入端(+)",另一个称为"反相输入端(-)"。其中:u_{i+} 表示同相输入端对"地"(电压参考点)的输入电压;u_{i-} 表示反相输入端对"地"的输入电压;U_{CC} 表示正电源电压;U_{EE} 表示负电源电压;u_o 表示输出电压。

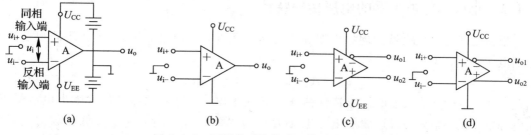

图 2.1.1 不同类型的集成运算放大器符号

(a) 双电源供电,单端输出;(b) 单电源供电,单端输出;

(c) 双电源供电,双端输出;(d) 单电源供电,双端输出

所谓"同相输入端",指的是该端输入信号与输出信号(u_o)的相位相同;而"反相输入端",指的是该端输入信号与输出信号(u_o)的相位相反。图 2.1.1(a)与(b)所示电路的差别是图(b)所示电路为单电源供电。图 2.1.1(c)、(d)与(a)、(b)所示电路的差别是图(c)、(d)所示电路为双端输出一对等值反相的信号(u_{o1},u_{o2})。其中,图 2.1.1(a) 和(b)是应用

最为普遍的一类集成运算放大器电路。

集成运算放大器的模型如图 2.1.2 所示。图中：R_i 为集成运放的输入电阻；输出等效为一个电压控制电压源（VCVS），该受控源的内阻为 R_o，也称集成运放的输出电阻；该受控源的电势为 $A_{uo}(u_{i+}-u_{i-})$，其值正比于两输入电压之差（有相减功能），即集成运放的输入差模电压 u_{id}：

$$u_{id}=u_{i+}-u_{i-} \tag{2.1.1}$$

A_{uo} 为集成运放的开环电压放大倍数，如果两输入端输入相同的电压（即 $u_{i+}=u_{i-}$），则运放输出电压为零。

随着微电子设计与工艺水平的提高，集成运算放大器的指标越来越趋于理想化，即

$$理想运放条件\begin{cases} R_i \to \infty \\ R_o \to 0 \\ A_{uo} \to \infty \\ I_{i+}=I_{i-} \to 0 \\ A_{uo} 与频率无关 \end{cases} \tag{2.1.2}$$

由理想运放的条件可知，两个输入端电流为零，相当于断开，这一现象称为"虚断路"。所谓"虚断"，是指集成运放的两个输入端电流趋于零，但又不是真正的开路。

理想运放的模型如图 2.1.3 所示。在大多数实际应用中，理想运放模型不会带来不可接受的计算误差。因此，在今后的分析中，我们将集成运算放大器视为"理想"运算放大器。

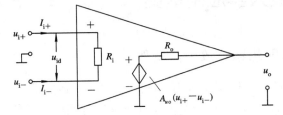

图 2.1.2　集成运算放大器模型

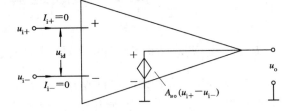

图 2.1.3　理想运放模型

2.1.2　集成运算放大器的电压传输特性

根据集成运算放大器的理想模型和理想运放条件，其输出电压 u_o 正比于同相端和反相端电压之差，即

$$u_o=A_{uo}(u_{i+}-u_{i-})=A_{uo}u_{id} \tag{2.1.3}$$

据此，可绘制运算放大器的传输特性曲线。必须指出，运算放大器的最大输出电压受正、负电源电压的限制，通常运放的电源电压为 ± 15 V、± 12 V 等，为了降低运放的功率损耗，当前的电源电压越来越低，有 ± 5.5 V、± 3.3 V，甚至更低（1.8 V）。所以运放输出电压最大值必小于 U_{CC}（$|U_{EE}|$），对于轨对轨（Rail-to-Rail）的运放，其输出电压最大值可达电源电压，记为 U_{oH} 和 U_{oL}。显然，输出电压最大值有限，运放开环放大倍数 A_{uo} 又很大，那么达到最大输出电压的输入差模电压就很小。例如，$|U_{omax}|=10$ V，$A_{uo}=10^6$（即 120 dB），那么，为保证线性放大，最大输入差模电压

$$u_{id}=(u_{i+}-u_{i-})_{max}=\frac{u_{o(max)}}{A_{uo}}=\frac{10}{10^6}=10 \ \mu V$$

若输入超过这个值，则输出不再增大，即出现"限幅"现象，如图 2.1.4 所示。图中，线性放大部分的斜率是运放的开环放大倍数 A_{uo}，A_{uo} 越大，特性越陡峭，输入线性范围越窄。若 $A_{uo}=10^7$（即 140 dB），则 $u_{id(max)}=1\ \mu V$。所以说，工作在线性放大区的运算放大器的同相端电压 u_{i+} 几乎等于反相端电压，$u_{id}\approx 0$（即 $u_{i+}=u_{i-}$），人们称之为"虚短路"。

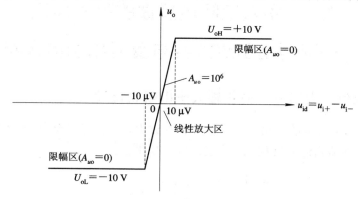

图 2.1.4　运算放大器的同相电压传输特性

若输入差模电压定义反相，即

$$u_{id}=u_{i-}-u_{i+}$$

则电压传输特性曲线的斜率为负，如图 2.1.5 所示。

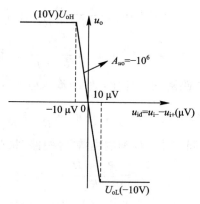

图 2.1.5　运算放大器的反相电压传输特性

可见，工作在线性放大区，u_{id} 很小，两输入端可视为"虚短路"；而工作在限幅区，u_{id} 可以很大，两输入端不能视为"虚短路"。图 2.1.6 所示为理想运放的同相传输特性。

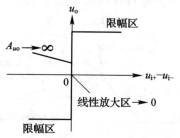

图 2.1.6　理想运放的同相传输特性

实际上，A_{uo} 很大，线性范围极小，且很不稳定，由于内部电路的微小偏差，会使运放偏离线性区而进入限幅区,导致输出 u_o 为正电源电压或负电源电压。所以说,运放开环工作是不能作为放大器来使用的。为了展宽线性范围和稳定工作,几乎所有运放都要引入深度负反馈而构成闭环来应用。

2.2 引入电阻负反馈的基本应用 ——同相比例放大器与反相比例放大器

2.2.1 同相比例放大器——同相输入+电阻负反馈

观察如图 2.2.1 所示的电路,以运放为基本放大器,信号从运放同相端输入,输出电压 u_o 经电阻 R_2 反馈到运放反相端,构成深度负反馈。

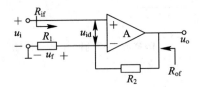

图 2.2.1 同相比例放大器电路

图 2.2.1 中,输入电压为 u_i,反馈电压 $u_f = \dfrac{R_1}{R_1 + R_2} u_o$,若 u_i 增大,则会发生如下过程:

$$u_i \uparrow \rightarrow u_{i+} \uparrow \rightarrow u_o \uparrow \rightarrow u_f = \frac{R_1}{R_1 + R_2} u_o \uparrow = u_{i-} \uparrow$$

反相端电压与同相端电压跟随同步变化,使净输入电压 u_{id} 保持为零,即

$$u_{id} = u_{i+} - u_{i-} = u_i - u_f = u_i - \frac{R_1}{R_1 + R_2} u_o = 0 \tag{2.2.1}$$

故可保证运放工作在线性区,同相端与反相端维持"虚短路"状态,因为 $u_{id} = 0$,$u_i = u_f$,所以

$$u_o = \frac{R_1 + R_2}{R_1} u_i$$

故闭环增益 A_{uf} 为

$$A_{uf} = \frac{u_o}{u_i} = 1 + \frac{R_2}{R_1} \tag{2.2.2}$$

同相比例放大器的闭环电压传输特性曲线如图 2.2.2 所示。

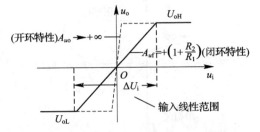

图 2.2.2 同相比例放大器的电压传输特性曲线

由图 2.2.2 可见,同相比例放大器将输入线性范围扩展为

$$\Delta U_i \approx \frac{U_{oH} - U_{oL}}{A_{uf}} \tag{2.2.3}$$

同相比例放大器的放大倍数 $A_{uf} \geqslant 1$。图 2.2.1 中，若 $R_1 \to \infty$，$R_2 = 0$，则 $A_{uf} = 1$，$u_o = u_i$，则运放构成"电压跟随器"，如图 2.2.3 所示。

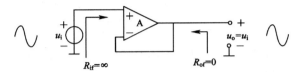

图 2.2.3 电压跟随器

理想运放构成的同相比例放大器的输入电阻 $R_{if} = \infty$，输出电阻 $R_{of} = 0$。

2.2.2 反相比例放大器——反相输入＋电阻负反馈

1. 闭环增益与电压传输特性

由运放组成的反相比例放大器电路如图 2.2.4(a) 所示，将运放输出电压 u_o 经电阻 R_2 引向运放反相端构成深度负反馈，因为当 u_i 升高时，就有如图 2.2.4(b) 所示的过程发生，而使反相端电压维持为零，即 $U_-(U_\Sigma) = U_+ = 0$，运放输入端呈"虚短路"状态，从而保证运放工作在线性放大区。

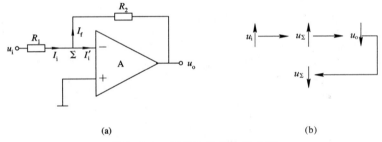

(a)   (b)

图 2.2.4 反相比例放大器电路

由图 2.2.4(a) 可见，

$$\begin{cases} u_o = A_{uo}(u_{i+} - u_{i-}) \\ u_{i+} = 0 \\ u_{i-} = \dfrac{R_2}{R_1 + R_2} u_i + \dfrac{R_1}{R_1 + R_2} u_o \end{cases} \tag{2.2.4}$$

因为 $A_{uo} \to \infty$，为保证运放工作在线性区，则必有

$$u_{i+} - u_{i-} = 0, \quad u_{i-} = u_{i+} = 0, \quad \text{"}\Sigma\text{" 点称为"虚地点"}$$

故反相比例放大器输出电压关系式为

$$u_o = -\frac{R_2}{R_1} u_i \tag{2.2.5}$$

闭环增益即放大倍数

$$A_{uf} = \frac{u_o}{u_i} = -\frac{R_2}{R_1} \tag{2.2.6}$$

该电路的闭环电压传输特性曲线如图 2.2.5 所示。

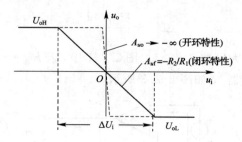

图 2.2.5　反相比例放大器的电压传输特性曲线

该电路线性输入范围扩展为

$$\Delta U_i = \frac{U_{oH} - U_{oL}}{|A_{uf}|} \tag{2.2.7}$$

反相比例放大器的另一种求解方法是根据"Σ"节点电流为零来求解。如图 2.2.4 所示，输入电流为 I_i，反馈电流为 I_f，净输入电流为 I_i'，且有

$$I_i' = I_i - I_f = 0 \tag{2.2.8}$$

运放输入端不吸收电流，即"虚断路"，故有

$$I_i = I_f \tag{2.2.9}$$

又因为反相端 Σ 点为"虚地"，即

$$u_{i-} = u_{i+} = 0 \tag{2.2.10}$$

$$I_i = \frac{u_i - u_{i-}}{R_1} = \frac{u_i}{R_1} \tag{2.2.11}$$

$$I_f = \frac{u_{i-} - u_o}{R_2} = -\frac{u_o}{R_2} \tag{2.2.12}$$

故有

$$I_i = I_f = \frac{u_i}{R_1} = -\frac{u_o}{R_2}$$

$$A_{uf} = \frac{u_o}{u_i} = -\frac{R_2}{R_1} \tag{2.2.13}$$

反相比例放大器的闭环增益为"负"，说明输出电压 u_o 与输入电压 u_i 相位相反，闭环增益绝对值等于电阻 R_2 与 R_1 的比值，故可大于 1($R_2 > R_1$)、小于 1($R_2 < R_1$)或等于 1($R_2 = R_1$)。

2. 闭环输入电阻 R_{if}

如图 2.2.6 所示，反相比例放大器的闭环输入电阻

$$R_{if} = \frac{u_i}{i_i} = R_1 + R_i' \tag{2.2.14}$$

其中，

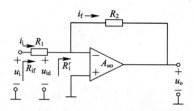

图 2.2.6　反相比例放大器的闭环输入电阻

$$\begin{cases} R'_i = \dfrac{u_{id}}{i_f} \\[2mm] i_f = \dfrac{u_{id} - u_o}{R_2} = u_{id}\dfrac{1 - u_o/u_{id}}{R_2} = u_{id}\dfrac{1 - (-\,|A_{uo}|)}{R_2} \end{cases} \qquad (2.2.15)$$

故虚地点的等效电阻

$$R'_i = \frac{u_{id}}{i_f} = \frac{R_2}{1 + |A_{uo}|} \approx 0 \qquad (2.2.16)$$

那么反相比例放大器的闭环输入电阻

$$R_{if} = \frac{u_i}{i_i} = R_1 + R'_i \approx R_1 \qquad (2.2.17)$$

反相比例放大器的闭环输入电阻如图 2.2.7 所示。

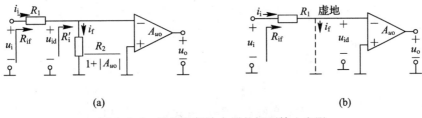

(a)　　　　　　　　　　　　　　　　(b)

图 2.2.7　反相比例放大器的闭环输入电阻

(a) 等效输入电阻；(b) 简化等效输入电阻

反相比例放大器的闭环输出电阻仍为零，即 $R_{of} = 0$。

2.2.3　同相比例放大器与反相比例放大器的比较

同相比例放大器与反相比例放大器的比较如表 2.2.1 所示。

表 2.2.1　同相比例放大器与反相比例放大器的比较

同相比例放大器	反相比例放大器
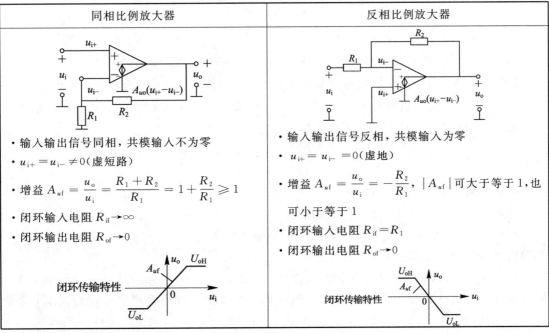	
• 输入输出信号同相，共模输入不为零	• 输入输出信号反相，共模输入为零
• $u_{i+} = u_{i-} \neq 0$（虚短路）	• $u_{i+} = u_{i-} = 0$（虚地）
• 增益 $A_{uf} = \dfrac{u_o}{u_i} = \dfrac{R_1 + R_2}{R_1} = 1 + \dfrac{R_2}{R_1} \geqslant 1$	• 增益 $A_{uf} = \dfrac{u_o}{u_i} = -\dfrac{R_2}{R_1}$，$|A_{uf}|$ 可大于等于 1，也可小于等于 1
• 闭环输入电阻 $R_{if} \rightarrow \infty$	• 闭环输入电阻 $R_{if} = R_1$
• 闭环输出电阻 $R_{of} \rightarrow 0$	• 闭环输出电阻 $R_{of} \rightarrow 0$

图 2.2.8 所示为同相比例放大器与反相比例放大器的虚拟实验,实验证实,如果输入信号太大,超过了输入线性动态范围,则输出信号会出现严重的非线性失真,即限幅现象。

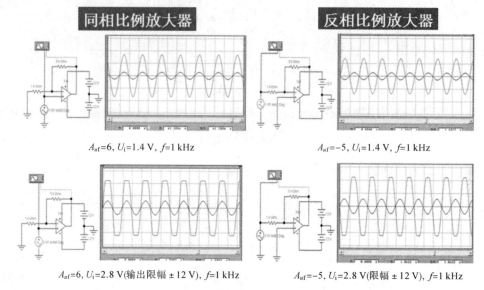

$A_{uf}=6$, $U_i=1.4$ V, $f=1$ kHz　　　　　　　　$A_{uf}=-5$, $U_i=1.4$ V, $f=1$ kHz

$A_{uf}=6$, $U_i=2.8$ V(输出限幅 ± 12 V), $f=1$ kHz　　$A_{uf}=-5$, $U_i=2.8$ V(限幅 ± 12 V), $f=1$ kHz

图 2.2.8　同相比例放大器与反相比例放大器的虚拟实验

【**例 2.2.1**】　设计一个放大器电路,要求输入电阻大于等于 50 kΩ,$u_o = -6u_i$。

解　根据设计要求,选用反相比例放大器电路,信号从反相端输入,R_2 与 R_1 的比例为 6 倍。选 $R_1 = R_{if} = 50$ kΩ,则 $R_2 = 6 \times R_1 = 300$ kΩ,设计结果的电路如图 2.2.9 所示。

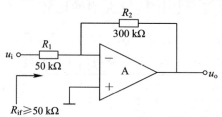

图 2.2.9　增益为 -6,输入电阻为 50 kΩ 的反相比例放大器

【**例 2.2.2**】　有一运放组成的反相比例放大器,如图 2.2.10(a)所示,电源电压 $U_{CC} = |U_{EE}| = 12$ V,求输入信号分别为 $u_{i1} = 1\sin\omega t$ (V)和 $u_{i2} = 2\sin\omega t$ (V)时的输出波形图。

解　由图可知,该放大器的闭环电压增益为

$$A_{uf} = -\frac{R_2}{R_1} = \frac{-16 \text{ k}\Omega}{2 \text{ k}\Omega} = -8$$

其传输特性曲线如图 2.2.10(b)所示。

(1) 当 $u_{i1} = 1\sin\omega t$ (V)时,其输出电压

$$u_o = -8\sin\omega t \text{ (V)}$$

其输出波形如图 2.2.10(c)所示。

(2) 当 $u_{i2} = 2\sin\omega t$ (V)时,若仍能线性放大,则 $u_{o2} = -8 \times 2\sin\omega t$ (V) $= -16\sin\omega t$ (V),但该输入值已超过线性动态范围而进入限幅区,故其输出波形将产生非线性失真,如图 2.2.10(d)所示。

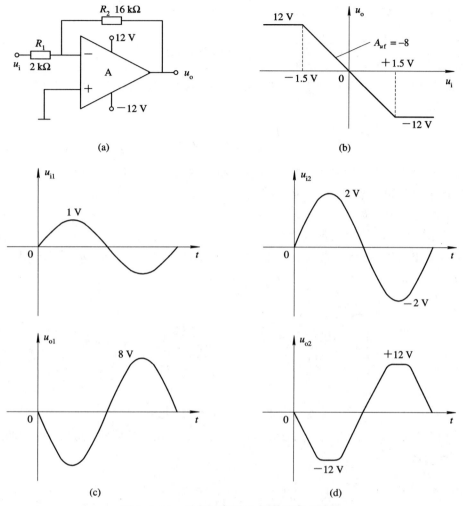

图 2.2.10　反相比例放大器及其输出波形

（a）电路；（b）电压传输特性；（c）对应 1 V 输入的输出信号；（d）对应 2 V 输入的输出信号（失真波形）

【**例 2.2.3**】　有一个内阻 $R_s = 100\ \text{k}\Omega$ 的信号源，为一个负载（$R_L = 1\ \text{k}\Omega$）提供电流和电压。一种方案是将它们直接相连（如图 2.2.11（a）所示）；另一种方案是在信号源与负载之间插入一级电压跟随器（如图 2.2.11（b）所示）。试分析两种方案负载 R_L 所得到的电压 u_L 和电流 i_L。

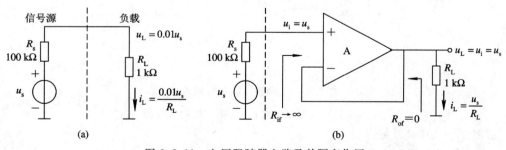

图 2.2.11　电压跟随器电路及其隔离作用

（a）无隔离的信号源与负载；（b）用电压跟随器将信号源与负载隔离开

解 第一种方案(见图2.2.11(a)):

$$u_L = \frac{u_s}{R_s + R_L} R_L = \frac{1\ \text{k}\Omega}{100\ \text{k}\Omega + 1\ \text{k}\Omega} u_s \approx 0.01 u_s$$

$$i_L = \frac{u_L}{R_L} = \frac{u_s}{100\ \text{k}\Omega + 1\ \text{k}\Omega} = \frac{u_s}{101\ \text{k}\Omega}$$

第二种方案(见图2.2.11(b)):

$$u_L \xrightarrow{A_{uf}=1} u_i = \frac{R_{if}}{R_s + R_{if}} u_s \xrightarrow{R_{if}\to\infty} u_s, \quad i_L = \frac{u_L}{R_L} = \frac{u_s}{1\ \text{k}\Omega}$$

可见,直接连接时,信号被衰减了许多,而加跟随器隔离后,信号能不衰减地传输到负载,体现了电压跟随器的隔离(缓冲)作用。

【例2.2.4】 电路如图2.2.12所示,试问:

(1) 运放 A_1、A_2 的功能各是什么?

(2) 求输出电压 u_o 与输入电压 u_i 的关系式,即总增益 $A_{uf} = u_o/u_i$ 的表达式。

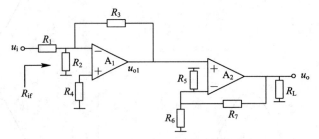

图2.2.12 两级运算放大器电路

解 (1) 运放 A_1 接成反相比例放大器,A_2 接成同相比例放大器,总的电路为两级级联。

(2) 总增益

$$A_{uf} = \frac{u_o}{u_i} = \frac{u_{o1}}{u_i} \times \frac{u_o}{u_{o1}} = A_{uf1} \times A_{uf2}$$

对于第一级,由于理想运放 $R_i \to \infty$,故理论上 R_4 无电流流过,所以 R_4 的接入对计算无影响。另外,R_2 接在"虚地"与"地"之间,故 R_2 也无电流流过。又由于运放输出电阻为零,后级对前级无影响,因此该电路可等效为图2.2.13(a)所示的电路。

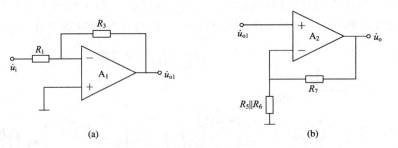

图2.2.13 两级电路的分解电路

(a) 第一级简化电路;(b) 第二级简化电路

由图2.2.13(a)可见,

$$A_{uf1} = \frac{u_{o1}}{u_i} = -\frac{R_3}{R_1}$$

再看 A_2，信号从同相端输入，反馈到反相端，由于反相端与同相端虚短路，$u_{i2-} = u_{i2+} = u_{o1}$，因此，$R_5$、$R_6$ 均起作用。又因为理想运放输出电阻为零，R_L 接入对计算无影响，因此，第二级可简化为图 2.2.13(b) 所示的计算电路。故

$$A_{uf2} = \frac{u_o}{u_{o1}} = 1 + \frac{R_7}{R_5 /\!/ R_6}$$

总增益

$$A_{uf} = \frac{u_o}{u_i} = A_{uf1} \times A_{uf2} = \left(-\frac{R_3}{R_1}\right)\left(1 + \frac{R_7}{R_5 /\!/ R_6}\right)$$

2.3　相　加　器

2.3.1　同相相加器

所谓同相相加器，是指其输出电压与多个输入电压之和成正比，即

$$u_o = a u_{i1} + b u_{i2} + \cdots \tag{2.3.1}$$

若 $a = b = k$，则

$$u_o = k(u_{i1} + u_{i2}) \tag{2.3.2}$$

利用电路理论基础课中学过的电阻分压器可初步实现信号的相加运算，如图 2.3.1 所示，其输出电压与输入电压的关系为

$$u_o = \frac{R_2 /\!/ (R_3 /\!/ R_L)}{R_1 + R_2 /\!/ (R_3 /\!/ R_L)} u_{i1} + \frac{R_1 /\!/ (R_3 /\!/ R_L)}{R_2 + R_1 /\!/ (R_3 /\!/ R_L)} u_{i2}$$

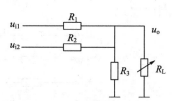

图 2.3.1　电阻分压式相加器

电阻分压式相加器存在许多问题：一是信号被衰减而不能放大；二是负载 R_L 变化会影响相加系数；三是信号之间通过 R_1、R_2 和信号源内阻会产生互相干扰，利用运算放大器构成同相相加器可解决前两个问题，其电路如图 2.3.2(a) 所示。由图可见，该电路有放大能力，且运放起隔离作用，R_L 变化不会影响相加系数。

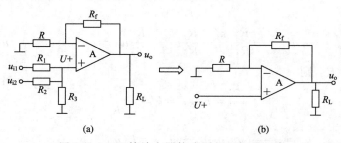

图 2.3.2　运算放大器构成同相相加器电路

根据同相比例放大器原理,运放同相端与反相端可视为"虚短路",即

$$U_+ = U_-$$

其中,U_+等于各输入电压在同相端的叠加,U_-等于u_o在反相端的反馈电压U_f(见图2.3.2(b))。

$$U_+ = \frac{R_3 /\!/ R_2}{R_1 + R_3 /\!/ R_2} u_{i1} + \frac{R_3 /\!/ R_1}{R_2 + R_3 /\!/ R_1} u_{i2}$$

$$U_- = \frac{R}{R + R_f} u_o = U_f$$

所以

$$u_o = \left(1 + \frac{R_f}{R}\right) U_+ \tag{2.3.3a}$$

$$u_o = \left(1 + \frac{R_f}{R}\right) \left(\frac{R_3 /\!/ R_2}{R_1 + R_3 /\!/ R_2} u_{i1} + \frac{R_3 /\!/ R_1}{R_2 + R_3 /\!/ R_1} u_{i2}\right) = a u_{i1} + b u_{i2} \tag{2.3.3b}$$

若$R_1 = R_2$,则

$$u_o = \left(1 + \frac{R_f}{R}\right) \left(\frac{R_3 /\!/ R_1}{R_2 + R_3 /\!/ R_1}\right)(u_{i1} + u_{i2}) = k(u_{i1} + u_{i2})$$

$$a = b = k = \left(1 + \frac{R_f}{R}\right) \left(\frac{R_3 /\!/ R_1}{R_2 + R_3 /\!/ R_1}\right) \tag{2.3.4}$$

由于同相相加器U_+端的叠加值与各信号源的串联电阻(可理解为信号源内阻)有关,各信号源互不独立,因此信号源互相干扰的问题仍然存在,这是同相相加器的特点,也是人们不希望的缺点。

2.3.2　反相相加器

使用反相比例放大器可构成反相相加器,如图2.3.3所示。因为运放开环增益很大,且引入深度电压负反馈,"Σ"点为"虚地"点,所以

$$i_1 = \frac{u_{i1} - u_\Sigma}{R_1} \approx \frac{u_{i1}}{R_1}$$

$$i_2 = \frac{u_{i2} - u_\Sigma}{R_2} \approx \frac{u_{i2}}{R_2}$$

$$i_3 = \frac{u_{i3} - u_\Sigma}{R_3} \approx \frac{u_{i3}}{R_3}$$

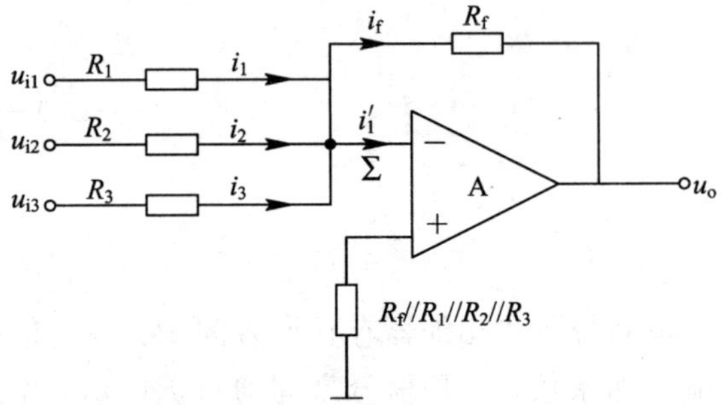

又因为理想运算放大器的$i_i' = i_- = 0$,即运放输入端不索取电流,所以反馈电流i_f为

图2.3.3　反相相加器电路

$$i_f = i_1 + i_2 + i_3$$

$$u_o = -i_f R_f = -\frac{R_f}{R_1} u_{i1} - \frac{R_f}{R_2} u_{i2} - \frac{R_f}{R_3} u_{i3} = a u_{i1} + b u_{i2} + c u_{i3} \tag{2.3.5}$$

若$R_1 = R_2 = R_3 = R$,则

$$a = b = c = k = -\frac{R_f}{R}$$

$$u_o = -\frac{R_f}{R}(u_{i1} + u_{i2} + u_{i3}) = k(u_{i1} + u_{i2} + u_{i3}) \tag{2.3.6}$$

可见，实现了信号相加的功能。这种加法器的优点是不仅有放大能力和负载隔离作用，而且利用了运放的"虚地"特性，使各信号源之间互不影响。

反相相加器的另一种求解方法是根据"虚地"及"叠加原理"：

$$u_{i2} = u_{i3} = 0 , \quad u'_o = -\frac{R_f}{R_1} u_{i1}$$

$$u_{i1} = u_{i3} = 0 , \quad u''_o = -\frac{R_f}{R_2} u_{i2}$$

$$u_{i1} = u_{i2} = 0 , \quad u'''_o = -\frac{R_f}{R_3} u_{i3}$$

$$u_o = u'_o + u''_o + u'''_o = -\frac{R_f}{R_1} u_{i1} - \frac{R_f}{R_2} u_{i2} - \frac{R_f}{R_3} u_{i3} \tag{2.3.7}$$

【例 2.3.1】　试设计一个相加器，完成 $u_o = -(2u_{i1} + 3u_{i2})$ 的运算，并要求对 u_{i1}、u_{i2} 的输入电阻均大于等于 100 kΩ。

解　采用反相相加器电路，为满足输入电阻均大于等于 100 kΩ，选 $R_2 = 100$ kΩ，根据要求有：

$$\frac{R_f}{R_2} = 3 , \quad \frac{R_f}{R_1} = 2$$

所以选 $R_f = 300$ kΩ，$R_2 = 100$ kΩ，$R_1 = 150$ kΩ。

实际电路中，为了消除输入偏流产生的误差，在同相输入端和地之间接入一直流平衡电阻 R_p，并令 $R_p = R_1 // R_2 // R_f = 50$ kΩ，如图 2.3.4 所示。当今运放性能越来越好，输入偏流可以做到很小，故该平衡电阻可以不要，同相端可直接接地。

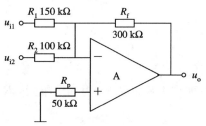

图 2.3.4　满足例 2.3.1 要求的反相加法器电路

【例 2.3.2】　设计一相加器，实现 $u_o = -5u_{i1} - 8u_{i2} - 3u_{i3}$。

解　一种方便的方法是 R_f 取各相端系数的公倍数，即

$$R_f = 5 \times 8 \times 3 = 120 \text{ kΩ}$$

则有

$$R_1 = \frac{120}{5} = 24 \text{ kΩ}$$

$$R_2 = \frac{120}{8} = 15 \text{ kΩ}$$

$$R_3 = \frac{120}{3} = 40 \text{ kΩ}$$

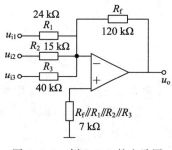

图 2.3.5　例 2.3.2 的电路图

实际电路如图 2.3.5 所示。

【例 2.3.3】　设计一相加器，实现 $u_o = 9(u_{i1} + u_{i2})$。

解　肯定是采用同相相加器，并可使图 2.3.2(a)中的 R_3 省去，令 $R_1 = R_2$，如图 2.3.6(a)所示，有

$$u_o = \frac{1}{2}\Big(1 + \frac{R_f}{R}\Big)(u_{i1} + u_{i2}) = 9(u_{i1} + u_{i2})$$

取 $R_f = 170 \text{ k}\Omega$, $R = 10 \text{ k}\Omega$, $R_1 = R_2 = 20 \text{ k}\Omega$, 如图 2.3.6(b)所示。

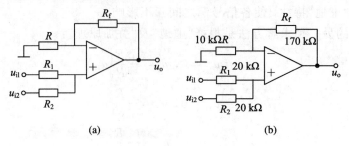

图 2.3.6　例 2.3.3 电路图

【例 2.3.4】　设计一相加器, 实现 $u_o = 2u_{i1} + 5u_{i2}$。

解　肯定也是采用同相相加器, 如图 2.3.6(a)所示, 且 $R_1 \neq R_2$, 因为

$$u_o = \left(1 + \frac{R_f}{R}\right)\left(\frac{R_2}{R_1 + R_2}u_{i1} + \frac{R_1}{R_1 + R_2}u_{i2}\right) = 2u_{i1} + 5u_{i2}$$

所以

$$\frac{R_2}{R_1} = \frac{2}{5}$$

一种方法是, 取 R_1 为 5 个单元, R_2 为 2 个单元, 则 $R_1 + R_2$ 为 7 个单元, 那么

$$\frac{R_f}{R} = R_1 + R_2 - 1 = 6$$

根据这个比例, 取 $R_f = 60 \text{ k}\Omega$, $R = 10 \text{ k}\Omega$, $R_1 = 5 \text{ k}\Omega$, $R_2 = 2 \text{ k}\Omega$, 如图 2.3.7 所示。

以上设计过程是十分灵活的, 可能有多种结果。

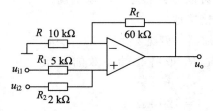

图 2.3.7　例 2.3.4 电路

【例 2.3.5】　相加器应用举例之一——信号放大及电平移位虚拟实验。

要求在放大信号的同时, 将输出信号的直流电平上移, 利用相加器可以实现该功能, 如图 2.3.8 所示。

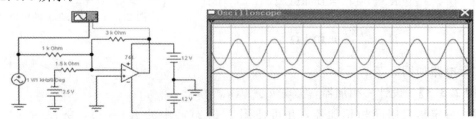

图 2.3.8　在放大信号的同时, 将输出信号的直流电平上移的虚拟实验

【例 2.3.6】　相加器应用举例之二——信号相加虚拟实验。

要求用相加器将一个正弦波叠加在一个方波上, 如图 2.3.9 所示。

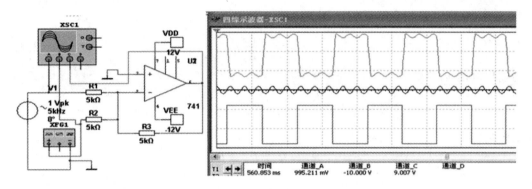

图 2.3.9　方波与正弦波相加的虚拟实验

2.4 相 减 器

2.4.1 基本相减器电路

相减器(差动放大器)的输出电压与两个输入信号之差成正比,即实现

$$u_o = au_{i1} - bu_{i2} \qquad (2.4.1)$$

最常用的是

$$a = b = k,\ u_o = k(u_{i1} - u_{i2}) \qquad (2.4.2)$$

要实现相减,必须将被减信号送入运算放大器的同相端,而将减信号送入运算放大器的反相端,如图 2.4.1 所示。应用叠加原理来计算。

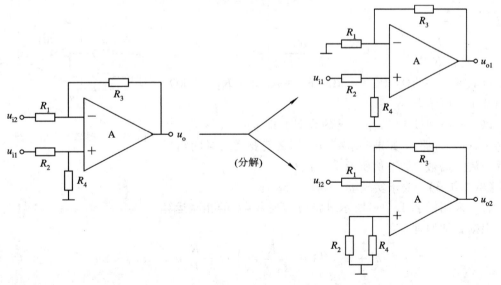

图 2.4.1　相减器电路

首先令 $u_{i2}=0$,则电路相当于同相比例放大器,得

$$u_{o1} = \left(1 + \frac{R_3}{R_1}\right)U_+ = \left(1 + \frac{R_3}{R_1}\right)\left(\frac{R_4}{R_2 + R_4}\right)u_{i1} \qquad (2.4.3a)$$

又令 $u_{i1}=0$，则电路相当于反相比例放大器，得

$$u_{o2}=-\frac{R_3}{R_1}u_{i2} \tag{2.4.3b}$$

总的输出电压 u_o 为

$$u_o=u_{o1}+u_{o2}=\left(1+\frac{R_3}{R_1}\right)\left(\frac{R_4}{R_2+R_4}\right)u_{i1}-\frac{R_3}{R_1}u_{i2}=au_{i1}-bu_{i2} \tag{2.4.4}$$

如果满足

$$R_1=R_2,\ R_3=R_4 \tag{2.4.5}$$

则

$$a=b=k,\ u_o=k(u_{i1}-u_{i2})$$

$$u_o=k(u_{i1}-u_{i2})=\frac{R_3}{R_1}(u_{i1}-u_{i2}) \tag{2.4.6}$$

可见，实现了输出信号与两个输入信号之差成正比的运算。

【例 2.4.1】 要求实现 $u_o=5(u_{i1}-u_{i2})$。

解 $a=b=k=5$，则

$$u_o=5(u_{i1}-u_{i2})$$

选 $R_1=R_2=10\ \text{k}\Omega$，$R_3=R_4=50\ \text{k}\Omega$，电路如图 2.4.2 所示。

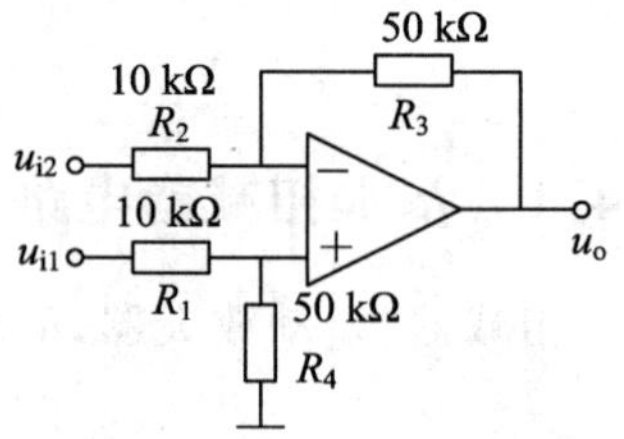

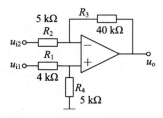

图 2.4.2 例 2.4.1 电路图

【例 2.4.2】 要求实现 $u_o=5u_{i1}-8u_{i2}$。

解 因为

$$u_o=\left(1+\frac{R_3}{R_2}\right)\left(\frac{R_4}{R_1+R_4}\right)u_{i1}-\frac{R_3}{R_2}u_{i2}$$

所以

$$\frac{R_3}{R_2}=8,\ \left(1+\frac{R_3}{R_2}\right)\left(\frac{R_4}{R_1+R_4}\right)=5$$

那么可取 $R_1=4\ \text{k}\Omega$，$R_2=5\ \text{k}\Omega$，$R_3=40\ \text{k}\Omega$，$R_4=5\ \text{k}\Omega$，如图 2.4.3 所示。

以上电路可实现三种情况的设计，即 $a=b$、$a<b$ 和 $a=b+1$（R_4 开路），如果要求 $a>b$，那么就要增大对同相端信号的放大倍数，如下例所示。

图 2.4.3 例 2.4.2 电路图

【例 2.4.3】 要求实现 $u_o=8u_{i1}-5u_{i2}$。

解 采用图 2.4.4(a)所示电路可实现 $a>b$ 的相减运算。

根据叠加原理，有

$$u_o=u_o'+u_o''=\left(1+\frac{R_3}{R_2\ /\!/\ R}\right)u_{i1}-\frac{R_3}{R_2}u_{i2}=au_{i1}-bu_{i2} \tag{2.4.7}$$

令

$$\frac{R_3}{R_2}=5,\ \left(1+\frac{R_3}{R_2\ /\!/\ R}\right)=8$$

选择并计算出 R 值，即 $R_3=50\ \text{k}\Omega$，$R_2=10\ \text{k}\Omega$，$R=25\ \text{k}\Omega$，$R_1=R_3/\!/R_2/\!/R\approx6\ \text{k}\Omega$，如图 2.4.4(b)所示。

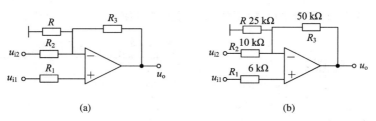

(a)　　　　　　　　　　(b)

图 2.4.4　$a > b$ 的相减器电路

（a）原理图；（b）设计图

相减器工程应用很多，除完成相减运算外，还可作电平移位，与传感器配合构成信号检测器，抑制共模干扰等。下面举例说明之。

【例 2.4.4】　利用相减电路可构成"称重放大器"。图 2.4.5 给出了称重放大器的示意图。图中压力传感器是由应变片构成的惠斯顿电桥，当压力（重量）为零时，$R_x = R$，电桥处于平衡状态，$u_A = u_B$，减法器输出为零。而当有重量时，压敏电阻 R_x 随着压力变化而变化，从此电桥失去平衡，$u_A \neq u_B$，减法器输出电压与重量有一定的关系式。试问，输出电压 u_o 与重量（体现在 R_x 变化上）有何关系？

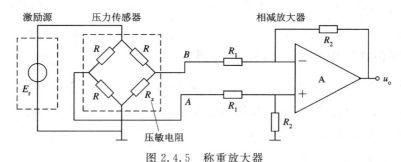

图 2.4.5　称重放大器

解　利用戴维南定理简化图 2.4.5 所示电路，如图 2.4.6 所示。图中，$u_A = \dfrac{E_r}{2}$，$u_B = \dfrac{R_x}{R + R_x} E_r$，$R' = \dfrac{R}{2}$，$R'_x = R \mathbin{/\mkern-5mu/} R_x$，那么

$$u_o = -\frac{R_2}{R_1 + R'_x} u_B + \frac{R_2}{R_2 + R_1 + R'}\left(1 + \frac{R_2}{R_1 + R'_x}\right) u_A$$

若保证 $R_1 \gg R'$，$R_1 \gg R'_x$，则

$$u_o = \frac{R_2}{R_1}(u_A - u_B) = \frac{R_2}{R_1} E_r \left(\frac{1}{2} - \frac{R_x}{R + R_x}\right)$$

$$= \frac{R_2}{2R_1}\left(\frac{R - R_x}{R + R_x}\right) E_r \qquad (2.4.8)$$

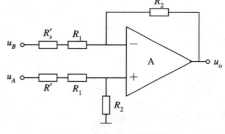

图 2.4.6　称重放大器的简化图

重量（压力）变化，R_x 随之变化，则 u_o 也随之变化，所以通过测量 u_o 就可以换算出重量或压力。

【例 2.4.5】　利用相减器实现抵消共模干扰的虚拟实验。

如果两个信号受到同一个等值同相信号的干扰（所谓共模干扰），那么可利用相减器消去该共模干扰，图 2.4.7 给出了该类应用的虚拟实验。实验中，待放大的信号（0.5 V/

100 Hz)受到(0.1 V/1 kHz)的共模干扰,利用相减器使信号放大,消除干扰。

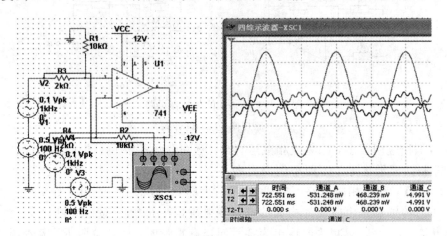

图 2.4.7　利用相减器实现抵消共模干扰的虚拟实验

基本相减器电路简单,除实现信号相减功能外,还可抑制共模干扰,但增益调节困难,输入阻抗偏小,为此人们又发明了精密相减器电路——仪用放大器(或称测量放大器或数据放大器)。

2.4.2　精密相减器电路——仪用放大器

仪用放大器是一种精密相减器电路,其电路如图 2.4.8 所示。该电路由三个运放(A_1、A_2、A_3)组成,其中 A_1、A_2 构成同相比例放大器,输入电阻$\rightarrow\infty$,且电路完全对称,共模抑制比高,A_3 构成基本相减器电路。

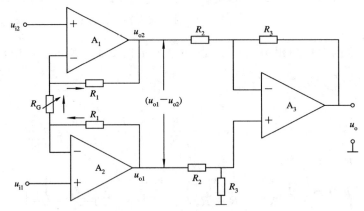

图 2.4.8　仪用放大器电路

图 2.4.8 中,输出电压 u_o 为

$$u_o = \frac{R_3}{R_2}(u_{o1} - u_{o2})$$

$$u_{o1} - u_{o2} = 2u_{R1} + u_{RG}$$

利用"虚短"和"虚断"概念,有

$$u_{RG} = u_{i1} - u_{i2}, \quad I_{RG} = \frac{u_{i1} - u_{i2}}{R_G} = I_{R1}$$

所以

$$u_{o1} - u_{o2} = 2 \times R_1 \times I_{R1} + u_{RG} = \left(\frac{2R_1}{R_G} + 1\right)(u_{i1} - u_{i2})$$

故总放大倍数为

$$A_u = \frac{u_o}{u_{i1} - u_{i2}} = \frac{R_3}{R_2}(1 + \frac{2R_1}{R_G}) \tag{2.4.9}$$

一般 R_1、R_2、R_3 用固定电阻，R_G 为可调电位器，通过调节 R_G 即可调节增益，十分方便。仪用放大器广泛用于工业现场、生物信号及其他仪器仪表的数据采集、信号放大中。图 2.4.9 给出了一个增益分别为 1000、100、10、1 的仪用放大器电路。对应的 R_G 分别为 200.2 Ω、2.02 kΩ、22.22 kΩ、∞(开路)。目前已有许多单片集成仪用放大器产品。

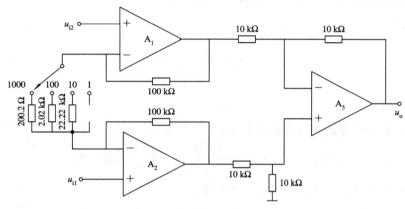

图 2.4.9　增益可调的精密相减器——仪用放大器

2.5　引入电容负反馈的基本应用——积分器和微分器

2.5.1　积分器

所谓积分器，其功能是完成积分运算，即输出电压与输入电压的积分成正比：

$$u_o(t) = \frac{1}{\tau}\int u_i(t)\mathrm{d}t \tag{2.5.1}$$

图 2.5.1 所示的电路就是一个理想反相积分器。以下将从时域和频域两个方面对该电路进行分析。

在时域，设电容电压的初始值为零($u_C(0) = 0$)，则输出电压 $u_o(t)$ 为

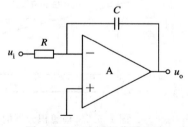

$$u_o(t) = -u_C(t) = -\frac{Q_C}{C} = -\frac{\int i_C(t)\mathrm{d}t}{C}$$

图 2.5.1　反相积分器电路

式中，电容 C 的充电电流 $i_C = \dfrac{u_i(t)}{R}$。所以

$$u_o(t) = -\frac{1}{RC}\int u_i(t)\mathrm{d}t = -\frac{1}{\tau}\int u_i(t)\mathrm{d}t \tag{2.5.2}$$

式中，$\tau = RC$，称积分时常数，可见该电路实现了积分运算。

从频域角度分析，根据反相比例放大器的运算关系，该电路的输出电压的频域表达式为

$$u_o(j\omega) = -\frac{\dfrac{1}{j\omega C}}{R} u_i(j\omega) = -\frac{1}{j\omega RC} u_i(j\omega) \tag{2.5.3}$$

积分器的传递函数为

$$A_u(j\omega) = \frac{U_o(j\omega)}{U_i(j\omega)} = -\frac{1}{j\omega RC} \tag{2.5.4}$$

或复频域的传递函数为

$$A(s) = -\frac{1}{sRC} \tag{2.5.5}$$

传递函数的模

$$|A_u(j\omega)| = \frac{1}{\omega RC} \tag{2.5.6a}$$

附加相移

$$\Delta\varphi(j\omega) = -90° \tag{2.5.6b}$$

利用对数坐标表示积分器的频率特性如下：

$$20\lg|A_u(j\omega)| = 20\lg\frac{1}{\omega RC} = -20\lg\omega RC(\text{dB}) \tag{2.5.6c}$$

画出积分器的对数频率特性，如图 2.5.2 所示。

如果将相减器的两个电阻 R_3 和 R_4 换成两个相等电容 C，而使 $R_1 = R_2 = R$，则构成了差动积分器。这是一个十分有用的电路，如图 2.5.3 所示。其输出电压 $u_o(t)$ 的时域表达式为

$$u_o(t) = \frac{1}{RC}\int(u_{i1} - u_{i2})\,\mathrm{d}t \tag{2.5.7}$$

频域表达式为

$$u_o(j\omega) = \frac{1}{j\omega RC}\left[u_{i1}(j\omega) - u_{i2}(j\omega)\right] \tag{2.5.8}$$

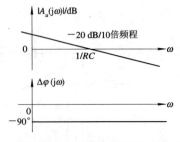

图 2.5.2　理想积分器的频率响应

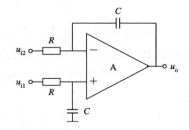

图 2.5.3　差动积分器

【例 2.5.1】　电路如图 2.5.4 所示，$R = 100\text{ k}\Omega$，$C = 10\text{ }\mu\text{F}$。当 $t = 0 \sim t_1(1\text{ s})$ 时，开关 S 接 a 点；当 $t = t_1(1\text{ s}) \sim t_2(3\text{ s})$ 时，开关 S 接 b 点；而当 $t > t_2(3\text{ s})$ 时，开关 S 接 c 点。已知运算放大器电源电压 $U_{CC} = |-U_{EE}| = 15\text{ V}$，初始电压 $u_C(0) = 0$，试画出输出电压 $u_o(t)$ 的波形图。

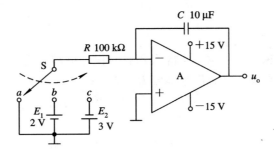

图 2.5.4 例 2.5.1 电路图

解 （1）因为初始电压为零（$u_C(0)=0$），在 $t=0 \sim 1$ s 间，开关 S 接地，所以 $u_o=0$。

（2）在 $t=1 \sim 3$ s 间，开关 S 接 b 点，电容 C 充电，充电电流 $i_C = \dfrac{E_1}{R} = \dfrac{2\text{ V}}{100\text{ k}\Omega} = 0.02$ mA，输出电压从零开始线性下降。当 $t=3$ s 时，

$$u_o(t) = -\frac{1}{RC}\int_{t_1}^{t_2} E_1 \mathrm{d}t = -\frac{E_1}{RC}(t_2-t_1) = -\frac{2\text{ V}}{10^5\ \Omega \cdot 10\times10^{-6}\text{F}} \cdot 2\text{ s} = -4\text{ V}$$

（3）在 $t>3$ s 后，开关 S 接 c 点，电容 C 放电后被反充电，u_o 从 -4 V 开始线性上升，一直升至电源电压 U_{CC} 就不再上升了。那么升到电源电压（$+15$ V）所对应的时间 t_x 是多少？

$$u_o(t_x) = +15\text{ V} = -\frac{1}{RC}\int_{t_2}^{t_x} E_2 \mathrm{d}t + U_o(t_2) = -\frac{-3\text{ V}}{10^5 \times 10\times10^{-6}}(t_x-t_2) - 4\text{ V}$$

得 $t_x = \dfrac{28}{3} \approx 9.33$ s，所以 $u_o(t)$ 的波形如图 2.5.5 所示。

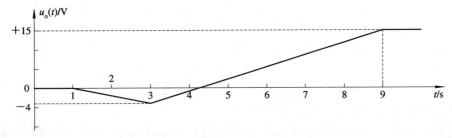

图 2.5.5 例 2.5.1 电路的输出波形

【例 2.5.2】 单个积分器的实际实验电路。

单个积分器由于没有直流负反馈通路而使其工作不稳定，为此实验电路中往往在积分电容上并联一个大电阻 R_F，通常 $R_F \geqslant 10R$，如图 2.5.6 所示。图中 R_F 构成直流负反馈通路，当 R_F 很大时，电路性能仍近似为理想积分器。

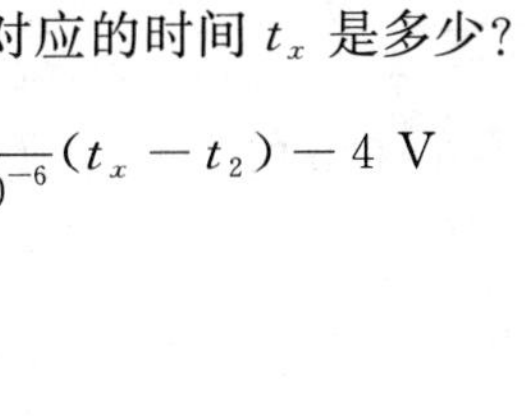

$$A(\mathrm{j}\omega) = \frac{U_o(\mathrm{j}\omega)}{U_i(\mathrm{j}\omega)}$$

$$= -\frac{R_F}{R}\left(\frac{1}{1+\mathrm{j}\omega R_F C}\right)\Bigg|_{|\omega R_F C| \gg 1}$$

$$\approx -\frac{1}{\mathrm{j}\omega RC} \tag{2.5.9}$$

图 2.5.6 单个积分器的
实验电路

2.5.2 微分器

积分运算与微分运算是对偶关系,将积分器的积分电容和电阻的位置互换,就成了微分器,如图 2.5.7 所示。微分器的传输函数为

$$A(j\omega) = -j\omega RC \quad (\text{频域表达式}) \tag{2.5.10}$$

或

$$A(s) = -sRC \quad (\text{复频域表达式}) \tag{2.5.11}$$

其频率响应如图 2.5.8 所示。

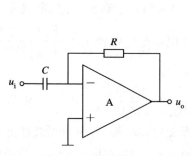

图 2.5.7 微分器

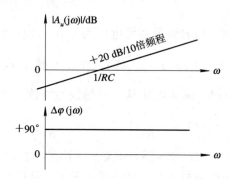

图 2.5.8 理想微分器的频率响应

输出电压 $u_o(t)$ 与输入电压 $u_i(t)$ 的时域关系式为

$$u_o(t) = -i_f R$$

式中:

$$i_f = C\frac{du_C(t)}{dt} = C\frac{du_i(t)}{dt}$$

所以

$$u_o(t) = -RC\frac{du_i(t)}{dt} \tag{2.5.12}$$

可见,输出电压和输入电压的微分成正比。

微分器的高频增益大。如果输入含有高频噪声,则输出噪声也将很大;如果输入信号中有大的跳变,会导致运放饱和,而且微分电路工作稳定性也不好。所以微分器很少有直接应用的。在需要微分运算之处,尽量设法用积分器代替。例如,解如下微分方程:

$$\frac{d^2u_o(t)}{dt} + 10\frac{du_o(t)}{dt} + 2u_o(t) = u_i(t) \tag{2.5.13a}$$

经移项、积分,有

$$\frac{du_o(t)}{dt} = \int\left[u_i(t) - 10\frac{du_o(t)}{dt} - 2u_o(t)\right]dt$$

$$u_o(t) = \iint u_i(t)dt - 2\iint u_o(t)dt - 10\int u_o(t)dt \tag{2.5.13b}$$

可见,利用积分器和加法器可以求解微分方程。

2.5.3 积分器和微分器的应用与虚拟实验

积分器和微分器可完成积分和微分运算,波形变换,移相 $90°$ 可构成正交信号,用于

信号检测及电容测量等。如图 2.5.9 所示，积分器将方波变换为三角波。图 2.5.10 表示微分器将方波变换为尖脉冲。实验电路中，积分器在 C 上并联大电阻，微分器在 C 支路串联小电阻，都是为了使电路更稳定。

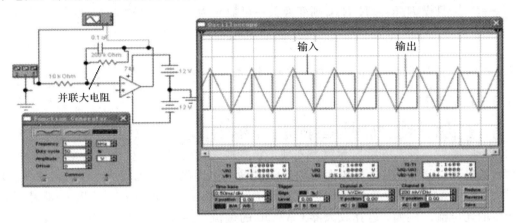

图 2.5.9　理想积分器的虚拟实验：输入为方波，输出为三角波

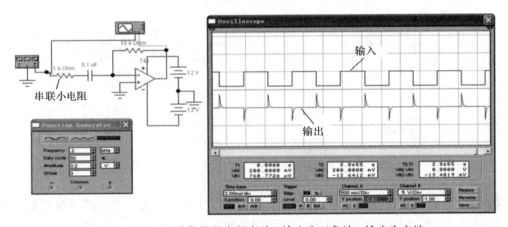

图 2.5.10　理想微分器的虚拟实验：输入为三角波，输出为方波

2.6　电压—电流(V/I)变换器和电流—电压(I/V)变换器

2.6.1　V/I 变换器

在某些控制系统中，负载要求电流源驱动，而实际的信号又可能是电压源。这在工程上就提出了如何将电压源信号变换成电流源的要求，而且不论负载如何变化，电流源电流只取决于输入电压源信号，而与负载无关。又如，在信号的远距离传输中，由于电流信号不易受干扰，因此也需要将电压信号变换为电流信号来传输，图 2.6.1 给出了一个 V/I 变换的例子，图中负载为"接地"负载。

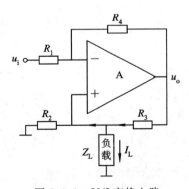

图 2.6.1　V/I 变换电路

由图可见：

$$U_+ = \left(\frac{u_o - U_+}{R_3} - I_L\right) R_2, \quad U_- = \frac{R_4}{R_1 + R_4} u_i + \frac{R_1}{R_1 + R_4} u_o$$

由 $U_+ = U_-$，且设 $R_1 R_3 = R_2 R_4$，则变换关系可简化为

$$I_L = -\frac{u_i}{R_2} \tag{2.6.1}$$

可见，负载电流 I_L 与 u_i 成正比，且与负载 Z_L 无关。

2.6.2 I/V 变换器

有许多传感器产生的信号为微弱的电流信号，将该电流信号转换为电压信号可利用运放的"虚地"特性。图 2.6.2 所示就是光敏二极管或光敏三极管产生的微弱光电流转换为电压信号的电路。显然，对运算放大器的要求是输入电阻要趋向无穷大，输入偏流 I_B 要趋于零。这样，光电流将全部流向反馈电阻 R_f，输出电压 $u_o = R_f \cdot i_1$。这里 i_1 就是光敏器件产生的光电流。例如，运算放大器 CA3140 的偏流 $I_B = 10^{-2}$ nA，故其就比较适合作光电流放大器。

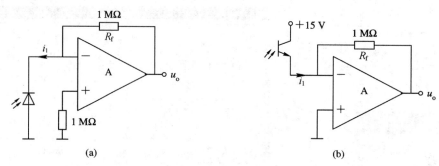

图 2.6.2 将光电流变换为电压输出的电路

【例 2.6.1】 精密直流电压测量电路如图 2.6.3 所示，一般要求电压测量仪表的输入电阻尽量大，否则测量精度会受影响。利用同相输入且施加负反馈的运算放大器电路输入电阻大的特点，有助于提高测量精度。由图可见，流过 R_1 的电流 I_1 等于流过表头的电流 I_M，若电阻 $R_1 = 100$ kΩ，表头最大量程电流 $I_{M_m} = 100$ μA，则被测电压 u_i 的最大值为 10 V，即

$$u_{im} = U_+ = U_- = U_{R1} = R_1 \times I_{M_m} = 100 \text{ k}\Omega \times 100 \text{ μA} = 10 \text{ V}$$

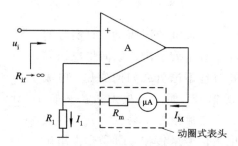

图 2.6.3 精密直流电压测量电路

【例 2.6.2】 运放电路如图 2.6.4 所示，求 u_o 与 u_i 的关系式。

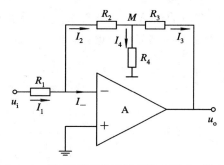

图 2.6.4　用 T 型网络代替反馈电阻 R_f 的电路

解　方法一： 利用"虚地"、"虚断路"概念，得 $I_1 = I_2$，即

$$\frac{u_i - 0}{R_1} = \frac{0 - u_M}{R_2}$$

故

$$u_M = -\frac{R_2}{R_1} u_i$$

又 $I_2 = I_4 + I_3$，即

$$\frac{0 - u_M}{R_2} = \frac{u_M}{R_4} + \frac{u_M - u_o}{R_3}$$

$$u_o = R_3 \left(\frac{1}{R_2} + \frac{1}{R_4} + \frac{1}{R_3} \right) u_M = -\frac{R_3 R_2}{R_1} \left(\frac{1}{R_2} + \frac{1}{R_4} + \frac{1}{R_3} \right) u_i$$

所以

$$A_{uf} = \frac{u_o}{u_i} = -\frac{R_2 + R_3 + (R_2 R_3 / R_4)}{R_1} \qquad (2.6.2)$$

这种电路的好处是，当要求增益和输入电阻都比较高时，各电阻取值不至于太大。例如，要求 $A_{uf} = -100$，$R_i = 50$ kΩ，采用简单的反相比例放大器，则反馈电阻 $R_f = 5$ MΩ，但用 T 型网络电路，若取 $R_2 = R_3 = 100$ kΩ，则 $R_4 = 2.08$ kΩ。

方法二： 利用戴维南定理将图 2.6.4 所示电路简化为图 2.6.5 所示电路，则得到

$$u'_o = \frac{R_4}{R_3 + R_4} u_o = -\frac{(R_2 + R_3 / R_4)}{R_1} u_i$$

化简之

$$A_{uf} = \frac{u_o}{u_i} = -\frac{R_2 + R_3 + (R_2 R_3 / R_4)}{R_1} \quad （与式（2.6.2）相同）$$

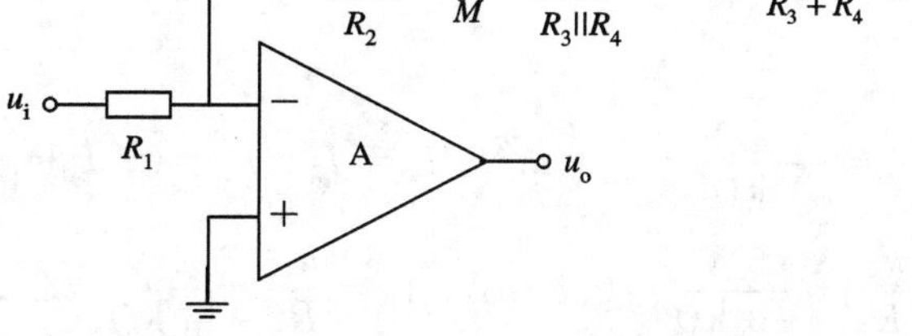

图 2.6.5　图 2.6.4 电路简化电路

【例 2.6.3】 将典型的反相比例放大器的 R_1、R_2 推广到一般的阻抗 Z_1、Z_2，如图

2.6.6(a)所示，则会演变出许多新的电路。如图 2.6.6(b)所示，就是一个比例—积分—微分电路，用于自动控制系统中的 PID 调节校正电路。

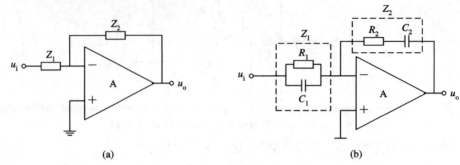

图 2.6.6　反相比例放大器的推广电路

（a）推广电路；（b）比例—积分—微分电路

由图 2.6.6(b)可知，

$$Z_1 = R_1 \mathbin{/\mkern-5mu/} \frac{1}{j\omega C_1}, \; Z_2 = R_2 + \frac{1}{j\omega C_2}$$

$$A_{uf}(j\omega) = \frac{u_o(j\omega)}{u_i(j\omega)} = -\frac{Z_2}{Z_1} = \frac{-\left(R_2 + \dfrac{1}{j\omega C_2}\right)}{\dfrac{R_1/j\omega C_1}{R_1 + (1/j\omega C_1)}} = -\frac{(1+j\omega R_1 C_1)(1+j\omega R_2 C_2)}{j\omega R_1 C_2}$$

$$(2.6.3)$$

【例 2.6.4】　运放电路如图 2.6.7 所示，试计算 u_{o1}、u_{o2} 以及各支路电流值。

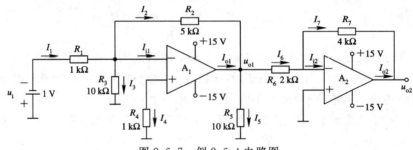

图 2.6.7　例 2.6.4 电路图

解　输出电压分别为

$$u_{o1} = -\frac{R_2}{R_1} u_i = -5 \times (-1 \text{ V}) = 5 \text{ V}$$

$$u_{o2} = -\frac{R_7}{R_6} u_{o1} = -2 \times 5 \text{ V} = -10 \text{ V}$$

各支路电流分别

$$I_1 = \frac{-u_1}{R_1} = \frac{-1 \text{ V}}{1 \text{ k}\Omega} = -1 \text{ mA}; \; I_2 = I_1; \; I_3 = 0; \; I_{i1} = 0; \; I_4 = 0$$

$$I_5 = \frac{u_{o1}}{R_5} = \frac{5 \text{ V}}{10 \text{ k}\Omega} = 0.5 \text{ mA}; \; I_6 = \frac{u_{o1}}{R_6} = \frac{5 \text{ V}}{2 \text{ k}\Omega} = 2.5 \text{ mA}$$

$$I_{o1} = I_5 + I_6 - I_2 = 0.5 \text{ mA} + 2.5 \text{ mA} + 1 \text{ mA} = 4 \text{ mA}$$

$$I_7 = I_6 = 2.5 \text{ mA}; \; I_{o2} = -I_7 = -2.5 \text{ mA}; \; I_{i2} = 0$$

习 题

2-1 电路如图 P2-1 所示，试求输出电压和输入电压的关系式。

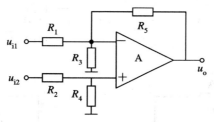

图 P2-1 习题 2-1 图

2-2 理想运放组成的电路如图 P2-2(a)所示，设输入信号 u_{i1} 为 1 kHz 正弦波，u_{i2} 为 1 kHz 方波，如图 P2-2(b)所示，试求输出电压和输入电压的关系式及波形。

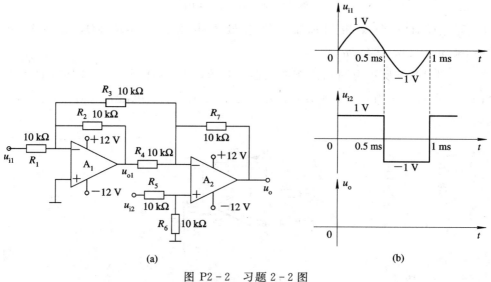

(a)   (b)

图 P2-2 习题 2-2 图

(a) 电路图；(b) 波形图

2-3 运放组成的电路如图 P2-3(a)、(b)所示，试分别画出传输特性（$u_o = f(u_i)$）。若输入信号 $u_i = 5\sin\omega t$ (V)，试分别画出输出信号 u_o 的波形。

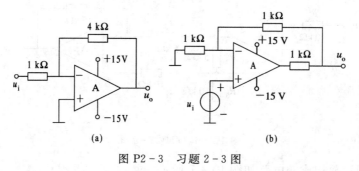

(a)   (b)

图 P2-3 习题 2-3 图

2-4 理想运放构成的电路分别如图 P2-4(a)～(d)所示,试求图(a)～(d)电路的输出电压 u_o 值。

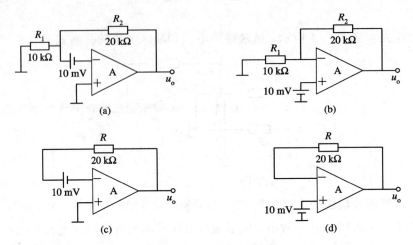

图 P2-4 习题 2-4 图

2-5 设计一个反相相加器,要求最大电阻值为 300 kΩ,输入输出关系为 $u_o = -(7u_{i1} + 14u_{i2} + 3.5u_{i3} + 10u_{i4})$。

2-6 图 P2-5 所示为同相比例放大器。若 $R_1 = 10$ kΩ, $R_2 = 8.3$ kΩ, $R_f = 50$ kΩ, $R_L = 4$ kΩ,求 u_o/u_i;当 $u_i = 1.8$ V 时,负载电压 u_o 为多少?电流 i_{R1}、i_{R2}、i_{Rf}、i_{RL}、i_o 各等于多少?

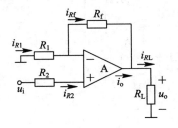

图 P2-5 习题 2-6 图

2-7 理想运放组成的电路如图 P2-6 所示,试分别求 u_{o1}、u_o 与 u_i 的关系式。

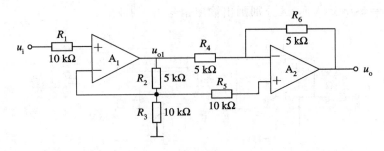

图 P2-6 习题 2-7 图

2-8 理想运放构成的电路如图 P2-7 所示,求 u_o。

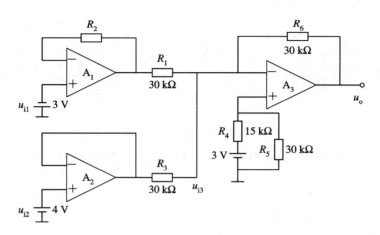

图 P2-7 习题 2-8 图

2-9 如图 P2-8 所示为反相输入求差电路，求输入与输出的关系。

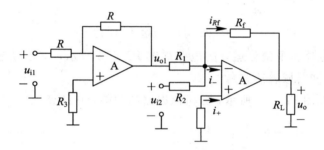

图 P2-8 习题 2-9 图

2-10 运算放大器构成的仪用放大器如图 P2-9 所示，试回答：

（1）增益 $A_u = \dfrac{\dot{U}_o}{\dot{U}_{i2} - \dot{U}_{i1}} = ?$

（2）最大增益 $A_{u\max}$ 和最小增益 $A_{u\min} = ?$

（3）电容 C 取值很大，对信号呈现短路状态，那么 C 有什么作用？

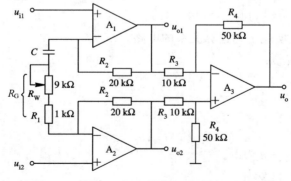

图 P2-9 习题 2-10 图

2-11 积分器电路分别如图 P2-10(a)、(b)所示，试分别求输入输出关系的时域表达式和频域表达式。

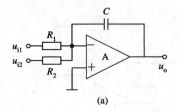
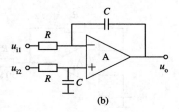

(a)　　　　　　　　　　　　　　　(b)

图 P2-10　习题 2-11 图

2-12　微分器电路及输入波形如图 P2-11 所示，设电容 $u_C(0)=0$ V，试求输出电压 u_o 的波形图。

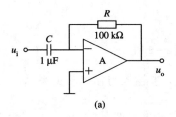
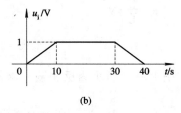

(a)　　　　　　　　　　　　　　　(b)

图 P2-11　习题 2-12 图

2-13　用积分器实现微分运算的电路如图 P2-12 所示，试推导输入输出关系式(分别给出频域表达式和时域表达式)。

2-14　电路如图 P2-13 所示，分析该电路的功能，并计算 I_L。

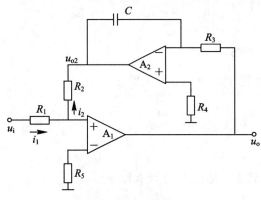
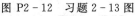
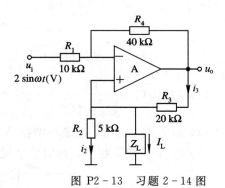

图 P2-12 习题 2-13 图　　　　　　　图 P2-13 习题 2-14 图

2-15　分别设计实现下列运算关系的电路。

(1) $u_o=5(u_{i1}-u_{i2})$；

(2) $u_o=3u_{i1}-4u_{i2}$；

(3) $u_o=-\dfrac{1}{RC}\displaystyle\int u_i \mathrm{d}t$；

(4) $u_o=\dfrac{1}{RC}\displaystyle\int (u_{i1}-u_{i2})\mathrm{d}t$。

2-16　电路如图 P2-14(a)、(b)所示，设输入信号 $u_i=2\sin\omega t$(V)。

(1) 判断各电路的功能；

(2) 画出各自的输出波形。

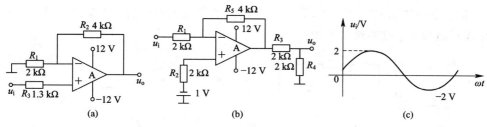

图 P2-14　习题 2-16 图

2-17　电路如图 P2-15 所示，试求：

（1）输入阻抗 Z_i 的表达式；

（2）已知 $R_1 = R_2 = 10\ \text{k}\Omega$，为了得到输入阻抗 Z_i 为 1 H（亨利）的等效模拟电感，那么元件 Z 应采用什么性质的元件，其值应取多少？

2-18　电路如图 P2-16 所示，试求：流过负载 Z_L 的电流 $I_L = $？

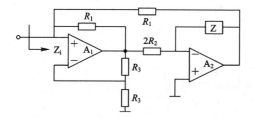

图 P2-15　习题 2-17 图

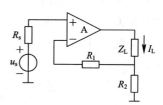

图 P2-16　习题 2-18 图

2-19　电路如图 P2-17 所示，试求 u_o 与 u_{i1}、u_{i2} 的关系式。

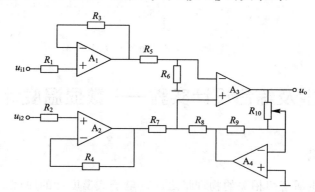

图 P2-17　习题 2-19 图

2-20　电路如图 P2-18 所示，试推导输入输出关系式，并说明该电路的功能。

2-21　电路如图 P2-19 所示，试推导输入输出关系式，并说明该电路的功能。

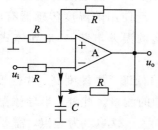

图 P2-18　习题 2-20 图

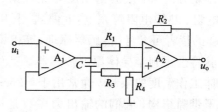

图 P2-19　习题 2-21 图

2-22 电路如图 P2-20(a)所示,要求输出电压直流电平抬高 1 V(如图 P2-20(b)所示,则 A 点电位 U_A 应调到多少伏?

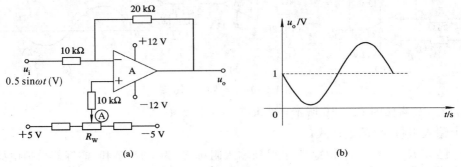

图 P2-20 习题 2-22 图

2-23 电路如图 P2-21 所示,试分析:

(1) 开关 S_1、S_2 均闭合,u_o=?

(2) 开关 S_1、S_2 均断开,u_o=?

(3) 开关 S_1 闭合,S_2 断开,u_o=?

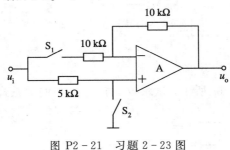

图 P2-21 习题 2-23 图

大作业及综合设计实验——数显温度计设计

一、相关背景知识

温度是与日常生活密切相关的物理量之一。电子式温度计的原理是先将温度(物理量)转化成电参量(电阻、电压、电流),再经过放大、校正等一系列运算,变为与待测温度值呈线性关系的电压模拟量,最后通过模/数转换器(ADC)变为数字量,显示在液晶屏或数码管上。其中将温度转换成电参量的器件,称为"温度传感器",是温度计里最关键的部分,它决定了温度计的量程、测量精度等关键指标。目前广泛使用的温度传感器有电阻式(铂电阻、铜电阻、热敏电阻等)、热电偶式(利用不同金属的温差电势)、半导体式等多种类型,感兴趣的读者可参考《传感器原理》等相关教材。

本实验将会用到半导体温度传感器。其优点是价格低廉、灵敏度高、线性度较好,但受到半导体工作温度的限制,通常用于 $-25\sim85\,℃$ 范围的测量。此外,半导体温度传感器大多采用了带隙结构,它们的输出大多数是以绝对零度($-273\,℃$)为起点,需要一定的数学运算将其转化为常见的摄氏温度(℃)或华氏温度(℉)。

本实验中,将采用模拟电路(运放构成的基本电路)来完成这一运算过程,将运算后的模拟量送入模/数转换与显示单元,实现温度的显示。其中模/数转换与数码显示的原理将会在后续的课程中学到,本实验中用万用表或数显表头(DVM)来替代,它可以直接数字显示电压值(毫伏数)。因此,本实验中的关键是将正比于开氏温度的传感器输出值转换成与摄氏温度或华氏温度相对应的电压值。

本实验要求完整地设计并制作一款实用的数显温度计,以直观地体会运算放大器的"运算"功能,并且了解基准源、电荷泵电路的工作原理。

二、任务

以 LM335 为温度传感器,设计并制作一台以 5V 电源供电(可取自于 USB 插口或手机充电器),具有摄氏温度和华氏温度显示功能的数字温度计,其原理框图参考图 PP2－1。

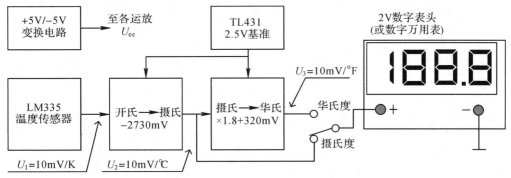

图 PP2－1 数显温度计原理框图

三、要求

1. 基本要求

(1) 摄氏范围为－20～85℃。

(2) 摄氏温度精度为 1℃。

(3) 四个以内单元运放实现(仅使用一片 LM324)。

(4) 采用单电源＋5 V 供电(通过转换得到－5 V),运放为双电源工作。

2. 发挥部分

(1) 显示华氏温度,范围为－30～143°F。

(2) 通过开关切换摄氏和华氏温度显示。

(3) 进一步提高摄氏和华氏测量精度。

(4) 采用单片机及液晶显示代替表头或万用表。

(5) 其他。

四、说明

(1) 半导体温度传感器 LM335 输出正比于开氏温度的电压值 U_1(10 mV/K)将电压 U_1 减去 2730 mV 后,得到正比于摄氏温度的电压 U_2(10 mV/℃),再经过 $U_3 = 1.8U_2 +$

320 mV 的运算后,得到正比于华氏温度的电压 U_3 (10 mV/℉)。开关选择 U_2 或 U_3 送入 2 V 数字表头,它具有 1 mV 分辨率,即温度分辨率为 0.1℃ 或 0.1℉。最后将数字表头的小数点固定于十位,显示值即为温度值。如果没有 2 V 表头,也可以将输出电压值 10∶1 分压后,送入普通数字万用表的 200.0 mV 挡,亦可完成温度值的显示。

(2)提供器材:数显表头一块、万用板一块、温度传感器 LM335、集成运放 LM324、电源 ICL7660、USB 接线口、电阻电容开架。

(3)注意元件误差、运放失调、基准源偏差等都会带来误差,电路设计中要适当留有电位器以便调整零点偏移。

(4)LM324、ICL7660、TL431 数据手册见参考资料。

第 三 章

基于集成运放和 RC 反馈网络的有源滤波器

　　滤波器是有频率选择功能的一类电路，它允许一定频率范围内的信号通过，而对不需要传送的频率范围信号实行有效的抑制和衰减，主要用于小信号处理和加工。本章首先介绍滤波器的基本概念，包括滤波器的分类、有源滤波器的特点、理想滤波器及其逼近方法，以及几种常用的逼近理想滤波器响应的函数。在具体的实现电路方面重点介绍二阶有源滤波器理论和构成，因为高阶有源滤波器可由多个二阶滤波器和一阶滤波器组成。最后简单介绍开关电容滤波器的基本概念。

　　本章公式较多，可作为工程设计时查阅和参考的资料，不要求记忆，重在概念以及分析问题和解决问题的方法与思路。

3.1　滤波器的概念

3.1.1　滤波器的特性

　　滤波电路的种类很多，根据所用元件的不同，可以分为无源滤波器和有源滤波器。无源滤波器由无源元件 R、L、C 组成，其主要缺点是体积大，带负载能力差，不易集成化，单纯的 RC 无源滤波器 Q 值又很低。有源滤波器由集成运算放大器和 RC 网络组成，具有体积小、带负载能力强、Q 值高、部分可集成化(特别是开关电容滤波器可全集成化)等优点。

　　滤波电路的模型如图 3.1.1 所示，它通常是一个线性时不变网络。图中 $u_i(t)$ 为输入信号，$u_o(t)$ 为输出信号。在复频域内，滤波电路的电压传递函数表示为

$$H_u(s) = \frac{u_o(s)}{u_i(s)} \tag{3.1.1a}$$

对于正弦稳态系统，令 $s = j\omega$，则

$$H_u(j\omega) = \frac{U_o(j\omega)}{U_i(j\omega)} = |H_u(j\omega)| \exp(j\varphi(\omega)) \tag{3.1.1b}$$

其中，传递函数的模 $|H_u(j\omega)|$ 称为滤波电路的幅频特性，相角 $\varphi(\omega)$ 称为相频特性，滤波电路通常是以幅频特性和相频特性来表征其传输特性的。

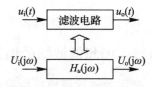

图 3.1.1　滤波电路的模型

模拟电子电路及技术基础(第三版)

根据工作频带，可以将滤波器分为低通滤波器(Low-Pass Filter，LPF)、高通滤波器(High-Pass Filter，HPF)、带通滤波器(Band-Pass Filter，BPF)、带阻滤波器(Band Reject Filter，BRF)和全通滤波器(All-Pass Filter，APF)五种基本类型。其理想幅频特性如图 3.1.2 所示，理想滤波器特性呈矩形状。

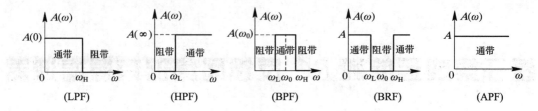

图 3.1.2　理想滤波器的幅频特性

能通过信号的频率范围称"通带"，阻止或衰减信号的频率范围称为"阻带"。通带和阻带分界点的频率称为截止频率或转折频率。在图 3.1.2 所示的幅频特性中，ω_L 和 ω_H 分别为下限截止角频率和上限截止角频率，ω_0 为中心角频率，A 为通带电压增益。理想滤波器特性呈矩形形状，从通带到阻带的过渡均为阶跃式变化，这种滤波器在工程上是不可能实现的，实际滤波器特性在通带与阻带之间存在一个"过渡带"，如图 3.1.3 和图 3.1.4 所示。

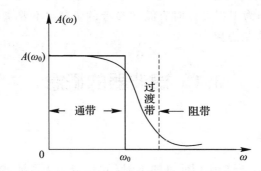

图 3.1.3　实际低通滤波器的幅频特性存在一个过渡带

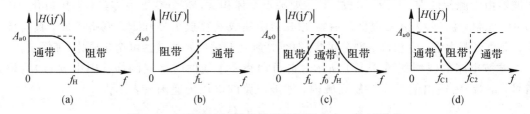

图 3.1.4　实际滤波器的幅频特性都存在一个过渡带

(a) LPF；(b) HPF；(c) BPF；(d) BRF

如何用物理可实现函数来逼近理想传输特性，有哪些逼近方式？它们各有哪些特征？

3.1.2　理想滤波器的逼近方法

常用的逼近理想特性的可实现函数可分为最平幅频响应滤波器(又称 Butterworth 滤波器)，通带等波纹滤波器(又称 Chebyshev 滤波器)，阻带等波纹滤波器(又称 Inverse Chebyshev 滤波器)，通、阻带等波纹滤波器(又称 Elliptic 滤波器)和线性相位滤波器(又称 Bessel 滤波器)。这些滤波器的传输函数均可写成下面的有理多项式形式：

$$H(s) = A \frac{s^m + b_{n-1} s^{m-1} + \cdots + b_1 s + b_0}{s^n + a_{n-1} s^{n-1} + \cdots + a_1 s + a_0} \quad (n \geqslant m) \tag{3.1.2}$$

式中，m、n 为正整数，且 $n \geqslant m$（以保证 $s \to \infty$，$H(s) \to 0$），分母 s 的最大指数 n 决定了分母多项式的根（称之为"极点"）的数目，同理，m 决定了分子多项式根的数目（称之为"零点"），"极点"数决定了滤波器的"阶数"。它与电路中有几个独立的"储能元件"（即电容、电感的数目）有关，一个高阶滤波器可以由若干个一阶和二阶滤波器级联而成，所以，下面将重点放在一阶和二阶滤波器的分析与设计上。

另外，式（3.1.2）中多项式的系数 a_0，a_1，$\cdots$ 和 b_0，b_1，$\cdots$ 决定了滤波器的类型，如低通、高通、带通、带阻和全通等，也决定了同阶滤波器不同的幅频与相频特性曲线的形状。下面以低通滤波器为例，介绍不同形状滤波器的特点。

1. 巴特沃斯（Butterworth）滤波器

巴特沃斯滤波器是一种最平响应滤波器，其特点是幅频响应在通带内具有最平坦的响应，由通带到阻带衰减陡度较缓，相频特性具有非线性的特点，对阶跃信号的响应有过冲和振铃现象。巴特沃斯滤波器是一种通用型滤波器，不同阶数的巴特沃斯低通滤波器幅频特性如图 3.1.5 所示。阶数越高（即 n 越大），过渡带越窄，曲线越陡峭。

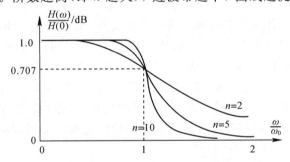

图 3.1.5 不同阶数的巴特沃斯低通滤波器幅频特性

2. 切比雪夫（Chebyshev）滤波器

切比雪夫滤波器是在通带内具有等波纹响应特性的滤波器，是理想滤波器响应的另一种物理可实现逼近。其基础是切比雪夫多项式。切比雪夫滤波器的特点有：在通带内是等纹波响应，幅频衰减比同阶数巴特沃斯特性更陡峭，即过渡带较窄。阶数 n 越大，纹波越密，幅频衰减陡度越陡。其相频响应也具有非线性特征。切比雪夫低通滤波器特性如图 3.1.6 所示。

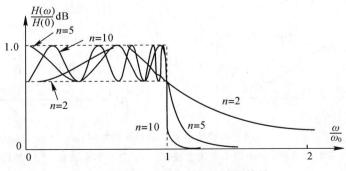

图 3.1.6 切比雪夫低通滤波器特性

3. 椭圆(Elliptic)滤波器

椭圆滤波器的特点是在通带和阻带中幅频特性都不是单调平滑的(都有等波纹),但具有最陡峭的边界特性(过渡带更窄)。椭圆滤波器的基础是椭圆函数。其幅频特性如图3.1.7所示。

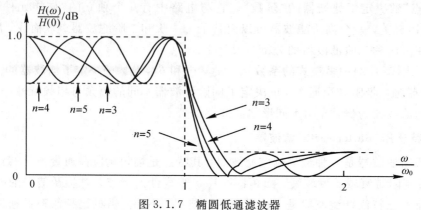

图 3.1.7　椭圆低通滤波器

4. 贝塞尔(Bessel)滤波器

贝塞尔滤波器除了会改变不同频率信号的幅度外,还会对各种频率的信号产生一个延迟,这种延迟会引起线性失真。贝塞尔滤波器具有线性相移特性,即群延迟接近常数 ($\tau(\omega) = \mathrm{d}\varphi/\mathrm{d}\omega \approx C$ (常数)),其基础是德国数学家弗雷德里希·贝塞尔提出的 Bessel 函数。贝塞尔滤波器的最大特点是延时特性最平坦(线性相位响应),但幅频特性最平坦区较小,从通带到阻带衰减缓慢,过渡带很宽,阶跃响应没有过冲或振铃现象。其选择性比同阶的巴特沃斯滤波器或切比雪夫滤波器要差。四种低通滤波器的幅频特性对比如图3.1.8所示。

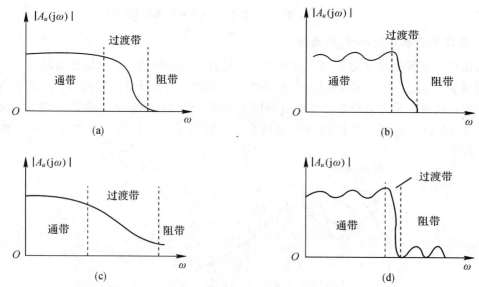

3.1.8　四种低通滤波器幅频特性对比

(a) 巴特沃斯滤波器;(b) 切比雪夫滤波器;(c) 贝塞尔滤波器;(d) 椭圆滤波器

应当指出的是,巴特沃斯滤波器的幅频特性与相频特性都比较均衡,在实际中应用最广。切比雪夫滤波器的相位响应较差。因此，当主要着眼于传输对各频率分量的相对幅度要求较高而对它们的相位关系要求不严的信号（例如声音信号）时，可选用切比雪夫滤波器。

若所传输的是图像，则情况将相反。这时要求有线性的相频特性而对幅度的某些变化不作苛求。为此，应选择以逼近相频特性为侧重点的贝塞尔近似函数。因为二阶滤波器应用广泛，且是构成高阶滤波器的基本环节，故以下重点介绍二阶滤波器。

3.1.3　二阶滤波器的传递函数

传递函数的分子、分母都是 s 的二次多项式的滤波器叫双二次滤波器。其传递函数可表示为

$$H(s) = H\,\frac{s^2 + b_1 s + b_0}{s^2 + a_1 s + a_0} \tag{3.1.3}$$

1. 二阶低通滤波器

二阶低通滤波器是一种典型的二极点系统，其传递函数的常见形式为

$$H(s) = \frac{H(0)\omega_0^2}{s^2 + \dfrac{\omega_0}{Q}s + \omega_0^2} \tag{3.1.4}$$

式中，$H(0)$ 是 $\omega = 0$ 时的放大倍数，ω_0 是特征频率。如果用 ω_0 和 $H(0)$ 将 ω 和 $|H(\mathrm{j}\omega)|$ 归一化，则对于不同的 Q 值，式(3.1.4)的幅频特性如图 3.1.9(a)所示。当 $Q = 0.707$ 时可得到巴特沃斯二阶低通滤波器。二阶低通有一对共轭极点，没有零点，如图 3.1.9(b)所示。

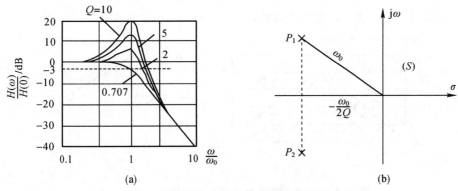

图 3.1.9　二阶低通滤波器的幅频特性与零极点图

(a) 幅频特性；(b) 零极点图

2. 二阶高通滤波器

二阶高通滤波器的传递函数如下：

$$H(s) = \frac{H(\infty)s^2}{s^2 + \dfrac{\omega_0}{Q}s + \omega_0^2} \tag{3.1.5}$$

它有一个取值为零的二重零点和一对共轭极点。零极点图和频率特性曲线如图 3.1.10 所示。

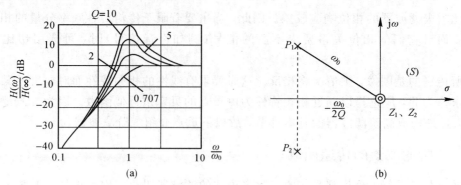

图 3.1.10　二阶高通滤波器的幅频特性与零极点图

(a) 幅频特性；(b) 零极点图

3. 二阶带通滤波器

二阶带通滤波器的传递函数如下：

$$H(s)=\frac{H(\omega_0)\frac{\omega_0}{Q}s}{s^2+\frac{\omega_0}{Q}s+\omega_0^2}\tag{3.1.6}$$

它有一个 $s=0$ 的零点和一对共轭极点，图 3.1.11(a)、(b)是其幅频特性曲线及零、极点分布图。由图(a)可知，若 ω_H 和 ω_L 是比 ω_0 处的增益低 3 dB 的频率，则通带宽度 BW$=\omega_H-\omega_L$。Q 值决定了滤波器的选频性能：

$$Q=\frac{\omega_0}{\omega_H-\omega_L}=\frac{\omega_0}{BW}\tag{3.1.7}$$

可见，Q 值越高，带宽越窄，选频性能越好。

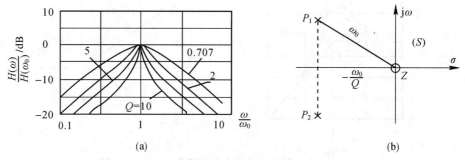

图 3.1.11　二阶带通滤波器的幅频特性与零极点图

(a) 幅频特性；(b) 零极点图

4. 二阶带阻滤波器

带阻滤波器又叫陷波器。二阶带阻滤波器的传递函数为

$$H(s)=\frac{H(0)(s^2+\omega_0^2)}{s^2+\frac{\omega_0}{Q}s+\omega_0^2}\tag{3.1.8}$$

它有两个零点和一对共轭极点。带阻滤波器的幅频特性曲线与零极点图如图 3.1.12(a)、(b)所示。这种滤波器是对称陷波器，Q 值越大，陷波特性越尖锐。

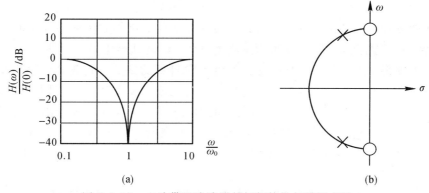

（a）　　　　　　　　　　　　　（b）

图 3.1.12　二阶带阻滤波器的幅频特性与零极点图

（a）幅频特性；（b）零极点图

5. 二阶全通滤波器

二阶全通滤波器的传递函数为

$$H(s) = \frac{H(0)\left(s^2 - \dfrac{\omega_0}{Q}s + \omega_0^2\right)}{s^2 + \dfrac{\omega_0}{Q}s + \omega_0^2} \tag{3.1.9}$$

它在 S 平面的左半平面有一对共轭极点，在右半平面有一对共扼零点，零点与极点成镜像关系。显然，其幅度与频率无关，即所有频率的信号均可通过，所以称为全通滤波器。这种滤波器的相位在 $\omega = 0 \sim \infty$ 的范围内移动 2π 弧度，可用作相位延迟和相位校正。全通滤波器的幅频特性及零极点图如图 3.1.13(a)、(b)所示。

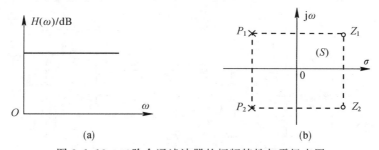

（a）　　　　　　　　　　　　　（b）

图 3.1.13　二阶全通滤波器的幅频特性与零极点图

（a）幅频特性；（b）零极点图

了解了滤波器的传递函数和频率响应等重要概念后，就必然会问：在工程上如何实现所需要的滤波器？有什么常用的滤波器电路？如何设计和应用这些滤波器电路？

集成运放的出现推动了有源滤波器理论和应用的快速发展。与经典的无源 R、L、C 滤波器相比，它具有下列突出优点：

（1）运放输入阻抗高，输出阻抗低，输入、输出之间具有优良的隔离性能，所以各级之间均无阻抗匹配的要求；带负载能力强，且有放大作用。

（2）由于不使用电感，体积和重量大幅度减小。

（3）在低频段及超低频段的滤波功能上，具有 LC 滤波器无法比拟的优越性，低端截止频率甚至可以扩展到 10^{-3} Hz。如果使用电位器、可变电容器，则有源滤波器的频率精

度可以达到 0.5%。

（4）在通频带内传递函数的系数可以灵活调整，易于制作截止频率或中心频率连续可调的滤波器，且调整容易；设计有源滤波器比设计 LC 滤波器更具灵活性。

然而，事物都具有多面性，有源滤波器也有它自身的缺点。首先，有源滤波器以集成运放作有源元件，所以一定需要电源。其次，受到运放带宽和压摆率有限的限制，使有源滤波器不适用于很高的频率范围。目前实用范围大致在 $100\ \mathrm{kHz}$，随着高速宽带运放的发展，实用范围可扩展到 $10\ \mathrm{MHz}$ 左右，最大 Q 值被限制在 $20\sim30$。当频率高于 $10\ \mathrm{MHz}$ 时，R、L、C 无源滤波器则更显得优越。

3.2 一阶有源 RC 滤波器的电路实现

图 3.2.1(a)所示为同相输入一阶有源低通滤波电路，相当于一阶无源 RC 加一级同相比例放大器。由图(a)可知：

$$u_\mathrm{o}(\mathrm{j}\omega)=\left(1+\frac{R_2}{R_1}\right)u_+=\left(1+\frac{R_2}{R_1}\right)\frac{\frac{1}{\mathrm{j}\omega C}}{R+\frac{1}{\mathrm{j}\omega C}}u_\mathrm{i}(\mathrm{j}\omega)=\frac{1+\frac{R_2}{R_1}}{1+\mathrm{j}\omega RC}u_\mathrm{i}(\mathrm{j}\omega)\quad(3.2.1)$$

设通带增益 $A_0=1+\dfrac{R_2}{R_1}$，上限频率 $f_\mathrm{H}=\dfrac{\omega_\mathrm{H}}{2\pi}=\dfrac{1}{2\pi RC}$，则

$$u_\mathrm{o}(\mathrm{j}\omega)=\frac{A_0}{1+\mathrm{j}\dfrac{\omega}{\omega_\mathrm{H}}}u_\mathrm{i}(\mathrm{j}\omega)=\frac{A_0}{1+\mathrm{j}\dfrac{f}{f_\mathrm{H}}}u_\mathrm{i}(\mathrm{j}\omega)\quad(3.2.2)$$

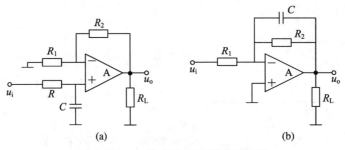

图 3.2.1 一阶有源 RC 低通滤波器

（a）同相输入一阶有源 RC 低通滤波器；（b）反相输入一阶有源 RC 低通滤波器

图 3.2.1(b)所示为反相输入一阶有源低通滤波电路。由图可知：

$$A_u(\mathrm{j}\omega)=-\frac{R_2\ /\!/\ \dfrac{1}{\mathrm{j}\omega C}}{R_1}=\frac{-R_2/R_1}{1+\mathrm{j}\omega R_2 C}=\frac{A_0}{1+\mathrm{j}\dfrac{\omega}{\omega_\mathrm{H}}}\quad(3.2.3)$$

其幅频特性为

$$|A_u|=\frac{A_0}{\sqrt{1+\left(\dfrac{f}{f_\mathrm{H}}\right)^2}}\quad(3.2.4\mathrm{a})$$

式(3.2.4a)中，通带增益 $A_0 = -\dfrac{R_2}{R_1}$，上限频率 $f_H = \dfrac{\omega_H}{2\pi} = \dfrac{1}{2\pi R_2 C}$，其相频特性为

$$\varphi(\mathrm{j}f) = -180° - \arctan\frac{f}{f_H} \tag{3.2.4b}$$

式(3.2.4b)中，由 $R_2 C$ 引入的附加相移为

$$\Delta\varphi(\mathrm{j}f) = -\arctan\frac{f}{f_H} \tag{3.2.5}$$

图 3.2.1(b)所示电路的幅频特性和相频特性如图 3.2.2 所示。图 3.2.1(b)所示电路的应用比图 3.2.1(a)更为广泛些。

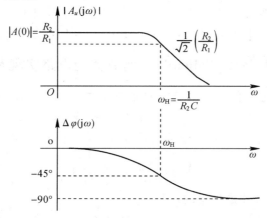

图 3.2.2　一阶有源低通滤波电路的幅频特性和相频特性

【例 3.2.1】　设计一个如图 3.2.1(b)所示的一阶有源滤波器，要求上限频率 $f_H = 5\ \text{kHz}$，增益 $A(0) = 10\ \text{倍}(20\ \text{dB})$。

解　上限频率

$$f_H = \frac{\omega_H}{2\pi} = \frac{1}{2\pi R_2 C} = 5\ \text{kHz}$$

选 $C = 1000\ \text{pF}$，则

$$R_2 = \frac{1}{2\pi f_H C} = \frac{1}{2\pi \times 5 \times 10^3 \times 1000 \times 10^{-12}} \approx 31.83\ \text{k}\Omega$$

取 $R_2 = 32\ \text{k}\Omega$，又有 $A(0) = 10 = \dfrac{R_2}{R_1}$，故

$$R_1 = \frac{R_2}{A(0)} = \frac{32}{10} = 3.2\ \text{k}\Omega$$

设计完成的一阶有源滤波器电路如图 3.2.3 所示。

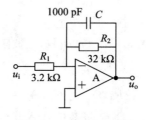

图 3.2.3　一阶有源滤波器

一阶有源滤波器的缺点是从通带到阻带衰减太慢，与理想特性差距较大，改进的方案是采用二阶低通滤波电路。

3.3 二阶有源 RC 滤波器的电路实现

集成运放构成的二阶 RC 有源滤波电路有两种基本形式。在第一种形式中，运放接成同相比例放大电路，放大电路增益有限，二阶 RC 网络接于同相输入端组成压控电压源(Voltage-Controlled Voltage Source，VCVS)型滤波电路，也称为 Sallen-key 滤波器；在第二种形式中，运放接成反相输入方式，二阶 RC 网络接于反相输入端，运放作为无限增益放大器而形成多路反馈型(Multiple Feedback Filter，MFB)滤波电路。

3.3.1 二阶压控电压源型(Sallen-key)滤波器的电路实现及工程设计

Sallen-key 滤波器是工程上应用最广的滤波器之一，它是 Sallen 和 Key 于 1955 年提出的。其原型如图 3.3.1 所示。$Y_1 \sim Y_5$ 代表元件的导纳，它们构成正反馈电路。运算放大器 A 和电阻 R_{f1}、R_{f2} 构成增益有限的闭环放大器，对同相端来说，增益为

$$A_F = \frac{u_o}{u_2} = \left(1 + \frac{R_{f2}}{R_{f1}}\right)$$

假设所用的运算放大器是理想的，由图可得

$$\begin{cases} (u_i - u_1)Y_1 = (u_1 - u_o)Y_2 + (u_1 - u_2)Y_3 + u_1 Y_4 \\ (u_1 - u_2)Y_3 = u_2 Y_5 \\ u_2 = \dfrac{u_o}{A_F} \end{cases} \tag{3.3.1}$$

解得

$$H = \frac{u_o}{u_i} = \frac{A_F Y_1 Y_3}{Y_5(Y_1 + Y_2 + Y_3 + Y_4) + Y_3(Y_1 + Y_4 + Y_2(1 - A_F))} \tag{3.3.2}$$

式(3.3.2)是二阶 Sallen-key 滤波电路传递函数的一般表达式。只要适当选取电阻和电容来代替 $Y_1 \sim Y_5$ 中相应的导纳即可构成低通、高通、带通等二阶有源滤波电路。

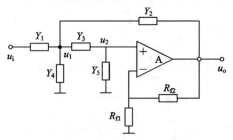

图 3.3.1 Sallen-key 滤波器

1. 二阶有源低通滤波电路

图 3.3.1 所示模型中，设 $Y_1 = 1/R_1$，$Y_2 = sC_2$，$Y_3 = 1/R_3$，$Y_4 = 0$，$Y_5 = sC_5$，则构成图 3.3.2 所示的二阶有源低通滤波器。将电路参数代入式(3.3.2)得二阶有源低通滤波电路传递函数表达式：

$$H(s) = \cfrac{\dfrac{A_F}{R_1 R_3 C_2 C_5}}{s^2 + s\left(\dfrac{1}{R_1 C_2} + \dfrac{1}{R_3 C_2} + \dfrac{1-A_F}{R_3 C_5}\right) + \dfrac{1}{R_1 R_3 C_2 C_5}} \qquad (3.3.3)$$

整理得

$$H(s) = \frac{u_o(s)}{u_i(s)} = \frac{H(0)\omega_0^2}{s^2 + \dfrac{\omega_0}{Q}s + \omega_0^2} \qquad (3.3.4)$$

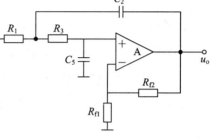

图 3.3.2　二阶低通滤波器

在式(3.3.4)中,低频增益(又称通带增益)$H(0)$、特征角频率 ω_0 和等效品质因数 Q 分别为

$$\begin{cases} H(0) = A_F = 1 + \dfrac{R_{f2}}{R_{f1}} \\[3mm] \omega_0 = \dfrac{1}{\sqrt{R_1 R_3 C_2 C_5}} \\[3mm] Q = \dfrac{\sqrt{R_1 R_3 C_2 C_5}}{C_5(R_1 + R_3) + R_1 C_2(1 - A_F)} \end{cases} \qquad (3.3.5)$$

对于正弦稳态系统,令 $s = j\omega$,可由式(3.3.4)得电路的频率特性为

$$H(j\omega) = \frac{H(0)}{1 - \left(\dfrac{\omega}{\omega_0}\right)^2 + j\dfrac{1}{Q}\dfrac{\omega}{\omega_0}} \qquad (3.3.6)$$

由此可知幅频响应和相频响应分别为

$$|H(j\omega)| = \frac{H(0)}{\sqrt{\left[1 - \left(\dfrac{\omega}{\omega_0}\right)^2\right]^2 + \left(\dfrac{1}{Q}\dfrac{\omega}{\omega_0}\right)^2}} \qquad (3.3.7)$$

$$\varphi(\omega) = -\arctan\frac{\omega/Q\omega_0}{1 - (\omega/\omega_0)^2} \qquad (3.3.8)$$

根据式(3.3.7)可画出不同 Q 值时电路的归一化幅频特性,如图 3.3.3 所示。

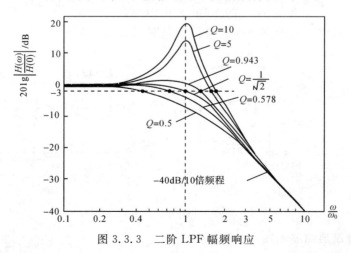

图 3.3.3　二阶 LPF 幅频响应

由式(3.3.7)可知当 $\omega = \omega_0$ 时,品质因数 $Q = |H(j\omega_0)|/H(0)$,即 Q 是滤波电路在

$\omega=\omega_0$ 处的电压增益与通带增益之比值。另外由图 3.3.3 可得出下列结论：

(1) Q 值的大小对幅频特性在 $\omega=\omega_0$ 附近的影响较大。

(2) 当 $Q=0.578$ 时，称为贝塞尔滤波器，低通特性单调下降且通带较窄。

(3) 当 $Q=1/\sqrt{2}=0.707$ 时，幅频特性曲线最平坦，称为巴特沃斯滤波器，通常音频滤波器采用这种形式。

(4) 当 $Q=0.943$ 时，称为切比雪夫滤波器，低通特性有上翘。

(5) 当 $Q>1/\sqrt{2}$ 后，特性曲线将出现峰值，Q 值越大，峰值越高。

(6) 当 $Q\to\infty$ 时，电路将产生自激振荡。

(7) 当 $Q=0.707$，-3 dB 带宽 $f_H=f_0=\dfrac{\omega_0}{2\pi}$，当 $Q<0.707$，$f_H<f_0=\dfrac{\omega_0}{2\pi}$，当 $Q>0.707$，$f_H>f_0=\dfrac{\omega_0}{2\pi}$。

又由式(3.3.7)可知，在 $Q=1/\sqrt{2}$ 的情况下 $\omega=\omega_0$，$20\lg|H(j\omega)/H(0)|=-3$ dB，即 -3 dB 截止角频率为 ω_0，当 $\omega=10\omega_0$ 时，$20\lg|H(j\omega)/H(0)|=-40$ dB，即衰减率为 -40 dB/10 倍频程。显然，其滤波效果比一阶滤波电路好得多。

【例 3.3.1】 设计一个如图 3.3.2 的二阶有源滤波器，要求：$R_1=R_2=R$，$C_1=C_2=C$，特征频率 $f_0=1$ kHz，增益 $A(0)=2$ 倍(6 dB)，$Q=1$。

解 $R_1=R_2=R$，$C_1=C_2=C$ 时，其传递函数简化为

$$H(s)=\frac{u_o(s)}{u_i(s)}=\frac{H(0)\omega_0^2}{s^2+\dfrac{\omega_0}{Q}s+\omega_0^2}=\frac{A_F\dfrac{1}{R^2C^2}}{S^2+\dfrac{3-A_F}{RC}S+\dfrac{1}{R^2C^2}} \tag{3.3.9}$$

故有
$$H(0)=A_F=1+\frac{R_{f2}}{R_{f1}}=2,\quad Q=\frac{1}{3-A_F}=1$$

选 $R_{f1}=R_{f2}=10$ kΩ，根据 $f_0=\dfrac{1}{2\pi RC}=1$ kHz，选电容 $C=0.01$ μF，则

$$R=\frac{1}{2\pi f_0 C}=\frac{1}{2\pi\times10^3\times0.01\times10^{-6}}\approx15.92 \text{ kΩ}$$

取 $R=16$ kΩ，设计完成的电路及幅频特性示意图如图 3.3.4 所示。

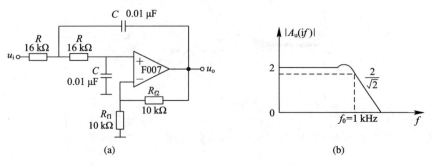

(a)   (b)

图 3.3.4 二阶 Sallen-key 低通滤波器($Q=1$)

2. 二阶有源高通滤波电路

设 $Y_1=sC_1$、$Y_2=1/R_2$、$Y_3=sC_3$、$Y_4=0$、$Y_5=1/R_5$，则得到图 3.3.5 所示的 Sallen-Key

二阶有源高通滤波器。将电路参数代入式(3.3.2)得二阶有源高通滤波电路传递函数表达式为

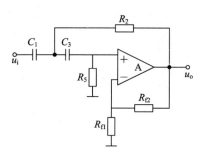

$$H(s) = \cfrac{H(\infty)s^2}{s^2 + s\left(\cfrac{1}{R_5C_1} + \cfrac{1}{R_5C_3} + \cfrac{1-A_F}{R_2C_1}\right) + \cfrac{1}{R_2R_5C_1C_3}}$$

$$(3.3.10)$$

整理得

$$H(s) = \frac{u_o(s)}{u_i(s)} = \frac{H(\infty)s^2}{s^2 + \cfrac{\omega_0}{Q}s + \omega_0^2} \quad (3.3.11)$$

图 3.3.5　二阶高通滤波器

式中，高频增益(又称通带增益)$H(\infty)$、特征角频率 ω_0 和等效品质因数 Q 分别为

$$\begin{cases} H(\infty) = A_F = 1 + \cfrac{R_{f2}}{R_{f1}} \\[2mm] \omega_0^2 = \cfrac{1}{R_2R_5C_1C_3} \\[2mm] Q = \cfrac{\sqrt{R_2R_5C_1C_3}}{R_2(C_1+C_3) + R_5C_3(1-A_F)} \end{cases} \qquad (3.3.12)$$

对于正弦稳态系统，用 $s = j\omega$ 代入式(3.3.11)可得电路的频率特性，并可画出不同 Q 值时电路归一化幅频特性，如图 3.3.6 所示。

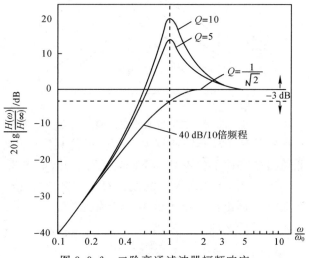

图 3.3.6　二阶高通滤波器幅频响应

3. 二阶 Sallen-key 带通滤波器

Sallen-key 带通滤波器可以看成是由截止频率为 f_L 的 HPF 和截止频率 $f_H(f_H > f_L)$ 的 LPF 串联组成的，两者覆盖的通带就是 BPF 的带宽，则 BPF 的带宽为 $f_{BW} = f_H - f_L$。BPF 原理电路如图 3.3.7 所示，图中 R_1、C_4 构成低通网络，R_5、C_3 构成高通网络，两者串联就组成了带通网络。设 $Y_1 = 1/R_1$、$Y_2 = 1/R_2$、

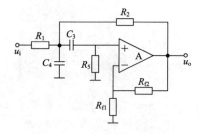

图 3.3.7　二阶带通滤波器

$Y_3 = sC_3$、$Y_4 = sC_4$、$Y_5 = 1/R_5$，代入式(3.3.2)，则得到二阶有源带通滤波电路传递函数表达式为

$$H(s) = \frac{sA_F/R_1C_4}{s^2 + s\left(\dfrac{1}{R_5C_4} + \dfrac{1}{R_5C_3} + \dfrac{1}{R_1C_4} + \dfrac{1-A_F}{R_2C_4}\right) + \dfrac{1}{C_3C_4R_5}\left(\dfrac{1}{R_1} + \dfrac{1}{R_2}\right)} \qquad (3.3.13)$$

式中，通带增益 H_0、中心频率 ω_0 和等效品质因数 Q 分别为

$$H(\omega_0) = \frac{A_F}{\dfrac{R_1C_4}{R_5C_3} + \dfrac{R_1}{R_5} + 1 + \dfrac{R_1}{R_2}(1-A_F)} \qquad (3.3.14)$$

$$\omega_0^2 = \frac{1}{C_3C_4R_5}\left(\frac{1}{R_1} + \frac{1}{R_2}\right) \qquad (3.3.15)$$

$$Q = \frac{R_1R_2(C_3 + C_4) + C_3R_5[R_2 + R_1(1-A_F)]}{\sqrt{R_1 + R_2}\sqrt{R_1R_2R_5C_3C_4}} \qquad (3.3.16)$$

对于正弦稳态系统，用 $s = j\omega$ 代入式(3.3.13)可得电路的频率特性，并可得二阶 BPF 的归一化幅频特性如图 3.3.8 所示。其通频带可按下式计算：

$$BW = \frac{\omega_0}{Q}, \quad f_{BW} = \frac{\omega_0}{2\pi Q}$$

可见，Q 值越高，通带越窄。

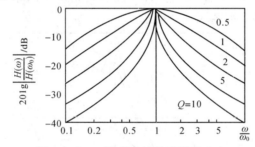

图 3.3.8　二阶带通滤波器幅频响应

注意：Sallen-key 滤波器存在高频馈通现象。从虚拟仿真实验(电路如图 3.3.9 所示)看出，在某高频段，低通幅频特性不仅不继续下降，反而上升(如图 3.3.10(a)所示)。从时域波形(如图 3.3.10(b)所示)看，Sallen-key 滤波器对于高频快变化信号，滤波能力差，方波信号边沿变化快，没滤掉，输出信号出现许多不应有的"毛刺"。产生这种现象是因为在 Sallen-key 滤波器引入了正反馈之故。

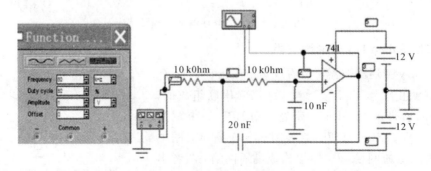

图 3.3.9　Sallen-key 低通滤波器的虚拟仿真实验电路

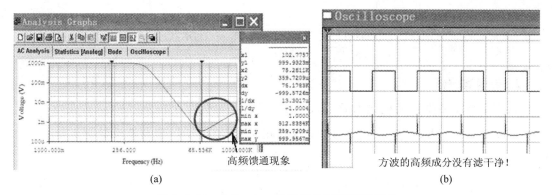

高频馈通现象

(a)

方波的高频成分没有滤干净！

(b)

图 3.3.10 Sallen-key 滤波器的高频馈通现象

(a) 低通幅频特性；(b) 输出波形出现"毛刺"

3.3.2 二阶无限增益多路反馈(MFB)滤波器的电路实现及工程设计

图 3.3.11 所示为二阶无限增益多路反馈 MFB 滤波电路模型。$Y_1 \sim Y_5$ 为导纳，接成反相输入方式。由图可列出节点 a 和 b 的方程分别为

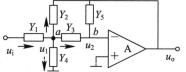

$$\begin{cases} (u_i - u_1)Y_1 = (u_1 - u_o)Y_2 + u_1 Y_4 \\ \qquad\qquad + (u_1 - u_2)Y_3 \\ (u_1 - u_2)Y_3 = (u_2 - u_o)Y_5 \\ u_2 = \dfrac{-u_o}{A_0} = 0 \end{cases} \qquad (3.3.17)$$

图 3.3.11 多路反馈滤波器原理

对理想运放，得

$$H(s) = \frac{u_o(s)}{u_i(s)} = \frac{-Y_1 Y_3}{Y_5(Y_1 + Y_2 + Y_3 + Y_4) + Y_2 Y_3} \qquad (3.3.18)$$

通过适当地选择 $Y_1 \sim Y_5$，即可构成低通、高通、带通和带阻滤波器。

1. 低通滤波器

设 $Y_1 = 1/R_1$、$Y_2 = 1/R_2$、$Y_3 = 1/R_3$、$Y_4 = sC_4$、$Y_5 = sC_5$，就构成了二阶低通滤波器，如图 3.3.12 所示。在高频情况下，C_4、C_5 相当于短路，传递函数为零；在低频情况下，C_4、C_5 相当于开路，传递函数为 $-R_2/R_1$，可见该滤波器具有低通性能。图 3.3.12 所示电路的传递函数为

$$H(s) = \frac{-1/R_1 R_3 C_4 C_5}{s^2 + \dfrac{s}{C_4}\left(\dfrac{1}{R_1} + \dfrac{1}{R_2} + \dfrac{1}{R_3}\right) + \dfrac{1}{R_2 R_3 C_4 C_5}} \qquad (3.3.19)$$

式中，中心频率 ω_0、通带增益 $H(0)$ 和等效品质因数 Q 分别为

$$\omega_0 = \sqrt{\frac{1}{R_2 R_3 C_4 C_5}} \qquad (3.3.20)$$

$$H(0) = -\frac{R_2}{R_1} \qquad (3.3.21)$$

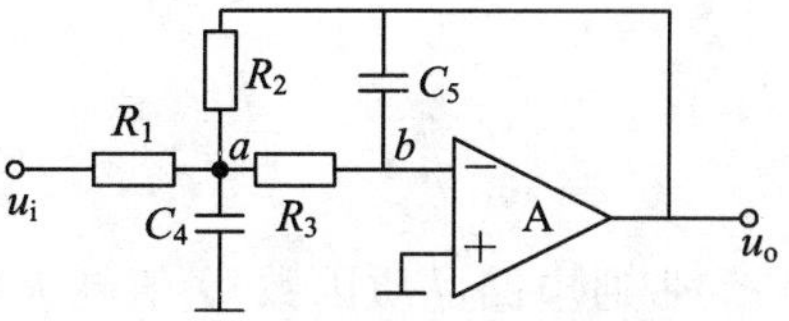

图 3.3.12 低通滤波器

$$Q = \frac{1}{\sqrt{\dfrac{C_5}{C_4}}\left(\dfrac{\sqrt{R_3 R_2}}{R_1} + \sqrt{\dfrac{R_2}{R_3}} + \sqrt{\dfrac{R_3}{R_2}}\right)} \tag{3.3.22}$$

2. 带通滤波器

二阶多路反馈带通滤波器如图 3.3.13(a)所示。将 $Y_1 = 1/R_1$、$Y_2 = sC_2$、$Y_3 = sC_3$、$Y_4 = 1/R_4$、$Y_5 = 1/R_5$ 代入式(3.3.18)，得到图 3.3.13(a)所示带通滤波器的传递函数为

$$H(s) = \frac{-\dfrac{s}{R_1 C_2}}{s^2 + \dfrac{s}{R_5}\left(\dfrac{1}{C_3} + \dfrac{1}{C_2}\right) + \dfrac{1}{R_5 C_3 C_2}\left(\dfrac{1}{R_1} + \dfrac{1}{R_4}\right)} \tag{3.3.23}$$

式中，通带增益 $H(\omega_0)$、中心频率 ω_0 和等效品质因数 Q 分别为

$$\omega_0 = \sqrt{\frac{1}{R_5 C_3 C_2}\left(\frac{1}{R_1} + \frac{1}{R_4}\right)} \tag{3.3.24}$$

$$H(\omega_0) = -\frac{R_5 C_3}{R_1(C_3 + C_2)} \tag{3.3.25}$$

$$\frac{1}{Q} = \frac{1}{\sqrt{R_5}}\frac{\left(\sqrt{\dfrac{C_2}{C_3}} + \sqrt{\dfrac{C_3}{C_2}}\right)}{\sqrt{\dfrac{1}{R_1} + \dfrac{1}{R_4}}} \tag{3.3.26}$$

MFB 带通滤波器应用较多，对于给定的 $H(\omega_0)$、ω_0 和 Q，二阶 MFB 带通滤波器设计元件的方法如下：

令 $C_2 = C_3 = C$，C 取标称值，则

$$\omega_0 = \frac{1}{C}\sqrt{\frac{1}{R_5}\left(\frac{1}{R_1} + \frac{1}{R_4}\right)} \approx \frac{1}{C}\sqrt{\frac{1}{R_5 R_4}} \quad (\text{当 } R_1 \gg R_4 \text{ 时}) \tag{3.3.27}$$

$$\frac{\omega_0}{Q} = \frac{1}{R_5}\left(\frac{1}{C_3} + \frac{1}{C_2}\right) = \frac{2}{R_5 C} \tag{3.3.28}$$

$$H(\omega_0) = -\frac{R_5}{2R_1} \tag{3.3.29}$$

先选定 C 值，则有

$$R_1 = \frac{Q}{\omega_0 H(\omega_0) C} \tag{3.3.30}$$

$$R_5 = \frac{2Q}{\omega_0 C} \tag{3.3.31}$$

$$R_4 = \frac{Q}{\omega_0 C(2Q^2 - H(\omega_0))} \tag{3.3.32}$$

带通电路品质因数 Q 值越大，通带放大倍数数值越大，频带越窄，选频特性越好。带宽 $\mathrm{BW}(=\omega_0/Q)$、增益 $H(\omega_0)$ 与 R_4 无关，唯独 ω_0 与 R_4 有关，所以可通过调节 R_4 来改变 ω_0，而不影响 Q 值和带宽 BW，如图 3.3.13(b)、(c)所示。

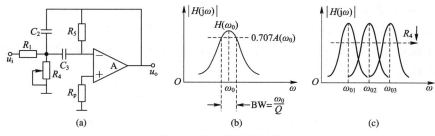

图 3.3.13　带通滤波器

（a）电路；（b）幅频特性；（c）调节 R_4，幅频特性平移

3.3.3　二阶带阻滤波器的电路实现及工程设计

带阻滤波器（BRF）又称为陷波电路，用来滤除某一不需要的频率分量，如滤除 50 Hz 工频干扰，在电视图像信号通道中滤除伴音信号干扰等。

1. 双 T 网络有源带阻滤波器

如果将输入电压同时作用于低通滤波电路和高通滤波电路，再将两个电路的输出电压求和，就可以得到带阻滤波电路，如图 3.3.14 所示，这时要求高通滤波器的截止频率大于低通滤波器的截止频率。而两者覆盖的频率范围就是 BRF 的阻带。常用 RC 双 T 网络与运放构成有源带阻滤波器。

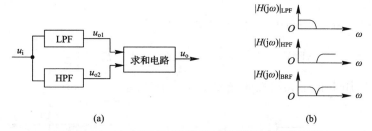

图 3.3.14　由 LPF 和 HPF 组成的带阻滤波器 BRF

（a）带阻滤波器构成框图；（b）低通、高通、带阻特性

1）无源 RC 双 T 网络的频率特性

无源 RC 双 T 网络的电路组成如图 3.3.15 所示。图中，$R-2C-R$ 构成低通网络，$C-R/2-C$ 构成高通网络。

无源双 T 网络的幅频特性曲线如图 3.3.16 所示。由图可知，双 T 网络具有选频特性，当 $\omega=\omega_0$，即输入信号的角频率等于中心角频率时，传输系统 $|F(\mathrm{j}\omega)|=0$，双 T 网络呈现很大的阻抗，而且相频特性呈现 $\pm 90°$ 突变；当 $\omega<\omega_0$ 时，相当于低通网络；当 $\omega>\omega_0$ 时，相当于高通网络。可见双 T 网络具有带阻特性，对信号具有选频作用。

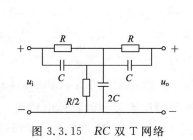

图 3.3.15　RC 双 T 网络

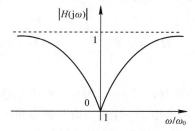

图 3.3.16　双 T 网络的幅频特性

2）有源双 T 带阻滤波器

无源双 T 带阻滤波器 Q 值太低，利用"运放加反馈"可以提高 Q 值。图 3.3.17 所示为 RC 双 T 网络与集成运放构成的双 T 有源带阻滤波器。由节点的导纳方程可以推导出电路的频率特性为

$$H(\mathrm{j}\omega) = \frac{U_o(\mathrm{j}\omega)}{U_i(\mathrm{j}\omega)} = \frac{A_F\left[1 + \left(\dfrac{\mathrm{j}\omega}{\omega_0}\right)^2\right]}{1 + 2(2 - A_F)\dfrac{\mathrm{j}\omega}{\omega_0} + \left(\dfrac{\mathrm{j}\omega}{\omega_0}\right)^2} \tag{3.3.33}$$

或

$$H(\mathrm{j}\omega) = \frac{A_F\left(1 - \left(\dfrac{\omega}{\omega_0}\right)^2\right)}{1 - \left(\dfrac{\omega}{\omega_0}\right)^2 + \mathrm{j}\dfrac{1}{Q}\dfrac{\omega}{\omega_0}} \tag{3.3.34}$$

式中，$\omega_0 = \dfrac{1}{RC}$，$A_F = 1 + \dfrac{R_f}{R_1}$，$Q = \dfrac{1}{2(2 - A_F)}$。

由上式可知，当 $\omega = \omega_0$ 时，幅频特性取得最小值，即 $|H(\mathrm{j}\omega_0)| = 0$，故称 $f_0 = \dfrac{\omega_0}{2\pi} = \dfrac{1}{2\pi RC}$ 为该 BRF 滤波电路的中心频率。

此外，令 $|H(\mathrm{j}\omega)| = H(0)/\sqrt{2}$，可求出带宽：

$$\mathrm{BW}_{-3\mathrm{dB}} = f_H - f_L = 2(2 - A_F)f_0 = \frac{f_0}{Q} \tag{3.3.35}$$

双 T 型有源 BEF 的幅频特性曲线如图 3.3.18 所示。

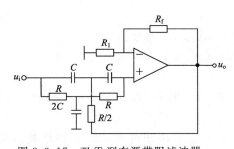

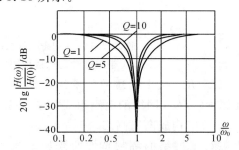

图 3.3.17　双 T 型有源带阻滤波器　　　　图 3.3.18　双 T 型有源带阻滤波器幅频特性

2. 用带通和相加器组成带阻滤波器

用带通和相加器组成带阻滤波器的框图如图 3.3.19(a)所示，其传递函数为

$$H(s) = 1 + \frac{H(\omega_0)\dfrac{\omega_0}{Q}s}{s^2 + \dfrac{\omega_0}{Q}s + \omega_0^2} = 1 - \frac{\dfrac{\omega_0}{Q}s}{s^2 + \dfrac{\omega_0}{Q}s + \omega_0^2} = \frac{s^2 + \omega_0^2}{s^2 + \dfrac{\omega_0}{Q}s + \omega_0^2} \tag{3.3.36}$$

可见，当 $H(\omega_0) = -1$ 时，该框图传递函数符合二阶带阻滤波器的标准传递函数表达式。图 3.3.19(b)给出了一个由二阶带通和相加器组成的 50 Hz 陷波器的具体电路图，只要调节 R_4 使带通的中心频率 $f_0 = 50$ Hz，且令 $R_5 = 2R_1$，则 $H(\omega_0) = -R_5/2R_1 = -1$ 即可。

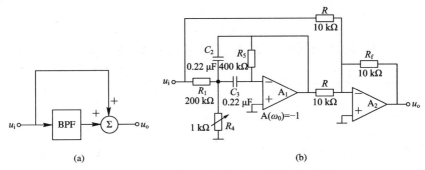

图 3.3.19　用带通和相加器组成带阻滤波器

(a) 框图；(b) 50 Hz 带阻滤波器——50 Hz 陷波器电路

目前有多种关于滤波器设计的软件，著名的滤波器辅助设计软件有：滤波器设计软件的行业领军企业 Nuhertz 公司的产品 Filter Solutions；Schematica 公司的滤波器设计软件 Filter Wiz Pro；Linear 公司免费提供的在集成滤波器设计中应用非常广泛的滤波器设计软件 FilterCAD；TI 公司免费提供的有源滤波器设计软件 Filter Designer 等。这些软件可以有效地帮助我们完成有源和无源滤波器设计。

3.4　多功能有源 RC 滤波器（状态变量滤波器）

上述讨论的两类二阶有源滤波电路，Q 值都不能取太高，否则会产生自激振荡。若要求 Q 值大于几十，可采用状态变量滤波电路。状态变量滤波电路是一种模拟计算机式的滤波电路，其基本原理是直接对所要求的传递函数用积分电路、加法电路等模拟运算电路进行模拟。它具有很高的 Q 值（高达 100 以上），而且通用性好，是一种很有前途的滤波电路。

3.4.1　多功能有源 RC 滤波器（状态变量滤波器）的工作原理

状态变量滤波器是一种利用电路理论中的状态变量法建立起来的滤波器，它可以同时实现高通、低通、带通、带阻特性，故又称为多功能滤波器。

我们知道，二阶高通滤波器传递函数分子有一个"s^2"项，如式(3.4.1)所示，如果将高通滤波器输出积分一次（即乘以 $1/s$），则分子变为只有一个"s"项，可见为带通滤波器的传递函数；如果将带通滤波器输出再积分一次（即乘以 $1/s$），则分子变为只有常数项，可见为低通滤波器的传递函数。

$$H(s) = \frac{As^2}{s^2 + \frac{\omega_0}{Q}s + \omega_0^2} \tag{3.4.1}$$

同理，将式(3.4.1)作一些变换：

$$H(s) = \frac{U_{HP}(s)}{U_i(s)} = \frac{As^2}{s^2 + \frac{\omega_0}{Q}s + \omega_0^2} = \frac{A}{1 + \frac{\omega_0}{Qs} + \frac{\omega_0^2}{s^2}} \tag{3.4.2}$$

式中，A 为高频增益，移项整理后得

$$U_{HP}(s) = AU_i(s) + \frac{1}{Q}\left[-\frac{\omega_0}{s}U_{HP}(s)\right] - \frac{\omega_0^2}{s^2}U_{HP}(s) \tag{3.4.3}$$

可见用积分器、相加器和数乘器可构成多功能滤波器，其信号流图如图 3.4.1 所示。

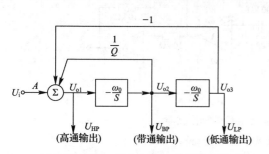

图 3.4.1　状态变量滤波器信号流图

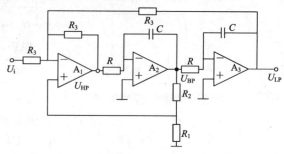

图 3.4.2　二阶状态变量型有源滤波器

一个简单的状态变量组态如图 3.4.2 所示，它由两个运放积分器和一个运放求和电路组成。图中电压 U_{HP}、U_{BP}、U_{LP} 分别表示高通、带通和低通滤波器的输出。

假设 $U(s)$ 为时域 $u(t)$ 的拉氏变换，运放 A_2、A_3 构成反相积分器，则

$$U_{BP}(s) = -\frac{1}{RCs}U_{HP}(s)$$

当 $R=1\ \mathrm{M\Omega}$，$C=1\ \mu\mathrm{F}$ 时，$RC=1$，则上式为

$$U_{BP}(s) = -\frac{1}{s}U_{HP}(s)$$

同理可得

$$U_{LP}(s) = -\frac{1}{s}U_{BP}(s) = \frac{1}{s^2}U_{HP}(s)$$

运放 A_1 是三输入信号的求和电路，输出电压可写为

$$U_{HP}(s) = -U_i(s) - U_{LP}(s) + \left(1 + \frac{R_3}{R_3 /\!/ R_3}\right)\frac{R_1}{R_2 + R_1}U_{BP}(s)$$

$$= -U_i(s) - U_{LP}(s) + \alpha U_{BP}(s)$$

式中衰减系数 $\alpha = 3\dfrac{R_1}{R_2 + R_1}$，因此

$$H_{HP}(s) = \frac{U_{HP}(s)}{U_i(s)} = \frac{-s^2}{s^2 + \alpha s + 1} \tag{3.4.4}$$

同理，可得到低通滤波器的传递函数

$$H_{LP}(s) = \frac{U_{HP}(s)}{U_i(s)} = \frac{-1}{s^2 + \alpha s + 1} \tag{3.4.5}$$

得到 $H_0 = -1$，$\omega_0 = 1$。所以带通滤波器的传递函数为

$$H_{BP}(s) = \frac{U_{BP}(s)}{U_i(s)} = \frac{s}{s^2 + \alpha s + 1} \tag{3.4.6}$$

3.4.2　集成多功能有源 RC 滤波器 UAF42

集成有源滤波器是精密运算放大器、精密电阻和精密电容集成在一起的滤波器件。使用时，根据设计公式计算出合适的外接电阻等元件，就可以实现高通(HP)、低通(LP)、带

通(BP)和带阻(BR)滤波器的设计参数。常用的集成有源滤波器件有：UAF42(多用途通用型)、MAX265/266(管脚/电阻可编程切换通用型)、MAX263/64/67/68(管脚可编程切换通用开关电容型)等。下面以 UAF42 集成有源滤波器为例，介绍此类滤波器的概况。

UAF42 是美国 TI 公司生产的一款采用状态变量模拟结构的集成通用有源滤波芯片，它在单片电路上集成了低通、高通、带通、带阻等 4 种滤波器，其内部包含一个高精度运算放大器(A_1)、两个积分器(A_2、A_3)和一个辅助的独立运算放大器(A_4)，以及四个 50 kΩ 的高精密电阻和两个 1000 pF 的高精密积分电容，有效地解决了在滤波器设计时难以获得电容和电阻的匹配以及低损耗等问题。UAF42 有三个输入端和四个输出端，通过外接少量的元器件便可以设计出高品质的低通、带通、高通、带阻等有源滤波器，结构简单，设计方便。图 3.4.3 是 14 管脚的 UAF42AP 内部结构图，图 3.4.4 表示 UAF42AP 的原理框图。

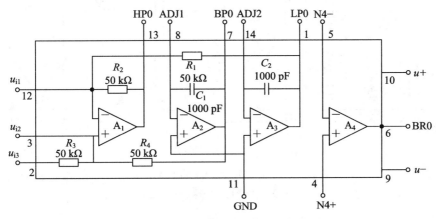

图 3.4.3 UAF42AP 内部结构图

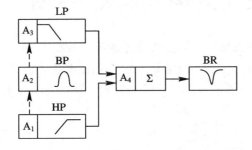

图 3.4.4 UAF42AP 原理框图

UAF42 的主要性能特点如下：

(1) 具有高通、低通、带通和带阻滤波器的设计功能。

(2) 有源滤波器的构成仅需要外加几只电阻。

(3) 共模抑制比：典型值为 96 dB。

(4) 开环增益：典型值为 126 dB。

(5) 工作电源：±6～±18 V，电流为±6 mA。

(6) 最大负载电流：典型值为±25 mA。

(7) 中心频率为 0～100 kHz。

(8) 片内电容为 1000 pF±5%。

用 UAF42 设计滤波器一般有两种输入方式：一种是同相输入；另一种是反向输入。所选择的输入方式不同，其设计公式也有差异。具体的设计公式及方法这里不予介绍，可参考 TI 公司提供的器件数据表，或利用 TI 公司提供的设计软件 Filter42 进行设计。设计软件 Filter42 提供了 4 种滤波器类型，分别是巴特沃斯滤波器、切比雪夫滤波器、贝塞尔滤波器和反切比雪夫滤波器。

图 3.4.5(a)给出一个抑制工频干扰的 50 Hz 陷波器电路，图 3.4.5(b)所示为该电路的频率特性。该滤波器带宽为 10 Hz，$Q=5$，在 50 Hz 处增益为 −22.71 dB。

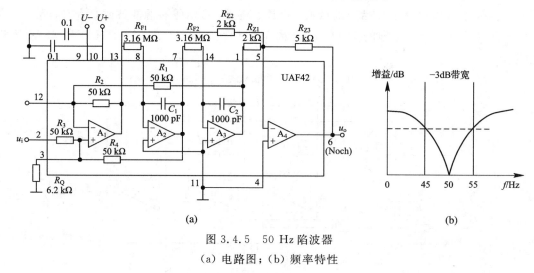

(a)   (b)

图 3.4.5　50 Hz 陷波器

（a）电路图；（b）频率特性

3.5　一阶全通滤波器(移相器)的原理与工程设计方法

全通滤波器又叫做移相滤波器，它能通过所有频率的信号，其增益幅度为常数，仅相位是频率的函数。最简单的全通滤波器是一阶移相滤波器，它能提供最大 $180°$ 的相移。具体电路如图 3.5.1(a)、(b)所示。图 3.5.2 是它们的附加相移 $\Delta\varphi(j\omega)$。

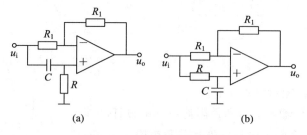

(a)   (b)

图 3.5.1　一阶移相滤波器

（a）电路 1；（b）电路 2

图 3.5.1(a)所示电路的频率响应函数为

$$H(j\omega) = \frac{\dot{U}_o(j\omega)}{\dot{U}_i(j\omega)} = -\frac{1 - j\omega RC}{1 + j\omega RC} \tag{3.5.1}$$

其幅频特性为

$$|H(\mathrm{j}\omega)| = 1 \tag{3.5.2}$$

相频特性为

$$\varphi(\mathrm{j}\omega) = -180° - 2\arctan\frac{\omega}{\omega_0} = -180° + \Delta\varphi(\mathrm{j}\omega) \tag{3.5.3}$$

式中，$\omega_0 = \dfrac{1}{RC}$。

图 3.5.1(b) 所示电路的频率响应函数为

$$H(\mathrm{j}\omega) = \frac{\dot{U}_\mathrm{o}(\mathrm{j}\omega)}{\dot{U}_\mathrm{i}(\mathrm{j}\omega)} = \frac{1 - \mathrm{j}\omega RC}{1 + \mathrm{j}\omega RC} \tag{3.5.4}$$

其幅频特性为

$$|H(\mathrm{j}\omega)| = 1 \tag{3.5.5}$$

相频特性为

$$\varphi(\mathrm{j}\omega) = -2\arctan\frac{\omega}{\omega_0} = \Delta\varphi(\mathrm{j}\omega) \tag{3.5.6}$$

式中，$\omega_0 = \dfrac{1}{RC}$，$\Delta\varphi(\mathrm{j}\omega) = -2\arctan\dfrac{\omega}{\omega_0}$ 称为附加相移。两种电路的附加相移 $\Delta\varphi(\mathrm{j}\omega)$ 是相同的，如图 3.5.2 所示。

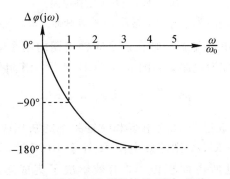

图 3.5.2 全通滤波电路相频特性（附加相移 $\Delta\varphi(\mathrm{j}\omega)$）

由式(3.5.2)和式(3.5.5)可知，该电路的电压增益的幅值与频率无关，始终为一个恒定值，但电路的相移与频率有关。当 $f = f_0$ 时，附加相移 $\Delta\varphi(\mathrm{j}f_0) = -90°$。具有这种特征的电路常用于相位校正和信号延迟。

3.6 开关电容滤波器的基本原理

由 R、C 组成的有源滤波电路虽然不需要电感元件，但是当电阻 R 取值太大时，用集成工艺制作的电阻存在着占用芯片面积大、温度系数大、电路功耗大等缺点，有碍电路的集成化。开关电容电路(Switched Capacity Circuits，简称 SC 电路)是克服上述缺点的有效方法。它是由受时钟信号控制的 MOS 开关以及 MOS 电容和 MOS 运放组成的，与数字工艺兼容。开关电容网络已广泛应用于滤波器、振荡器、平衡调制器和自适应均衡器等各种模拟信号处理电路之中。当然，在应用中需要注意的是开关电容滤波器具有开关噪声和时钟噪声。

3.6.1 基本开关电容单元及等效电路

开关电容滤波器的基本原理是用开关和电容代替电阻,如图 3.6.1(a)所示。MOS 管 V_1 和 V_2 起开关作用,V_1 和 V_2 分别由时钟脉冲 Φ 和 $\overline{\Phi}$ 来控制,两相时钟脉冲 Φ 和 $\overline{\Phi}$ 互补,如图 3.6.1(b)、(c)所示。当时钟信号 Φ 为高电平时,V_1 管导通,V_2 管截止,电容 C 与 1—1′端接通,充电电荷为 $Q_1 = Cu_1$;当时钟信号 $\overline{\Phi}$ 为高电平时,V_2 管导通,V_1 管截止,电容 C 与 2—2′接通,C 放电,放电电荷 $Q_1 = Cu_2$,从左到右传输的总电荷为

$$\Delta Q = C \Delta u = C(u_2 - u_1)$$

等效电流为

$$i = \frac{\Delta Q}{T_C} = \frac{C}{T_C}(u_2 - u_1) \tag{3.6.1}$$

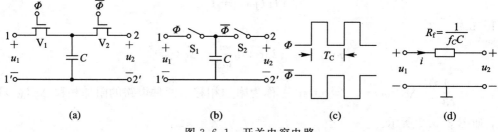

图 3.6.1 开关电容电路

(a) 开关电容;(b) 等效电路;(c) 时钟脉冲波形;(d) 等效电阻

如果时钟脉冲的频率 Φ 足够高,则在一个时钟周期内两个端口的电压均基本不变,基本开关电容单元就可以等效为电阻,如图 3.6.1(d) 所示,其阻值为

$$R = \frac{u_2 - u_1}{i} = \frac{T_C}{C} = \frac{1}{C f_C} \tag{3.6.2}$$

由式(3.6.2)可知,等效电阻 R 与电容和时钟频率的乘积成反比。

若 $C = 1$ pF,$f_C = 100$ kHz,则等效电阻 R 等于 10 MΩ。利用 MOS 工艺,电容只需硅片面积 0.01 mm^2。可见所占面积极小,有效解决了集成运放不能直接制作大电阻的问题。

3.6.2 开关电容积分器

图 3.6.2(a)为反相积分器,其传递函数表示为 $H(s) = -\dfrac{1}{sRC_1}$,令 $s = j\omega$,其稳态频率响应为

$$H(j\omega) = -\frac{1}{j\omega RC_1} \tag{3.6.3}$$

如果用开关电容代替电阻 R,则构成的开关电容积分器如图 3.6.2(b)所示,根据式 (3.6.2)得 $R = \dfrac{1}{f_C C}$,因此开关电容积分器稳态频率响应为

$$H(j\omega) = -\frac{1}{j\omega \dfrac{C_1}{C f_C}} \tag{3.6.4}$$

图 3.6.2(c)所示电路为反相积分器，图 3.6.2(d)所示电路为同相积分器。反相积分器的工作过程为：当时钟 Φ 为高，$\bar{\Phi}$ 为低时，V_1 导通，V_2 截止，U_i 对 C 充电，电荷 $Q = U_iC$，此时，C_1 电荷保持不变，如图 3.6.3(a) 所示。而当 Φ 为低，$\bar{\Phi}$ 为高时，V_1 截止，V_2 导通，C 被接到运放虚地点，C 将前个时刻积累的电荷（$Q = U_iC$）全部转移给 C_1，如图 3.6.3(b)所示。

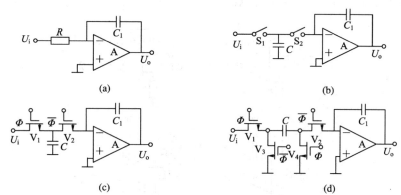

图 3.6.2　开关电容积分器

（a）RC 反相积分器；（b）开关电容积分器等效模型；（c）反相开关电容积分器；（d）同相开关电容积分器

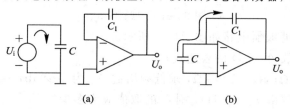

图 3.6.3　开关电容反相积分器的工作过程

（a）Φ 为高，C 充电；（b）$\bar{\Phi}$ 为高，C 将电荷转移给 C_1

由以上分析可见：

（1）开关电容积分器的积分时常数只取决于"电容比"，与单个电容值无关，而集成电路"电容比"的精度与稳定度都可以做得很高。

（2）可通过改变时钟频率 f_c 来改变积分器时常数。积分器和相加器可组成多功能滤波器，因此可通过改变时钟频率 f_c 来实现参数可控的开关电容滤波器，比如滤波器的通带和中心频率的电可调和可编程。

习　　题

3-1　在下列各种情况下，分别需要采用哪种类型的滤波器（低通、高通、带通、带阻）？

（1）抑制 50 Hz 交流电源的干扰；

（2）处理有 100 Hz 固定频率的有用信号；

（3）从输入信号中取出低于 2 kHz 的信号；

（4）提取 10 MHz 以上的高频信号。

3-2　设运放为理想运放，在下列几种情况下，它们分别属于哪种类型的滤波器电路？

并定性画出其幅频特性曲线。

(1) 理想情况下，当 $f=0$ 和 $f=\infty$ 时的电压增益相等，且不为零；

(2) 直流电压增益就是它的通带电压增益；

(3) 理想情况下，当 $f=\infty$ 时的电压增益是它的通带电压增益；

(4) 理想情况下，当 $f=0$ 和 $f=\infty$ 时的电压增益都等于零。

3-3　试分析图 P3-1 电路中各电路的运算关系。

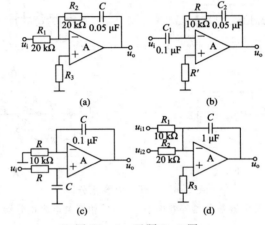

图 P3-1　习题 3-3 图

3-4　一阶低通滤波器电路如图 P3-2 所示。

(1) 推导传递函数 $A_u(j\omega)$ 的表达式；

(2) 若 $R_1=10$ kΩ，$R_2=100$ kΩ，求低频增益 A_u 为多少(dB)；

(3) 若要求截止频率 $f_H=5$ Hz，则 C 的取值应为多少？

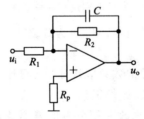

图 P3-2　习题 3-4 图

3-5　用四只 10 kΩ 的电阻、两只 0.01 μF 的电容和一只集成运放可组成一个二阶压控电压源 HPF，试画出电路图。

3-6　分析如图 P3-3 所示的电路，定性画出电路的幅频特性，说明该电路属于哪种滤波器。

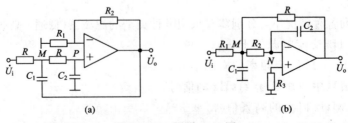

图 P3-3　习题 3-6 图

3-7 某同学连接一个二阶 Sallen-key 高通滤波器,如图 P3-4 所示,$R_2 = R_3 = R$,$C_2 = C_1 = C$,但发现滤波器特性与高通特性不符,请指出错在哪里,并在图上加以改正。

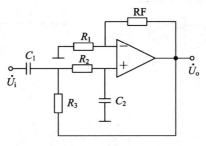

图 P3-4 习题 3-7 图

3-8 在图 P3-5 中,如果要求通频带截止频率为 $f_0 = 2 \text{ kHz}$,等效品质因数 $Q = 0.707$,试确定电路中的电阻和电容元件的参数。

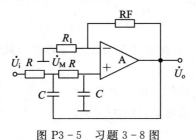

图 P3-5 习题 3-8 图

3-9 试分析图 P3-6 所示各电路是哪种类型的滤波器,属于几阶?

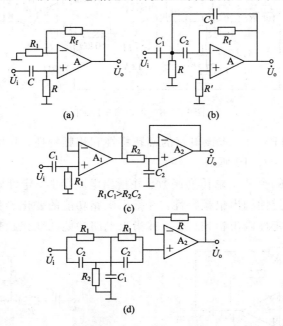

图 P3-6 习题 3-9 图

3-10 设一阶 LPF 和二阶 HPF 的通带放大倍数均为 2,通带截止频率分别为 2 kHz 和 100 Hz。试用它们构成一个带通滤波器,并定性画出幅频特性曲线。

3-11 有源滤波器电路如图 P3-7 所示,试分别指出四种电路各属于何种功能的滤波器,画出相应的无源滤波器电路。

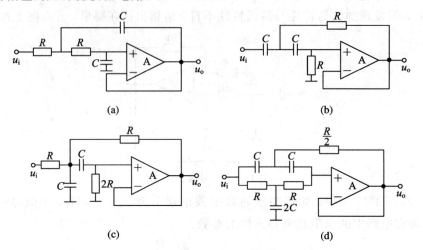

(a)　　　　　　　　(b)

(c)　　　　　　　　(d)

图 P3-7　习题 3-11 图

3-12　用 LM324 的两个运放实现 50 Hz 陷波器的电路如图 P3-8 所示,图中有两个电位器 R_{W1} 和 R_{W2},$R_1 \gg R_4$,试问:

(1) R_{W1} 的调节应满足何指标,其值为多少?

(2) R_{W2} 的调节应满足何指标,其值为多少?

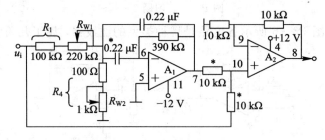

图 P3-8　习题 3-12 图

3-13　电路如图 P3-9,求该电路的幅频特性和相频特性,并指出其功能。

3-14　电路如图 P3-10 所示。

(1) 若 $C_1 = C_2$,$R_1 = R_2$,求传递函数,并指出电路功能,定性画出幅频特性;

(2) 若 C_1 短路,定性画出幅频特性,并指出电路功能的变化趋势;

(3) 若 C_2 开路,定性画出幅频特性,并指出电路功能的变化趋势。

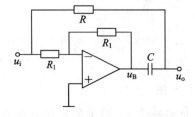

图 P3-9　习题 3-13 图

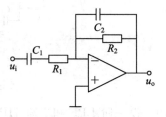

图 P3-10　习题 3-14 图

3-15 电路如图 P3-11(a)、(b)所示，分别指出该电路的功能(滤波器类型及阶数)。

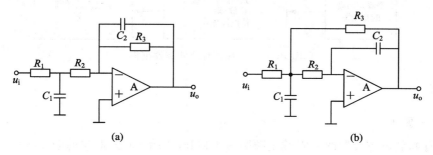

(a) (b)

图 P3-11 习题 3-15 图

3-16 状态变量滤波器电路如图 P3-12 所示，分别指出从 A、B、C、D 输出的滤波器的功能。

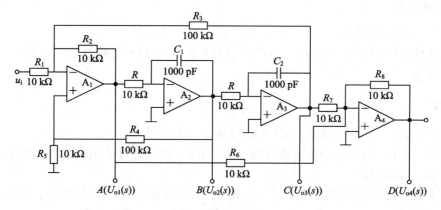

图 P3-12 习题 3-16 图

3-17 图 P3-13 为差分开关电容积分器，试输出表达式。

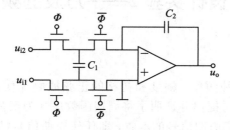

图 P3-13 习题 3-17 图

大作业及综合设计实验 1——音频有源滤波器实验

一、任务

本实验要求设计并制作一款实用的音频滤波器，将给定音频中的鼓声保留或放大，而将刺耳的高频干扰抑制滤除掉。其原理框图如图 PP3-1 所示。

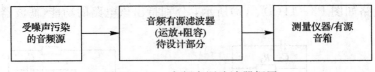

图 PP3-1 音频有源滤波器框图

二、要求

1. 基本要求

(1) 有源低通滤波器的上限截止频率为 1 kHz，保留/放大低频的鼓声频率≤1 kHz；

(2) 在 8 kHz 频率带外衰减不小于 30 dB，用以滤除 8 kHz 的点频干扰；

(3) 通带增益≥0dB，品质因数 Q≥0.707；

(4) 采用单电源＋5V 供电。

2. 发挥部分

(1) 提高滤波器阶数，实现 8 kHz 以上更高的带外抑制；

(2) 设计不同 Q 值的有源滤波器电路并观察不同 Q 值对电路性能的影响；

(3) 其他。

三、说明

(1) 本实验可采用通用运放，如 TL082 集成运算放大器；

(2) 单电源取自电脑 USB 口或充电宝的＋5 V，负电源可采用 ICL7660 电荷泵芯片产生－5 V 给运放供电；

(3) 本实验可用实验室的示波器、万用表、信号源和电源，提供面包板 1 块、万用板 1块、TL082 芯片、ICL7660(负电源产生芯片)以及开架标准系列电阻电容。

大作业及综合设计实验 2——方波的频谱分解与合成

一、相关背景知识

任何电信号都是由各种频率、幅度和初相的正弦波叠加而成的。1822 年法国数学家傅立叶在研究热传导理论时提出并证明了将周期函数展开为正弦函数的原理。奠定了傅立叶技术的理论基础，解释了周期信号的本质，即任何周期信号(除正弦信号外)都可以看做是由无数不同频率、不同幅度的正弦波信号相加而成的。

本实验将利用运算放大器产生周期方波，并利用滤波器对其进行分解，验证周期信号可以展开成正弦无穷级数的基本原理。同时利用加法器和移相器将各个谐波叠加，观察基波与不同数量谐波合成时的变化规律。

本实验中，将运用信号的发生、滤波、信号调理、加减法等相关知识与技术方法。

二、任务

设计一个方波信号发生器，再利用滤波器将其基波、三次谐波滤出，再利用加法器将基波、三次谐波相加，合成近似方波，其电路结构如图 PP3-2 所示。

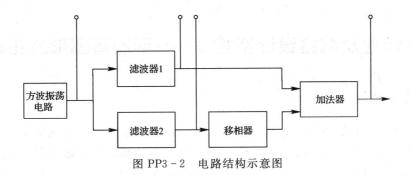

图 PP3-2 电路结构示意图

三、要求

1. 基本要求

（1）利用弛张振荡器产生一个峰峰值为 6 V、占空比为 50%、偏置为 0 V 的方波信号，频率为学号后三位（赫兹或千赫兹）；

（2）方波发生器产生的信号经有源滤波处理，同时产生基波和三次谐波，其中基波峰峰值为 6 V；

（3）滤出三次谐波，峰峰值为 2 V，信号波形无明显失真；

（4）制作一个移相器和加法器构成的信号合成电路，将基波和三次谐波合成一个近似方波，峰峰值为 6 V。

2. 发挥部分

（1）滤出五次谐波，峰峰值为 1.2 V，信号波形无明显失真；

（2）制作移相器和加法器，将五次谐波与基本要求（4）中的近似方波叠加；

（3）制作测量电路，可测量近似方波的峰峰值和频率；

（4）其他。

四、说明

（1）基波及其与三次谐波、五次谐波叠加后的波形如图 PP3-3 所示；

（2）本实验可采用 TL082 等通用运算放大器；

（3）可利用实验室 ±12 V 电源供电。

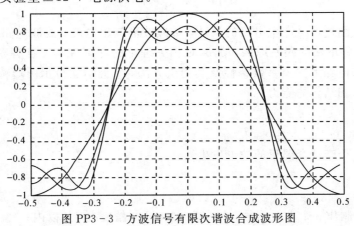

图 PP3-3 方波信号有限次谐波合成波形图

大作业及综合设计实验 3——李沙育图形发生器

一、相关背景知识

"李沙育图形"就是将被测频率的信号和频率已知的标准信号分别加至示波器的 Y 轴输入端和 X 轴输入端，在示波器显示屏上将出现一个合成图形，这个图形就是李沙育图形。李沙育图形随两个输入信号的频率、相位、幅度不同，所呈现的波形也不同，如图PP3-4 所示。当两个信号相位差为 90° 时，合成图形为正椭圆，此时若两个信号的振幅相同，则合成图形为圆；若两个信号相位差为 0°，则合成图形为直线，此时若两个信号振幅相同则为与 X 轴成 45°的直线。

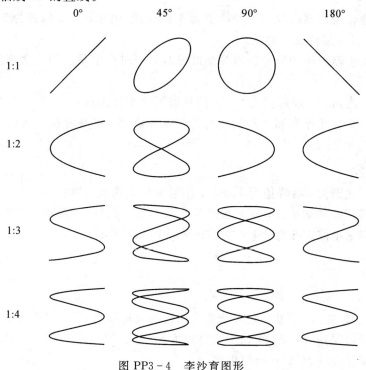

图 PP3 - 4 李沙育图形

通过李沙育图形信号产生电路的设计，掌握波形产生电路、滤波电路和移相电路的精确设计，分析相移电路的误差原因，加深对相关理论的深刻理解。掌握调节波形发生器、滤波电路和相移电路的主要参数特性及其测试方法，掌握增加显示图形精度的方法，提高学生理论和实际相结合的能力。

二、任务

设计制作一个李沙育图形的波形发生器。

三、要求

（1）设计并制作一个方波信号，频率为 20 kHz，精度在 5% 以内；

（2）设计一个分频器，以得到两路不同频率的方波信号，要求频率比可按需设置为 1∶1、1∶2、1∶3、1∶4；

（3）设计 RC 有源滤波器，将上述两路方波滤出基波信号，即产生两路正弦信号，分别作为示波器的 X、Y 轴输入，在双路示波器上显示，示波器输出基本图形如图 PP3 - 5 所示；

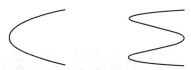

图 PP3 - 5　基本显示图形

（4）设计并制作一个移相范围为 $0°\sim180°$ 的连续可调的移相电路，完成对基准正弦信号的移相，作为 Y 轴信号，要求移相电路的增益为 1，增益误差不大于 5%，并完成图 PP3 - 5 中所示波形。

四、说明

（1）方波信号可用 NE555 定时器或者弛张振荡器产生，分频信号可由计数器分频得到；

（2）注意示波器的使用，需将双路示波器设置为 X — Y 显示；

（3）移相器可多级级联。

第四章

常用半导体器件原理及特性

　　制造电子器件和集成电路的基础是半导体技术，本章从半导体器件的工作机理出发，简单介绍半导体物理基础知识，包括本征半导体、杂质半导体、PN 结；分别讨论晶体二极管的特性和典型应用电路，双极型晶体三极管和场效应管的结构、工作机理、特性和参数；给出低频放大器中晶体管和场效应管的小信号简化模型；最后介绍晶体管和场效应管的开关特性及其应用。

4.1　半导体物理基础

4.1.1　半导体与导体、绝缘体的区别

　　自然界的各种媒质从导电性能上可以大致分为导体、绝缘体和半导体。导体对电信号有良好导通性，如绝大多数金属、电解液，以及电离的气体，导体的电阻率小于 $10^{-5}\,\Omega\cdot m$。绝缘体如玻璃和橡胶，它们对电信号起阻断作用，其电阻率为 $10^{8}\sim10^{20}\,\Omega\cdot m$。还有一类媒质称为半导体，如硅(Si)、锗(Ge)和砷化镓(GaAs)，其导电能力介于导体和绝缘体之间，并且会随着温度、光照和掺杂等因素发生明显变化，这些特点使它们成为制作半导体元器件的重要材料。

　　半导体的导电能力对环境因素的敏感性引发了 19 世纪人们对半导体材料的研究。半导体的温度特性和金属相反，金属的电阻率随着温度的上升而增大，而半导体的电阻率则随着温度的上升而减小，1833 年英国科学家迈克尔·法拉第在研究硫化银的电阻时观察并报道了这一现象。40 年后，英国科学家威洛比·史密斯在研究布设水下电缆的不间断检测方法时，发现硒棒的导电能力在光照条件下显著增加，并在 1873 年 2 月 20 日出版的《自然》期刊上描述了该发现。由于技术比较原始，早期半导体热敏特性和光敏特性的研究经常受到材料纯度的干扰，影响实验结果的可重复性以及实验结果和基于量子物理的理论解释之间的印证。但是，材料纯度问题导致人们陆续发现了掺杂对半导体导电能力的作用——掺杂特性。例如，1885 年和 1930 年，英国科学家谢尔福德·比德韦尔和德国科学家伯恩哈德·古登分别研究了半导体的导电能力和其纯度的关系。图 4.1.1 所示为室温下，在硅中分别掺杂硼(B)和砷(As)时，电阻率随掺杂浓度发生的显著变化，随着掺杂浓度的上升，半导体的电阻率下降，导电能力上升。

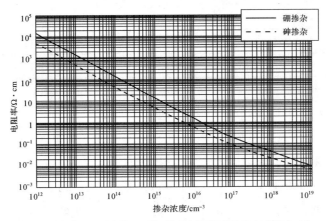

图 4.1.1　室温下硅的电阻率与掺杂浓度的关系

　　热敏特性、光敏特性和掺杂特性是半导体区别于导体和绝缘体等其他电子材料的三个主要性质。持续了一个世纪的相关研究获得了充分的技术积累，到 20 世纪中叶，人们已经可以利用这些特性，特别是掺杂特性，在生产和使用中控制半导体材料的导电能力，制作出各种性能的半导体器件和电路。

4.1.2　半导体的材料

　　常见的半导体材料分为元素半导体和化合物半导体。元素半导体是一种元素构成的半导体，如硅、锗、硒等。化合物半导体包含多种元素，如砷化镓、磷化镓、碳化硅等。

　　硅和锗是两种主要的元素半导体材料，它们的物理化学性质稳定，制备工艺相对简单。20 世纪 50 年代半导体器件产品主要用锗作为材料，从 60 年代以后，硅逐渐取代锗。硅材料来源丰富，制作的器件的耐高温和抗辐射性能较好，目前应用最多。化合物半导体包含两种以上元素，以砷化镓为代表。砷化镓半导体的电子迁移率很高，可以制作微波器件和高速数字电路。砷化镓半导体有直接带隙结构，禁带较宽，光电转换效率优于硅和锗，可以制作发光二极管、可见光激光器、红外探测器和高效太阳能电池。砷化镓半导体具有硅和锗没有的负阻伏安特性，可以制作固态振荡器。

　　表 4.1.1 所示为硅、锗和砷化镓的主要参数。

表 4.1.1　硅、锗和砷化镓的主要参数

主　要　参　数		半导体材料		
		硅（Si）	锗（Ge）	砷化镓（GaAs）
结构参数	原子量/（g/mol）	28.09	72.6	144.63
	原子密度 /cm^{-3}	5.0×10^{22}	4.42×10^{22}	4.42×10^{22}
	质量密度/（g/cm^3）	2.328	5.3267	5.32
	晶体结构			

主 要 参 数		半导体材料		
		硅(Si)	锗(Ge)	砷化镓(GaAs)
导电参数	本征载流子浓度 /cm^{-3}	1.45×10^{10}	2.4×10^{13}	1.79×10^{6}
	电子迁移率 [cm^2/(V · s)]	1500	3900	8500
	空穴迁移率 [cm^2/(V · s)]	475	1900	400
	本征电阻率/Ω · cm	2.3×10^{5}	47	10^{8}
	少数载流子寿命/s	2.5×10^{-3}	约 10^{-3}	约 10^{-8}
	带隙 /eV	1.12 (27℃)	0.66 (27℃)	1.424 (27℃)

除了以上材料,很多其他的元素和化合物也具备半导体的特点,适合制作半导体器件。半导体材料还包括金属氧化物半导体、有机半导体,以及非晶态半导体,等等。

4.1.3 本征半导体

图 4.1.2(a)、(c)所示为硅和锗的原子结构。作为四价元素,硅和锗的原子最外层轨道上都有四个电子,称为价电子,每个价电子带一个单位的负电荷。因为整个原子对外呈电中性,而其物理化学性质在很大程度上取决于最外层的价电子,所以研究中硅和锗原子可以用简化模型代表,如图 4.1.2(b)所示。

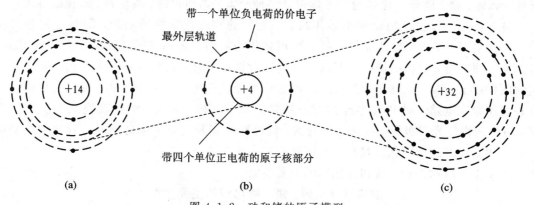

图 4.1.2 硅和锗的原子模型

(a) 硅原子;(b) 简化模型;(c) 锗原子

纯净的硅和锗单晶体称为本征半导体,图 4.1.3 给出了其原子晶格结构的平面示意。在晶格结构中,每个原子最外层轨道的四个价电子既可以围绕本原子核运动,也可以围绕邻近原子核运动,从而为相邻原子核所共有,形成共价键。每个原子四周有四个共价键,决定了硅和锗晶体稳定的原子空间晶格结构。共价键中的价电子在两个原子核的吸引下,不能在晶体中自由移动,是不能导电的束缚电子。

吸收外界能量,如受到加热和光照时,本征半导体中一部分价电子可以获得足够大的能量,挣脱共价键的束缚,游离出去,成为自由电子,并在共价键处留下空位,称为空穴,这个过程称为本征激发。空穴呈现一个单位的正电荷,如图 4.1.4 所示。本征激发成对产生自由电子和空穴,所以本征半导体中自由电子和空穴的数量相等。

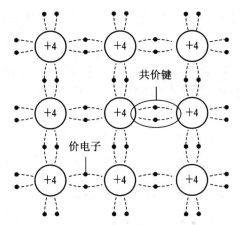
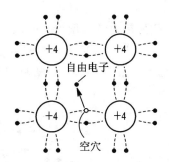

图 4.1.3　本征半导体的空间晶格结构　　　图 4.1.4　本征激发产生成对的自由电子和空穴

　　自由电子可以在本征半导体的晶格结构中自由移动，空穴的正电性则可以吸引相邻共价键的束缚电子过来填补，而在相邻位置产生新的空穴，相当于空穴移动到了新的位置，这个过程继续下去，空穴也可以在半导体中自由移动，如图 4.1.5 所示。因此，在本征激发的作用下，本征半导体中出现了带负电的自由电子和带正电的空穴，二者都可以参与导电，统称为载流子。

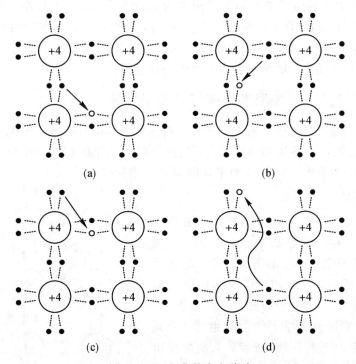

图 4.1.5　空穴的自由移动

（a）～（c）邻近共价键中的价电子填补空穴；（d）空穴的移动轨迹

　　本征激发使半导体中的自由电子和空穴增多，因此二者在自由移动过程中相遇的机会也加大。相遇时自由电子填入空穴，释放能量，恢复成共价键的结构，从而消失一对载流子，这个过程称为复合，如图 4.1.6 所示。不难想象，随着本征激发的进行，复合的概率也不断加大，所以本征半导体在某一温度下，本征激发和复合最终会进入平衡状态，载流子的浓度不再变化。分别用 n_i 和 p_i 表示自由电子和空穴的浓度(cm^{-3})，理论上有

$$n_i = p_i = A_0 T^{\frac{3}{2}} e^{-\frac{E_{G0}}{2kT}} \tag{4.1.1}$$

式中：T 为热力学温度(K)；E_{G0} 为 $T = 0$ K 时的禁带宽度(硅为 1.21 eV，锗为 0.78 eV)；$k = 8.63 \times 10^{-5}$ eV/K，为玻尔兹曼常数；A_0 为与半导体材料有关的常数(硅材料为 3.87×10^{16} $cm^{-3} \cdot K^{-3/2}$，锗材料为 1.76×10^{16} $cm^{-3} \cdot K^{-3/2}$)。

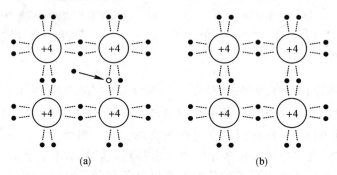

(a)   (b)

图 4.1.6　复合消失一对自由电子和空穴

(a) 复合前；(b) 复合后

　　式(4.1.1)表明了载流子浓度与温度近似为指数关系，所以本征半导体的导电能力对温度变化很敏感。在室温 27℃，即 $T = 300$ K 时，可以计算出本征半导体硅中的载流子浓度为 1.43×10^{10} cm^{-3}，而硅原子的密度为 5.0×10^{22} cm^{-3}，所以本征激发产生的自由电子和空穴的数量相对很少，这说明本征半导体的导电能力很弱。

4.1.4　杂质半导体——N 型半导体与 P 型半导体

　　鉴于本征半导体的导电性能较差，在其材料基础上，我们可以人工少量掺杂某些元素的原子，从而显著提高半导体的导电能力，这样获得的半导体称为杂质半导体。根据掺杂元素的不同，杂质半导体又分为 N 型半导体和 P 型半导体。

1. N 型半导体

　　N 型半导体是在本征半导体中掺入了五价元素的原子，如磷、砷、锑等原子。如图 4.1.7 所示，这些原子的最外层轨道上有五个电子，取代晶格中的硅或锗原子后，其中四个电子与周围的原子构成共价键，剩下一个电子便成为键外电子。

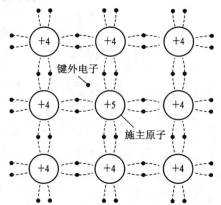

图 4.1.7　N 型半导体空间晶格
结构的平面示意

　　键外电子只受到杂质原子的微弱束缚，受到很小的能量(如室温下的热能)激发，就能游离出去，成为自由电子。这样 N 型半导体中每掺入一个杂质元素的原子，就给半导体提供一个自由电子，从而大量增加了自由电子的浓度。

　　提供自由电子的杂质原子称为施主原子，在失去一个电子后成为正离子，被束缚在晶格结构中，不能自由移动，无法参与导电。

　　杂质半导体中仍然存在本征激发，产生少量的自由电子和空穴。由于掺杂产生了大量的自由电子，大大增加了空穴被复合的机会，所以空穴的浓度比本征半导体中要低很多。因此，在 N 型半导体中，自由电子浓度远远大于空穴浓度。由于自由电子占多数，故称它为多数载流子，简称多子；而空穴占少数，故称它为少数载流子，简称少子。

　　N 型半导体中，虽然自由电子占多数，但是考虑到施主正离子的存在，使正、负电荷保持平衡，所以半导体仍然呈电中性。

　　虽然只进行了少量掺杂，但是 N 型半导体中因掺杂产生的自由电子的数量远远大于本征激发产生的自由电子的数量。因此，N 型半导体中的自由电子浓度 n_n 近似等于施主原子的掺杂浓度 N_D，即

$$n_n \approx N_D \tag{4.1.2}$$

所以可以通过人工控制掺杂浓度来准确设置自由电子浓度。因为热平衡时，杂质半导体中多子浓度和少子浓度的乘积恒等于本征半导体中载流子浓度 n_i 的平方，所以根据掺杂浓度得到 n_n 后，空穴的浓度 p_n 就可以计算出来，即

$$p_n = \frac{n_i^2}{n_n} \approx \frac{n_i^2}{N_D} \tag{4.1.3}$$

因为 n_i 容易受到温度的影响发生显著变化，所以 p_n 也会随环境温度的改变产生明显变化。

2. P 型半导体

　　在本征半导体中掺入三价元素的原子，如硼、铝、铟等原子，就得到了 P 型半导体。如图 4.1.8 所示。由于最外层轨道上只有三个电子，所以掺杂的原子只与周围三个原子构成共价键，剩下一个共价键因为缺少一个价电子而不完整，存在一个空位。在很小的能量激发时，邻近共价键内的电子就能过来填补空位形成完整的共价键，而在原位置留下一个空穴。杂质原子因为接受了一个电子而成为负离子，所以又称为受主原子。室温下，P 型半导体中每掺入一个杂质元素的原子，就产生一个空穴，从而使半导体中空穴的浓度大量增加。此外，本征激发也产生一部分空穴和自由电子，因为自由电子被大量空穴复合的机会增大，所以其浓度远低于本征半导体中的浓度。在 P 型半导体中，空穴是多子，自由电子是少子。P 型半导体呈电中性，虽然其中带正电的空穴很多，但是带负电的受主负离子起到了平衡作用。

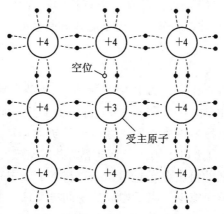

图 4.1.8　P 型半导体空间晶格结构的平面示意

　　P 型半导体中空穴的浓度 p_p 近似等于受主原子的掺杂浓度 N_A，即

$$p_p \approx N_A \tag{4.1.4}$$

而自由电子的浓度 n_p 为

$$n_p = \frac{n_i^2}{p_p} \approx \frac{n_i^2}{N_A} \tag{4.1.5}$$

环境温度也会明显影响 n_p 的取值。

4.1.5　半导体中的电流——漂移电流与扩散电流

半导体中载流子发生定向运动,就会形成电流。其中,自由电子的定向运动形成电子电流 I_n,因为电子带负电,所以 I_n 的正方向与电子的运动方向相反;空穴的定向运动则形成空穴电流 I_p,因为空穴带正电,所以 I_p 的正方向就是空穴的运动方向。当电子和空穴的运动方向相反时,两股电流方向相同,半导体电流 I 是这两种电流的叠加,即

$$I = I_n + I_p \tag{4.1.6}$$

载流子的定向运动有两种起因,一个是电场,另一个是载流子浓度分布不均匀,它们引起的半导体电流分别称为漂移电流和扩散电流。

1. 漂移电流

在电场的作用下,自由电子会逆着电场方向漂移,而空穴则顺着电场方向漂移,这样产生的电流称为漂移电流,该电流的大小主要取决于载流子的浓度、迁移率和电场强度。

2. 扩散电流

当半导体中载流子浓度不均匀分布时,载流子会从高浓度区向低浓度区扩散,从而形成扩散电流,该电流的大小正比于载流子沿电流方向单位距离的浓度差即浓度梯度的大小。

4.2　PN 结

通过掺杂工艺,把本征半导体的一边做成 P 型半导体,另一边做成 N 型半导体,则 P型半导体和 N 型半导体的交接面处会形成一个有特殊物理性质的薄层,称为 PN 结。PN结是制作半导体器件(包括晶体二极管、双极型晶体管和场效应管)的基本单元。

4.2.1　PN 结的形成

如果把通过掺杂工艺结合在一起的 P 型半导体和 N 型半导体视为一个整体,则该半导体中的载流子是不均匀分布的,P 区空穴多,自由电子少,而 N 区则是自由电子多,空穴少。载流子浓度差引起两种半导体交界面处多子的扩散运动。P 区的空穴向 N 区扩散,并被自由电子复合;N 区的自由电子则向 P 区扩散,并被空穴复合。P 区的空穴扩散出去,剩下了受主负离子,而 N 区的自由电子扩散出去,剩下了施主正离子,于是在交界面两侧产生了由等量的受主负离子和施主正离子构成的空间电荷区。空间电荷区中存在从正离子区指向负离子区的内建电场,该电场沿其方向积分得到内建电位差 U_B。内建电场对扩散运动起到阻挡作用。这个过程如图 4.2.1 所示,为了简明,图中只画出了多子,包括 P 区的空穴和 N 区的自由电子,以及受主负离子和施主正离子。

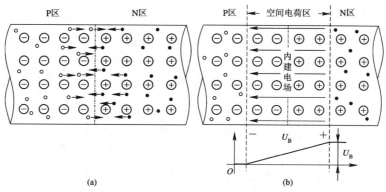

图 4.2.1　PN 结的形成

（a）多子的扩散；（b）空间电荷区、内建电场和内建电位差的产生

空间电荷区的内建电场又会引起少子的漂移运动，包括 P 区中的少子——自由电子进入 N 区，以及 N 区中的少子——空穴进入 P 区，结果又减小了空间电荷区的范围。

这个过程继续下去，载流子浓度差减小，而内建电场增强，于是扩散运动逐渐减弱，而漂移运动则渐趋明显。最后，扩散运动和漂移运动处于动态平衡，即单位时间内通过交界面扩散的载流子和反向漂移过交界面的载流子数相等。此时，空间电荷区的范围以及其中的内建电场和内建电位差都不再继续变化。空间电荷区内部基本上没有载流子，同时其中的电位分布又对载流子的扩散运动起阻挡作用，因此该区域又称为耗尽区或势垒区。耗尽区的宽度和 PN 结的掺杂浓度有关，在掺杂浓度不对称的 PN 结中，耗尽区在重掺杂即高浓度掺杂的一边延伸较小，而在轻掺杂即低浓度掺杂的一边延伸较大。图 4.2.2 显示了 P 区重掺杂的 P^+N 结，以及 N 区重掺杂的 PN^+ 结中耗尽区的范围。

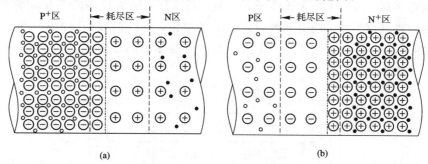

图 4.2.2　掺杂浓度不对称的 PN 结

（a）P^+N 结；（b）PN^+ 结

4.2.2　PN 结的单向导电特性

如图 4.2.3 所示，通过外电路给 PN 结加正向电压 U，使 P 区的电位高于 N 区的电位，称为正向偏置，简称正偏。在整个半导体上，因为耗尽区中载流子浓度很低，电阻率明显高于 P 区和 N 区，所以，该电压的大部分都加在了耗尽区上，结果耗尽区两端的电压减小为 U_B-U。P 区中的少部分电压产生的电场把空穴推进耗尽区，N 区中的少部分电压产生的电场也把自由电子推进耗尽区，结果耗尽区变窄。变窄的耗尽区导致多子的浓度梯度变大，同时又因为内部电场减小，所以扩散运动加强，而少子的漂移运动则显著减弱，结果扩散运动和漂移运动不再平衡，扩散电流大于漂移电流。多出来的扩散电流流过半导

体,在电路中形成正向电流。

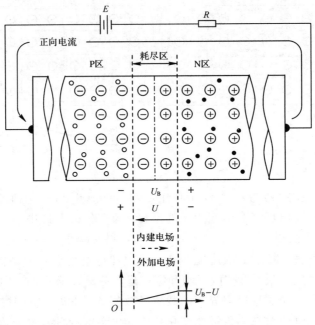

图 4.2.3　正向偏置的 PN 结

　　将外加电压源反方向接入,则可以使 P 区的电位低于 N 区的电位,这称为反向偏置,简称反偏。同样,该电压大部分加在了耗尽区上,结果耗尽区两端的电压变为 $U_B + U$。P区中的电场把空穴推离耗尽区,露出了受主负离子,加入耗尽区,而 N 区中的电场则把自由电子推离耗尽区,露出了施主正离子,也加入耗尽区,结果耗尽区变宽。变宽的耗尽区导致多子的浓度梯度减小,同时又因为内部电场增强,所以扩散运动减弱,而少子的漂移运动则增强,因而扩散电流小于漂移电流。漂移电流多出的部分流过半导体,在电路中形成反向电流,如图 4.2.4 所示。

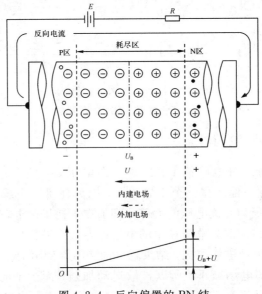

图 4.2.4　反向偏置的 PN 结

正偏时，因为 U_B 很小，所以 PN 结只需要较小的正偏电压就可以使耗尽区变得很薄，从而产生较大的正向电流，而且正向电流随正偏电压的微小变化会发生明显改变。而在反偏时，少子只能提供很小的反向电流，并且基本上不随反偏电压而变化。这就是 PN 结的单向导电特性。

4.2.3 PN 结的击穿特性

实验表明，当 PN 结上的反偏电压足够大时，其中的反向电流会急剧增大，这种现象称为 PN 结的击穿。从产生机理上，可以把 PN 结的击穿分为雪崩击穿和齐纳击穿。

1. 雪崩击穿

反偏的 PN 结中，耗尽区的少子在漂移运动中被电场做功，动能增大，当反偏电压足够大时，少子的动能足以使其在与价电子碰撞时发生碰撞电离，把价电子击出共价键，产生一对自由电子和空穴。新产生的自由电子和空穴又可以继续发生这样的碰撞，连锁反应使得耗尽区内的载流子数量剧增，引起反向电流急剧增大。这种击穿机理被形象地称为雪崩击穿。雪崩击穿需要少子能够在耗尽区内运动足够长的距离，从而获得足够大的动能，同时长距离运动中碰撞的概率会增加，这就要求耗尽区应该较宽，所以这种击穿主要出现在轻掺杂的 PN 结中。

2. 齐纳击穿

在重掺杂的 PN 结中，耗尽区较窄，所以反偏电压可以在其中产生较强的电场。当反偏电压足够大时，电场强到能直接将价电子拉出共价键，发生场致激发，产生大量的自由电子和空穴，使得反向电流急剧增大，这种击穿称为齐纳击穿。

PN 结击穿时，只要限制反向电流不要过大，就可以保护 PN 结不受损坏。

4.2.4 PN 结的电容特性

PN 结能够存储电荷，而且电量的变化与外加电压的变化有关，这说明 PN 结具有电容效应。从存储电荷的机理上，可以把 PN 结电容分为势垒电容和扩散电容。

1. 势垒电容

耗尽区中，PN 结的交界面一边是受主负离子，带负电，另一边是施主正离子，带正电，相当于存储了电荷。以 PN 结反偏为例，反偏电压 u 增大时，PN 结变宽，存储电荷增加，如图 4.2.5(a)、(b)所示。可见，耗尽区中存储的电量随外加电压而变化，表现为一个电容，称为势垒电容，其表达式为

$$C_T = \frac{\Delta Q}{\Delta u} = \frac{C_{T0}}{\left(1 + \dfrac{u}{U_B}\right)^n} = \frac{\varepsilon S}{d} \qquad (4.2.1)$$

式中：C_{T0} 为 $u = 0$ 时的 C_T，与 PN 结的结构和掺杂浓度等因素有关；U_B 为内建电位差；n 为变容指数，取值一般为 $1/3 \sim 6$。根据式（4.2.1），当反偏电压 u 增大时，C_T 将减小。势垒电容类似于平板电容，式（4.2.1）中 ε 为介电常数，S 为 PN 结面积，d 为耗尽区宽度。u 增大，耗尽区变宽，d 增大，引起 C_T 变小。利用这一特性，可以制作变容二极管，其特性如图 4.2.5(c)所示。

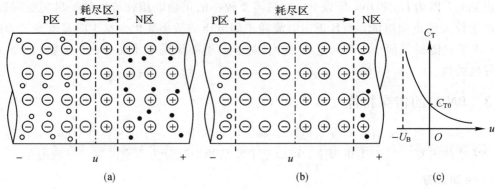

图 4.2.5　耗尽区中存储电荷产生势垒电容

（a）反偏电压 u 对应的存储电荷；（b）u 增大时存储电荷增加；（c）势垒电容 C_T 与 u 的关系

2. 扩散电容

如图 4.2.6 所示，当 PN 结正偏时，从 P 区扩散过来的空穴通过耗尽区进入 N 区，并不马上被自由电子全部复合掉，而是在向 N 区纵深的扩散中逐渐被复合，称为非平衡空穴，形成了图中虚线所示的浓度分布曲线 p_n，最终等于 N 区中作为少子的空穴的浓度 p_{n0}。为了维持电中性，N 区中的自由电子在非平衡空穴的吸引下，出现浓度变化 Δn_n，并呈同样的分布。图中的浓度分布曲线的积分代表 N 区存储的电量 Q_n。当外加电压有 Δu 的变化时，浓度分布发生变化，结果如图中实线所示。新的浓度分布曲线和原来的浓度分布曲线之间所夹的面积就是存储电量的变化量，大小为 ΔQ_n。同理，自由电子从 N 区扩散到 P 区后，成为非平衡电子，在 P 区形成浓度分布 n_p，并吸引空穴产生同样的浓度变化的分布 Δp_p，从而产生电量存储 Q_p。Δu 的变化也引起 P 区存储电量的变化，大小为 ΔQ_p。这样 Δu 导致的 N 区和 P 区总的存储电量的变化量 $\Delta Q = \Delta Q_n + \Delta Q_p$，用扩散电容 C_D 表示这种电容效应，C_D 与 PN 结正向电流 I 成正比：

$$C_D = \frac{\Delta Q}{\Delta u} = \frac{\Delta Q_n + \Delta Q_p}{\Delta u} = KI \tag{4.2.2}$$

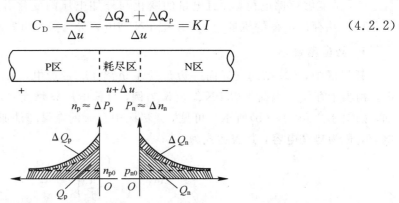

图 4.2.6　P 区和 N 区中存储电量的情况以及 Δu 引起的电量变化

PN 结的结电容为势垒电容和扩散电容之和，即 $C_j = C_T + C_D$。C_T 和 C_D 都随外加电压的变化而改变，所以都是非线性电容。当 PN 结正偏时，C_D 远大于 C_T，即 $C_j \approx C_D$；反偏的 PN 结中，C_T 远大于 C_D，即 $C_j \approx C_T$。

4.3　晶 体 二 极 管

在 PN 结的外面接上引线，用管壳封装保护，就构成了晶体二极管，简称二极管。二极管的结构如图 4.3.1(a)所示，电路符号如图 4.3.1(b)所示。根据使用的半导体材料，二极管可以分为硅二极管和锗二极管，简称为硅管和锗管。

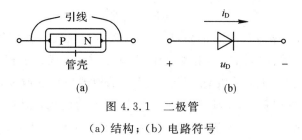

图 4.3.1　二极管

（a）结构；（b）电路符号

4.3.1　晶体二极管的伏安特性及参数

二极管的伏安特性与 PN 结的伏安特性很接近，仅因为引线的接触电阻、P 区和 N 区的体电阻以及表面漏电流等造成二者稍有差异。如果忽略这个差异，则可以用 PN 结的电流方程描述二极管的伏安特性。图 4.3.2 所示的伏安特性可以表示为

$$i_D = I_S(e^{\frac{qu_D}{kT}} - 1) = I_S(e^{\frac{u_D}{U_T}} - 1) \tag{4.3.1}$$

式中：I_S 为反向饱和电流，取决于半导体材料、制作工艺和温度等因素；q 为电子电量（1.60×10^{-19} C）；$U_T = kT/q$，称为热电压（在室温 27℃即 300 K 时，$U_T = 26$ mV）。

1. 二极管的导通、截止和击穿

从图 4.3.2 中可以看出，当 $u_D > 0$ 时，即给二极管加正偏电压时，如果 u_D 较小，则正向电流 i_D 很小，而当 u_D 超过特定值 $U_{D(on)}$ 时，i_D 才变得明显，此时认为二极管导通，$U_{D(on)}$ 称为二极管的导通电压（死区电压）。一般硅管的 $U_{D(on)} \approx 0.5 \sim 0.6$ V，锗管的 $U_{D(on)} \approx 0.1 \sim 0.2$ V。

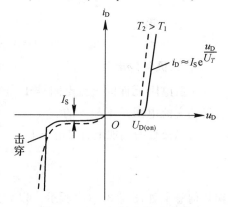

图 4.3.2　二极管的伏安特性

正偏电压下的二极管在小电流工作时，i_D 与 u_D 呈指数关系。当电流较大时，引线的接触电阻、P 区和 N 区的体电阻的作用开始变得明显，结果 i_D 与 u_D 近似表现为线性关系。

当二极管反偏，即 $u_D < 0$ 时，PN 结上有反向饱和电流 I_S。又因为 PN 结表面漏电流的影响，所以实际上二极管中的反向电流 i_D 要比 I_S 大许多，并且随反偏电压的加大而略有增加。对小功率二极管，PN 结没被击穿时，反向电流仍然比较小，可以近似成零，即认为二极管是截止的。当二极管加的正偏电压小于 $U_{D(on)}$ 时，也认为二极管是截止的。

二极管的导通和截止与外加电压的关系说明其对直流和低频信号表现出单向导电特性。当信号的频率较高时，PN 结电容的导电作用变得显著，使得二极管的单向导电性不

能很好地体现。

当反偏电压足够大时，PN 结击穿，导致二极管中的反向电流急剧增大，也称二极管被击穿。

2. 二极管的管压降

一个简单的二极管电路如图 4.3.3(a)所示，二极管的伏安特性见图 4.3.3(b)，u_D 和 i_D 同时还应该满足电路的负载特性：

$$u_D = E - i_D R$$

图 4.3.3(b)中也画出了该方程对应的负载线。负载线与伏安特性曲线的交点是工作点 Q 的位置，其坐标即为 U_{DQ} 和 I_{DQ}。当电源电压 E 变化时，负载线平移到新的位置，如图中虚线所示，于是 Q 的位置也发生变化，U_{DQ} 和 I_{DQ} 的取值也跟着改变。但是因为导通时二极管的伏安特性曲线近似垂直，所以虽然 I_{DQ} 有比较大的变化，但 U_{DQ} 变化却不大，基本上还是只比 $U_{D(on)}$ 略大一点，二者仍然近似相等。因此，也可以认为 $U_{D(on)}$ 是导通的二极管两端固定的管压降。

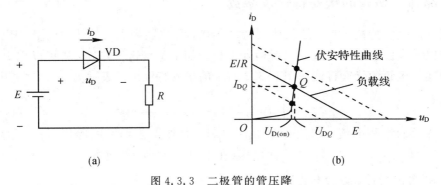

(a)　　　　　　　　　　　　　　　　　(b)

图 4.3.3　二极管的管压降

（a）电路；（b）伏安特性和负载特性

3. 二极管的电阻

一般电阻元件的直流电阻等于交流电阻，而二极管的伏安特性呈非线性，所以其直流电阻和交流电阻是不相等的。

给二极管两端加上直流电压 U_{DQ}，并测量其中的直流电流 I_{DQ}，则二极管的直流电阻为

$$R_D = \frac{U_{DQ}}{I_{DQ}}$$

其几何意义如图 4.3.4(a)所示。以 U_{DQ} 和 I_{DQ} 为坐标，找出直流信号下二极管的工作点，即直流静态工作点 Q，其与原点连线斜率的倒数即为 R_D。不难看出，当 Q 的位置变化时，R_D 也随之改变。

在直流电压 U_{DQ} 的基础上，二极管两端的电压有微小变化 Δu 时，其中的电流也在直流电流 I_{DQ} 的基础上产生微小变化 Δi，如图 4.3.4(b)所示，即二极管的工作点在直流静态工作点 Q 的基础上沿伏安特性曲线产生了位移。在这个变化范围内，可以近似认为伏安特性是线性的，Δu 与 Δi 之比就是 Q 处的切线斜率的倒数，定义为二极管的交流电阻 r_D，即

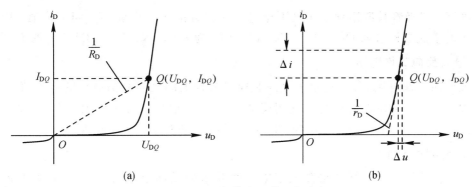

图 4.3.4 二极管电阻的几何意义

（a）直流电阻 R_D；（b）交流电阻 r_D

$$r_D = \frac{\Delta u}{\Delta i}\bigg|_Q$$

显然，r_D 也随 Q 位置的变化而改变，并且同一 Q 处的 R_D 和 r_D 不相等。借助于 PN 结的电流方程（4.3.1），有

$$r_D = \frac{\Delta u}{\Delta i}\bigg|_Q = \frac{\mathrm{d}u_D}{\mathrm{d}i_D}\bigg|_Q = \frac{U_T}{I_s \mathrm{e}^{\frac{u_D}{U_T}}}\bigg|_Q = \frac{U_T}{I_s \mathrm{e}^{\frac{U_{DQ}}{U_T}}} \approx \frac{U_T}{I_{DQ}} \tag{4.3.2}$$

当二极管两端电压为 $u = U_{DQ} + \Delta u$ 时，其中的电流

$$i_D = I_{DQ} + \Delta i = \frac{U_{DQ}}{R_D} + \frac{\Delta u}{r_D}$$

4.3.2 温度对晶体二极管伏安特性和参数的影响

温度升高时，半导体中本征激发作用增强，少子浓度上升，从而增大了反向饱和电流 I_S。测试表明，温度每上升 10℃，I_S 增加约一倍，这导致二极管的反向电流随温度升高而绝对值变大。正向电流中，虽然热电压 U_T 增加使得 e^{U_D/U_T} 减小，但是 I_S 的作用更明显，所以总体上正向电流也随温度升高而变大。这继而导致导通电压 $U_{D(on)}$ 相应减小，测试表明，温度每上升 1℃，$U_{D(on)}$ 下降约 2.0～2.5 mV。图 4.3.2 中虚线所示为温度升高后的伏安特性，显示了上述变化。

温度上升时，半导体晶格热振动加剧，缩短了少子在反偏电压的电场作用下进行漂移运动的平均自由路程，因而与价电子碰撞前获得的能量较少，发生碰撞电离的可能性减小。只有加大反偏电压才能发生雪崩击穿，所以雪崩击穿电压随着温度的升高而变大。温度升高后，价电子的能量较高，更容易产生场致激发，所以齐纳击穿电压随着温度的升高而变小。

4.3.3 二极管的极限参数

除了反向饱和电流、管压降、交流电阻以外，还有许多参数用来描述二极管的性能优劣和对使用条件的限制。在为电路选择二极管时，我们需要认真参考如下这些极限参数。

1. 额定正向工作电流

二极管工作时，其中的电流引起管子发热，当温度超过一定限度时（硅管大约为 141℃，锗管大约为 90℃），因为管芯过热，二极管容易损坏。额定正向工作电流是在规定散热条件下，二极管长期连续工作又不至过热所允许的正向电流的时间平均值，用 I_F 表示。常用的整流二极管如 IN4001 ～ IN4007 的 I_F 为 1 A，IN5400 ～ IN5408 的 I_F 为 3 A。

2. 最大反向工作电压

最大反向工作电压 U_{RRM} 规定了允许加到二极管上的反向峰值电压的最大值，以避免二极管被击穿，保证单向导电性和使用安全。U_{RRM} 的取值从几十伏到上千伏，如 IN4001 的 U_{RRM} 为 50 V，IN4002 的 U_{RRM} 为 100 V，IN4007 的 U_{RRM} 为 1000 V。

3. 反向峰值电流

在规定温度下，二极管加最高反偏电压时获得的反向电流称为反向峰值电流，记为 I_{RM}，取值在微安量级。I_{RM} 受温度影响很大，一般温度每升高 10℃，I_{RM} 增大一倍。如果 I_{RM} 过大，则二极管将失去单向导电性。25℃ 时，IN4001 ～ IN4007 的 I_{RM} 为 5 μA，100℃时，I_{RM} 上升到 50 μA。硅小功率管的 I_{RM} 为毫微安级。

4. 最高工作频率 f_M

最高工作频率 f_M 主要用于高频工作的检波管等。f_M 的高低与二极管结电容有关，结电容越小，f_M 越高。

4.3.4　晶体二极管简化模型

二极管在大信号工作时，其伏安特性可以适当近似处理，电路模型也可以相应简化，以便于工程分析。

二极管的伏安特性曲线可以用两段直线近似，如图 4.3.5(a)所示。该伏安特性表现了二极管的导通电压 $U_{D(on)}$ 和交流电阻 r_D。其中线段 Ⅰ 对应二极管的导通状态，线段 Ⅱ 对应二极管的截止状态。

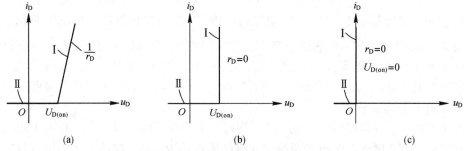

图 4.3.5　二极管的近似伏安特性

(a) 一般二极管；(b) 交流电阻为零的二极管；(c) 理想二极管

与该伏安特性对应的电路模型如图 4.3.6(a)所示，二极管相当于一个开关。开关接到 Ⅰ 时，电路等效成导通的二极管，对外表现出 $U_{D(on)}$ 和 r_D；开关接到 Ⅱ 时，电路等效成截止的二极管，对外呈开路。当 r_D 与外电路的电阻相比可以忽略为零时，伏安特性曲线的 Ⅰ 段的斜率趋向于无穷大，变为垂直，如图 4.3.5(b)所示，表示二极管导通时，管压降始终为 $U_{D(on)}$，而此时二极管中的电流则需要结合外电路的分析才能得到。图 4.3.6(b)给出了对应的电路模型。在这个基础上，如果 $U_{D(on)}$ 再可以被忽略，则二极管的近似伏安特性曲线和简化电路模型分别变成了图 4.3.5(c)和图 4.3.6(c)。此时，二极管变成了一个理想开关，导通时对外呈短路，截止时则对外呈开路，这种二极管称为理想二极管。

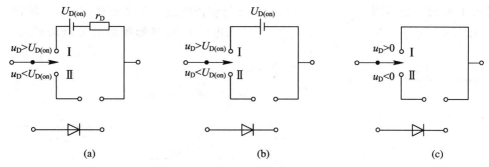

图 4.3.6　二极管的简化电路模型

(a) 一般二极管；(b) 交流电阻为零的二极管；(c) 理想二极管

【**例 4.3.1**】　电路如图 4.3.7(a)所示，计算二极管 VD 中的电流 I_D。已知 VD 的导通电压 $U_{D(on)} = 0.6$ V，交流电阻 $r_D \approx 0$。

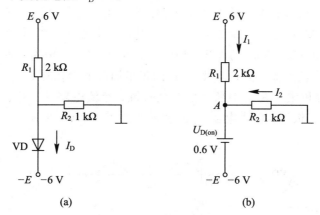

图 4.3.7　计算二极管电流

(a) 原电路；(b) 等效电路

解　可以判断二极管处于导通状态，将相应的电路模型代入，得到图 4.3.7(b)。节点 A 的电压 $U_A = E - I_1 R_1 = -I_2 R_2 = -E + U_{D(on)} = -5.4$ V，解得 $I_1 = 5.7$ mA，$I_2 = 5.4$ mA，于是 $I_D = I_1 + I_2 = 11.1$ mA。

4.3.5　晶体二极管的基本应用

大信号工作的二极管处于导通和截止状态时对外围电路的表现不一样，电路是非线性电路。分析时，应该判断各个信号范围内二极管的工作状态，即确定简化电路模型中开关的位置，从而得到该信号范围对应的线性电路，进行分析，最后再综合，得到整个信号范围内电路的功能。这是分析二极管基本应用电路(包括整流、限幅、电平选择等)的基本思想。

1. 整流电路

整流电路可以把输入的双极性电压变成单极性输出电压，或者从电流上看，是把输入的双向交流电流变成单向的直流输出电流。如果输出信号中只保留了输入信号的正半周或负半周的波形，则称为半波整流；如果输出信号是把输入信号的负半周波形折到正半周，与原来正半周波形一并输出，或把输入信号的正半周波形折到负半周，与原来负半周波形一并输出，则称为全波整流。

【**例 4.3.2**】 分析图 4.3.8 (a)所示的二极管整流电路的工作原理,其中二极管 VD 的导通电压 $U_{D(on)} = 0.7$ V,交流电阻 $r_D \approx 0$,输入电压 u_i 的波形如图 4.3.8(b)所示。

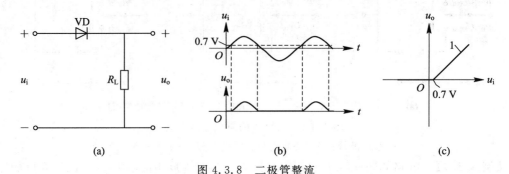

(a)   (b)   (c)

图 4.3.8 二极管整流
(a) 电路;(b) u_i 和 u_o 的波形;(c) 传输特性

解 当 $u_i > 0.7$ V 时,VD 处于导通状态,等效成 $U_{D(on)} = 0.7$ V 的电压源,所以输出电压 $u_o = u_i - 0.7$ (V);当 $u_i < 0.7$ V 时,VD 处于截止状态,等效成开路,所以 $u_o = 0$。于是可以根据 u_i 的波形得到 u_o 的波形,如图 4.3.8 (b)所示,传输特性则如图 4.3.8(c)所示。电路实现的是半波整流,但是需要在 u_i 的正半周波形中扣除 $U_{D(on)}$ 后得到输出。

【**例 4.3.3**】 分析图 4.3.9(a)所示的二极管桥式整流电路的工作原理,其中的二极管 $VD_1 \sim VD_4$ 为理想二极管,输入电压 u_i 的波形如图 4.3.9 (b)所示。

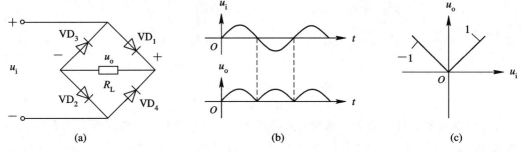

(a)   (b)   (c)

图 4.3.9 二极管桥式整流
(a) 电路;(b) u_i 和 u_o 的波形;(c) 传输特性

解 当 $u_i > 0$ 时,VD_1 和 VD_2 上加的是正偏电压,处于导通状态,而 VD_3 和 VD_4 上加的是反偏电压,处于截止状态。输出电压 u_o 的正极与 u_i 的正极通过 VD_1 相连,它们的负极通过 VD_2 相连,所以 $u_o = u_i$;当 $u_i < 0$ 时,VD_1 和 VD_2 上加的是反偏电压,处于截止状态,而 VD_3 和 VD_4 上加的是正偏电压,处于导通状态,u_o 的正极与 u_i 的负极通过 VD_4 相连,VD_3 则连接了 u_o 的负极与 u_i 的正极,所以 $u_o = -u_i$。于是可以根据 u_i 的波形得到 u_o 的波形,如图 4.3.9(b)所示,传输特性则如图 4.3.9(c)所示。电路实现的是全波整流。因为在任意时刻,$u_o = |u_i|$,所以该电路又称绝对值电路。

从以上两个例题可以看出,对二极管整流电路的分析,一般是首先根据外加电压的方向判断二极管的工作状态,再研究输出电压和输入电压的关系。

2. 限幅电路

限幅电路限制输出电压的变化范围,又分为上限幅电路、下限幅电路和双向限幅电路。

如图 4.3.10(a)所示，当输入电压 u_i 小于上门限电压 U_{iH} 时，输出电压 u_o 正比于 u_i 变化，而当 $u_i \geqslant U_{iH}$ 时，u_o 被限制在最大值 U_{omax} 上，这种限幅称为上限幅；又如图 4.3.10(b)所示，当 u_i 大于下门限电压 U_{iL} 时，u_o 正比于 u_i 变化，而当 $u_i \leqslant U_{iL}$ 时，u_o 被限制在最小值 U_{omin} 上，这种限幅称为下限幅；如果只有在 $U_{iL} \leqslant u_i \leqslant U_{iH}$ 时，u_o 才正比于 u_i 变化，否则 u_o 被限制在 U_{omax} 或 U_{omin} 上，则称为双向限幅，如图 4.3.10(c)所示。图中也给出了正弦信号 u_i 经过各种限幅后，得到的 u_o 的波形。形象地看，限幅相当于把 u_i 超出 U_{iH} 或 U_{iL} 的部分削去，再生成 u_o，所以限幅电路又称为削波电路。半波整流电路可以认为是门限电压为零的限幅电路。

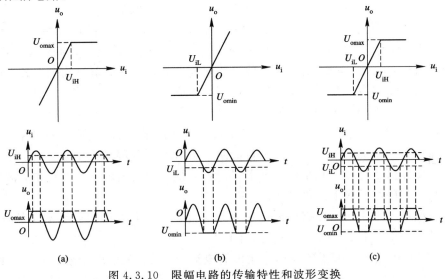

图 4.3.10　限幅电路的传输特性和波形变换
(a) 上限幅；(b) 下限幅；(c) 双向限幅

【例 4.3.4】 二极管限幅电路如图 4.3.11(a)所示，其中二极管 VD 的导通电压 $U_{D(on)} = 0.7$ V，交流电阻 $r_D \approx 0$，输入电压 u_i 的波形见图 4.3.11(b)，作出输出电压 u_o 的波形。

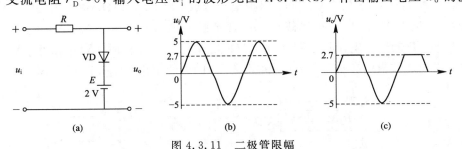

图 4.3.11　二极管限幅
(a) 电路；(b) u_i 的波形；(c) u_o 的波形

解　VD 处于导通与截止之间的临界状态时，其支路两端电压为 $E + U_{D(on)} = 2.7$ V。当 $u_i > 2.7$ V 时，VD 导通，$u_o = 2.7$ V；当 $u_i < 2.7$ V 时，VD 截止，其支路等效为开路，$u_o = u_i$。于是可以根据 u_i 的波形得到 u_o 的波形，如图 4.3.11(c)所示。该电路把 u_i 超出 2.7 V 的部分削去后进行输出，是上限幅电路。

【例 4.3.5】 二极管限幅电路如图 4.3.12(a)所示，其中二极管 VD_1 和 VD_2 的导通电压 $U_{D(on)} = 0.3$ V，交流电阻 $r_D \approx 0$，输入电压 u_i 的波形见图 4.3.12(b)，作出输出电压 u_o 的波形。

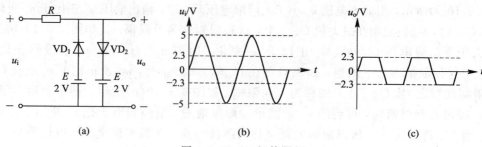

图 4.3.12　二极管限幅

（a）电路；（b）u_i 的波形；（c）u_o 的波形

解　VD_1 处于导通与截止之间的临界状态时，其支路两端的电压为 $-E-U_{D(on)}=$ -2.3 V。当 $u_i<-2.3$ V 时，VD_1 导通，$u_o=-2.3$ V；当 $u_i>-2.3$ V 时，VD_1 截止，支路等效为开路，$u_o=u_i$，所以 VD_1 实现了下限幅。VD_2 处于临界状态时，其支路两端电压为 $E+U_{D(on)}=2.3$ V。当 $u_i>2.3$ V 时，VD_2 导通，$u_o=2.3$ V；当 $u_i<2.3$ V 时，VD_2 截止，支路等效为开路，$u_o=u_i$，所以 VD_2 实现了上限幅。综合得到的 u_o 的波形如图 4.3.12(c)所示，该电路把 u_i 超出 ±2.3 V 的部分削去后进行输出，完成双向限幅。

分析二极管限幅电路时，可以首先确定使二极管处于临界状态的输入电压的临界值，再考虑输入电压大于或小于该值时二极管的状态，最后得到输出电压的结果，输入电压的临界值就是上门限电压或下门限电压。

限幅电路的基本用途是控制输入电压不超过允许范围，以保护后级电路的安全工作。设二极管的导通电压 $U_{D(on)}=0.7$ V，在图 4.3.13(a)中，当 -0.7 V$<u_i<0.7$ V 时，二极管 VD_1 和 VD_2 都截止，电阻 R_1 和 R_2 中没有电流，集成运放的两个输入端之间的电压为 u_i；当 $u_i>0.7$ V 时，VD_1 导通，VD_2 截止，R_1、VD_1 和 R_2 构成回路，对 u_i 分压，集成运放输入端的电压被限制在 $-U_{D(on)}=-0.7$ V；当 $u_i<-0.7$ V 时，VD_1 截止，VD_2 导通，R_1、VD_2 和 R_2 构成回路，对 u_i 分压，集成运放输入端的电压被限制在 $U_{D(on)}=0.7$ V。该电路把 u_i 限幅到 $-0.7\sim0.7$ V 之间，保护集成运放。图 4.3.13(b)中，当 -0.7 V$<u_i<$ 5.7 V 时，二极管 VD_1 和 VD_2 都截止，u_i 直接输入 A/D；当 $u_i>5.7$ V 时，VD_1 导通，VD_2 截止，A/D 的输入电压被限制在 5.7 V；当 $u_i<-0.7$ V 时，VD_1 截止，VD_2 导通，A/D 的输入电压被限制在 -0.7 V。该电路对 u_i 的限幅范围为 $-0.7\sim5.7$ V。

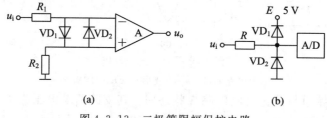

图 4.3.13　二极管限幅保护电路

（a）保护集成运放；（b）保护 A/D

3. 电平选择电路

从多路输入信号中选出最低电平或最高电平的电路称为电平选择电路。电平选择电路又分为低电平选择电路和高电平选择电路，在数字电路中可分别实现数字量的"与"和"或"运算。

【例 4.3.6】　图 4.3.14(a)给出了一个二极管电平选择电路，其中的二极管 VD_1 和

VD_2 为理想二极管，输入信号 u_{i1} 和 u_{i2} 的幅度均小于电源电压 E，波形如图 4.3.14(b)所示。分析电路的工作原理，并作出输出信号 u_o 的波形。

解 因为 u_{i1} 和 u_{i2} 均小于 E，所以 VD_1 和 VD_2 至少有一个处于导通状态。不妨假设 $u_{i1} < u_{i2}$，则 VD_1 首先导通，$u_o = u_{i1}$，结果 VD_2 上加的是反偏电压，处于截止状态，此时电路是稳定的；反之，当 $u_{i1} > u_{i2}$ 时，VD_2 导通，VD_1 截止，$u_o = u_{i2}$；只有当 $u_{i1} = u_{i2}$ 时，VD_1 和 VD_2 才同时导通，$u_o = u_{i1} = u_{i2}$。u_o 的波形如图 4.3.14(b)所示。该电路完成低电平选择功能，当高、低电平分别代表数字量 1 和 0 时，就实现了逻辑"与"运算。

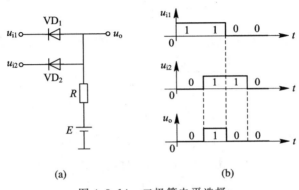

图 4.3.14 二极管电平选择

(a) 电路；(b) u_{i1}、u_{i2} 和 u_o 的波形

如果将图 4.3.14 (a)中的二极管和电源反向接入，则该电路变为高电平选择电路，可以实现逻辑"或"运算。请读者自行分析有关工作过程。

4.3.6 稳压二极管特性及应用

一般的二极管只工作在导通和截止两个状态，而稳压二极管则在击穿状态下工作。图 4.3.15 给出了稳压二极管的电路符号和伏安特性。与一般的二极管相比，稳压二极管在击穿后，伏安特性曲线很陡峭，所以稳压二极管起稳压作用时，工作电流 I_Z 可以在从 I_{Zmin} 到 I_{Zmax} 的较大范围内调节，而其两端的反偏电压则几乎不变，成为稳定电压 U_Z。I_Z 应大于 I_{Zmin}，以保证较好的稳压效果。同时，外电路必须对 I_Z 进行限制，防止其太大使管耗过大，甚至烧坏 PN 结，如果稳压二极管的最大功耗为 P_M，则 I_Z 应小于 $I_{Zmax} = P_M/U_Z$。

典型的稳压二极管电路如图 4.3.16 所示。图中输入电压 $U_i > U_Z$，R 为限流电阻，R_L 为负载电阻。当 U_i 有波动或 R_L 改变时，工作电流 I_Z 相应发生变化，但是只要不超出从

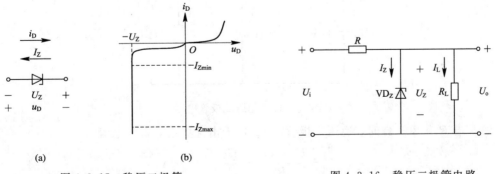

图 4.3.15 稳压二极管

(a) 电路符号；(b) 伏安特性

图 4.3.16 稳压二极管电路

I_{Zmin} 到 I_{Zmax} 的范围，就可保证稳压二极管 VD_Z 两端的电压仍然是稳定电压 U_Z，电路的输出电压 $U_o = U_Z$ 基本不发生变化。例如，当 U_i 不变而 R_L 减小时，流向 R_L 的负载电流 I_L 增大，而 I_Z 相应减小，只要不小于 I_{Zmin}，则 U_Z 的变化很小，U_o 基本不变。又如，当 R_L 不变而 U_i 增大时，I_Z 相应增大，只要不超过 I_{Zmax}，则 U_Z 的变化很小，I_L 和 U_o 基本不变。

为了保证 U_i 波动和 R_L 改变时，I_Z 变化不超过 I_{Zmin} 和 I_{Zmax}，需要在一个合适的范围内选择限流电阻 R 的取值，以保证稳压二极管电路正常工作。从图中可以看出

$$I_Z = \frac{U_i - U_Z}{R} - \frac{U_Z}{R_L} \tag{4.3.3}$$

当 U_i 取其最小值 U_{imin}，R_L 也取其最小值 R_{Lmin} 时，I_Z 最小，但是应该大于 I_{Zmin}，即

$$\frac{U_{imin} - U_Z}{R} - \frac{U_Z}{R_{Lmin}} > I_{Zmin}$$

解得

$$R < \frac{U_{imin} - U_Z}{I_{Zmin}R_{Lmin} + U_Z}R_{Lmin} = R_{max}$$

当 U_i 取其最大值 U_{imax}，R_L 也取其最大值 R_{Lmax} 时，I_Z 最大，但是应该小于 I_{Zmax}，即

$$\frac{U_{imax} - U_Z}{R} - \frac{U_Z}{R_{Lmax}} < I_{Zmax}$$

解得

$$R > \frac{U_{imax} - U_Z}{I_{Zmax}R_{Lmax} + U_Z}R_{Lmax} = R_{min}$$

于是，R 的取值范围为

$$\frac{U_{imax} - U_Z}{I_{Zmax}R_{Lmax} + U_Z}R_{Lmax} < R < \frac{U_{imin} - U_Z}{I_{Zmin}R_{Lmin} + U_Z}R_{Lmin}$$

如果计算出来的 $R_{min} > R_{max}$，则说明该稳压二极管的 I_Z 范围过小，应该换用 I_{Zmin} 更小、I_{Zmax} 更大的稳压二极管，满足 $R_{min} < R_{max}$。

【例 4.3.7】 稳压二极管电路如图 4.3.17 所示，稳定电压 $U_Z = 6$ V。当限流电阻 $R = 200\ \Omega$ 时，计算工作电流 I_Z 和输出电压 U_o；当 $R = 11\ k\Omega$ 时，再求 I_Z 和 U_o。

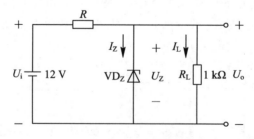

图 4.3.17 稳压二极管电路

解 当 $R = 200\ \Omega$ 时，稳压二极管 VD_Z 处于击穿状态，工作电流

$$I_Z = \frac{U_i - U_Z}{R} - \frac{U_Z}{R_L} = 24\ mA$$

$$U_o = U_Z = 6\ V$$

当 $R = 11\ \text{k}\Omega$ 时，VD_Z 处于截止状态，有

$$I_Z = 0$$

$$U_o = \frac{R_L}{R + R_L} U_i = 1\ \text{V}$$

加反偏电压时，稳压二极管 VD_Z 可能处于击穿状态，也可能因为反偏电压不够大，VD_Z 仍处于截止状态。所以可以把 VD_Z 所在的支路先视为开路，看外电路提供的反偏电压能否使 VD_Z 击穿。例 4.3.7 中，当 $R = 200\ \Omega$ 时，该反偏电压是 10 V，足以使 VD_Z 击穿，发挥稳压作用；而当 $R = 11\ \text{k}\Omega$ 时，反偏电压是 1 V，不能使 VD_Z 击穿，其处于截止状态。明确了 VD_Z 的状态后，再进行相应状态下电路的分析和计算。

稳压二极管也经常应用于限幅电路。一般的二极管依靠导通电压 $U_{\text{D(on)}}$ 限幅，而稳压二极管则是通过其反向击穿时的稳定电压 U_Z 实现限幅。

【例 4.3.8】 稳压二极管限幅电路如图 4.3.18（a）所示，其中稳压二极管 VD_{Z1} 和 VD_{Z2} 的稳定电压 $U_Z = 5\ \text{V}$，导通电压 $U_{\text{D(on)}} \approx 0$，输入电压 u_i 的波形见图 4.3.18（b），作出输出电压 u_o 的波形。

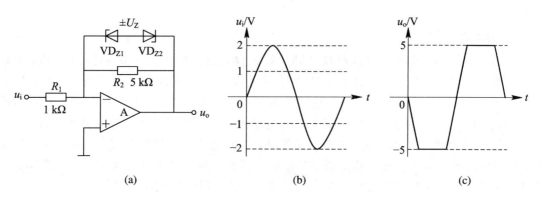

图 4.3.18 稳压二极管限幅
(a) 电路；(b) u_i 的波形；(c) u_o 的波形

解 当 $|u_i| < 1\ \text{V}$ 时，VD_{Z1} 和 VD_{Z2} 都处于截止状态，其支路相当于开路，电路是电压放大倍数为 −5 的反相比例放大器，$u_o = -5u_i$，u_o 最大变化到 ±5 V；当 $|u_i| > 1\ \text{V}$ 时，VD_{Z1} 和 VD_{Z2} 一个导通，一个击穿，此时反馈电流主要流过稳压二极管支路，u_o 稳定在 ±5 V。由此得到如图 4.3.18（c）所示的 u_o 波形。

4.3.7 其他晶体二极管

随着电子产品需求和制作技术的发展，人们可以使用特殊工艺过程制作出各种特别用途的二极管，除了稳压二极管，还有变容二极管、隧道二极管、肖特基二极管、光敏二极管和发光二极管，等等。

1. 变容二极管

变容二极管的电路符号如图 4.3.19（a）所示，图中的 u 是反偏电压。PN 结反偏时，结电容 C_j 以势垒电容 C_T 为主，取值随着反偏电压 u 变化，二者关系如图 4.3.19（b）所示。其中，U_B 为势垒电压，C_{j0} 为零偏结电容。

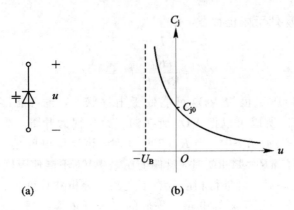

图 4.3.19　变容二极管

(a) 电路符号；(b) 结电容 C_j 与反偏电压 u 的关系

　　将变容二极管接入 LC 振荡回路，并通过调制电压控制结电容的取值，振荡频率就随调制信号变化，实现了频率调制。这类电路称为变容二极管调频电路，应用于高频无线电发射机。

2. 隧道二极管

　　隧道二极管中使用的半导体材料是砷化镓或锑化镓。P 区和 N 区的掺杂浓度是普通二极管的 1000 倍以上，所以其 PN 结的耗尽区很薄，只有普通二极管的 1/100，小于 0.01 μm。这样薄的耗尽区可以引发隧道效应。发生隧道效应时，P 区的价带电子可以通过耗尽区，进入 N 区的导带，而 N 区的导带电子也很容易通过耗尽区进入 P 区的价带，这两股电流都称为隧道电流。隧道二极管正偏时，正向电流包括扩散电流和隧道电流；反偏时，隧道电流远远大于漂移电流。通过外加电压调整 P 区和 N 区的能带，就可以控制隧道电流的大小，从而达到调节二极管电流的目的。隧道二极管的电路符号如图 4.3.20 (a) 所示，伏安特性如图 4.3.20 (b) 所示。在正偏电压很低的范围内，伏安特性存在一个负阻区。这个区域中，正偏电压增大，隧道电流反而减小，导致正向电流减小。

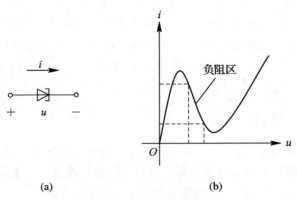

图 4.3.20　隧道二极管

(a) 电路符号；(b) 伏安特性

　　隧道二极管的导通和截止状态转换速率远远高于普通二极管，经常用于高速开关电路。利用其负阻特性，隧道二极管还可以产生交流功率，用于高频振荡器，频率可达毫米波段。

3. 肖特基二极管

金属中，电子克服原子核的吸引，逸出原子，需要较大的逸出功，而 N 型半导体中电子逸出需要的逸出功则较小。当金属和 N 型半导体接触时，因为逸出功的差别，电子会从半导体逸出，穿过交界面，注入金属。因为金属导电能力很好，所以注入金属的电子只分布在靠近交界面的很薄的区域内，使该区域带负电荷，形成负电荷区，而半导体剩下的施主正离子形成相对较厚的正电荷区。于是在交界面处形成了由施主正离子和电子构成的空间电荷区，并产生从半导体指向金属的内建电场。内建电场的产生和不断增强妨碍了半导体中电子向金属一方的进一步注入，同时，又助成了金属中电子向半导体一方的漂移。最后，电子的正向注入和反向漂移达到动态平衡，流过交界面的静电流为零。上述过程形成的金属—半导体结称为肖特基势垒，如图 4.3.21(a)所示。

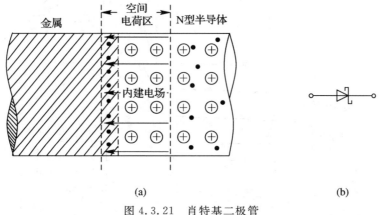

图 4.3.21　肖特基二极管
（a）肖特基势垒；（b）电路符号

肖特基势垒有和 PN 结相似的单向导电性。正偏时，外接电路使金属一方的电位高于半导体一方的电位，外加电场与内建电场方向相反，内部总电场减小，漂移电流减小，小于注入电流，多出来的注入电流就形成了正向电流。正向电流随着正偏电压的增大而增大。反偏时，金属一方的电位低于半导体一方的电位，外加电场与内建电场同向，内部总电场增大，漂移电流增大，大于注入电流，多出来的漂移电流就形成了反向电流。反偏电压增大到一定数值后，反向电流基本上不再变化。

肖特基二极管中的 N 型半导体必须轻掺杂。如果是重掺杂的 N 型半导体，则会因为空间电荷区很薄而发生隧道效应，隧道电流的产生会使其失去单向导电性。半导体制作工艺中，轻掺杂的半导体往往需要局部重掺杂后，再外接引线，这正是利用隧道效应，避免接触处形成肖特基势垒造成单向导电，这种结构称为欧姆接触。

肖特基二极管的电路符号如图 4.3.21(b)所示。与 PN 结相比，肖特基二极管只用一种载流子工作，消除了 PN 结中的少子存储现象，明显减小了结电容，从而高频性能较好。因为没有 P 型半导体体电阻，所以肖特基二极管的导通电压较小。但是这种二极管的反向击穿电压较低。肖特基二极管一般用做高频、低压、大电流整流，在 X 波段、C 波段、S 波段和 Ku 波段用于检波和混频。

4. 光敏二极管和发光二极管

光敏二极管的 PN 结具有光敏特性，工作时加反偏电压。没有光照时，反向电流很小，

一般小于 $0.1\ \mu A$，称为暗电流。受到光照时，PN 结中空间电荷区的价电子接受光子能量，造成本征激发，产生大量的自由电子和空穴，这些载流子在反偏电压作用下做漂移运动，使反向电流明显增大，称为光电流。光照越强，光电流越大，流过负载得到的电压也越大。为了便于接受光照，光敏二极管的外壳上设计有窗口，PN 结面积很大，而电极面积则很小。

光敏二极管的伏安特性、电路符号和测量电路如图 4.3.22 所示。反偏电路、零偏电路和正偏电路分别提供第三象限、第四象限和第一象限内的结果。光敏二极管反偏工作，正偏时和普通二极管区别不大。有光照时，即使零偏，光敏二极管也有反向电流，形成一定电压，这个特点有别于普通二极管的单向导电特性。

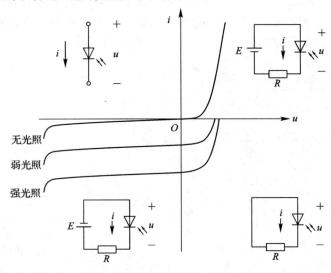

图 4.3.22　光敏二极管的伏安特性、电路符号和测量电路

与光敏二极管的工作原理相反，发光二极管工作时加正偏电压以维持正向电流。在 PN 结内部，自由电子和空穴做扩散运动。N 区扩散过来的自由电子到达 P 区，与 P 区的空穴复合；P 区扩散过来的空穴到达 N 区，与 N 区的自由电子复合。载流子复合时释放能量，产生可见光。光的颜色取决于光子的能量，又进一步由半导体材料决定，如砷化镓二极管发红光，磷化镓二极管发绿光，碳化硅二极管发黄光，氮化镓二极管发蓝光，等等。发光二极管的优点是寿命长，效率高，产生的热量很少，绝大部分能量都用来产生可见光。

发光二极管的伏安特性和电路符号如图 4.3.23 所示。因为工作区的电流不能太大，所以发光二极管需要和限流电阻串联使用。

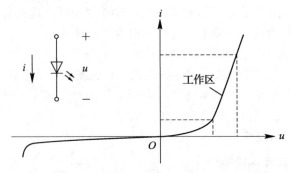

图 4.3.23　发光二极管的伏安特性和电路符号

4.4 双极型晶体三极管

双极型晶体三极管简称晶体管,是由三层杂质半导体构成的有源器件,其原理结构和电路符号如图 4.4.1 所示。

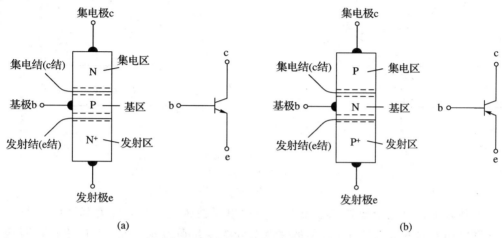

图 4.4.1 晶体管的原理结构和电路符号
(a) NPN 型晶体管;(b) PNP 型晶体管

三层杂质半导体可以是两个 N 型半导体中间夹一层 P 型半导体,组成 N 型—P 型—N 型的结构,称为 NPN 型晶体管;也可以是两个 P 型半导体中间夹一层 N 型半导体,组成 P 型—N 型—P 型的结构,称为 PNP 型晶体管。无论是哪种类型,晶体管的中间层称为基区,两侧的异型层分别称为发射区和集电区。三个区各自引出一个电极与外电路相连,分别叫做基极(b)、发射极(e)和集电极(c),基区和发射区之间的 PN 结称为发射结(e 结),而基区和集电区之间的 PN 结称为集电结(c 结)。

目前普遍使用平面工艺制造晶体管,包括氧化、光刻和扩散等工序。制作时应该保证晶体管的物理结构有如下特点:发射区相对基区重掺杂;基区很薄,只有零点几微米到数微米;集电结面积大于发射结面积。上述基本要求是制造性能优良的晶体管所必需的。

4.4.1 双极型晶体三极管的工作原理

通过合适的外加电压进行直流偏置,可以使晶体管的发射结正偏,而集电结反偏,此时的晶体管工作在放大状态,符合晶体管放大器的工作要求。观察此时晶体管内部载流子的定向运动情况,得到内部载流子电流的分布,通过研究它们和晶体管三个极电流的关系,可以分析晶体管放大交流信号的原理。

以图 4.4.2(a)所示的放大状态下的 NPN 型晶体管为例,载流子的定向运动基本上可以分为以下三个阶段。

(1) 发射区向基区注入电子。正偏的发射结上以多子扩散运动为主,包括发射区的自由电子扩散到基区,形成电子注入电流 I_{EN},以及基区的空穴扩散到发射区,形成空穴注入电流 I_{EP}。因为发射区相对基区重掺杂,发射区的自由电子浓度远大于基区的空穴浓度,所以 I_{EN} 远大于 I_{EP}。

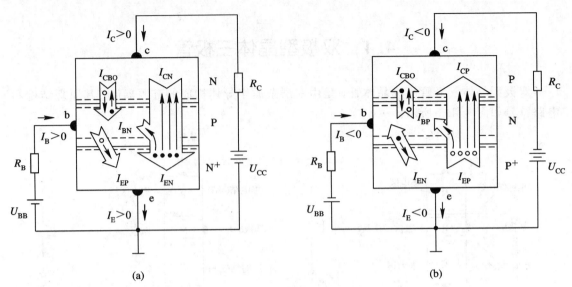

图 4.4.2　晶体管的内部载流子电流和极电流

(a) NPN 型晶体管；(b) PNP 型晶体管

（2）基区中自由电子边扩散边复合。自由电子注入基区后，成为基区中的非平衡少子，在发射结处浓度最大，而在反偏的集电结处浓度几乎为零。所以基区中存在明显的自由电子浓度梯度，导致自由电子继续从发射结向集电结扩散。扩散中，部分自由电子被基区中的空穴复合掉，形成基区复合电流 I_{BN}。因为基区很薄，又不是重掺杂，所以被复合的自由电子很少，绝大多数自由电子都能扩散到集电结的边缘。

（3）集电区收集自由电子。反偏的集电结内部较强的电场使扩散过来的自由电子发生漂移运动，进入集电区，形成收集电流 I_{CN}。另外，基区自身的自由电子和集电区的空穴也参与漂移运动，形成反向饱和电流 I_{CBO}。

根据图 4.4.2(a)所示的 NPN 型晶体管的内部载流子电流的分布及其方向，可以得到晶体管的三个极电流与内部载流子电流的关系：

$$I_E = I_{EP} + I_{EN} \approx I_{EN} = I_{BN} + I_{CN}$$

$$I_B = I_{BN} - I_{CBO} + I_{EP} \approx I_{BN} - I_{CBO}$$

$$I_C = I_{CN} + I_{CBO}$$

不难看出，晶体管三个极电流并不彼此独立，它们之间的关系可以通过共发射极直流电流放大倍数和共基极直流电流放大倍数来量化。

共发射极直流电流放大倍数记为 $\bar{\beta}$，反映基区中非平衡少子的扩散与复合的比例，即收集电流 I_{CN} 与基区复合电流 I_{BN} 之比：

$$\bar{\beta} = \frac{I_{CN}}{I_{BN}} \approx \frac{I_C - I_{CBO}}{I_B + I_{CBO}}$$

共基极直流电流放大倍数记为 $\bar{\alpha}$，反映收集电流 I_{CN} 与电子注入电流 I_{EN} 的比例关系：

$$\bar{\alpha} = \frac{I_{CN}}{I_{EN}} \approx \frac{I_C - I_{CBO}}{I_E}$$

$\bar{\alpha}$ 也间接反映了基区中非平衡少子的扩散与复合的比例，所以 $\bar{\beta}$ 与 $\bar{\alpha}$ 有必然的换算关系：

$$\bar{\beta} = \frac{I_{CN}}{I_{BN}} = \frac{I_{CN}}{I_{EN} - I_{CN}} = \frac{\bar{\alpha} I_{EN}}{I_{EN} - \bar{\alpha} I_{EN}} = \frac{\bar{\alpha}}{1 - \bar{\alpha}} \tag{4.4.1}$$

$$\bar{\alpha} = \frac{I_{CN}}{I_{EN}} = \frac{I_{CN}}{I_{BN} + I_{CN}} = \frac{\bar{\beta} I_{BN}}{I_{BN} + \bar{\beta} I_{BN}} = \frac{\bar{\beta}}{1 + \bar{\beta}} \tag{4.4.2}$$

$\bar{\beta}$ 和 $\bar{\alpha}$ 的取值取决于基区的宽度、掺杂浓度等因素。每个晶体管制作完成后，这两个表征其放大能力的参数就基本确定了，$\bar{\beta}$ 值一般为 $20\sim200$，$\bar{\alpha}$ 的取值大约为 $0.97\sim0.99$。

在近似分析中，$\bar{\beta}$ 和 $\bar{\alpha}$ 通常用来描述晶体管极电流之间的比例关系：

$$I_C \approx \bar{\beta}(I_B + I_{CBO}) + I_{CBO} = \bar{\beta} I_B + (1 + \bar{\beta}) I_{CBO} = \bar{\beta} I_B + I_{CEO}$$

式中：$I_{CEO} = (1 + \bar{\beta}) I_{CBO}$，称为穿透电流，取值很小，如果将其忽略，则有

$$I_C = \bar{\beta} I_B \tag{4.4.3}$$

$$I_E = I_B + I_C = (1 + \bar{\beta}) I_B \tag{4.4.4}$$

式(4.4.3)和式(4.4.4)是用 $\bar{\beta}$ 描述的晶体管极电流的关系。经过类似推导，我们也可以将晶体管极电流的关系用 $\bar{\alpha}$ 进行描述：

$$I_C = \bar{\alpha} I_E \tag{4.4.5}$$

$$I_B = (1 - \bar{\alpha}) I_E \tag{4.4.6}$$

以上是对放大状态下 NPN 型晶体管的电流分析。PNP 型晶体管中两个 PN 结的方向与 NPN 型晶体管中 PN 结的方向相反，为使其也工作在发射结正偏、集电结反偏的放大状态，需要相应地将外加直流偏置电压反向，如图 4.4.2(b)所示。PNP 型晶体管的载流子电流分布类似于 NPN 型晶体管中的情况，只是自由电子和空穴互换了角色，电流的流向也反向。因为极电流的正方向与 NPN 型晶体管一致，所以 PNP 型晶体管的 I_B、I_C 和 I_E 都取负值。对 NPN 型晶体管的分析结果，包括 $\bar{\beta}$ 和 $\bar{\alpha}$ 的换算关系，以及用它们描述的晶体管极电流的关系仍然适用于 PNP 型晶体管。

下面仍用 NPN 型晶体管来说明晶体管放大交流信号的基本原理，对 PNP 型晶体管，读者可以自行分析。在图 4.4.2(a)所示电路的基础上，忽略空穴注入电流 I_{EP} 和反向饱和电流 I_{CBO}，以简化分析。给晶体管的输入端叠加上交流电压 u_b，如图 4.4.3(a)所示。u_b 使得发射结电压在原来的基础上发生变化，但是因为 u_b 的振幅远小于 U_{BB}，所以变化过程中发射结始终处在正偏状态。发射极电流 i_E 主要是电子注入电流 i_{EN}，它与正偏电压有类似于式(4.3.1)给出的指数关系，这个关系称为晶体管的电流方程：

$$i_E \approx i_{EN} \approx i_C \approx I_S e^{\frac{u_{BE}}{U_T}} \tag{4.4.7}$$

i_E 会随 u_{BE} 的微小变化产生明显改变。或者说，扩散过发射结的自由电子数量随 u_b 显著变化。数量时变的自由电子经过基区时被少部分复合，产生一个时变的基区复合电流 i_{BN}，以其为主构成的基极电流 i_B 也是时变的，但振幅很小，考虑到 u_b 的振幅也很小，所以晶体管的输入交流功率很少。大多数未被复合的自由电子到达反偏的集电结时，开始跨越集电结的漂移运动。漂移过程中，U_{CC} 产生的强电场对其做功，这就把 U_{CC} 提供的直流功率通过电场做功变为了自由电子携带的功率。因为自由电子的数目是时变的，所以得到的是交流功率，从而实现了直流功率向交流功率的转移。因此，收集电流 i_{CN} 可以有较大的振

幅，以它为主构成的集电极电流 i_C 能够在电阻 R_C 上输出较大的交流功率。因为 U_{CC} 取值较大，所以此过程中虽然 R_C 上有较大的电压变化，但是集电结始终保持在反偏状态。从这个过程可以看出，晶体管是通过把直流功率转换成交流功率来放大交流信号的。

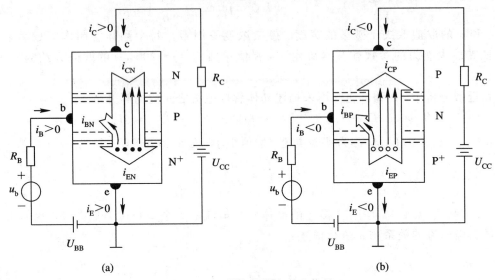

图 4.4.3　晶体管放大交流信号

(a) NPN 型晶体管；(b) PNP 型晶体管

4.4.2　双极型晶体三极管的伏安特性及参数

构成放大器时，需要在晶体管的两个极之间加上交流输入信号，在两个极上获得交流输出信号，所以晶体管的三个极有一个必然同时出现在电路的输入回路和输出回路中。如果是共用发射极，这种电路设计就称为共发射极组态，图 4.4.3 所示电路就是共发射极放大器。下面就以这一代表性设计来讨论晶体管的伏安特性，即极电流与极间电压的关系。

在共发射极组态中，基极电流 i_B 是晶体管的输入电流，基极和发射极之间的电压 u_{BE} 是晶体管的输入电压，而晶体管的输出电流和输出电压则分别是集电极电流 i_C 和集电极与发射极之间的电压 u_{CE}。

1. 输出特性

输出特性描述晶体管的输出电流与输出电压，即 i_C 与 u_{CE} 之间的关系，如图 4.4.4 所示。可以发现，i_C 与 u_{CE} 之间的关系曲线并不唯一，而是取决于输入电流 i_B。当 i_B 变化时，输出特性曲线扫过的区域可以分为三个部分，分别称为放大区、饱和区和截止区。通过控制晶体管的发射结和集电结的正偏与反偏，可以使工作点分别位于这三个区域内。

1) 放大区

当晶体管的发射结正偏，集电结反偏时，工作点在放大区内。在放大区内，i_B 对 i_C 的控制作用十分明显，可以用共发射极交流电流放大倍数来衡量 i_B 的变化量与 i_C 的变化量之间的关系：

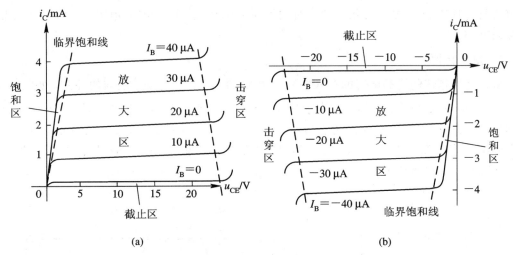

图 4.4.4　晶体管的输出特性

（a）NPN 型晶体管；（b）PNP 型晶体管

$$\beta = \frac{\Delta i_C}{\Delta i_B} \tag{4.4.8}$$

放大区内只要 $|i_C|$ 不很大或很小，β 的取值基本上不随 i_C 变化，而且因为反向饱和电流 I_{CBO} 很小，$\beta \approx \bar{\beta}$。另外，当 u_{CB} 为常数时，i_C 的变化量与 i_E 的变化量之比定义为共基极交流电流放大倍数：

$$\alpha = \frac{\Delta i_C}{\Delta i_E} \tag{4.4.9}$$

$\alpha \approx \bar{\alpha}$，所以 α 和 β 之间有与 $\bar{\alpha}$ 和 $\bar{\beta}$ 之间同样的换算关系。

　　放大区内的输出特性曲线近似水平，说明 u_{CE} 变化时，i_C 变化不大，所以当输出端接不同阻值的负载电阻时，虽然输出电压变化，但输出电流基本不变，从而实现了恒流输出，这一特点可以用来设计晶体管电流源。严格地说，当 $|u_{CE}|$ 增大时，集电结反偏电压增大，PN 结变宽，基区则变窄，自由电子与空穴复合的概率减小，所以 $|i_B|$ 会略有减小。同一输出特性曲线要求 i_B 不变，即基区自由电子与空穴复合的概率应保持不变，这只有通过增大发射结的注入电流来实现，结果造成了 $|i_C|$ 略有增大。这种现象称为基区宽度调制效应，简称基调效应，表现为放大区内一定 i_B 对应的输出特性曲线随 $|u_{CE}|$ 的增大而略微外偏。

　　2）饱和区

　　当晶体管的发射结和集电结都正偏时，工作点进入饱和区。正偏的集电结不利于收集基区中的非平衡载流子，所以同一 i_B 对应的 $|i_C|$ 小于放大区的取值。u_{CE} 不变时，不同的 u_{BE} 虽然能够改变发射结上的扩散电流，但该电流的变化基本上被基区复合电流的变化抵消，从而产生 i_B 的变化，而 i_C 不会明显改变，即 i_C 不受 i_B 的控制，所以饱和区中各条输出特性曲线彼此重合。当集电结处于反偏和正偏之间的临界状态，即零偏时，对应的工作点的各个位置连接成临界饱和线，这是放大区和饱和区的分界线。工作点位于饱和区时，u_{CE} 绝对值很小且基本不变，称为饱和压降，记做 $u_{CE(sat)}$。

　　3）截止区

　　截止区对应晶体管的发射结和集电结都反偏。反偏的 PN 结中的漂移电流决定了三个极电流与工作点位于放大区和饱和区时的电流方向相反，而且绝对值很小，可以认为晶体管极间开路。

2. 输入特性

输入特性描述的是晶体管的输入电流与输入电压，即 i_B 与 u_{BE} 之间的关系，如图 4.4.5 所示。对 NPN 型晶体管，当 u_{BE} 大于导通电压 $U_{BE(on)}$ 时，晶体管导通，即处于放大状态或饱和状态。这两种状态下，u_{BE} 近似等于 $U_{BE(on)}$，所以也可以认为 $U_{BE(on)}$ 是导通的晶体管输入端固定的管压降。当 $u_{BE} < U_{BE(on)}$ 时，晶体管进入截止状态。PNP 型晶体管导通要求 $u_{BE} < U_{BE(on)}$，否则处于截止状态。

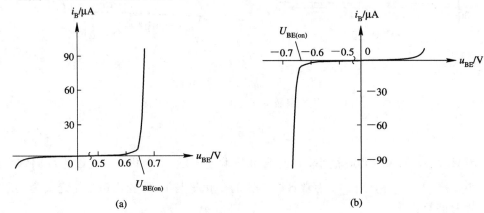

图 4.4.5 晶体管的输入特性

(a) NPN 型晶体管；(b) PNP 型晶体管

放大区的输入特性曲线略微受到 u_{CE} 的影响。$|u_{CE}|$ 增大时，集电结反偏加大，对基区中非平衡载流子的收集能力增强，基区载流子复合的几率减小，$|i_B|$ 略有下降。但 $|i_B|$ 下降的幅度很小，几乎可以忽略不计。

4.4.3 双极型晶体三极管的极限参数

为了维持电流放大倍数、导通电压(管压降)和饱和压降等参数的稳定及安全工作，晶体管的耗散功率、最大电流和耐受电压都有限度，如果超过限值，则晶体管的性能会恶化甚至管子会烧坏。在为电路选择晶体管时，我们需要认真参考管子的极限参数。比较重要的晶体管极限参数如下。

1. 集电极最大允许耗散功率

晶体管处于放大状态时，集电结反偏电压较大，集电极电流也较大，集电结有较大的耗散功率，产生大量热量，温度上升。温度过高会导致晶体管的参数变化超过规定范围，甚至导致管子损坏。晶体管安全工作允许的温度决定了集电极最大允许耗散功率，用 P_{CM} 表示。大功率晶体管经常通过安装散热片来降温，散热有助于提高 P_{CM}。

2. 集电极最大允许电流

当晶体管的集电极电流较大时，会发生基区电导调制效应、基区展宽效应等等，导致晶体管的电流放大倍数下降，当其下降到原来的 1/2 或 1/3 时，对应的集电极电流称为集电极最大允许电流，记为 I_{CM}。

3. 集电极—发射极击穿电压

集电极—发射极击穿电压用 $U_{(BR)CEO}$ 表示，规定了基极开路时，允许加到集电极和发射极之间使集电结反偏的电压的最大值。如果反偏电压过大，集电结击穿会引起集电极电流剧增，使用中要注意这个问题。

4.4.4　温度对晶体三极管参数的影响

晶体管参数对温度十分敏感，这将严重影响到晶体管电路的热稳定性。受温度影响较大的参数有发射结电压 U_{BE}、反向饱和电流 I_{CBO} 和共发射极电流放大倍数 β。

1. 温度对发射结电压 U_{BE} 的影响

U_{BE} 随温度升高而下降，体现在输入特性上曲线将左移，其变化规律是温度每升高 $1℃$，以 NPN 管为例，U_{BE} 减小 $2\sim2.5$ mV，即

$$\frac{\Delta U_{BE}}{\Delta T} = -2.5 \text{ mV/℃（为负温度系数）}$$

2. 温度对反向饱和电流 I_{CBO} 的影响

温度升高，少数载流子增多，故 I_{CBO} 上升，其变化规律是，温度每上升 $10℃$，I_{CBO} 上升 1 倍。I_{CEO} 随温度的变化与 I_{CBO} 相同，体现在输出特性上曲线将上移。

3. 温度对共发射极电流放大倍数 β 的影响

β 随温度升高而增大，其变化规律是，温度每升高 $1℃$，β 将增大 $0.5\%\sim1\%$，体现在输出特性上曲线间隔将增大。

总之，以上三个参数都会使集电极电流 I_C 随温度上升而增大，这将导致晶体管工作不稳定，在应用中需要用电路设计克服温度不稳定性。

表 4.4.1 给出了实验和仿真中常用的 10 种晶体管的极限参数。

表 4.4.1　晶体管的极限参数实例

型 号	用 途	P_{CM}/W	I_{CM}/A	$U_{(BR)CEO}$/V
2N2222	通用	0.5	0.8	60
2N2907	通用	0.4	0.6	60
9013	低频放大	0.625	0.5	50
9018	高频放大	0.4	0.05	30
9014	低噪声放大	0.4	0.1	50
2N5401	视频放大	0.625	0.6	160
2N3055	功率放大	115	15	100
2N3773	音频功放	150	16	140
2N2369	开关	0.3	0.5	40
3DD15D	电源开关	50	5	300

4.5 场 效 应 管

场效应管制作工艺简单，集成度高，便于制作到集成电路中。场效应管与晶体管一起成为两类重要的半导体有源器件。

4.5.1 结型场效应管的工作原理、特性及参数

结型场效应管简记为 JFET，根据导电沟道是 N 型半导体还是 P 型半导体，又分为 N 沟道 JFET 和 P 沟道 JFET，其原理结构和电路符号如图 4.5.1 所示。

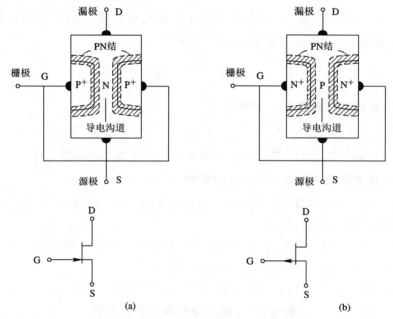

图 4.5.1　JFET 的原理结构和电路符号

（a）N 沟道 JFET；（b）P 沟道 JFET

从结构上看，N 沟道 JFET 是在一块 N 型半导体的两侧，通过高浓度扩散形成两个重掺杂的 P^+ 区，得到两个 PN 结，PN 结中间的 N 型半导体形成导电沟道。P 沟道 JFET 的半导体材料结构则正好相反。两个重掺杂区接在一起，引出一个电极，称为栅极（G），导电沟道两端各自引出一个电极，分别称为源极（S）和漏极（D）。因为结构对称，源极和漏极可以互换使用。

1. 工作原理

以 N 沟道 JFET 为例，如图 4.5.2(a)所示。当漏极和源极之间加上漏源电压 U_{DS} 时，N 型导电沟道中形成自上而下的电场，在该电场作用下，多子——自由电子产生漂移运动，形成漏极电流 I_D。当栅极和源极之间的栅源电压 U_{GS} 为零时，导电沟道最宽，I_D 最大，称为饱和电流，记做 I_{DSS}。当 U_{GS} 为负时，由于两个反偏的 PN 结都变厚，因此导电沟道变窄，沟道电阻变大，所以 I_D 变小。当 $|U_{GS}|$ 足够大时，PN 结的扩张导致导电沟道完全被夹断，结果 I_D 减小到零，此时的 U_{GS} 称为夹断电压，记为 $U_{GS(off)}$，所以 U_{GS} 的改变可

以控制 I_D 的大小。因为反偏的 PN 结上仅有很微小的反向饱和电流，栅极电流 $I_G \approx 0$，所以场效应管的输入阻抗很大，源极电流 I_S 则和漏极电流 I_D 相等。为了保证 PN 结的反偏，并实现 U_{GS} 对 I_D 的有效控制，N 沟道 JFET 的 U_{GS} 不能大于零。

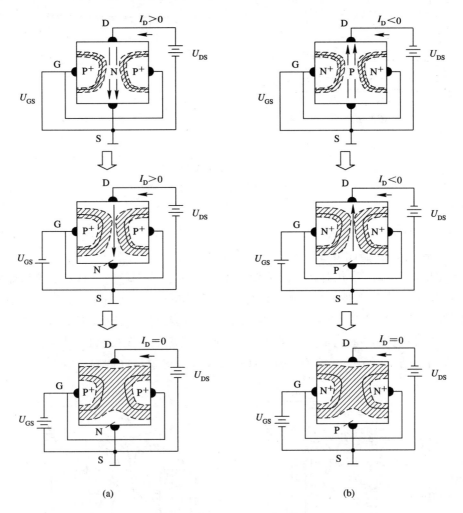

(a)　　　　　　　　　　　　　　(b)

图 4.5.2　JFET 的工作原理
(a) N 沟道 JFET；(b) P 沟道 JFET

　　P 沟道 JFET 有类似的工作原理，如图 4.5.2(b)所示。由于 PN 结方向相反，所以外加电压也应该反向，U_{GS} 大于零以保证 PN 结的反偏，并控制空穴作为多子产生的漂移电流的大小，漂移电流的方向也与 N 沟道 JFET 相反。如果以 N 沟道 JFET 的电压电流方向作为正方向，则 P 沟道 JFET 的电压电流都取相反值。

2. 特性曲线

　　场效应管的输出特性描述的是以栅源电压 u_{GS} 为参变量时，漏极电流 i_D 与漏源电压 u_{DS} 之间的关系，如图 4.5.3 所示。关系曲线的分布区域主要分为三部分，每部分曲线的特性不同。可以通过改变 u_{GS} 和 u_{DS}，使工作点位于不同的区域。

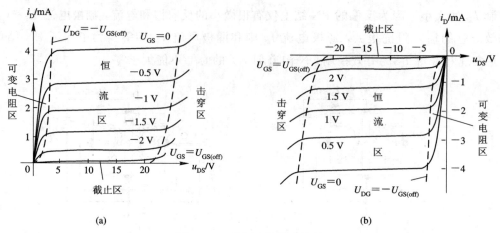

图 4.5.3　JFET 的输出特性

(a) N 沟道 JFET；(b) P 沟道 JFET

1) 恒流区

当 $|u_{GS}| < |U_{GS(off)}|$，同时 $|u_{DG}| = |u_{DS} - u_{GS}| > |U_{GS(off)}|$ 时，工作点位于恒流区内。恒流区内 u_{GS} 对 i_D 的控制能力很强，二者呈平方率关系。

对固定的 u_{GS}，u_{DS} 变化时，i_D 的改变很小。当 $|u_{DG}| > |U_{GS(off)}|$ 时，在靠近漏极处，因为 PN 结变厚，导电沟道被局部夹断，称为预夹断，如图 4.5.4 所示。$|u_{DS}|$ 增大时，电压的增加量主要分布在局部夹断区，对导电沟道的导电能力影响较小，所以 u_{DS} 对 i_D 的控制能力很弱。严格地说，随着 $|u_{DS}|$ 的增大，局部夹断区逐渐向源极靠近，导电沟道的长度减小，其电阻也减小，导致 $|i_D|$ 略有增加，这种现象称为沟道长度调制效应。

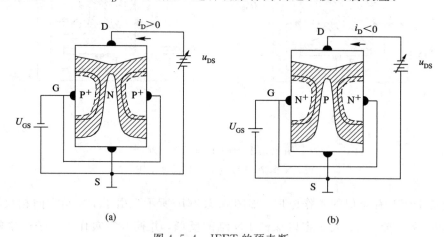

图 4.5.4　JFET 的预夹断

(a) N 沟道 JFET；(b) P 沟道 JFET

2) 可变电阻区

当 $|u_{GS}| < |U_{GS(off)}|$ 而 $|u_{DG}| < |U_{GS(off)}|$ 时，工作点进入可变电阻区。因为此时没有产生预夹断，所以 u_{DS} 的变化直接影响导电沟道中的电场强度，从而明显改变 i_D 的大小。关系曲线的斜率随着 $|u_{GS}|$ 的增大而减小，交流输出电阻 $r_{DS} = \Delta u_{DS} / \Delta i_D$ 则变大，说明 u_{GS} 的变化可以改变 r_{DS} 的数值，所以此区域称为可变电阻区。

3）截止区

截止区对应 $|u_{GS}| > |U_{GS(off)}|$。此时导电沟道被全部夹断，$i_D = 0$。

另外，如果 $|u_{DS}|$ 足够大，则 PN 结在靠近漏极的局部会击穿，i_D 急剧增大，相应的区域称为击穿区。

i_D 与 u_{GS} 的关系称为场效应管的转移特性，如图 4.5.5 所示。在恒流区内，i_D 与 u_{GS} 的平方率关系可以描述为

$$i_D = I_{DSS}\left(1 - \frac{u_{GS}}{U_{GS(off)}}\right)^2 \quad （N 沟道 JFET） \tag{4.5.1}$$

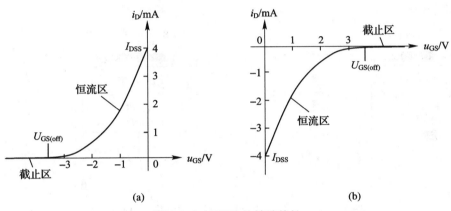

(a)   (b)

图 4.5.5　JFET 的转移特性

(a) N 沟道 JFET；(b) P 沟道 JFET

4.5.2　绝缘栅场效应管的工作原理、特性及参数

绝缘栅场效应管又称为金属氧化物半导体场效应管，记为 MOSFET，其栅极和导电沟道之间有一层很薄的 SiO_2 绝缘体，所以比 JFET 有更高的输入阻抗，并由于功耗低和集成度高的特点被广泛应用到大规模集成电路中。根据结构上是否存在原始导电沟道，MOSFET 又分为增强型 MOSFET 和耗尽型 MOSFET。

如图 4.5.6（a）所示，在一块 P 型半导体衬底上，通过高浓度扩散形成两个重掺杂的

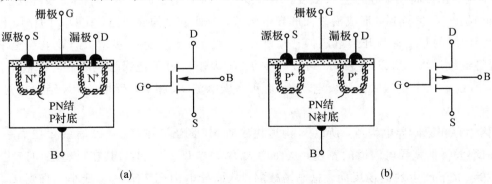

(a)   (b)

图 4.5.6　增强型 MOSFET 的原理结构和电路符号

(a) N 沟道增强型 MOSFET；(b) P 沟道增强型 MOSFET

N^+ 区，分别引出电极得到源极 S 和漏极 D，衬底引出电极 B，两个 N^+ 区之间的衬底表面覆盖了 SiO_2 绝缘层，其上蒸铝，引出电极成为栅极 G，这样就制作出了 N 沟道增强型 MOSFET。P 沟道增强型 MOSFET 则是用 N 型半导体作衬底，在其上扩散形成两个 P^+ 区制作而成。

增强型 MOSFET 在结构上不存在原始导电沟道，如果制作过程中通过离子掺杂，利用离子电场对空穴和自由电子的排斥与吸引，在紧靠绝缘层的衬底表面形成与重掺杂区同型的原始导电沟道，连通两个重掺杂区，就得到了耗尽型 MOSFET，其原理结构和电路符号如图 4.5.7 所示。

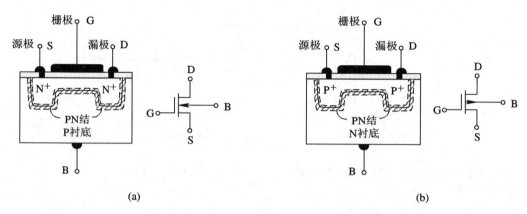

图 4.5.7　耗尽型 MOSFET 的原理结构和电路符号

(a) N 沟道耗尽型 MOSFET；(b) P 沟道耗尽型 MOSFET

1. 工作原理

图 4.5.8(a)所示的 N 沟道增强型 MOSFET 中，当栅源电压 $U_{GS} = 0$ 时，两个 N^+ 区之间被两个 PN 结隔开，由于两个 PN 结反向，所以虽然有漏源电压 U_{DS}，但是漏极电流 I_D 始终为零。当 $U_{GS} > 0$ 时，栅极和 P 型衬底之间产生垂直向下的电场。在电场作用下，衬底上表面的多子——空穴被向下排斥，而衬底中的少子——自由电子则被吸引到表面处，结果该区域中的空穴数量减少，而自由电子的数量则增加。当 U_{GS} 足够大时，衬底上表面的自由电子浓度将明显超过空穴浓度，结果该区域从 P 型变成了 N 型，称为反型层。该反型层将两个 N^+ 区连通，形成沿表面的导电沟道，与外电路构成回路，在 U_{DS} 的作用下，产生 I_D。此时的 U_{GS} 称为开启电压，记为 $U_{GS(th)}$。此后，U_{GS} 进一步增大，导电沟道变宽，I_D 也将继续增大，所以改变 U_{GS} 可以控制 I_D 的大小。由于绝缘层的存在，栅极电流 $I_G = 0$，所以输入阻抗极大，源极电流 I_S 则和漏极电流 I_D 相等，反偏的 PN 结使得衬底电流 $I_B \approx 0$。

因为存在原始导电沟道，所以 N 沟道耗尽型 MOSFET 在 $U_{GS} = 0$ 时就存在 $I_D = I_{D0}$。U_{GS} 的增大将加宽导电沟道的宽度，从而增大 I_D。当 $U_{GS} < 0$ 时，其在反型层中产生的电场与掺杂离子产生的电场反向，总电场减弱，从而导电沟道变窄，I_D 变小。直到 $|U_{GS}|$ 足够大时，导电沟道消失，$I_D = 0$。此时的 U_{GS} 亦称为夹断电压，同样记为 $U_{GS(off)}$。

读者可以参照图 4.5.8 (b)自行分析 P 沟道 MOSFET 的工作原理。

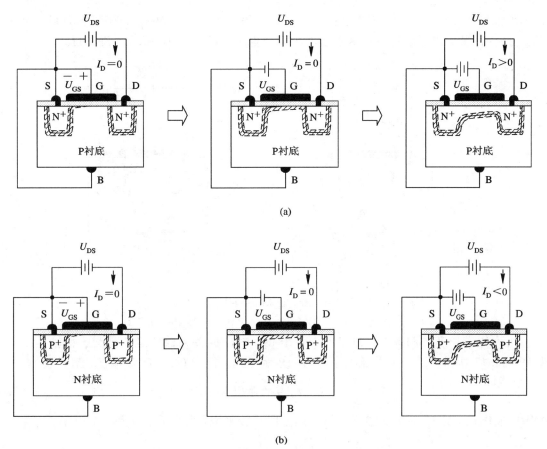

图 4.5.8 增强型 MOSFET 的工作原理

(a) N 沟道增强型 MOSFET；(b) P 沟道增强型 MOSFET

2. 特性曲线

首先分析增强型 MOSFET 的输出特性。如图 4.5.9 所示，曲线的分布区域也主要分为恒流区、可变电阻区和截止区三部分。

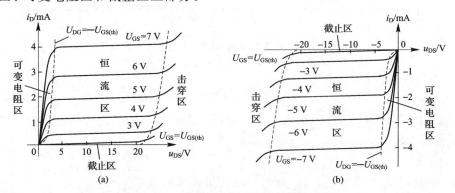

图 4.5.9 增强型 MOSFET 的输出特性

(a) N 沟道增强型 MOSFET；(b) P 沟道增强型 MOSFET

1）恒流区

当 $|u_{GS}|>|U_{GS(th)}|$，同时 $u_{DG}>-U_{GS(th)}$（N 沟道增强型 MOSFET）或 $u_{DG}<-U_{GS(th)}$（P

沟道增强型 MOSFET)时，工作点在恒流区内。恒流区内 u_{GS} 对 i_D 的控制能力强，而 u_{DS} 对 i_D 的控制能力弱，后者也是由于导电沟道产生了如图 4.5.10 所示的预夹断。

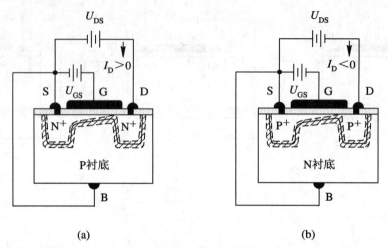

(a)   (b)

图 4.5.10　增强型 MOSFET 的预夹断

(a) N 沟道增强型 MOSFET；(b) P 沟道增强型 MOSFET

因为沟道长度调制效应，恒流区中各个 U_{GS} 对应的关系曲线延长将交于横轴上一点，如图 4.5.11 所示。交点的电压大小称为厄尔利电压，记为 U_A。定义沟道调制系数为

$$\lambda = \frac{1}{U_A} \quad \text{（N 沟道增强型 MOSFET）} \tag{4.5.2}$$

λ 用以量化 u_{DS} 对 i_D 的微弱控制。恒流区中曲线较平坦，所以 U_A 很大而 λ 很小。

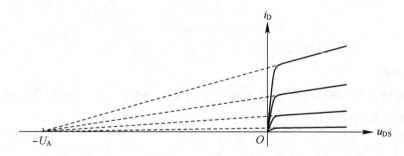

图 4.5.11　N 沟道增强型 MOSFET 的厄尔利电压

2) 可变电阻区

当 $|u_{GS}| > |U_{GS(th)}|$ 而 $u_{DG} < -U_{GS(th)}$（N 沟道增强型 MOSFET）或 $u_{DG} > -U_{GS(th)}$（P 沟道增强型 MOSFET）时，工作点进入可变电阻区。此时 u_{DS} 的变化会明显改变 i_D 的大小，同时交流输出电阻 r_{DS} 随着 $|u_{GS}|$ 的增大而减小。

3) 截止区

截止区对应 $|u_{GS}| < |U_{GS(th)}|$。此时导电沟道尚未形成，$i_D = 0$。

增强型 MOSFET 的转移特性如图 4.5.12 所示。在恒流区内，i_D 与 u_{GS} 仍呈平方率关系

$$i_D = \frac{\mu_n C_{ox}}{2} \frac{W}{L} (u_{GS} - U_{GS(th)})^2 \quad \text{（N 沟道增强型 MOSFET）} \tag{4.5.3}$$

式中：μ_n 为导电沟道中自由电子运动的迁移率；C_{ox} 为单位面积的栅极电容；W 和 L 分别为导电沟道的宽度和长度，W/L 为宽长比。如果计入 u_{DS} 对 i_D 的微弱作用，则需要用沟道调制系数 λ 修正公式，结果为

$$i_D = \frac{\mu_n C_{ox}}{2} \frac{W}{L} (u_{GS} - U_{GS(th)})^2 (1 + \lambda u_{DS}) \quad \text{（N 沟道增强型 MOSFET）} \quad (4.5.4)$$

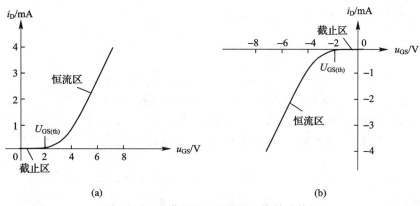

图 4.5.12　增强型 MOSFET 的转移特性

（a）N 沟道增强型 MOSFET；（b）P 沟道增强型 MOSFET

　　耗尽型 MOSFET 的输出特性和转移特性分别如图 4.5.13 和图 4.5.14 所示，其工作点位于恒流区、可变电阻区和截止区对应的电压关系类似于增强型 MOSFET。经过简单变换，恒流区内的电流方程为

$$i_D = I_{D0} \left(1 - \frac{u_{GS}}{U_{GS(off)}} \right)^2 \quad \text{（N 沟道耗尽型 MOSFET）} \quad (4.5.5)$$

其中

$$I_{D0} = \frac{\mu_n C_{ox}}{2} \frac{W}{L} U_{GS(off)}^2 \quad \text{（N 沟道耗尽型 MOSFET）} \quad (4.5.6)$$

表示 $u_{GS} = 0$ 时的漏极电流。

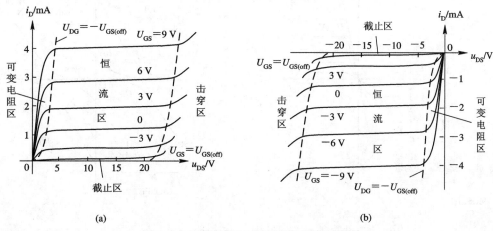

图 4.5.13　耗尽型 MOSFET 的输出特性

（a）N 沟道耗尽型 MOSFET；（b）P 沟道耗尽型 MOSFET

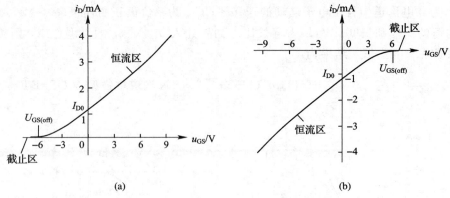

图 4.5.14　耗尽型 MOSFET 的转移特性

（a）N 沟道耗尽型 MOSFET；（b）P 沟道耗尽型 MOSFET

　　至此，我们学习了六种场效应管。为了便于比较和区分，图 4.5.15 中一并给出了它们的电路符号。图 4.5.16 则在同一坐标系中对比了它们的输出特性和转移特性。

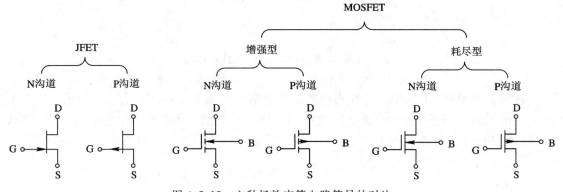

图 4.5.15　六种场效应管电路符号的对比

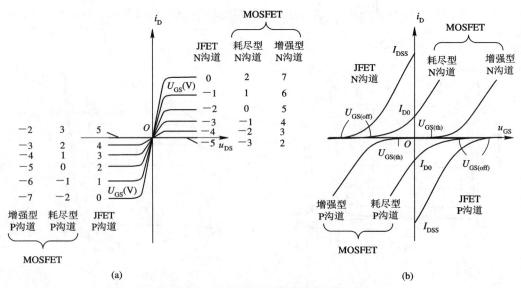

图 4.5.16　六种场效应管特性曲线的对比

（a）输出特性；（b）转移特性

4.5.3　场效应管的主要参数

如同选择二极管和晶体管一样，我们需要认真参考主要参数，为电路选择性能匹配的场效应管。

1. 直流参数

场效应管的直流参数包括 JFET 和耗尽型 MOSFET 的夹断电压 $U_{GS(off)}$、增强型 MOSFET 的开启电压 $U_{GS(th)}$，以及 JFET 的饱和电流 I_{DSS}。

2. 交流参数

场效应管的交流参数描述管子的极间电压对漏极电流的控制，主要参数有以下几个。

1）交流栅跨导

栅源极电压 u_{GS} 对漏极电流 i_D 的控制能力用交流栅跨导表示，记为 g_m，即

$$g_m = \frac{\partial i_D}{\partial u_{GS}}\bigg|_Q \tag{4.5.7}$$

2）背栅跨导

分立元件场效应管的衬底一般与源极相连，其间的电压 $u_{BS} = 0$。在集成电路中，可以在同一个衬底上做出多个 MOSFET，且各个管子的源极与衬底不连接。导电沟道与衬底通过反偏的 PN 结的耗尽区隔离，为了保证隔离，N 沟道 MOSFET 要求 $u_{BS} < 0$，需要把衬底接最低电位，而 P 沟道 MOSFET 要求 $u_{BS} > 0$，需要把衬底接最高电位。这样，每个 MOSFET 的源极和衬底电位不同，形成非零电压 u_{BS}。如图 4.5.17 中，场效应管 V_2 的 $u_{BS} \neq 0$。

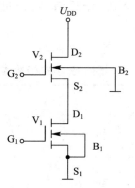

图 4.5.17　背栅效应与背栅跨导

当 $|u_{BS}|$ 增加时，PN 结反偏加大，耗尽区变宽，导电沟道变窄，漏极电流 $|i_D|$ 减小，这种现象称为"背栅效应"，也称"体效应"。为了表现 u_{BS} 对 i_D 的影响，引入另一个控制系数——背栅跨导，记为 g_{mb}，即

$$g_{mb} = \frac{\partial i_D}{\partial u_{BS}}\bigg|_Q \tag{4.5.8}$$

背栅跨导比交流栅跨导小很多，工程上，有 $g_{mb} = \eta g_m$，η 的取值一般是 $0.1 \sim 0.2$。

3）输出电阻

输出电阻记为 r_{ds}，表示沟道长度调制效应中，漏源极电压 u_{DS} 对漏极电流 i_D 的影响，有

$$r_{ds} = \frac{\partial u_{DS}}{\partial i_D}\bigg|_Q \qquad (4.5.9)$$

3. 极限参数

场效应管的极限参数对管子的功率、电流和电压取值做了限制，保证场效应管的稳定和安全工作，主要参数有以下几个。

1) 最大允许耗散功率

场效应管工作时发热，温度上升过高会引起参数不稳定，甚至烧坏管子。在散热良好的情况下（一般取安装基座温度保持为 25℃），场效应管连续工作时允许的漏极——源极功率的最大值称为最大允许耗散功率，用 P_{tot} 表示。使用中，场效应管的实际功耗要低于此值。

2) 最大漏极电流

最大漏极电流是场效应管导电沟道中允许通过的最大电流，记为 I_{DSM}。结型场效应管的 I_{DSM} 即饱和电流 I_{DSS}。MOSFET 的 I_{DSM} 给出了正常工作时的取值上限，如果电流过大，会导致场效应管过热，或电流与栅源极电压的平方率关系会发生变化。

3) 击穿电压

结型场效应管的 PN 结反偏，为避免击穿，加到漏极到栅极以及源极到栅极之间的电压不能过大，最大允许电压分别记为 $U_{(BR)GSS}$ 和 $U_{(BR)DGO}$。$U_{(BR)DGO}$ 加上 U_{GS}，又可以得到漏极到源极的最大允许电压 $U_{(BR)DSS}$。

$U_{(BR)GSS}$ 和 $U_{(BR)DGO}$ 也适用于 MOSFET，$U_{(BR)DSS}$ 的概念则有变化。增强型 MOSFET 的栅极和源极短路时，或耗尽型 MOSFET 的栅源极电压使其截止时，加到漏极和源极之间的电压经过两个 PN 结，其中一个 PN 结反偏，电压过大会使其击穿。不击穿时，该电压允许的最大值为 MOSFET 的 $U_{(BR)DSS}$。

表 4.5.1 给出了实验和仿真中常用的 10 种场效应管的极限参数。

表 4.5.1 场效应管的极限参数实例

型　号	用　途	P_{tot}/W	I_{DSM}/A	击穿电压/V
3DJ6	低频放大	100 m	10 m	$U_{(BR)GSS} = -25$
				$U_{(BR)DSS} = 20$
2SK168	高频放大	200 m	20 m	$U_{(BR)GSS} = -1$
				$U_{(BR)DGO} = 30$
2SK187	低频低噪声放大	300 m	30 m	$U_{(BR)GSS} = -40$
				$U_{(BR)DSS} = 40$
IRF530	音频功放	60	14 (25℃)	$U_{(BR)GSS} = \pm20$
			10(100℃)	$U_{(BR)DSS} = 100$
NEZ3642 - 15D	C 波段微波功放	100	18	$U_{(BR)GSS} = -12$
				$U_{(BR)DGO} = 18$
				$U_{(BR)DSS} = 15$

型　号	用　途	P_{tot}/W	I_{DSM}/A	击穿电压/V
2SJ177	传动驱动	35	20	$U_{(BR)GSS} = \pm 20$
				$U_{(BR)DSS} = -60$
BS170	开关	830 m	500 m	$U_{(BR)GSS} = \pm 20$
				$U_{(BR)DSS} = 60$
IRFU020	高速开关	42(悬空)	14 (25℃)	$U_{(BR)GSS} = \pm 20$
		2.5(板载)	9 (100℃)	$U_{(BR)DSS} = 60$
BUZ20	功放开关	75	13.5	$U_{(BR)GSS} = \pm 20$
				$U_{(BR)DSS} = 100$
2SK785	电源开关	150	20	$U_{(BR)GSS} = \pm 20$
				$U_{(BR)DSS} = 500$

4.5.4　CMOS 场效应管

CMOS 场效应管即互补增强型场效应管,它由一个 P 沟道 MOSFET(PMOS 管)和一个 N 沟道 MOSFET(NMOS 管)串联而成,如图 4.5.18 所示。其中,PMOS 管的衬底接最高电位(如接 U_{DD}),且与其源极短路,NMOS 管的衬底接最低电位(如接地),也与其源极短路。因为衬底与源极之间电压为零,所以 CMOS 场效应管不存在背栅效应,这是其优点之一。

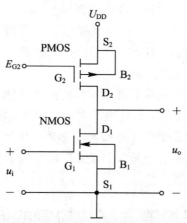

图 4.5.18　CMOS 场效应管

在同一衬底上,如 P 型半导体上制作 PMOS 管和 NMOS 管时,必须为 PMOS 管制作一个称为"阱"的 N 型半导体"局部衬底",如图 4.5.19 所示。

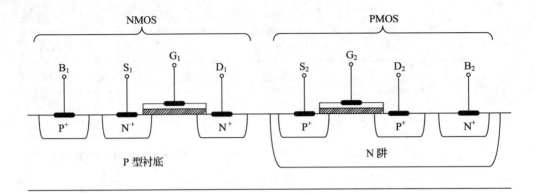

图 4.5.19　带 N 阱的 CMOS 场效应管

　　CMOS 场效应管构成的电路最突出的优点是静态功耗特别小,故已成为大规模数字集成电路的主流工艺。在数模混合集成电路中,CMOS 场效应管构成的单级放大器的放大倍数可以高达上千倍,工作频率可达几吉赫,所以 CMOS 场效应管的特性与应用必须给予足够重视。

4.5.5　双极型晶体三极管与场效应管的对比

　　晶体管和场效应管的区别主要有三个方面。

　　首先,晶体管中自由电子和空穴同时参与导电,又称为双极型器件。NPN 型晶体管的集电极和发射极电流主要是自由电子电流,而基极电流主要是空穴电流;PNP 型晶体管的集电极和发射极电流主要是空穴电流,而基极电流主要是自由电子电流。由于导电主要依靠基区中非平衡少子的扩散运动,所以晶体管的导电能力容易受环境因素(如温度)的影响。场效应管中只有一种载流子参与导电,N 沟道场效应管中是自由电子;P 沟道场效应管中是空穴,所以场效应管又称为单极型器件。由于导电依靠导电沟道中多子的漂移运动,所以场效应管的导电能力不容易被环境因素干扰。

　　晶体管在放大区和饱和区存在一定的基极电流,有较小的输入电阻。场效应管中,JFET 的栅极进去的 PN 结反偏,MOSFET 用 SiO_2 绝缘层隔离了栅极和导电沟道,所以场效应管的栅极电流很小,输入电阻极大。

　　场效应管的漏极和源极结构对称,可以互换使用。晶体管的集电区和发射区虽然是同型的杂质半导体,但掺杂浓度不同,结构也不对称,不能互换使用。

　　晶体管是电流控制电流输出器件,而场效应管是电压控制电流输出器件。从电流方程上看,晶体管的输出电流与输入电压是指数关系,场效应管则是平方率关系。用作放大器时,晶体管的放大能力优于场效应管。

4.6　双极型晶体三极管与场效应管的低频小信号简化模型 ——受控源模型

　　晶体三极管和场效应管都是非线性有源器件,但是对放大电路而言,只要直流偏置电路设置正确,且信号较小,就可以使器件始终工作在放大区或恒流区的一个小范围内(如图

4.6.1 所示)。在这个范围,器件特性可视为"线性",适用信号的线性叠加原理,各极电流电压均在直流分量上叠加一个小的交流分量。对于这个小的交流分量,器件各极电流电压变化量之间的关系可用一个交流小信号模型来近似等效并加以分析计算。大多数工程应用中,在保证一定精度的前题下,可以尽量简化器件模型,以实现工程上的快速估算和设计。

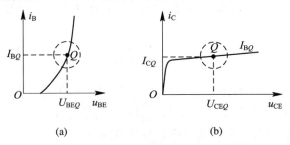

(a) (b)

图 4.6.1　工作在放大区小范围的晶体管

4.6.1　双极型晶体三极管的低频小信号简化模型

当交流信号频率比较低,忽略半导体体电阻和 PN 结结电容时,则可以用图 4.6.2 所示的低频小信号简化模型来分析计算晶体管对交流信号的作用。该模型包括输入电阻、受控源和输出电阻。

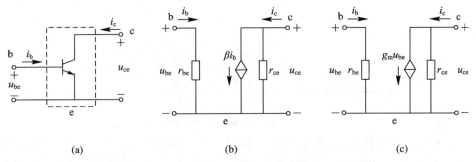

(a) (b) (c)

图 4.6.2　晶体管的低频小信号简化模型

(a) 晶体管;(b) 流控型模型;(c) 压控型摸型

(1) 输入电阻 r_{be} 体现了 u_{be} 通过发射结对 i_b 的控制作用。根据输入端直流、交流电压和电流的叠加关系,有

$$r_{be} = \frac{u_{be}}{i_b} = \frac{\partial u_{BE}}{\partial i_B}\bigg|_Q = \frac{\partial i_E}{\partial i_B} \cdot \frac{\partial u_{BE}}{\partial i_E}\bigg|_Q = (1+\beta)r_e \tag{4.6.1}$$

式中: $r_e = \dfrac{\partial u_{BE}}{\partial i_E}\bigg|_Q = \dfrac{u_{be}}{i_e}$。因为 u_{be} 和 i_e 分别是发射结上的交流电压和交流电流,所以 r_e 代表发射结的交流电阻,参考二极管交流电阻的计算公式 (4.3.2),有

$$r_e = \frac{U_T}{I_{EQ}} \tag{4.6.2}$$

式中: U_T 为热电压,I_{EQ} 为流过发射结的直流电流即发射极直流电流。

(2) 模型的受控源表现了晶体管对交流信号的放大作用。作为电流控制电流输出器件,受控源的输出是集电极交流电流 i_c,而控制信号是交流输入电流 i_b,此时的控制系数即为电流放大倍数 β,这个受控源给出如图 4.6.2(b) 所示的流控型模型。考虑到交流输入

电压 u_{be} 对 i_b 的控制作用，也可以选择 u_{be} 作为 i_c 的控制信号，得到如图 4.6.2(c)所示的压控型模型。压控型模型的控制系数称为交流跨导，记为 g_m。有

$$g_m = \frac{i_c}{u_{be}} = \frac{\partial i_C}{\partial u_{BE}}\bigg|_Q = \frac{\partial i_C}{\partial i_B} \cdot \frac{\partial i_B}{\partial u_{BE}}\bigg|_Q = \frac{\beta}{r_{be}} \approx \frac{1}{r_e} \tag{4.6.3}$$

（3）输出电阻 r_{ce} 与受控电流源并联，构成基于戴维南定理的等效电路，r_{ce} 的计算公式为

$$r_{ce} = \frac{u_{ce}}{i_c}\bigg|_{i_b=0} = \frac{\partial u_{CE}}{\partial i_C}\bigg|_{i_B=I_{BQ},Q}$$

从几何意义上看，r_{ce} 是晶体管输出特性上 I_{BQ} 对应的输出特性曲线在直流静态工作点 Q 处切线斜率的倒数。由于基区宽度调制效应，如果晶体管在放大区的各条输出特性曲线延长，则会相交于横轴上一点，这个特点与场效应管类似。交点的电压大小也称为厄尔利电压，记为 U_A，如图 4.6.3 所示。因为 U_A 很大，所以有

$$r_{ce} = \frac{U_A + U_{CEQ}}{I_{CQ}} \approx \frac{U_A}{I_{CQ}} \tag{4.6.4}$$

r_{ce} 取值很大，一般从几十千欧到上百千欧，在很多情况下可以近似为开路，这大大方便了晶体管受控源模型的应用和分析。

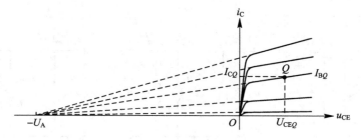

图 4.6.3　NPN 型晶体管的厄尔利电压

（4）计入基区体电阻 $r_{bb'}$ 影响的低频小信号模型。如图 4.6.4 所示，由于基区很薄，且轻掺杂，电阻率高，体电阻 $r_{bb'}$ 大（约为几十欧至几百欧），当基极电流流过窄长的基区时，其压降不可忽视，故对图 4.6.2 的低频小信号模型要加以修正，增加一个内基极 b′ 及 $r_{bb'}$，如图 4.6.5 所示。原来的 b 极改为 b′，输入电阻 r_{be} 应修正为

$$r_{be} = r_{bb'} + r_{b'e} = r_{bb'} + \frac{u_{b'e}}{i_b} = r_{bb'} + (1+\beta)\frac{u_{b'e}}{i_e}$$

式中：$u_{b'e}/i_e$ 计算的是发射结的交流电阻 r_e，所以

$$r_{be} = r_{bb'} + (1+\beta)r_e = r_{bb'} + (1+\beta)\frac{U_T}{I_{EQ}} \approx r_{bb'} + \beta\frac{U_T}{I_{CQ}} \tag{4.6.5}$$

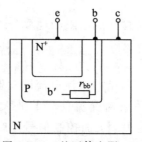

图 4.6.4　基区体电阻 $r_{bb'}$

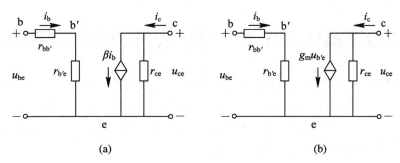

图 4.6.5　计入基区体电阻 $r_{bb'}$ 影响的低频小信号模型

（a）流控型模型；（b）压控型模型

4.6.2　场效应管的低频小信号简化模型

分析场效应管对交流信号的作用时，可以使用如图 4.6.6(a) 所示的低频小信号简化模型。由于场效应管输入电阻极大，输入电流为零，所以模型中把栅极开路，只保留受控源和输出电阻。

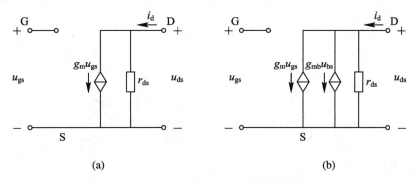

图 4.6.6　场效应管的低频小信号简化模型

（a）一般模型；（b）考虑背栅跨导的模型

场效应管是电压控制电流输出器件，模型中用压控电流源表现交流信号的放大作用。在栅源极电压 u_{gs} 的控制下，压控电流源输出漏极电流 i_d。控制系数为交流栅跨导 g_m，有

$$g_m = \frac{i_d}{u_{gs}} = \frac{\partial i_D}{\partial u_{GS}}\bigg|_Q \tag{4.6.6}$$

与晶体管模型中的 r_{ce} 类似，场效应管模型中的输出电阻 r_{ds} 也表现了漏源极电压 u_{ds} 对 i_d 的控制，几何意义是输出特性曲线在直流静态工作点 Q 处切线斜率的倒数。r_{ds} 的计算公式为

$$r_{ds} = \frac{u_{ds}}{i_d}\bigg|_{u_{gs}=0} = \frac{\partial u_{DS}}{\partial i_D}\bigg|_{u_{GS}=U_{GSQ},Q} \approx \frac{U_A}{I_{DQ}} \tag{4.6.7}$$

式中：U_A 为厄尔利电压。r_{ds} 取值一般为几十千欧，在很多情况下可以视其为开路。

在集成电路制作中，如果某些管子的衬底与源极不短路，存在电压 u_{BS}，则需要考虑背栅效应。这时，场效应管的模型中需要添加一个受控源，表现 u_{BS} 对 i_D 的控制作用，如图 4.6.6(b) 所示。其中的控制系数 g_{mb} 为背栅跨导：

$$g_{mb} = \frac{i_d}{u_{bs}} = \frac{\partial i_D}{\partial u_{BS}}\bigg|_Q$$

4.7 双极型晶体三极管与场效应管的开关特性及其应用

作为放大器的核心器件，晶体管与场效应管总工作在放大区或恒流区，但是如果用作电子开关，晶体管和场效应管则必须工作在截止区(相当开关断开)、深度饱和区或可变电阻区(相当开关接通)。对开关管的要求是截止时漏电流小、导通时剩余电压小、导通电阻小及工作状态转换速度快，接近于理想开关。

4.7.1 双极型晶体三极管开关电路

用单个晶体管做电子开关的应用十分广泛，可用以驱动发光二极管指示灯、继电器、微电机等部件。大功率开关管可用于开关稳压电源、D 类功率放大器等。

如图 4.7.1 所示，将负载串联在晶体管的集电极与电源之间。在控制信号 u_i 的作用下，当晶体管处于截止区时，集电极和发射极电流为零，相当于开关断开；当晶体管处于饱和区时，集电极和发射极之间呈现很小的饱和压降 $U_{CE(sat)}$，几乎全部的电源电压都在负载上，相当于开关接通。

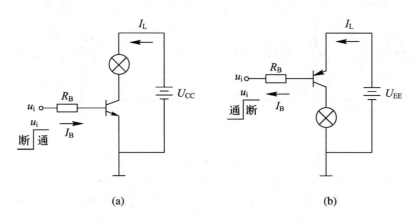

图 4.7.1 晶体管开关

(a) NPN 型晶体管开关；(b) PNP 型晶体管开关

假设负载的最大电流为 I_{Lmax}，为了让晶体管能够可靠地进入深度饱和，通常基极电流 I_B 应满足

$$I_B > K \frac{I_{Lmax}}{\beta} \tag{4.7.1}$$

式中：K 为饱和系数，通常取 $3 \sim 5$，某些大功率电路可以取 $5 \sim 10$。取较大的 K 值能够轻微降低 $U_{CE(sat)}$，但是开关速度将随之变慢。电路中，R_B 是基极限流电阻，必不可少，否则会损坏器件。

图 4.7.2 给出两个开关电路，其中图(a)用开关点亮发光二极管指示灯，图(b)用开关驱动继电器。

图 4.7.2 所示电路中，假设负载的最大电流 $I_{Lmax}=15$ mA，饱和系数 $K=3$，晶体管的 $\beta=50$，$U_{BE(on)}=0.7$ V，则基极电流应该满足

$$I_B > K \frac{I_{Lmax}}{\beta} = 3 \times \frac{15 \text{ mA}}{50} = 0.9 \text{ mA}$$

基极限流电阻

$$R_B = \frac{u_{iH} - U_{BE(on)}}{I_B} = \frac{5 \text{ V} - 0.7 \text{ V}}{0.9 \text{ mA}} \approx 4.8 \text{ k}\Omega$$

于是，取 $R_B = 5 \text{ k}\Omega$ 即可。

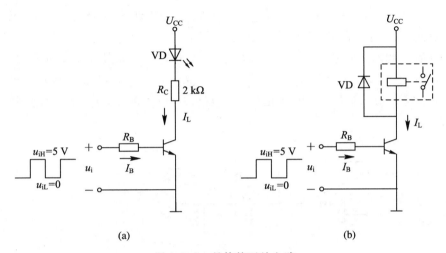

图 4.7.2　晶体管开关电路

（a）指示灯点亮开关；（b）继电器驱动开关

晶体管开关导通后残留有 $U_{CE(sat)}$，其通态损耗即发热损耗为

$$P_{ON} = U_{CE(sat)} I_L \tag{4.7.2}$$

4.7.2　MOS 管开关电路

MOS 管作为开关应用时更像数字电路，可以直接用逻辑电平驱动，而且无论负载电流的大小，都不需要前级电路提供电流来维持导通状态。如图 4.7.3（a）所示，NMOS 管处于截止区（$u_{GS} = 0$）时漏极电流即负载电流 $I_L = 0$，相当于开关断开；当 NMOS 管处于可变电阻区时（$u_{GS} \gg U_{GS(th)}$）导电沟道完全开启，漏极和源极之间呈现极小的电阻，相当于开

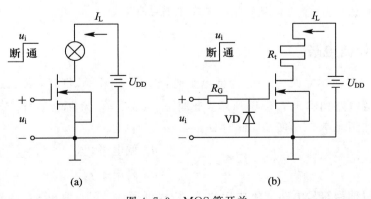

图 4.7.3　MOS 管开关

（a）NMOS 管开关；（b）电热丝加热开关

关接通。用低电平 0 V，高电平 $10 \sim 15$ V（约为 $U_{GS(th)}$ 的 3 倍）数字逻辑可以直接驱动 NMOS 管，是非常理想的压控开关。图 4.7.3(b)给出一个驱动加热丝的 NMOS 管开关电路，电阻 R_G 和二极管 VD 构成保护电路。万一控制信号 u_i 有一个很大的负电平，则 VD 导通，以免 NMOS 管击穿而损坏。

4.7.3 取样/保持电路

图 4.7.4 中，两个集成运放 A_1 和 A_2 都构成电压跟随器，起传递电压、隔离电流的作用。取样脉冲 u_S 控制 JFET 开关的状态。当取样脉冲到来时，JFET 处于可变电阻区，开关接通。此时，如果 $u_{o1} > u_C$，则电容 C 被充电，u_C 很快上升；如果 $u_{o1} < u_C$，则 C 放电，u_C 迅速下降，这使得 $u_C = u_{o1}$，而 $u_{o1} = u_i$，$u_o = u_C$，所以 $u_o = u_i$。当取样脉冲过去时，$u_{GS} < U_{GS(off)}$，JFET 处于截止区，开关断开，u_C 不变，u_o 保持取样脉冲最后瞬间的 u_i 值。

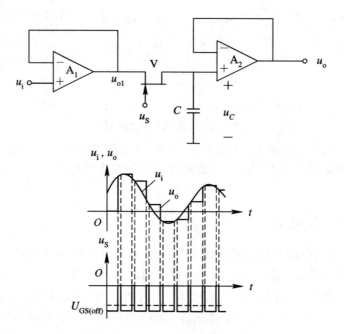

图 4.7.4　取样/保持电路及波形

4.7.4 相敏检波电路

在图 4.7.5(a)所示电路中，u_G 为低电平时，JFET 开关 V 打开，集成运放 A_1 构成的前级放大器等效电路如图 4.7.5(b)所示，此时 $u_{o1} = u_i$；u_G 为高电平时，V 闭合，前级放大器等效电路如图 4.7.5(c)所示，此时 $u_{o1} = -u_i$。所以

$$A_{u1} = \frac{u_{o1}}{u_i} = \begin{cases} 1 & (u_G \text{ 低电平}) \\ -1 & (u_G \text{ 高电平}) \end{cases}$$

因此前级放大器称为符号电路。集成运放 A_2 构成低通滤波器，取出 u_{o1} 的直流分量，即时间平均值 u_o。u_G 和 u_i 同频，但反相，即相位差最大时，u_o 最大，如图 4.7.5(d)所示；u_G

和 u_i 之间相位差减小时，u_o 随之减小，如图 4.7.5(e)所示；u_G 和 u_i 相位差减小到 90°时，u_o 减小到 0，如图 4.7.5(f)所示。因为该电路的 u_o 取决于 u_G 和 u_i 的相位差，所以称为相敏检波电路。

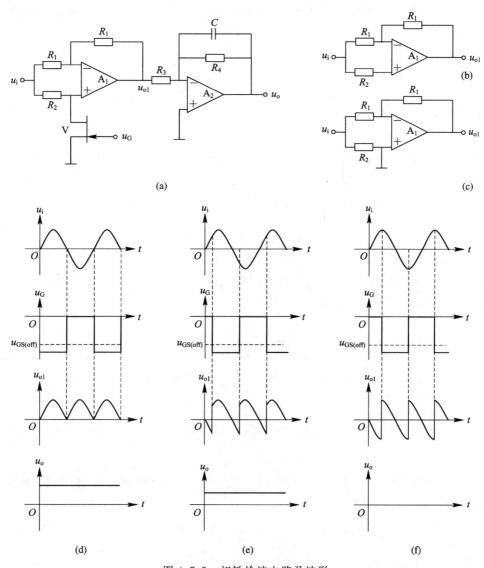

图 4.7.5　相敏检波电路及波形

(a) 电路；(b) u_G 为低电平时前级放大器的等效电路；(c) u_G 为高电平时前级放大器的等效电路；

(d) ～ (f) u_G 和 u_i 之间反相、相位差减小和相位差为 90°时的输出电压

习　　题

4-1　本征半导体中，自由电子浓度_____空穴浓度；杂质半导体中，多子的浓度与 _____有关。

4-2 扩散电流与＿＿＿＿＿＿＿＿＿＿＿＿有关,而漂移电流则取决于＿＿＿＿＿＿＿＿;PN 结正偏时,耗尽区＿＿＿＿,扩散电流＿＿＿＿漂移电流。

4-3 二极管的伏安特性如图 P4-1 所示。求点 A、B 处的直流电阻 R_D 和交流电阻 r_D。

4-4 如图 P4-2 所示,某发光二极管导通电压为 2.5 V,工作电流范围为 $18\sim20$ mA。外接 12 V 直流电压源时,需要给二极管串联多大的电阻?

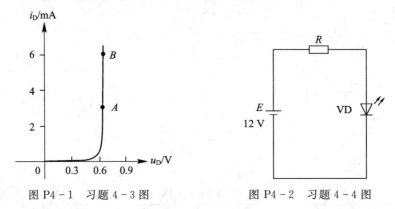

图 P4-1 习题 4-3 图   图 P4-2 习题 4-4 图

4-5 某二极管电路如图 P4-3 所示。当 $E=4$ V 时,电流表读数 $I=3.4$ mA,当 E 增加到 6 V 时,I 的测量结果如何? 另一二极管 $U_D=0.65$ V 时,测得 $I_D=13$ mA,当 $U_D=0.67$ V 时,I_D 应该是多少?

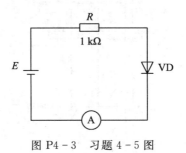

图 P4-3 习题 4-5 图

4-6 计算图 P4-4 所示电路中节点 A、B 的电压,已知二极管导通电压 $U_{D(on)}=0.7$ V。

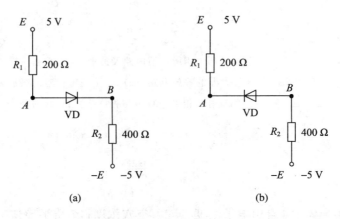

(a)   (b)

图 P4-4 习题 4-6 图

4-7　二极管限幅电路如图 P4-5 所示。输入电压 $u_i = 5\sin\omega t$（V），画出输出电压 u_o 的波形。

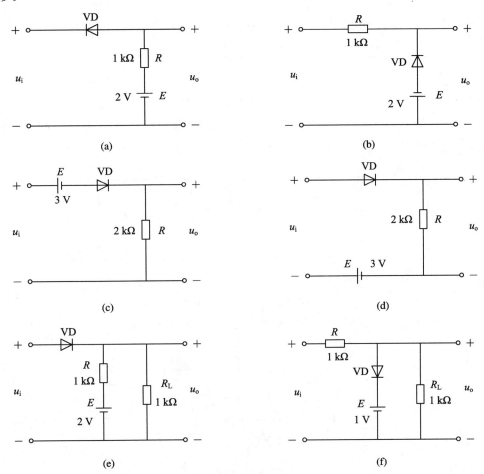

图 P4-5　习题 4-7 图

4-8　稳压二极管电路如图 P4-6 所示。已知稳定电压 $U_Z = 10$ V，工作电流范围为 $I_{Zmax} = 100$ mA，$I_{Zmin} = 2$ mA，限流电阻 $R = 100$ Ω。

（1）如果负载电阻 $R_L = 250$ Ω，求输入电压 U_i 的允许变化范围；

（2）如果 $U_i = 22$ V，求 R_L 的允许变化范围。

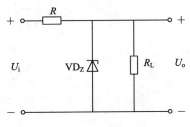

图 P4-6　习题 4-8 图

4-9　图 P4-7 所示电路中，已知稳压二极管 VD_{Z1} 和 VD_{Z2} 的稳定电压分别为 $U_{Z1} = 6$ V，$U_{Z2} = 4$ V，导通电压 $U_{D(on)}$ 均为 0.7 V。确定每个电路的传输特性。

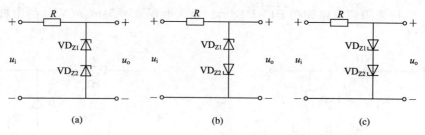

图 P4-7 习题 4-9 图

4-10 求图 P4-8 所示电路的输出电压 U_o。已知稳压二极管 VD_{Z1} 和 VD_{Z2} 的稳定电压分别为 $U_{Z1}=6\ V$,$U_{Z2}=7\ V$,导通电压 $U_{D(on)}$ 均为 $0.7\ V$。

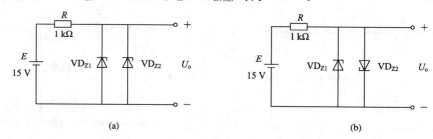

图 P4-8 习题 4-10 图

4-11 推导图 P4-9 所示电路的输出电压 u_o 的表达式。

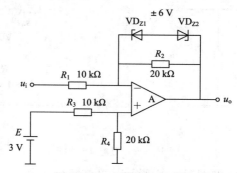

图 P4-9 习题 4-11 图

4-12 判断图 P4-10 中晶体管和场效应管的工作状态。

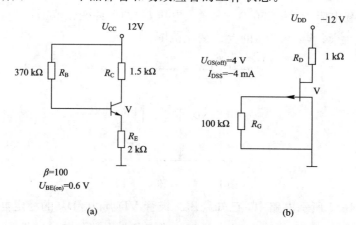

图 P4-10 习题 4-12 图

4 - 13　实验测得图 P4 - 11 中两个放大状态下的晶体管三极的电位分别如下：

(1) $U_1 = 3$ V，$U_2 = 6$ V，$U_3 = 3.7$ V；

(2) $U_4 = -2.7$ V，$U_5 = -2$ V，$U_6 = -5$ V。

判断每个晶体管的类型，标出其基极、发射极和集电极。

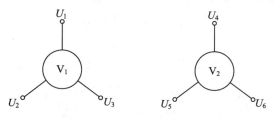

图 P4 - 11　习题 4 - 13 图

4 - 14　实验测得图 P4 - 12 中两个放大状态下的晶体管的极电流分别如下：

(1) $I_1 = -5$ mA，$I_2 = -0.04$ mA，$I_3 = 5.04$ mA；

(2) $I_4 = -1.93$ mA，$I_5 = 1.9$ mA，$I_6 = 0.03$ mA。

判断每个晶体管的类型，标出其基极、发射极和集电极，并计算直流电流放大倍数 $\bar{\beta}$ 和 $\bar{\alpha}$。

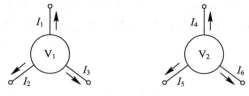

图 P4 - 12　习题 4 - 14 图

4 - 15　图 P4 - 13(a)、(b)分别给出了两个场效应管的输出特性和转移特性。判断它们的类型，确定其 $U_{GS(off)}$ 或 $U_{GS(th)}$、I_{DSS} 或 I_{D0} 的取值。

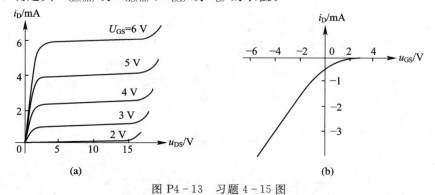

图 P4 - 13　习题 4 - 15 图

大作业及综合设计实验 1——测量 $\boldsymbol{\beta}$ 的方法及电路

一、相关背景知识

三极管的 β 值表示其电流放大倍数，在电子产品设计、制作与维修中，经常需要测量三极管的放大倍数 β，为此本实验要求设计一个高精度 β 值测量仪。

二、任务

测量 β 值的方案很多,下面介绍常见的两种。

1. 两运放构成的测试方案

参考电路如图 PP4 – 1 所示,分析原理,设计测量电路。

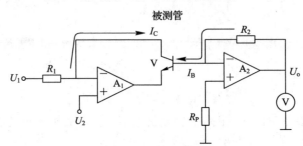

图 PP4 – 1   两运放构成的测试方案

2. 分立元件构成的测试方案

根据三极管电流 $I_C = \beta I_B$ 的关系,当 I_B 为固定值时,I_C 反映了 β 的变化,电阻 R_C 上的电压 U_{RC} 又反映了 I_C 的变化,则被测三极管可通过 β — V 转换电路把三极管的 β 值转换成对应的电压,即

$$\beta = \frac{I_C}{I_B} = \frac{U_{RC}}{R_C I_B}$$

产生基极电流的微电流源参考电路如图 PP4 – 2 所示,建议电流范围为 30~40 μA。

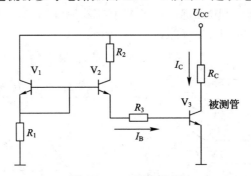

图 PP4 – 2   微电流源

大作业及综合设计实验 2
——用于工业远距离传输的电流变送器设计

一、相关背景知识

在工业现场,进行长线传输时,若传输信号是电压信号,则传输线易受到噪声的干扰,并且传输线的分布电阻会产生电压降。为了解决这些问题并避开 50/60Hz 工频噪声的影响,通常用电流来传输信号。

电流变送器也称电流环，是一种电压/电流转换器，将电压信号转换为标准的电流信号，从环路一端传送到另一端，可实现长距离通信，且不易受干扰，因而在工业现场中得到广泛的应用，特别是在传感和测量应用方面。

本实验将利用三极管与运放引入负反馈构成一个压控恒流源。

二、任务

利用三极管以及运放的负反馈特性，设计并制作压控直流电流源，将 2～10 V 的直流电压转变成直流电流信号。其原理示意图如图 PP4-3 所示。

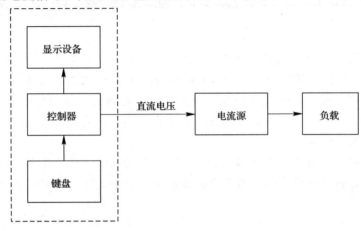

图 PP4-3　原理示意图

三、要求

1. 基本要求

（1）输出电流范围：4～20 mA，输入电压与输出电流呈线性变化关系，即输入 2 V 时输出 4 mA，输入 10 V 时输出 20 mA，测量时的负载为 500 Ω；

（2）当输出电流小于 4 mA 或大于 20 mA 时超限报警；

（3）负载在 100 Ω～1 kΩ 范围内变化时，输出电流的变化值小于 10%；

（4）具有校准功能。

2. 发挥部分

（1）增加控制器（如图 PP4-3 虚线框中所示），产生 2～10 V 的直流电压；

（2）可测量并显示输入电压和输出电流；

（3）可设置并显示输出电流，要求设定值和输出值误差不超过 5%；

（4）其他。

四、说明

系统供电可使用实验室直流稳压电源。

第五章

双极型晶体三极管和场效应管放大器基础

  本章主要介绍由单管组成放大器的基本概念、直流工作点的设置、三种组态放大电路的结构及其特点、放大器的级联等。当今，虽然分立元件放大器已经少有应用，但是本章所讨论的基本概念、基本工作原理和基本分析方法却是集成电路的基础，也是很多后续课程的基础，更是今后工程应用所必备的知识和能力。本章内容是全书的重点之一，是关乎全局的章节，应该重点学习。

  放大器是模拟信号处理中最重要的，也是最基本的部件。放大电路不仅具有独立完成信号放大的功能，而且还是其他模拟电路，如振荡器、滤波器、调制解调器等电路的基础和基本组成部分。

5.1 基本放大器组成原理、三种组态放大器及偏置电路

5.1.1 基本放大器组成原理及三种组态放大器

  放大器可以等效为一个有源二端口网络，如图 5.1.1 所示。如何用晶体管或场效应管组成放大器？信号源与负载又如何与放大器连接？

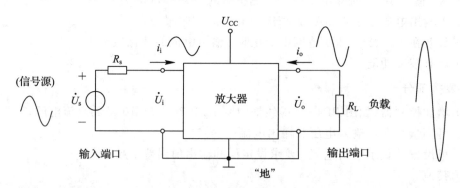

图 5.1.1 放大器等效为有源二端口网络

  用晶体管或场效应管组成放大器有许多共性，下面以晶体管放大器为例来加以说明。

  晶体管放大器的工作原理是基于发射结电压 u_{BE} 的微小变化，引起基极电流 i_B 的变化，而 i_B 的微小变化，又会引起输出电流 i_E 和 $i_C(i_C = \beta i_B)$ 的很大变化，变化的电流流过一个较大的负载电阻，将变化的电流转化为变化的电压输出，放大后的输出信号与输入信

号波形一致,但幅度增大了许多,这就是电压放大的原理。组成一个有效的放大电路必须满足以下几个条件:

(1)必须有一个或两个直流电源,作为整个放大电路的"能源"和偏置电源,使发射结正偏,集电结反偏,设置合适的直流工作点,以保证信号变化范围内晶体管始终工作在放大区。

(2)待放大的信号必须加到晶体管发射结。

从晶体管原理可知,集电极电流 i_C 受发射结电压 u_{BE} 的控制,与 u_{CE} 关系很小,即

$$i_C \approx i_E \approx I_s e^{\frac{u_{BE}}{U_T}} \tag{5.1.1}$$

因为 $u_{BE} = u_B - u_E$,所以信号可以从基极输入或从发射极输入(都可影响 u_{BE}),但不能从集电极输入。

(3)负载 R_L 可以接到晶体管的集电极,信号从集电极输出,也可接到晶体管的发射极,信号从发射极输出,但不能从基极输出(基极电流最小,从基极输出,没有放大作用)。

(4)在信号的输出回路要有适当电阻 R_C 或 R_E,将变化的电流转化为电压输出。

基于以上分析,晶体管放大器有三种不同的基本组态,即"共发射极组态"、"共集电极组态"和"共基极组态",如图 5.1.2 所示。

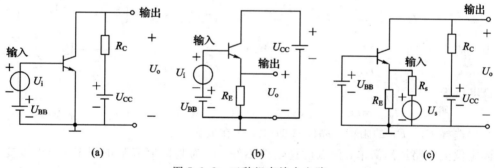

图 5.1.2　三种组态放大电路

(a)共发射极组态;(b)共集电极组态;(c)共基极组态

由图 5.1.2 可见,三种组态电路最大的区别是"输入端"和"输出端"的不同,"共发射极组态"信号从基极输入,从集电极输出,发射极作为输入、输出的公共端;"共集电极组态"信号从基极输入,从发射极输出,集电极作为输入、输出的公共端(交流接地端);"共基极组态"信号从发射极输入,从集电极输出,基极作为输入、输出的公共端(交流接地端)。其他部分电路都是一样的,图中,U_{BB} 为基极偏置电压,保证发射结正偏。U_{CC} 为集电极电源,保证集电结反偏,并为放大器提供能源。图(a)和图(c)的集电极电阻 R_C 以及图(b)发射极电阻 R_E 的作用就是将放大了的电流转化为输出电压,等等。抓住这些电路结构上的异同点,有利于理解和掌握三种电路的不同特点。

5.1.2　放大器的偏置电路

设置合适的直流工作点,以保证信号变化范围内晶体管始终工作在放大区,这是构成放大电路首先要解决的问题。如图 5.1.3(a)所示,若将信号直接加到晶体管发射结而不加

任何偏置电压，则由于晶体管的非线性，电流波形产生严重的非线性失真。所以只有给晶体管加一个偏置电压，将直流工作点移到线性区，才可正常放大，如图5.1.3(b)所示。那么，有哪些常用的偏置电路？这里仅讨论分立元件电路的偏置电路，集成电路的偏置电路将在下一章介绍。

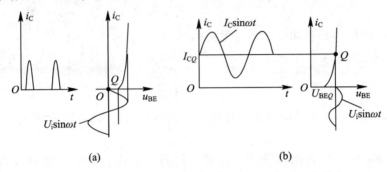

图 5.1.3　设置合适的直流工作点(Q 点)，保证正常放大

(a) 偏置电压 $U_{BEQ}=0$，产生严重的非线性失真；(b) 偏置电压 U_{BEQ} 合适，可正常放大

1. 固定偏流电路

固定偏流电路是最简单的偏置电路，如图5.1.4所示。由图可知，电源 U_{CC} 通过基极偏置电阻 R_B 使发射结正偏，基极偏流为

$$I_{BQ} = \frac{U_{CC} - U_{BEQ}}{R_B} \approx \frac{U_{CC}}{R_B} \qquad (5.1.2a)$$

集电极电流为

$$I_{CQ} = \beta I_{BQ} \qquad (5.1.2b)$$

集电极电压为

$$U_{CEQ} = U_{CC} - I_{CQ}R_C \qquad (5.1.2c)$$

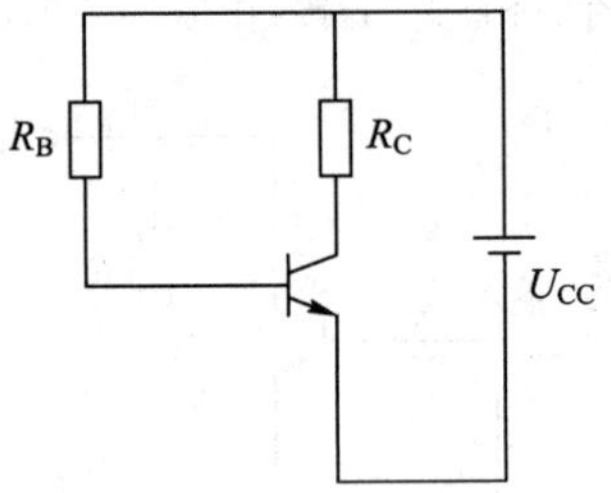

图 5.1.4　固定偏流电路

只要合理选择 R_B、R_C 的阻值，晶体管即可工作在放大区。

固定偏流电路虽然简单，但温度稳定性不好，因为基极偏流基本固定，当温度变化引起 β 及反向饱和电流 I_{CBO} 等参数变化时，工作点电流和电压 I_{CQ}、U_{CEQ} 将随之变化，工作点 Q 不稳定，可能向饱和区或截止区漂移。为克服该缺点，引入了新的偏置电路。

2. 电流负反馈型偏置电路

电流负反馈型偏置电路稳定工作点的原理是引入自动调节机制，即负反馈机制。如图5.1.5所示，在射极增加了电阻 R_E，由图可知，不论何种原因(温度变化、更换管子等)导致 I_{CQ} 发生变化，例如温度 T 升高引起一系列变化，则

$$T\uparrow \rightarrow I_{CQ}(I_{EQ})\uparrow \rightarrow U_{EQ}(=I_{EQ}R_E)\uparrow \rightarrow U_{BEQ}(=U_{BQ}-U_{EQ})\downarrow$$

$$I_{CQ}(I_{EQ})\downarrow \leftarrow I_{EQ}\downarrow \xleftarrow{\text{负反馈}}$$
$$\text{稳定}$$

可见负反馈使 I_{CQ} 向相反方向变化，I_{CQ} 减小阻止了 I_{CQ} 的增大，结果使工作点趋于稳定。

根据图5.1.5，工作点电流电压计算如下：

基极—发射极回路方程为

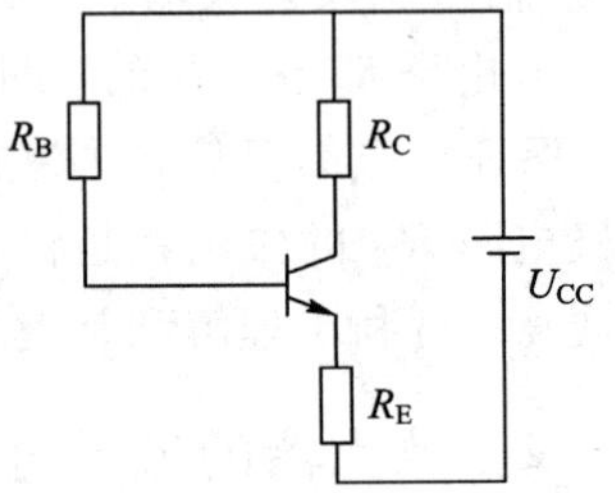

图 5.1.5　电流负反馈型偏置电路

$$U_{CC} = I_{BQ}R_B + U_{BEQ} + I_{EQ}R_E = I_{BQ}R_B + U_{BEQ} + (1+\beta)I_{BQ}R_E$$

故

$$I_{BQ} = \frac{U_{CC} - U_{BEQ}}{R_B + (1+\beta)R_E} \tag{5.1.3a}$$

$$I_{CQ} \approx I_{EQ} \approx \beta I_{BQ} \tag{5.1.3b}$$

$$U_{CEQ} = U_{CC} - I_{CQ}R_C - I_{EQ}R_E \approx U_{CC} - I_{CQ}(R_C + R_E) \tag{5.1.3c}$$

由于流过 R_E 的电流是流过 R_B 的 $(1+\beta)$ 倍，故 R_E 对电流的影响比 R_B 大 $(1+\beta)$ 倍，且 R_E 越大，工作点越稳定，但工作点电流却越小，所以设计时必须折中考虑。

3. 分压式电流负反馈偏置电路

分压式电流负反馈偏置电路如图 5.1.6(a)所示，这是电流负反馈偏置电路的改进电路，增加分压电阻 R_{B2}，使基极电位 U_B 基本固定，从而使 I_{EQ} 引起的 U_{EQ} 变化就是 U_{BEQ} 的变化，进而增强了 U_{EQ} 对 I_{CQ} 的调节作用，有利于工作点 Q 的进一步稳定。

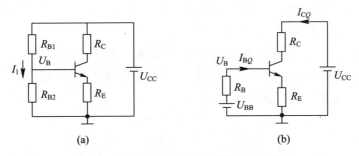

图 5.1.6　分压式电流负反馈偏置电路

(a) 电路；(b) 用戴维南定理等效后的电路

将图 5.1.6(a)的基极回路做戴维南定理等效，得到图 5.1.6(b)，其中：

$$U_{BB} = \frac{R_{B2}}{R_{B1} + R_{B2}}U_{CC} \tag{5.1.4a}$$

$$R_B = R_{B1} /\!/ R_{B2} \tag{5.1.4b}$$

$$U_{BB} = I_{BQ}R_B + U_{BEQ} + I_{EQ}R_E = \frac{R_B}{1+\beta}I_{EQ} + U_{BEQ} + I_{EQ}R_E$$

故

$$I_{BQ} = \frac{U_{BB} - U_{BEQ}}{R_B + (1+\beta)R_E} \tag{5.1.5}$$

$$I_{EQ} \approx I_{CQ} \approx \beta I_{BQ} \approx \frac{U_{BB} - U_{BEQ}}{\frac{R_B}{1+\beta} + R_E} \approx \frac{U_{BB} - U_{BEQ}}{R_E} \tag{5.1.6}$$

可见，当 $R_B(=R_{B1}/\!/R_{B2})$ 较小，β 较大（即 I_{BQ} 较小）时，I_{CQ} 可用式(5.1.6)的近似公式计算。

4. 有关直流工作点的讨论

1) 射极电阻 R_E 的作用

R_E 引进了直流负反馈，加入 R_E 有稳定工作点的作用。R_E 越大，工作点越稳定，但工作点电流(I_{EQ}、I_{CQ})越小。

2) 基极偏置电阻对工作点的影响

由式(5.1.3a)可知，R_{B1} 减小(或 R_{B2} 增大)，基极偏置电压 U_{BB} 将增大，那么 I_{BQ}、I_{CQ} 也将增大，直流工作点随之升高；反之，R_{B1} 增大(或 R_{B2} 减小)，则 I_{BQ}、I_{CQ} 减小，直流工作点随之下浮。

3) R_C 对工作点的影响

R_C 变化对电流 I_{BQ}、I_{CQ} 基本没有影响，但 R_C 增大，U_{CQ}、U_{CEQ} 将减小，放大器工作点将向饱和区移动。

4) 工作状态的判断

判断放大器工作状态可参考下列方法：

(1) 若无偏压，或加负偏压，发射结零偏或反偏，则放大器工作在截止区，这时，I_{BQ}、$I_{CQ}=0$，$U_{CEQ}=U_{CC}$，管压降达到最大。

(2) 若有偏压，且发射结正偏，则可能工作在放大区，也可能工作在饱和区。为此：

① 先按放大区计算，若计算结果，$U_{CEQ}>U_{BEQ}$，$U_{CBQ}=U_{CEQ}-U_{BEQ}>0$，说明集电结反偏，可确定管子工作在放大区。

② 若结果 $U_{CEQ}\leqslant U_{BEQ}$，说明集电结正偏或零偏，可确定管子实际工作在饱和区。此时，集电极电流达到最大值，称为饱和电流 I_{CS}，在饱和状态，I_{BQ} 再增大，I_{CQ} 也不会随之增大。设饱和电压为 U_{CES}，则饱和电流 I_{CS} 为

$$I_{CS}=I_{C(\max)} \approx \frac{U_{CC}-U_{CES}}{R_C+R_E} \approx \frac{U_{CC}}{R_C+R_E} \tag{5.1.7}$$

【例 5.1.1】 判断图 5.1.7 中三个电路的工作状态。(已知：$\beta=100$，$U_{BEQ}=0.7$ V，$U_{CC}=+12$ V，$R_{B1}=39$ kΩ，$R_{B2}=25$ kΩ，$R_C=R_E=2$ kΩ。)

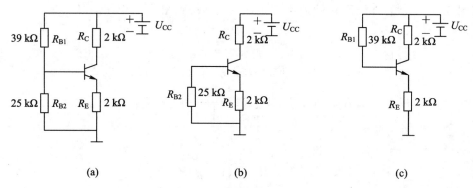

图 5.1.7 例 5.1.1 电路图

解 (1) 图(a)是一个分压式负反馈偏置电路。其中：

$$R_B=R_{B1} \ /\!/ \ R_{B2}=39 \ /\!/ \ 25 \approx 15 \text{ k}\Omega$$

$$U_B=\frac{R_{B2}}{R_{B1}+R_{B2}}U_{CC}=\frac{25}{39+25} \times 12 \approx 4.7 \text{ V}$$

$$I_{BQ}=\frac{U_B-U_{BEQ}}{R_B+(1+\beta)R_E}=\frac{4.7-0.7}{15+101 \times 2} \approx 0.019 \text{ mA}=19 \text{ } \mu\text{A}$$

$$I_{CQ} \approx I_{EQ} \approx \beta I_{BQ} \approx 100 \times 0.019=1.9 \text{ mA}$$

$$U_{CQ} = U_{CC} - I_{CQ}R_C = 12 - 1.9 \times 2 = 8.2 \text{ V}$$

$$U_{CEQ} \approx U_{CC} - I_{CQ}(R_C + R_E) \approx 12 - 1.9 \times (2+2) \approx 4.4 \text{ V} > U_{BEQ}(0.7 \text{ V})$$

可见图(a)电路工作在放大区。

(2) 图(b)电路，R_{B1} 开路，发射结无偏压，管子处于截止状态，因而

$$I_{BQ} \text{、} I_{CQ} \text{、} I_{EQ} = 0, \quad U_{CEQ} = U_{CC} = 12 \text{ V}$$

(3) 图(c)电路，R_{B2} 开路，发射结正偏，因而

$$I_{BQ} = \frac{U_{CC} - U_{BEQ}}{R_{B1} + (1+\beta)R_E} \approx \frac{12 - 0.7}{39 + 100 \times 2} = 0.0473 \text{ mA} = 47.3 \text{ }\mu\text{A}$$

$$I_{CQ} \approx I_{EQ} \approx \beta I_{BQ} \approx 4.73 \text{ mA}$$

$$U_{CEQ} \approx U_{CC} - I_{CQ}(R_C + R_E) = 12 - 4.73 \times 4 = -6.92 < U_{BEQ}(0.7 \text{ V})$$

可见，图(c)电路实际工作在饱和区，饱和电流为

$$I_{CS} = I_{C(max)} = \frac{U_{CC}}{R_C + R_E} = \frac{12}{2+2} = 3 \text{ mA}$$

5.2 共发射极放大器分析

共发射极放大器是应用最为普遍的放大器，所以本节将详细分析之。

5.2.1 阻容耦合共发射极放大器电路结构

图 5.2.1(a)、(b)电路分别给出一个简化的共射电路和一个实用的共射电路，对比二者有以下区别：

(1) 实用电路省略了一个独立直流电源 U_{BB}，代之以用电阻 R_{B1} 和 R_{B2} 对 U_{CC} 分压来提供基极偏压，即采用分压式电流负反馈偏置电路。

(2) 待放大的输入信号通过电容耦合到基极，输出信号也通过电容耦合到负载 R_L，耦合电容一般为容量较大的电解电容，对直流呈现无穷大的阻抗（相当于开路），而对频率较高的交流信号呈现很小的阻抗（相当于短路），故其作用是隔去直流通交流。

(3) 晶体管射极通过 R_E 和 C_E 并联网络接地，既稳定了直流工作点，而对交流信号又呈短路状态。图 5.2.1(b)所示电路称为"阻容耦合共射放大器"。

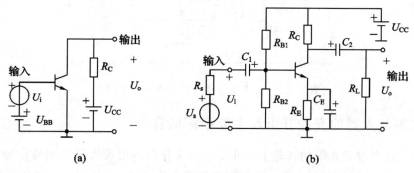

图 5.2.1 共发射极放大器电路

(a) 简化共射电路；(b) 实用的阻容耦合共发射极放大器电路

5.2.2　直流工作状态分析与计算

如前所述，为了保证核心器件晶体管始终工作在放大区，分析和设置直流工作点十分重要。对于直流工作状态，所有电容都相当于开路（$Z_C = 1/(j\omega C) \to \infty$），因此可画出图5.2.1(b)所示电路的直流通路如图5.2.2(a)所示，可见这是一个分压式负反馈偏置电路。

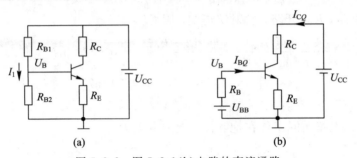

图 5.2.2　图 5.2.1(b)电路的直流通路

(a) 直流电路；(b) 用戴维南定理等效后的电路

该电路中，若 $\beta = 100$，$U_{BEQ} = 0.7$ V，$U_{CC} = +12$ V，$R_{B1} = 39$ kΩ，$R_{B2} = 25$ kΩ，$R_C = R_E = 2$ kΩ，则其直流通路的元件值与图5.1.1(a)电路完全相同，即可知：$I_{BQ} = 19$ μA，$I_{CQ} \approx I_{EQ} = 1.9$ mA，$U_{CQ} = 8.2$ V，$U_{CEQ} = 4.4$ V，管子工作在放大区。

实际上可以用式(5.1.5)近似法直接估算 $I_{EQ}(I_{CQ})$。

$$I_{EQ} \approx I_{CQ} \approx \frac{U_{BB} - U_{BEQ}}{R_E} = \frac{4.7 - 0.7}{2} = 2 \text{ mA}$$

$$U_{CEQ} = U_{CC} - I_{CQ}(R_C + R_E) = 12 - 2 \times (2+2) = 4 \text{ V}$$

图5.2.3给出估算法得到的放大器直流工作点参数，今后大多数情况下可以用近似估算法。在图5.2.3中，隔直电容 C_1 的直流压降为 $U_{C1} = U_{BQ} = 4.7$ V，隔直电容 C_2 的直流压降为 $U_{C2} = U_{CQ} = 8$ V。

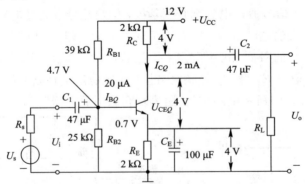

图 5.2.3　一个实际放大器的直流工作状态

5.2.3　共射放大器的交流分析及主要指标估算

在直流工作点设置正确的基础上，可以专门来分析共射放大器的交流指标。图5.2.4(a)给出阻容耦合共射放大器电路，其二端口模型如图5.2.4(b)所示。现在利用放大器交流小信号等效电路模型来求解图(b)中放大器电压增益 A_u、输入电阻 R_i、输出电阻 R_o 等交流指标。

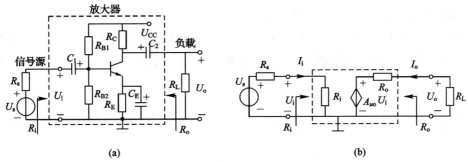

图 5.2.4　共射放大器电路及模型

（a）电路；（b）模型

对于交流分量而言，所有电解电容阻抗极小，可视为短路，直流电源是一个不变量，也可视为交流短路，即交流地电位，因此电路可简化为图 5.2.5 所示的交流通路。首先将晶体管用其小信号模型来代替，然后分别画出基极、集电极、发射极对地的所有与交流有关的支路，得到放大器的交流小信号等效电路如图 5.2.6 所示。

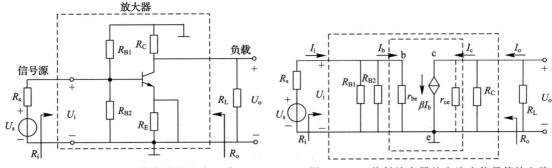

图 5.2.5　放大器的交流通路　　　　图 5.2.6　共射放大器的交流小信号等效电路

根据交流小信号等效电路计算共射放大器的各项指标。

1. 电压放大倍数（电压增益）A_u

由图 5.2.6 可知，输出电压 U_o 为

$$U_o = -I_c(r_{ce} /\!/ R_C /\!/ R_L) = -\beta I_b(r_{ce} /\!/ R_C /\!/ R_L) \tag{5.2.1}$$

$$I_b = \frac{U_i}{r_{be}} \tag{5.2.2}$$

所以

$$A_u = \frac{U_o}{U_i} = \frac{-\beta I_b(r_{ce} /\!/ R_C /\!/ R_L)}{I_b r_{be}} = -\frac{\beta(r_{ce} /\!/ R_C /\!/ R_L)}{r_{be}} \tag{5.2.3}$$

一般情况下，晶体管的输出电阻 $r_{ce} \gg R_C /\!/ R_L$，故

$$A_u = \frac{U_o}{U_i} \approx -\frac{\beta(R_C /\!/ R_L)}{r_{be}} = -\frac{\beta R'_L}{r_{be}} \tag{5.2.4}$$

式中：r_{be} 为基极与发射极之间的交流电阻，工作点电流 I_{CQ} 越大，r_{be} 越小，

$$r_{be} = r'_{bb} + (1+\beta)r_e = r'_{bb} + (1+\beta)\frac{26(\mathrm{mV})}{I_{CQ}(\mathrm{mA})}(\Omega) \tag{5.2.5}$$

R'_L 为集电极总的交流负载电阻，

$$R'_L = R_C \mathbin{/\mkern-5mu/} R_L$$

2. 输出电阻 R_o

根据输出电阻 R_o 的定义，令 $U_s = 0$，R_L 开路，在输出端加电压 U_o，求出输出电流 I_o。因为 $U_s = 0$，所以 $I_b = 0$，受控源 $\beta I_b = 0$，故输出电阻 R_o 为

$$R_o = \left. \frac{U_o}{I_o} \right|_{U_s=0,\, R_L=\infty} = r_{ce} \mathbin{/\mkern-5mu/} R_C \approx R_C \tag{5.2.6}$$

参照图 5.2.4(b) 输出回路的模型，A_u 也有另一种求法，即先求开路放大倍数 A_{uo}（R_L 开路）

$$A_{u0} = -\frac{\beta R_C}{r_{be}} \tag{5.2.7}$$

而后将输出开路电压 $A_{uo}U_i$ 给 R_o 与 R_L 分压得

$$A_u = \frac{R_L}{R_o + R_L} A_{uo} = -\frac{\beta(R_C \mathbin{/\mkern-5mu/} R_L)}{r_{be}}$$

可见，上式结论与式(5.2.4)是相同的。

3. 输入电阻 R_i

由图 5.2.6 可知，放大器的输入电阻 R_i 为

$$R_i = \frac{U_i}{I_i} = R_{B1} \mathbin{/\mkern-5mu/} R_{B2} \mathbin{/\mkern-5mu/} r_{be} \tag{5.2.8}$$

如果基极偏置电阻 $(R_{B1} \mathbin{/\mkern-5mu/} R_{B2}) \gg r_{be}$，则

$$R_i \approx r_{be} \tag{5.2.9}$$

4. 源电压放大倍数(源增益)

考虑信号源内阻 R_s 的影响，源电压放大倍数 $A_{us} < A_u$，

$$A_{us} = \frac{U_o}{U_s} = \frac{U_i}{U_s} \times \frac{U_o}{U_i} = \frac{R_i}{R_s + R_i} A_u \tag{5.2.10}$$

【例 5.2.1】 将电路图 5.2.3 改画为图 5.2.7(a)，设 $\beta = 100$，$r_{bb'} = 100\ \Omega$。因为电路元件参数完全一致，故直流工作点没有变，下面来计算该电路的交流指标。

(1) 电压放大倍数 A_u：

$$A_u = \frac{U_o}{U_i} = -\frac{\beta(R_C \mathbin{/\mkern-5mu/} R_L)}{r_{be}} = -\frac{\beta R'_L}{r_{be}}$$

$$r_{be} = r_{bb'} + (1+\beta) r_e = r_{bb'} + (1+\beta)\frac{26(\text{mV})}{I_{CQ}(\text{mA})} = 100 + 101 \times \frac{26}{2} = 100 + 1313 \approx 1.4(\text{k}\Omega)$$

$$R'_L = R_C \mathbin{/\mkern-5mu/} R_L = 2 \mathbin{/\mkern-5mu/} 10 = 1.66(\text{k}\Omega)$$

所以

$$A_u = \frac{U_o}{U_i} = -\frac{\beta(R_C \mathbin{/\mkern-5mu/} R_L)}{r_{be}} = -\frac{\beta R'_L}{r_{be}} = -\frac{100 \times 1.66}{1.4} \approx -118.6$$

(2) 输入电阻 R_i：

$$R_i = \frac{U_i}{I_i} = R_{B1} \mathbin{/\mkern-5mu/} R_{B2} \mathbin{/\mkern-5mu/} r_{be} = 39 \mathbin{/\mkern-5mu/} 25 \mathbin{/\mkern-5mu/} 1.4 \approx 1.4\ \text{k}\Omega$$

(3) 输出电阻 R_o：

$$R_o \approx R_C = 2 \text{ k}\Omega$$

（4）源电压放大倍数 A_{us}：

$$A_{us} = \frac{U_o}{U_s} = \frac{U_i}{U_s} \times \frac{U_o}{U_i} = \frac{R_i}{R_s + R_i} A_u = \frac{1.4}{1 + 1.4} \times (-118.6) \approx -69$$

根据增益的计算，可画出输入、输出信号的电压波形，设信号源电压为振幅等于 10 mV 的正弦波，则得到 $u_s(t)$、$u_i(t)$、$u_c(t)$、$u_o(t)$ 的波形分别如图 5.2.7(b) 所示。

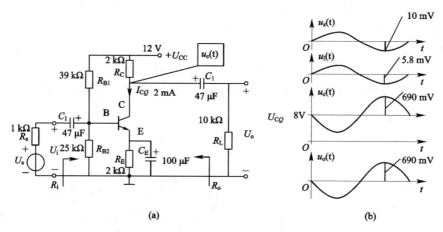

(a)　　　　　　　　　　　　(b)

图 5.2.7　例 5.2.2 的电路图和波形图
（a）电路图；（b）波形图

共射放大器各模型参数标于图 5.2.8 中。图中，开路电压放大倍数 A_{u0}（R_L 开路）为

$$A_{u0} = -\frac{\beta R_C}{r_{be}} = -\frac{100 \times 2}{1.4} = -142.8$$

则

$$A_u = \frac{R_L}{R_o + R_L} A_{u0} = -\frac{\beta(R_C // R_L)}{r_{be}} = -118.6$$

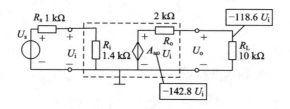

图 5.2.8　模型及参数

【讨论】

（1）共射放大器电压放大倍数 A_u 为"负"值，说明输出信号与输入信号相位相反（见图 5.2.7(b)），这是因为输入信号增大，I_C 增大，集电极电阻 R_C 的压降变大，而集电极对地电压 U_C 反而减小之故。

（2）若要求电压放大倍数 A_u 增大，则集电极电阻 R_C 应增大，或工作点电流 I_{CQ} 增大，电阻 r_{be} 减小。β 值对电压放大倍数 A_u 影响不大，因为当 $r_{bb'}$ 很小时

$$A_u = \frac{U_o}{U_i} = -\frac{\beta R'_L}{r_{be}} = -\frac{\beta R'_L}{r_{bb'} + (1+\beta)\dfrac{26\ \text{mV}}{I_{CQ}}} \approx -\frac{R'_L}{26\ \text{mV}}I_{CQ} = -g_m R'_L \quad (5.2.11)$$

式中，$g_m = \dfrac{I_{CQ}}{26\ \text{mV}} = \dfrac{1}{r_e}$ 是晶体管的跨导。

（3）若要求输出电阻 R_o 减小，则集电极电阻 R_C 应减小。

（4）若要求输入电阻 R_i 增大，则工作点电流 I_{CQ} 应减小（r_{be} 增大），基极偏置电阻 R_{B1}、R_{B2} 也应按比例增大（因为 $R_i = R_{B1} // R_{B2} // r_{be}$）。

【例 5.2.3】 将 R_E 分成 R_{E1} 和 R_{E2}，如图 5.2.9 所示，R_{E1} 上没有并联大电容，由于 $R_{E1} + R_{E2} = R_E = 2(\text{k}\Omega)$，故直流工作点仍然不变（$I_{CQ} = 2\ \text{mA}$）。但对交流指标却有很大影响。画出图 5.2.9 电路的交流小信号等效电路如图 5.2.10 所示。下面来计算该电路的交流指标。

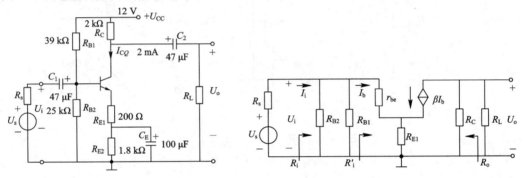

图 5.2.9 具有交流电流负反馈的共射放大器电路 　　图 5.2.10 图 5.2.9 电路的小信号等效电路

（1）电压放大倍数 A_u：

$$U_o = -I_c(R_C // R_L) = -\beta I_b(R_C // R_L) \quad (5.2.12)$$

$$U_i = I_b r_{be} + (1+\beta)R_{E1}I_b = I_b[r_{be} + (1+\beta)R_{E1}] \quad (5.2.13)$$

$$A_u = \frac{U_o}{U_i} = \frac{-\beta I_b(R_C // R_L)}{I_b[r_{be} + (1+\beta)R_{E1}]} = -\frac{\beta(R_C // R_L)}{r_{be} + (1+\beta)R_{E1}} \approx -\frac{R'_L}{R_{E1}} \quad (5.2.14)$$

$$A_u \approx -\frac{R'_L}{R_{E1}} = -\frac{1.66}{0.2} = -8.3$$

（2）输入电阻 R_i：

$$R_i = R_{B1} // R_{B2} // R'_i = R_{B1} // R_{B2} // [r_{be} + (1+\beta)R_{E1}] \quad (5.2.15)$$

式中，R'_i 为从基极看进去的输入电阻，

$$R'_i = \frac{U_i}{I_b} = r_{be} + (1+\beta)R_{E1} \quad (5.2.16)$$

$$R_i = R_{B1} // R_{B2} // [r_{be} + (1+\beta)R_{E1}] \approx 39 // 25 // (1.4 + 101 \times 0.2) \approx 8.6\ \text{k}\Omega$$

（3）输出电阻 R_o：

有了 R_{E1}，管子支路的等效电阻会更大，故 R_o 仍为 R_C，

$$R_o \approx R_C = 2\ \text{k}\Omega \quad (5.2.17)$$

【讨论】 图 5.2.11 给出无 R_{E1} 与有 R_{E1} 电路指标的对比，可以得出如下结论：

（1）R_{E1} 的存在使电压放大倍数 A_u 大大减小。这是因为 R_{E1} 存在使真正加到发射结的信号减小，导致基极和集电极电流减小之故。

$$U_{be}=U_i-U_{R_{E1}}=U_i-I_eR_{E1}=U_i-(1+\beta)I_bR_{E1}$$

式中，$U_{R_{E1}}$ 称为反馈电压，由于 $U_{R_{E1}}$ 与输出电流 $I_e(I_c)$ 成正比，所以称 R_{E1} 对交流引进了串联电流负反馈。

（2）R_{E1} 的存在使输入电阻 R_i 增大，从基极看进去的等效电阻增大 $(1+\beta)$ 倍。这是因 R_{E1} 存在使真正加到发射结的信号减小，导致交流基极电流减小之故。

（3）R_{E1} 的存在对输出电阻 R_o 没有太大的影响。

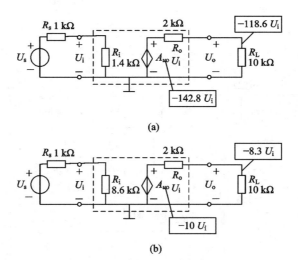

(a)

(b)

图 5.2.11 无 R_{E1} 电路与有 R_{E1} 电路交流指标的对比

（a）无 R_{E1} 电路增益大，输入电阻小；（b）有 R_{E1} 电路增益大大减小，输入电阻增大

5. 一种快速估算法

可以想象基极与射极之间的发射结是一个 PN 结，相当于一个正向导通的二极管，对直流而言等效为一个导通电压即 $U_{BE(on)}(U_{BEQ})=0.7\ V$。对交流而言等效为一个交流电阻 r_{be}，而集电极与发射极之间等效为一个受控电流源 βI_b，如图 5.2.12 所示。于是不用画等效电路，直接在电路中估算直流工作点及交流指标。

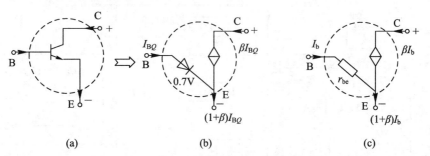

(a)   (b)   (c)

图 5.2.12 想象中的晶体管等效

（a）晶体管；（b）直流等效；（c）交流等效

例如，对图 5.2.13 电路的直流工作点及交流指标计算标于图中。为与直流有所区别，图中交流信号用增量（Δ）表示。由于 $r_{be}\ll(1+\beta)R_{E1}$，忽略 r_{be} 上的交流电压，有 $\Delta U_e=\Delta U_i$，$\Delta I_c=\dfrac{\Delta U_e}{R_{E1}}\approx\dfrac{\Delta U_i}{R_{E1}}$，$\Delta U_o=-\Delta I_c(R_C/\!/R_L)=-\dfrac{R_C/\!/R_L}{R_{E1}}\Delta U_i$，所以得

$$A_u = \frac{\Delta U_o}{\Delta U_i} = -\frac{R_C \ /\!/ \ R_L}{R_E} = -\frac{1.66 \ \text{k}\Omega}{0.2 \ \text{k}\Omega} = -8.3 \tag{5.2.18}$$

若 R_{E1} 也被旁路电容 C_E 交流短路，则 ΔU_i 全部加到 r_{be} 上，那么 $\Delta I_c = \dfrac{\Delta U_i}{r_{be}}$，电压放大数变大。

$$A_u = \frac{\Delta U_o}{\Delta U_i} = -\frac{(1+\beta)(R_C \ /\!/ \ R_L)}{r_{be}} = -\frac{101 \times 1.66}{1.4} \approx -118.6$$

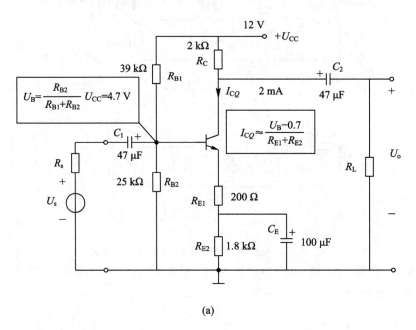

(a)

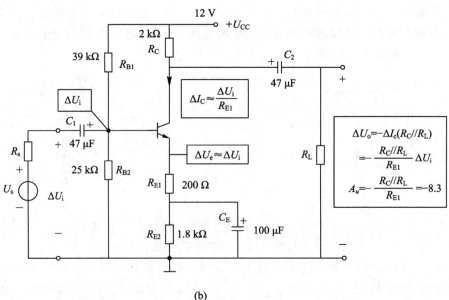

(b)

图 5.2.13 直流工作点及交流指标的直接估算

（a）直流工作点的直接估算；（b）交流指标的直接估算

5.3　共集电极放大器

共集组态放大器信号从基极输入,从发射极输出,其电路及其小信号等效电路分别如图 5.3.1 和图 5.3.2 所示。

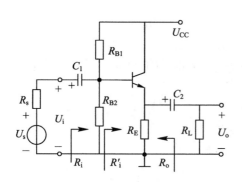

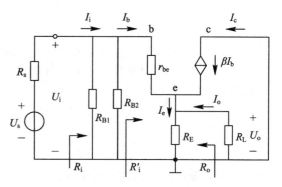

图 5.3.1　共集组态放大器电路　　　　图 5.3.2　共集组态放大器小信号等效电路

5.3.1　直流工作状态分析

因为输入电路与共射组态相同,仍为分压式负反馈偏置电路,故直流电流表达式也相同。

$$U_B = \frac{R_{B2}}{R_{B1} + R_{B2}} U_{CC}$$

$$I_{EQ} = \frac{U_B - 0.7}{R_E} \approx I_{CQ}$$

$$U_{CEQ} = U_{CC} - I_{CQ} R_E$$

5.3.2　交流指标计算

1. 电压放大倍数 A_u

$$A_u = \frac{U_o}{U_i} = \frac{(1+\beta) I_b \times (R_E /\!/ R_L)}{I_b [r_{be} + (1+\beta)(R_E /\!/ R_L)]} \approx 1 \qquad (5.3.1)$$

2. 输入电阻 R_i

$$R_i = R_{B1} /\!/ R_{B2} /\!/ R_i' \qquad (5.3.2)$$

式中,

$$R_i' = r_{be} + (1+\beta)(R_E /\!/ R_L) \qquad (5.3.3)$$

若 $\beta = 100$, $r_{be} = 1.4\ \text{k}\Omega$, $R_E = 2\ \text{k}\Omega$, $R_L = 10\ \text{k}\Omega$, 则 $R_i' = 1.4 + 101 \times 1.66 \approx 166\ \text{k}\Omega$。

R_i' 很大,所以当 R_{B1}、R_{B2} 不很大时,偏置电阻反而成为制约输入电阻提高的因素。

3. 输出电阻 R_o

根据输出电阻 R_o 定义,将 U_s 短路,保留 R_s,将 R_L 开路,在输出端施加 U_o,求出 I_o,输出电阻 R_o 等于 U_o / I_o,画出求输出电阻 R_o 的等效电路如图 5.3.3(a) 所示。

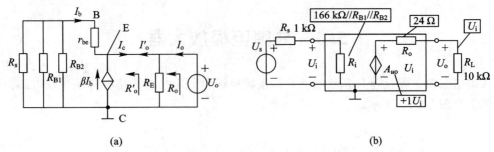

图 5.3.3　求输出电阻 R_o 的等效电路及共集放大器二端口模型

(a) 求输出电阻 R_o 的等效电路；(b) 共集放大器二端口模型

由图 5.3.3(a)可见，

$$U_o = -I_b(r_{be} + R_s')$$

$$R_s' = R_s \mathbin{/\mkern-5mu/} R_{B1} \mathbin{/\mkern-5mu/} R_{B2} \approx R_s$$

$$I_o' = -I_e = -(1+\beta)I_b$$

那么，从发射极看进去的输出电阻 R_o' 为

$$R_o' = \frac{U_o}{I_o'} = \frac{r_{be} + R_s}{1+\beta} \tag{5.3.4}$$

而总的输出电阻 R_o 为

$$R_o = \left.\frac{U_o}{I_o}\right|_{U_s=0,\,R_L=\infty} = R_E \mathbin{/\mkern-5mu/} R_o' = R_E \mathbin{/\mkern-5mu/} \frac{r_{be} + R_s'}{1+\beta} \approx \frac{r_{be} + R_s}{1+\beta} \tag{5.3.5}$$

例如，$\beta = 100$，$r_{be} = 1.4\ \mathrm{k\Omega}$，$R_E = 2\ \mathrm{k\Omega}$，$R_s = 1\ \mathrm{k\Omega}$，则

$$R_o' = \frac{U_o}{I_o'} = \frac{r_{be} + R_s}{1+\beta} = \frac{1.4 + 1}{100} = 24\ \Omega$$

$$R_o = R_E \mathbin{/\mkern-5mu/} R_o' = 2\ \mathrm{k\Omega} \mathbin{/\mkern-5mu/} 24\ \Omega \approx 24\ \Omega$$

根据以上分析，共集放大器的二端口模型如图 5.3.3(b)所示。

【讨论】

(1).共集放大器电压放大倍数 $A_u = 1$，说明输出信号与输入信号"等值"且"同相"，输出信号跟随输入信号变化，故共集放大器又称为"射极跟随器"或"射极输出器"。该电路引进了深度串联电压负反馈，输出信号全部反馈到输入回路，使控制电流的电压 U_{be} 很小（$U_{be} = U_i - U_o \approx 0$），故电压放大倍数接近于 1（$U_o \approx U_i$）。

(2) 输入电阻很大，输出电阻很小。这是因为发射极电流比基极电流大$(1+\beta)$倍，在计算输入电阻 R_i' 时，是把发射极支路电阻折合到基极中，所以要乘以$(1+\beta)$倍。而在计算输出电阻 R_o 时，是把基极支路电阻折合到发射极中，当然要除以$(1+\beta)$倍。正是这种折合作用，使共集放大器具有输入电阻很大、输出电阻很小的特点。

(3) 共集放大器具有带负载能力强的特点，因为输出电阻很小，负载 R_L 变化对放大倍数影响很小，放大倍数很稳定。不像共射放大器那样，R_L 变化对放大倍数影响很大。

(4) 若 $\beta \uparrow \rightarrow R_i' \uparrow \rightarrow R_i \uparrow$，但对增益与输出电阻没有影响。若工作点电流 $I_{CQ} \uparrow \rightarrow R_o \downarrow$，当 $R_s = 0$ 时，$R_o \approx \dfrac{r_{be}}{1+\beta} = r_e = \dfrac{1}{g_m} = \dfrac{26(\mathrm{mV})}{I_{CQ}(\mathrm{mA})}(\Omega)$。但 I_{CQ} 变化对增益与输入电阻影响都不大。

5.4　共基极放大器

共基极放大器信号从发射极输入，从集电极输出，其电路及小信号等效电路分别如图 5.4.1 和图 5.4.2 所示。图中，C_B 保证基极交流接地。

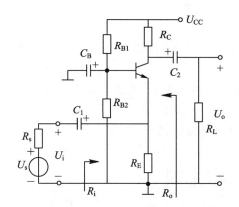

图 5.4.1　共基极放大器电路

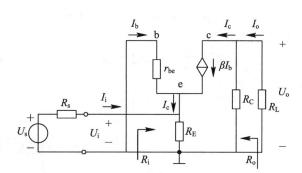

图 5.4.2　共基极放大器小信号等效电路

5.4.1　直流工作状态分析

因为直流通路与共射组态相同，故直流电流表达式也相同。

$$U_B = \frac{R_{B2}}{R_{B1} + R_{B2}} U_{CC}$$

$$I_{EQ} = \frac{U_B - 0.7}{R_E} \approx I_{CQ}$$

$$U_{CEQ} = U_{CC} - I_{CQ}R_C - I_{EQ}R_E \approx U_{CC} - I_{CQ}(R_C + R_E)$$

5.4.2　交流指标计算

1. 电压放大倍数 A_u

如图 5.4.2 所示，基极交流接地，加在发射极的信号是可以加到发射结上的（$U_{be} = -U_i$），故

$$U_i = -I_b r_{be}$$

$$U_o = -I_c(R_C /\!/ R_L) = -\beta I_b(R_C /\!/ R_L)$$

$$A_u = \frac{U_o}{U_i} = \frac{-\beta I_b(R_C /\!/ R_L)}{-I_b r_{be}} = \frac{\beta(R_C /\!/ R_L)}{r_{be}} \tag{5.4.1}$$

2. 输出电阻 R_o

由于输出回路结构与共射放大器相同，所以输出电阻也相同，即

$$R_o \approx R_C \tag{5.4.2}$$

3. 输入电阻 R_i

由于输入回路结构与共集放大器的输出回路结构相同，所以共基放大器的输入电阻与

共集放大器的输出电阻相同，即

$$R_i = R_E /\!/ \frac{r_{be}}{1+\beta} \approx r_e = \frac{1}{g_m} = \frac{26(\mathrm{mV})}{I_{CQ}(\mathrm{mA})}(\Omega) \tag{5.4.3}$$

4. 源增益 A_{us}

$$A_{us} = \frac{U_o}{U_s} = \frac{U_i}{U_s} \times \frac{U_o}{U_i} = \frac{R_i}{R_s + R_i} A_u \approx \frac{r_e}{R_s + r_e} A_u \ll A_u \tag{5.4.4}$$

【讨论】

（1）共基放大器增益绝对值与共射放大器相同，但为"正"值，说明输出信号与输入信号"同相"。

（2）共基放大器输入电阻很小(与共集放大器的输出电阻相同)。输出电阻与共射放大器相同。

（3）因为共基放大器输入电阻很小，故信号源内阻会使源增益大大减小。

5.5 三种组态放大器比较

三种组态放大器性能比较如表 5.5.1 所示。

表 5.5.1 三种组态放大器性能比较

（设 $\beta=100$，$r_{be}=1.4\ \mathrm{k\Omega}$，$R_C=R_E=2\ \mathrm{k\Omega}$，$R_L=\infty$，$R_s=1\ \mathrm{k\Omega}$）

性能指标		共 射	共 集	共 基
电流增益 A_i	表达式	β	$(1+\beta)$	α
	数 值	100	101	0.99
电压增益 A_u	表达式	$-\dfrac{\beta R'_L}{r_{be}}$	$\dfrac{(1+\beta)R'_L}{r_{be}+(1+\beta)R'_L}$	$\dfrac{\beta R'_L}{r_{be}}$
	数 值	-142.8	约等于 1	142.8
输入电阻 R_i	表达式	$r_{be}/\!/R_B$	$(r_{be}+(1+\beta)R'_L)/\!/R_B$	$\dfrac{r_{be}}{1+\beta}/\!/R_E$
	数 值	约 1.4 kΩ	203.4 kΩ$/\!/R_B$	约 14 Ω
输出电阻 R_o	表达式	R_C	$\dfrac{R_s+r_{be}}{1+\beta}/\!/R_E$	R_C
	数 值	2 kΩ	约 24 Ω	2 kΩ
源电压增益 A_{us}	表达式	$A_{us}=\dfrac{R_i}{R_s+R_i}A_u$	$A_{us}=\dfrac{R_i}{R_s+R_i}A_u$	$A_{us}=\dfrac{R_i}{R_s+R_i}A_u$
	数 值	约等于 -83	约等于 1	约等于 2
特点及用途		A_i 和 $\|A_u\|$ 均较大；输出电压与输入电压反相；R_i 和 R_o 一般，应用广泛，作主放大器	$\|A_i\|$ 较大，但 $A_u \leqslant 1$，输出电压与输入电压相同，且为"跟随关系"；R_i 很高，R_o 很低。可用作输入级、输出级以及起隔离作用的中间级	$\|A_i\|<1$，但 A_u 较大，输出电压与输入电压同相；R_i 很低，R_o 一般。源电压增益很小，用得较少。但高频特性较好，可用于宽带放大

【**例 5.5.1**】　电路如图 5.5.1 所示，已知 $\beta = 100$，$r_{be} = 2\ k\Omega$，当满足下列不同要求时，应构成何种组态电路？端点①、②、③应如何连接？

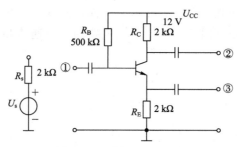

图 5.5.1　例 5.6.1 电路

(1) 要求源放大倍数最大，并计算 A_{us}；

(2) 要求 $U_o \approx -U_i$；

(3) 要求 $U_o \approx U_i$；

(4) 接上负载 $R_L = 1\ k\Omega$ 后，输出信号大小基本不变；

(5) 同时输出一对等值反相的信号。

解　(1) 要求源放大倍数最大，并计算 A_{us}。我们知道，共射放大器和共基放大器放大倍数 A_u 都大，但共基放大器输入电阻极小，故源放大倍数 $A_{us} = \dfrac{R_i}{R_s + R_i} A_u$ 很小。所以要采用共射组态，即信号源接①端，③端接地，信号从②端输出。故

$$A_{us} = \frac{R_i}{R_s + R_i} A_u = \frac{R_i'}{R_s + R_i'} \times \left(-\frac{\beta R_C}{r_{be}}\right) = \frac{2}{2+2}\left(-\frac{100 \times 2}{2}\right) = -50$$

式中，

$$R_i' = R_B \ /\!/ \ r_{be} \approx r_{be} = 2\ k\Omega$$

(2) 要求 $U_o \approx -U_i$，增益为负，一定要接成共射组态，且增益绝对值很小，一定是引入很强的负反馈，故信号源接①端，③端开路，信号从②端输出。即

$$U_o = A_u \times U_i \approx -\frac{R_C}{R_E} \times U_i = -\frac{2}{2} U_i = -U_i$$

(3) 要求 $U_o \approx U_i$，输入输出同相，且增益为 1，显然要接成共集电路，即信号源接①端，信号从③端输出，②端接地。

(4) 接上负载 $R_L = 1\ k\Omega$ 后，输出信号大小基本不变，显然要接成共集电路。因为共集电路输出电阻很小，带负载能力强，共集电路输出电阻为

$$R_o = R_E \ /\!/ \ \frac{R_s + r_{be}}{1 + \beta} \approx \frac{2+2}{100} = 40\ \Omega$$

(5) 同时输出一对等值反相的信号，那么，信号源接①端，从②端和③端同时输出一对信号，因为从②端输出 $U_o \approx -U_i$，从③端输出 $U_o \approx U_i$。

5.6　图解分析法及关于非线性失真的讨论

以上分析都是基于晶体管小信号模型参数等效电路的方法，即认为晶体管总工作在放

大区。但晶体管是非线性元件,若信号太大或工作点设置不当,超出线性范围,则会产生非线性失真。为了更加直观和形象,以便于理解,本节采用图解分析法进一步剖析放大器的工作状态。本节分析只重概念,不重计算。下面以图5.6.1所示的固定偏流阻容耦合共射放大器为例进行图解分析,图5.6.2给出该电路的直流通路和交流通路。

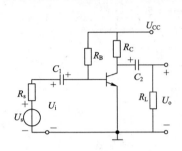

图 5.6.1 固定偏流阻容耦合共射
放大器电路

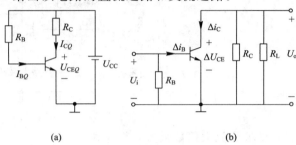

(a)   (b)

图 5.6.2 固定偏流阻容耦合共射放大器
的直流通路和交流通路
(a) 直流通路;(b) 交流通路

5.6.1 直流负载线与直流工作点(Q 点)

晶体管的电流电压关系用特性曲线方程表示,如式(5.6.1a)所示;对于直流工作状态下的直流通路,u_{CE} 与 i_C 的关系符合直流负载线方程,如式(5.6.1b)所示。

$$i_C = f(u_{CE}) \quad （晶体管特性曲线方程） \tag{5.6.1a}$$

$$u_{CE} = U_{CC} - i_C R_C \quad （直流负载线方程） \tag{5.6.1b}$$

将上述方程用图形曲线表示如图5.6.3所示,因为直流负载线方程是一条直线方程,找两点就可以连成直线,令 $i_C = 0$,$u_{CE} = U_{CC}$,在横轴上找到 N 点,而令 $u_{CE} = 0$,则 $i_C = U_{CC}/R_C$,在纵轴上找到 M 点,故图中 MN 直线就是直流负载线,其斜率为 $-1/R_C$。再根据具体的偏置电路算出 I_{BQ},那么直流负载线 MN 与 $i_B = I_{BQ}$ 所对应的特性曲线的交点就是直流工作点 Q 点,Q 点所对应的坐标即工作点的集电极电流和集电极电压 I_{CQ}、U_{CEQ}。

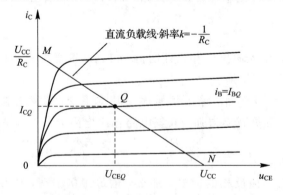

图 5.6.3 直流负载线与直流工作点(Q 点)

【讨论】

(1) 偏置电阻 R_B 减小,I_{BQ} 增大,工作点沿直流负载线上移,I_{CQ} 增大,U_{CEQ} 减小;反之,R_B 增大,I_{BQ} 减小,工作点沿直流负载线下移,I_{CQ} 减小,U_{CEQ} 增大,如图5.6.4所示。R_B 太小,工作点移向饱和区;R_B 太大,工作点移向截止区。

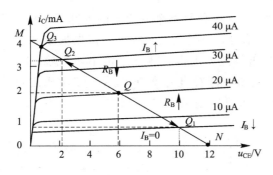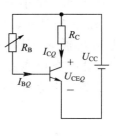

图 5.6.4　R_B 变化对工作点的影响

（2）集电极负载电阻 R_C 增大，直流负载线斜率变大，工作点沿 $I_B = I_{BQ}$ 所对应的特性曲线左移，I_{CQ} 基本不变，U_{CEQ} 减小；反之，R_C 减小，直流负载线斜率变小，工作点右移，当 R_C 增大很大时，若 I_{BQ} 不变，则工作点易进入饱和区，如图 5.6.5 所示。

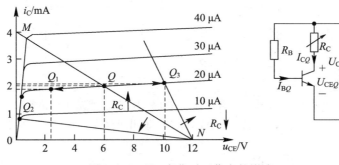

图 5.6.5　R_C 变化对工作点的影响

5.6.2　交流负载线与动态图解分析法

交流工作又称为动态工作，当放大器有交流信号输入时，晶体管基极电流和集电极电流的交流分量均围绕 Q 点变化，且集电极交流电流可流过 R_C、R_L，根据交流通路（见图 5.6.2(b)），总交流负载为 $R'_L = R_C // R_L$，那么交流负载线的斜率 k 应为

$$k = \frac{\Delta i_C}{\Delta U_{CE}} = -\frac{1}{R'_L} = -\frac{1}{R_C // R_L} \tag{5.6.2}$$

当信号电流和电压过零时，对应的电流电压也就是 Q 点的电流电压，故交流负载线必然通过直流工作点 Q，根据"点斜式"（Q 点和斜率）可画出交流负载线如图 5.6.6 所示。具体做法是：令 $\Delta i_C = I_{CQ}$，在横坐标上从 U_{CEQ} 点处向右量取一段电压增量为 $I_{CQ}R'_L$ 而得到 A 点，连接 Q 点和 A 点的直线便是交流负载线。当基极电流变化而引起集电极电流与电压变化时，动态工作点 Q' 必沿着交流负载线移动。

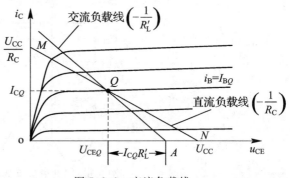

图 5.6.6　交流负载线

若输入信号 u_i 为一微小正弦波,如保证信号整个变化范围内都工作在线性区域内,则可得到 i_b、i_c、u_{ce} 都是不失真的正弦信号,如图 5.6.7 所示。首先根据 u_{BE} 信号波形,在输入特性上得到 i_B 波形,然后在输出特性上求得 i_c 和 u_{CE} 波形,动态工作点必须沿交流负载线而移动,且围绕 Q 点变化,从图中可看出 $i_C \uparrow \rightarrow u_{CE} \downarrow$,二者相位相反。图 5.6.8 给出共射放大器各极电流电压波形,可见共射放大器输出电压 u_o 与输入电压 u_i 的相位是相反的。

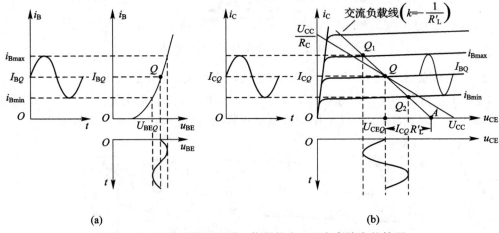

(a)   (b)

图 5.6.7 工作点设置正确、信号较小、不失真放大的情况

(a) 输入回路波形;(b) 输出回路波形

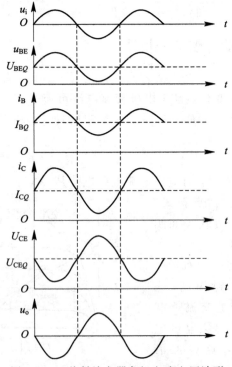

图 5.6.8 共射放大器各极电流电压波形

5.6.3　非线性失真与输出电压动态范围

1. 工作点设置过低，且信号较大的情况——产生"截止失真"

工作点设置过低，Q 点靠近截止区（I_{CQ} 太小，U_{CEQ} 太大），以致在输入信号负半周时动态工作点进入截止区，使 i_B、i_C 不随输入信号变化而恒为零，从而产生的非线性失真称为"截止失真"，如图 5.6.9(a)所示。

2. 工作点设置过高，且信号较大的情况——产生"饱和失真"

工作点设置过高，Q 点靠近饱和区（I_{CQ} 太大，U_{CEQ} 太小），以致在输入信号正半周时动态工作点进入饱和区，从而产生的非线性失真称为"饱和失真"，如图 5.6.9(b)所示。

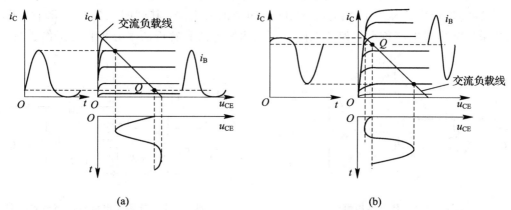

(a)　　　　　　　　　　　　　　(b)

图 5.6.9　工作点设置不当，信号又较大时，产生非线性失真的示意图
(a) 工作点太低（I_{CQ} 太小）产生截止失真；(b) 工作点太高（I_{CQ} 太大）产生饱和失真

判断放大器产生的非线性失真的类型要以电流波形为准，电流波形底部失真为截止失真，顶部失真为饱和失真，对于 NPN 管组成的共射放大器，输出电压与电流反相，所以输出电压顶部失真为截止失真，底部失真为饱和失真。要消除失真，必须将工作点 Q 向相反方向移动，饱和时应将 Q 点调低，截止时应将 Q 点升高。PNP 管因加负电源电压，用电流波形判断与 NPN 管是一致的，用电压波形判断正相反。

3. 输出电压的动态范围

输出电压的动态范围是指不产生严重非线性失真的输出电压峰峰值 U_{opp}。从图 5.6.7 可知，因受截止失真限制，其最大不失真输出电压幅度为

$$U_{om} = I_{CQ}R'_L \tag{5.6.3}$$

因受饱和失真限制，其最大不失真输出电压幅度为

$$U_{om} = U_{CEQ} - U_{CES} \tag{5.6.4}$$

式中，U_{CES} 为晶体管的临界饱和压降，一般小于或等于 $1 \sim 2$ V。对于双向对称的信号（如正弦波），取其上述两式中数值小的作为最大不失真输出电压幅度，故输出电压的动态范围值 U_{opp} 为

$$U_{opp} = 2U_{om} \tag{5.6.5}$$

显然，为了使输出电压的动态范围最大，工作点 Q 应选在交流负载线中点处。实际

上，如果信号很小，Q 点选低一点也不失真，还可节省功耗，在集成电路前级 Q 点都是很低的。

5.7 场效应管放大器

场效应管放大器的电路组成原理与晶体管放大器相似，也有共源、共漏和共栅三种基本组态电路。

5.7.1 偏置电路

为保证放大器正常工作，正确设置直流工作点是必需的。图 5.7.1 和图 5.7.2 分别给出一个 N 沟道结型管和一个 N 沟道 MOS 管组成的放大器，其中图 5.7.1 采用自偏压，图 5.7.2 采用分压式电流负反馈偏置电路。可以用图解法和解析法来分析直流工作状态。

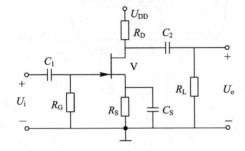
图 5.7.1 自偏压电路

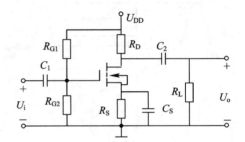
图 5.7.2 分压式电流负反馈偏置电路

1. 图解法求 Q 点

已知结型管和 MOS 管的转移特性分别如图 5.7.3(a)、(b) 所示，作出栅—源回路的直流负载线方程，求其交点即为 Q 点。

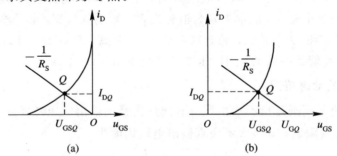

(a)　(b)

图 5.7.3 图解法求直流工作点

(a) JFET 自偏压电路；(b) MOS 增强型分压式电流负反馈偏置电路

对于自偏压电路，输入回路直流负载线方程为

$$u_{GS} = u_G - u_S = -i_S R_S \tag{5.7.1}$$

对于分压式电流负反馈偏置电路，输入回路直流负载线方程为

$$u_{GS} = U_G - U_S = \frac{R_{G2}}{R_{G1} + R_{G2}} U_{DD} - i_S R_S \tag{5.7.2}$$

在转移特性上画出两种输入回路直流负载线，且标出 Q 点，如图 5.7.3(a)、(b) 所示，得

到直流工作点 I_{SQ}，并有

$$U_{DSQ} = U_{DD} - I_{SQ}(R_D + R_S) \tag{5.7.3}$$

对于结型管，由于 U_{GSQ} 可以为负值，故可用自偏压电路，也可用分压式电流负反馈偏置电路。但对于 N 沟道增强型 MOS 管，U_{GSQ} 一定为正值，而且要超过开启电压 $U_{GS(th)}$，所以决不能采用自偏压，栅极必须加正偏压。

2. 解析法求 Q 点

解析法即利用求联立方程解来得到 Q 点的相关数据。以图 5.7.1 所示电路为例，结型管的电流方程为

$$I_{SQ} = I_{DDS}\left(1 - \frac{U_{GSQ}}{U_{GSoff}}\right)^2 \tag{5.7.4}$$

式中，

$$U_{GSQ} = -I_{SQ}R_S \tag{5.7.5}$$

将式(5.7.5)代入式(5.7.4)，得到一个二次方程，舍去两个根中的不合理的根，便求得工作点电流 I_{SQ}。

3. 工作状态判断(以 N 沟道为例)

(1) 结型或耗尽型 MOS 管，若 $U_{CSQ} \leqslant U_{GS(off)}$，则管子截止，$I_{DQ} = 0$。若 $U_{GSQ} > U_{GS(off)}$，则管子导通，此时，以"预夹断临界线"为界，若 $U_{DSQ} > U_{GSQ} - U_{GS(off)}$，则工作在恒流区，反之工作在可变电阻区。

(2) 增强型 MOS 管，若 $U_{GSQ} \leqslant U_{GS(th)}$，则管子截止，$I_{DQ} = 0$。若 $U_{GSQ} > U_{GS(th)}$ 则管子导通，此时，以"预夹断临界线"为界，若 $U_{DSQ} > U_{GSQ} - U_{GS(th)}$，则工作在恒流区，反之工作在可变电阻区。

5.7.2　共源放大器

共源放大器电路如图 5.7.4 所示，信号从栅极输入，从漏极输出，源极交流接地，作为输入、输出的公共端。画出该电路的小信号等效电路如图 5.7.5 所示。

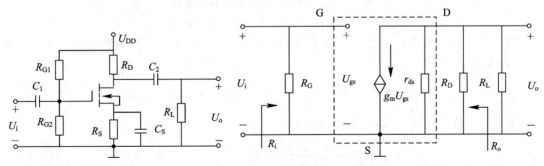

图 5.7.4　共源放大器电路　　　　图 5.7.5　共源放大器的小信号等效电路

场效应管没有栅极电流，栅源间相当于开路，输出漏极电流直接由栅源间电压 U_{gs} 控制，所以小信号等效电路比双极型晶体管要简单得多。

1. 电压放大倍数 A_u

由图 5.7.5 可见，输出交流电压 U_o 为

$$U_o = -g_m U_{gs}(R_D /\!/ R_L) = -g_m U_{gs} R_L'$$

式中，

$$U_{gs} = U_i$$

故有

$$A_u = \frac{U_o}{U_i} = -g_m R_L' \tag{5.7.6}$$

电压放大倍数 A_u 的"负"号表示共源放大器输出信号与输入信号相位相反，A_u 的大小与管子跨导以及漏极交流负载成正比。

2. 输入电阻 R_i

由图 5.7.5 可见，输入电阻 R_i 为

$$R_i = R_G = R_{G1} /\!/ R_{G2} \tag{5.7.7}$$

由于管子本身输入电阻为无穷大，故放大器的输入电阻 R_i 完全取决于栅极偏置电路。

3. 输出电阻 R_o

由图 5.7.5 可见，输出电阻 R_o 为

$$R_o = r_{ds} /\!/ R_D \approx R_D \tag{5.7.8}$$

【例 5.7.1】 放大电路如图 5.7.6(a) 所示，已知工作点处 $g_m = 5$ mA/V，$R_S = 1$ kΩ，试计算该电路的交流指标，并指出电阻 R_{G3} 的作用。

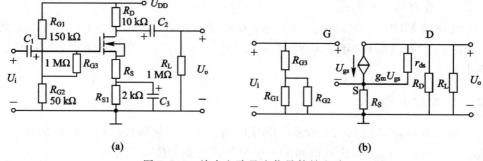

图 5.7.6　放大电路及小信号等效电路
(a) MOS管放大电路；(b) 小信号等效电路

解　(1) 直流工作状态分析。该放大器采用分压式电流负反馈偏置电路，由于电阻 R_{G3} 无直流电流流过，故

$$U_{GSQ} = U_{GQ} - U_{SQ} = \frac{R_{G2}}{R_{G1} + R_{G2}} U_{DD} - I_{DQ}(R_{S1} + R_S) \tag{5.7.9}$$

用图解法，或将上式代入 MOS 管电流方程：

$$i_{DQ} = \frac{\mu_n C_{ox}}{2} \frac{W}{L}(u_{GSQ} - U_{GS(th)})^2 \tag{5.7.10}$$

求出 I_{DQ}，并有

$$U_{DSQ} = U_{DD} - I_{DQ}(R_D + R_S + R_{S1}) \tag{5.7.11}$$

(2) 交流指标分析。由于 R_{S1} 被大电容 C_3 旁路，故对交流信号不起负反馈作用。画出该放大器的小信号等效电路如图 5.7.6(b) 所示。

① 电压放大倍数。忽略场效应管本身的输出电阻 r_{ds} 的影响，则

$$U_o = -g_m U_{gs}(R_D \mathbin{/\!/} R_L)$$

$$U_{gs} = U_i - g_m U_{gs} R_S$$

$$U_{gs} = \frac{U_i}{1 + g_m R_S} \qquad (5.7.12)$$

故得

$$A_u = \frac{U_o}{U_i} = -\frac{g_m(R_D \mathbin{/\!/} R_L)}{1 + g_m R_S} \qquad (5.7.13)$$

代入具体元器件值得

$$A_u = -\frac{5\mathrm{mA/V} \times (10\ \mathrm{k\Omega} \mathbin{/\!/} 10^3\ \mathrm{k\Omega})}{1 + 5\ \mathrm{mA/V} \times 1\ \mathrm{k\Omega}} \approx -\frac{5 \times 10}{6} = -8.3$$

可见，由于 R_S 的交流负反馈作用，使真正加到管子栅源间的控制电压 U_{gs} 减小到 $U_{gs}/(1+g_m R_S)$，从而导致电压放大倍数 A_u 也下降到 $A_u/(1+g_m R_S)$。

② 输入电阻 R_i。由图 5.7.6(b) 看出，输入电阻 R_i 为

$$R_i = R_{G3} + (R_{G1} \mathbin{/\!/} R_{G2}) = 10^3 + (150 \mathbin{/\!/} 50) = 10^3 + 37.5 \approx 1000\ \mathrm{k\Omega} = 1\ \mathrm{M\Omega}$$

可见，R_{G3} 的作用是增加输入电阻 R_i（如果将 R_{G3} 短路，则输入电阻 R_i 就只有 37.5 kΩ 了）。而 R_{G3} 的加入对直流工作状态不会有多大影响。这种方法同样适合双极型晶体管电路。

③ 输出电阻 R_o。由图 5.7.6(b) 可看出，输出电阻 $R_o \approx R_D = 10\ \mathrm{k\Omega}$。

5.7.3　共漏放大器和共栅放大器

1. 共漏放大器

共漏放大器信号从栅极输入、源极输出，漏极交流接地，其电路及小信号等效电路分别如图 5.7.7(a)、(b) 所示。

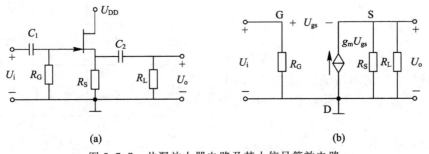

(a)　　　　　　　　　　　　　　(b)

图 5.7.7　共漏放大器电路及其小信号等效电路

(a) 共漏放大器电路；(b) 小信号等效电路

1）电压放大倍数 A_u

因为

$$U_o = g_m U_{gs}(R_S \mathbin{/\!/} R_L)$$

$$U_{gs} = U_i - g_m U_{gs}(R_s \mathbin{/\!/} R_L)$$

$$U_{gs} = \frac{U_i}{1 + g_m(R_S \mathbin{/\!/} R_L)}$$

故

$$A_u = \frac{U_o}{U_i} = \frac{g_m(R_S \mathbin{/\!/} R_L)}{1 + g_m(R_S \mathbin{/\!/} R_L)} < 1 \qquad (5.7.14)$$

由于场效应管的跨导比双极型晶体管小，因此，场效应共漏放大器的电压放大倍数 A_u 将不能接近于 1，一般为 $0.6 \sim 0.8$，且输出信号与输入信号同相。

2）输入电阻 R_i

$$R_i = R_G \tag{5.7.15}$$

3）输出电阻 R_o

根据输出电阻定义，画出求输出电阻的等效电路如图 5.7.8 所示。

由图 5.7.8 可见：

$$U_{gs} = -U_o$$

$$I'_o = -g_m U_{gs} = -(-g_m U_o) = g_m U_o$$

故从源极看进去的输出电阻 R'_o 为

$$R'_o \Big|_{U_i=0} = \frac{U_o}{I'_o} = \frac{1}{g_m} \tag{5.7.16}$$

总的放大器输出电阻 R_o 为

$$R_o = R'_o \,/\!/\, R_S \approx \frac{1}{g_m} \tag{5.7.17}$$

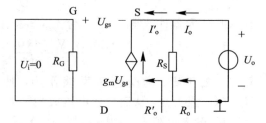

图 5.7.8 计算输出电阻 R_o 的等效电路

若 $g_m = 5$ mA/V，则 $R_o = 200\ \Omega$。一般来说，双极型晶体管共集放大器的输出电阻 R_o 比场效应管共漏放大器的输出电阻 R_o 更小。

2. 共栅放大器

共栅放大器电路如图 5.7.9 所示，信号从源极输入、漏极输出，栅极交流接地。观察电路，发现其输出回路与共源放大器输出回路相似，输入回路与共漏放大器的输出回路相似。但其 $U_{gs} = -U_i$，所以电压放大倍数 A_u 为

$$A_u = \frac{U_o}{U_i} = \frac{-g_m U_{gs}(R_D \,/\!/\, R_L)}{-U_{gs}}$$

$$= g_m(R_D \,/\!/\, R_L) \tag{5.7.18}$$

可见，共栅放大器的电压放大倍数 A_u 的大小与共源放大器相同，但输出信号与输入信号同相。

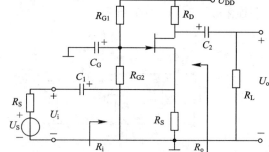

图 5.7.9 共栅放大器电路

输出电阻 R_o 为

$$R_o \approx R_D \tag{5.7.19}$$

输入电阻 R_i 为

$$R_i = R'_i \,/\!/\, R_S = \frac{1}{g_m} \,/\!/\, R_S \approx \frac{1}{g_m} \tag{5.7.20}$$

可见共栅放大器的输入电阻 R_i 很小。

5.7.4 场效应管放大器与双极型晶体管放大器的比较

1. 电路形式对偶关系

晶体管共射放大器对偶场效应管共源放大器；晶体管共集放大器对偶场效应管共漏放大器；晶体管共基放大器对偶场效应管共栅放大器。

2. 偏置电路的异同

结型场效应管和耗尽型 MOS 管可用负偏压，故可采用自偏压电路，晶体管却不能，分压式电流负反馈偏置电路则适合各种类型放大器。

3. 增益对比

共射与共源放大器增益都可用下式表示：

$$A_u = -g_m R'_L$$

但场效应管栅流为零，故等效电路比晶体管简单（可略去输入回路），参数只有跨导 g_m 与管子输出电阻 r_{ds}，没有 β。

场效应管特性符合平方律关系，g_m 与工作点电流的开方成正比，

$$g_m = \sqrt{\frac{2\mu_n C_{ox} W}{L} I_{DQ}} \quad (mA/V)$$

晶体管特性符合指数关系，g_m 与工作点电流成正比，

$$g_m = \frac{I_{CQ} \, mA}{26 \, mV} = \frac{I_{CQ} \times 10^3}{26} \quad (mA/V)$$

可见晶体管跨导比场效应管大得多，因而同样的工作点电流和负载电阻，晶体管放大器的放大倍数比场效应管放大器大许多。

共集与共漏放大器增益都可用下式表示：

$$A_u = \frac{g_m R'_L}{1 + g_m R'_L}$$

但由于晶体管跨导比场效应管大得多，故晶体管共集放大器增益可趋于 1，而场效应管共漏放大器增益只有 $0.6 \sim 0.7$ 左右。

4. 输入电阻对比

场效应管栅流为零，管子本身输入电阻 $R'_i \to \infty$，故场效应管放大器输入电阻比晶体管放大器大得多。场效应管放大器输入电阻完全由栅极偏置电路决定。

5. 输出电阻对比

共射与共源放大器输出电阻表达式差不多，即

$$R_o \approx R_C(R_D)$$

共集与共漏放大器输出电阻表达式差不多，即

$$R_o \approx \frac{1}{g_m}$$

但由于晶体管跨导比场效应管大得多，故晶体管共集放大器的输出电阻比共漏放大器的要小。

6. 其他对比

场效应管比双极型晶体管噪声小，抗辐射能力强，温度稳定性好，工艺简单，集成度高，故场效应管已成为数字及数模混合集成电路的主流工艺，应用越来越广泛。

5.8　放大器的级联

在许多应用中，根据信号源和负载的实际情况，要求放大器有较大的放大倍数以及合

适的输入电阻和输出电阻，单级放大器满足不了要求，需要将不同组态的基本放大器级联成多级放大器。本节主要讨论放大器的级联中应注意的问题，以及级联后放大器性能的分析。

5.8.1　级间耦合方式及组合原则

1. 级间耦合方式

多级放大器各级之间的连接方式称为耦合方式。级间耦合时，一方面要确保各级放大器有合适的直流工作点，另一方面应使前级输出信号尽可能不衰减地传输到后级输入。常用的耦合方式有四种，即阻容耦合、直接耦合、磁耦合(变压器耦合)和光耦合，如图 5.8.1 所示。

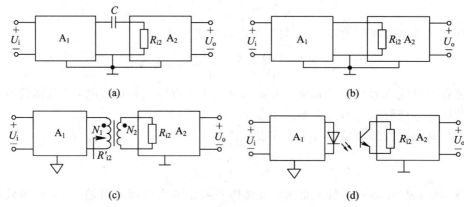

图 5.8.1　级间耦合方式

（a）阻容耦合；（b）直接耦合；（c）磁耦合(变压器耦合)；（d）光耦合

阻容耦合方式将各级直流工作状态隔离开，前后级互不影响，各级直流工作点可独立设计，但需要大电容隔直流通交流，不仅体积大，而且在集成电路工艺中根本不可能制造这样大容量的电容。

直接耦合方式省去隔直流电容，前后级直流状态互有影响，各级直流工作点不能独立设计，这会增加设计的复杂度。但直接耦合方式特别适合集成电路工艺，在集成电路中毫不例外地采用直接耦合方式。

变压器耦合方式也有隔直流通交流的作用，各级直流工作点可独立设计，且前后级可以共地，也可以不共地，特别是变压器具有阻抗变换作用，设原边和副边的匝数比为 $n = N_1/N_2$，则原边看进去的交流等效阻抗为 $R_1' = n^2 R_{i2}$。变压器耦合方式在功率放大器和高频电路中有较多应用。

光耦合适用于前后级需要电气隔离且不共地的场合，首先将电信号变成光，通过光耦器件又将光变成电信号。因为前后级信号靠光传输，可以避免因公共地线引入的干扰，而且在高压场合用光耦合也比较安全，所以在工业现场或一些仪器中有广泛应用。

2. 多级放大器的组合原则

根据电路对放大倍数、输入电阻和输出电阻等指标的具体要求，利用三种组态基本放大器的特点，合理地组成多级放大器，其基本原则如下：

（1）通常选用共射放大器(CE)作为主放大器(因为共射放大器电压增益大，输入电阻和输出电阻大小一般)，并根据总电压放大倍数决定采用几级共射放大器。

(2) 如果要求输入电阻大，则应采用共集放大器(CC)或共源(CS)、共漏(CD)放大器作为多级放大器的输入级(因为这些电路的输入电阻大)，即采用 CC(CS 或 CD)— CE 组合。

(3) 若负载很重(也就是负载电阻很小，负载电容很大)，则应采用共集放大器作为多级放大器的输出级(因为共集电路的输出电阻小)，即采用 CE — CC 组合。

(4) 有时，当共射—共射级联时，由于前级的输出电阻不小，后级的输入电阻又不大，级联时会影响总增益的提高，所以用共集电路作为中间级起隔离和缓冲作用，即采用 CE — CC — CE 组合等。具体应该如何组合要视实际需要而定。在高频放大器中，也采用共射—共基组合。

多级放大器组合示意图如图 5.8.2 所示。

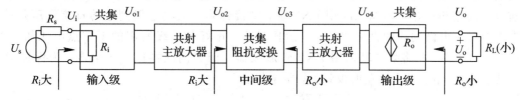

图 5.8.2　组合的多级放大器示意图

5.8.2　多级放大器的性能指标计算

如图 5.8.2 所示，多级放大器总的电压放大倍数等于各级电压放大倍数的乘积，即

$$A_u = \frac{U_o}{U_i} = \frac{U_{o1}}{U_i} \times \frac{U_{o2}}{U_{o1}} \times \frac{U_{o3}}{U_{o2}} \times \frac{U_{o4}}{U_{o3}} \times \frac{U_o}{U_{o4}} = A_{u1} \times A_{u2} \times A_{u3} \times A_{u4} \times A_{u5} \quad (5.8.1)$$

只要分别计算出各级放大器的放大倍数，相乘后就可得到多级放大器总的电压放大倍数。计算各级放大器的放大倍数时要考虑前后级的影响，有两种方法：

(1) 将后级看成是前级的负载，计算前级电压放大倍数时，令其负载 R_{L1} 等于后级的输入电阻 R_{i2}，即

$$R_{L1} = R_{i2} \quad (5.8.2)$$

(2) 将前级看成是后级的信号源，先不考虑后级的影响，算出前级的开路电压放大倍数 A_{u01} 和输出电阻 R_{o1}，然后与后级输入电阻 R_{i2} 分压得到级联后的真正的电压放大倍数 A_{u1}，即

$$A_{u1} = \frac{R_{i2}}{R_{o1} + R_{i2}} A_{u01} \quad (5.8.3)$$

以上两种方法选其一，通常采用第(1)种方法计算比较简单方便。

多级放大器的输出电阻一般取决于输出级，输入电阻一般取决于输入级。

【例 5.8.1】　电路如图 5.8.3(a)所示，试计算交流指标 A_u、R_i、R_o。

解　计算前必须要理解和看懂电路图，然后才着手计算工作点和指标参数。

由图 5.8.3(a)可见，第一级是 N 沟道结型场效应管组成的共源放大器(信号从栅极输入，从漏极输出，采用自偏压。第二级是 PNP 双极型晶体管组成的共射放大器(信号从基极输入，从集电极输出)。采用 PNP 管作为第二级，能很方便地实现直接耦合，如图 5.8.4

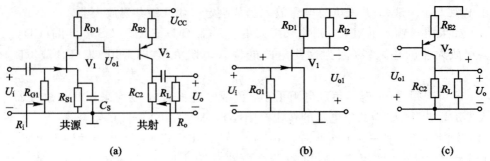

图 5.8.3　共源—共射两级直接耦合放大器

(a) 电路；(b) 第一级交流通路；(c) 第二级交流通路

所示。若如图 5.8.4(a)那样用两个 NPN 管放大器级联，则由于接到第一级集电极到地的直流电压是第二级发射结($U_{BEQ}=0.7$ V)和发射极到地的直流电压，一般比较低，很容易使前级进入饱和状态。但如果改用 PNP 管，则接到第一级集电极到地的直流电压是第二级集电结和集电极到地的直流电压，一般比较高，正好与前级所需的工作点电压相匹配，所以图 5.8.3(b) 电路第二级采用 PNP 管放大器。因为两级共用一个电源，为保证 PNP 管 e 结正偏，c 结反偏，故发射极朝上，集电极朝下。

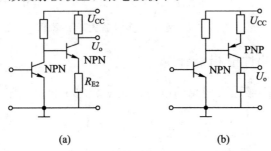

图 5.8.4　两种类型管子放大器的直接耦合

(a) NPN — NPN 级联，工作点配置困难；(b) NPN — PNP 级联，工作点配置容易

1. 电压放大倍数 A_u

将第二级输入电阻 R_{i2} 视为第一级的负载，其两级交流通路分别如图 5.8.3(b) 、(c) 所示，则

$$A_u = \frac{U_o}{U_i} = \frac{U_{o1}}{U_i} \times \frac{U_o}{U_{o1}} = A_{u1} \times A_{u2} \tag{5.8.4}$$

式中，

$$A_{u1} = \frac{U_{o1}}{U_i} = -g_m(R_{D1} \ /\!/ \ R_{i2}) \tag{5.8.5}$$

$$R_{i2} = r_{be2} + (1+\beta_2)R_{E2} \tag{5.8.6}$$

$$A_{u2} = \frac{U_o}{U_{o1}} = -\frac{\beta_2(R_{C2} \ /\!/ \ R_L)}{r_{be2} + (1+\beta_2)R_{E2}} \approx -\frac{R_{C2} \ /\!/ \ R_L}{R_{E2}} \tag{5.8.7}$$

总电压放大倍数为

$$A_u = \frac{U_o}{U_i} = A_{u1} \times A_{u2} \approx g_m(R_{D1} \ /\!/ \ R_{i2}) \times \frac{R_{C2} \ /\!/ \ R_L}{R_{E2}}$$

A_{u1} 的负号表示 U_{o1} 与 U_i 反相，A_{u2} 的负号表示 U_o 与 U_{o1} 反相，故 U_o 与 U_i 同相。

2. 输入电阻 R_i

$$R_i = R_{G1} \tag{5.8.8}$$

3. 输出电阻 R_o

$$R_o = R_{C2} \tag{5.8.9}$$

【例 5.8.2】 电路如图 5.8.5 所示，已知 $U_{BE} = 0.7$ V，$\beta = 100$，$r'_{bb} = 100\ \Omega$。

(1) 若要求输出直流电压 $U_{oQ} = 0$ V，那么偏置电阻 R_2 应为多少？

(2) 若输入信号 $u_i(t) = 100\sin\omega t\ (\text{mV})$，试求 $U_o(t)$；

(3) 求输入电阻和输出电阻。

解 首先看懂电路，这是共射—共集两级直接耦合电放大器，由双电源供电，偏置电压由负电源（-6 V）经偏置电阻 R_1 和 R_2 分压得到。

(1) 因为是直接耦合，前后级工作点有关联，所以根据要求 $U_{oQ} = 0$ V，由后往前推算。

$$U_{oQ} = 0\text{V} \rightarrow I_{CQ2} = \frac{U_{EE}}{R_5} = \frac{6}{3} = 2\text{mA} \rightarrow I_{CQ1} \approx I_{R_3} = \frac{U_{CC} - 0.7}{R_3} = \frac{12 - 0.7}{3} \approx 3.8\ \text{mA} \approx I_{EQ1}$$

$$U_{R_2} = 0.7 + I_{EQ1}R_4 = 0.7 + 3.8 \times 0.5 = 2.6\ \text{V}$$

又因为 $U_{R_2} = \dfrac{R_2}{R_1 + R_2}U_{EE} = \dfrac{R_2}{20 + R_2} \times 6\ \text{V} = 2.6\ \text{V}$，得 $R_2 = 15.3\ \text{k}\Omega$，取 $R_2 = 15\ \text{k}\Omega$。

第一级集电极和发射极之间的压降为

$$U_{CEQ1} = U_{CQ1} - U_{EQ1} = 0.7 - [I_{EQ1}R_4 + U_{EE}] = 0.7 - [3.8 \times 0.5 - 6] = 4.8\ \text{V}$$

可见工作在放大区。各点直流电压标于图 5.8.6 中。

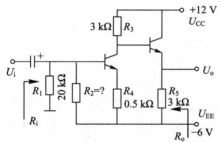
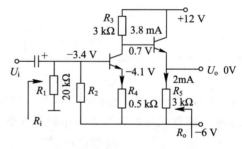

图 5.8.5　共射—共集直接耦合电路　　　图 5.8.6　各管电流及各点到地的电位

(2) 要求出放大了的输出电压 $u_o(t)$，则要先求放大倍数 A_u。

$$A_u = A_{u1} \times A_{u2}$$

因为第二级为共集放大器，所以

$$A_{u2} \approx 1$$

第一级为共射电路，因而

$$A_{u1} = -\frac{\beta(R_3\ /\!/\ R_{i2})}{r_{be1} + (1+\beta)R_4} \approx -\frac{R_3\ /\!/\ R_{i2}}{R_4} \approx -\frac{R_3}{R_4} = -\frac{3}{0.5} = -6$$

式中 R_{i2} 是第二级输入电阻，作为第一级的负载

$$R_{i2} = r_{be2} + (1+\beta)R_5 \approx 300\ \text{k}\Omega \gg R_3(3\ \text{k}\Omega)$$

输出信号为

$$u_o(t) = A_u \times u_i(t) = -6 \times 100\sin\omega t\ (\text{mV}) = -600\sin\omega t\ (\text{mV})$$

式中负号说明输出信号与输入信号相位相反。

(3) 输入电阻 R_i 为

$$R_i = R_1 \mathbin{/\!/} R_2 \mathbin{/\!/} [r_{be1} + (1+\beta)R_4] \approx 20 \mathbin{/\!/} 15 \mathbin{/\!/} 101 \times 0.5 \approx 7.6 \text{ k}\Omega$$

第一级的输出电阻(R_3)作为第二级的信号源内阻,则有

$$R_o = R_5 \mathbin{/\!/} \frac{R_3 + r_{be2}}{1+\beta} \approx \frac{R_3 + r_{be2}}{1+\beta} \approx \frac{(3+1.3) \text{ k}\Omega}{100} = 43 \ \Omega$$

式中,

$$r_{be2} = r'_{bb} + (1+\beta) \frac{26 \ (\text{mV})}{I_{CQ2} (\text{mA})} \approx 100 \times \frac{26}{2} = 1.3 \text{ k}\Omega$$

【例 5.8.3】 渥尔曼连接电路如图 5.8.7 所示,分析该电路,并求出放大倍数、输入电阻和输出电阻。

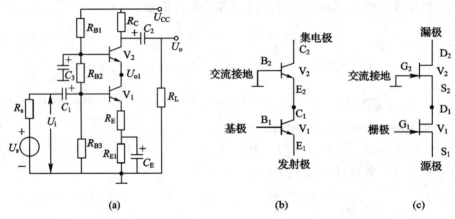

(a)   **(b)**   **(c)**

图 5.8.7   共射—共基级联及渥尔曼连接

(a) 共射—共基级联(渥尔曼电路);(b) 晶体管渥尔曼连接;(c) 场效应管渥尔曼连接

解 (1) 分析电路。我们知道,共基电路高频特性好,但输入电阻太小,一般不好用,但如果将晶体管或场效应管纵向串联堆积起来(如图 5.8.7(b)、(c)所示),即可构成一个复合电路,且上面管子的基极(或栅极)交流接地,信号从下面管子基极(或栅极)输入,从上面管子集电极(或漏极)输出,这就是所谓的"渥尔曼连接"。这种连接既保持了频带宽的特性,又克服了共基电路输入电阻太小的缺点。渥尔曼连接实际上就是共射—共基级联,因为下面放大器信号从基极入、从集电极出,上面放大器信号从发射极入、从集电极出。图中电容 C_3 就是为了保证 V_2 管基极交流接地。

(2) 直流工作状态分析。由 5.8.7(a)可见,放大器采用分压式电流负反馈偏置电路,则有

$$U_{BQ1} = \frac{R_{B3}}{R_{B1} + R_{B2} + R_{B3}} U_{CC} \Rightarrow U_{EQ1} = U_{BQ1} - 0.7 \Rightarrow I_{EQ1} = \frac{U_{EQ1}}{R_E + R_{E1}} \approx I_{CQ1} \approx I_{CQ2}$$

$$U_{BQ2} = \frac{R_{B2} + R_{B3}}{R_{B1} + R_{B2} + R_{B3}} U_{CC} \Rightarrow U_{EQ2} = U_{BQ2} - 0.7$$

$$U_{CEQ1} = U_{EQ2} - U_{EQ1} \Rightarrow U_{CEQ2} = U_{CQ2} - U_{EQ2} = U_{CC} - I_{CQ2}R_C - U_{EQ2}$$

(3) 交流指标分析。

① 电压放大倍数 A_u。由图 5.8.7(a)可见

$$A_u = \frac{U_o}{U_i} \approx \frac{-I_{c2}(R_C \mathbin{/\!/} R_L)}{I_{e1}R_E}$$

又有

$$I_{c2} \approx I_{e2} = I_{c1} \approx I_{e1}$$

所以

$$A_u \approx -\frac{R_C \mathbin{/\!/} R_L}{R_E}$$

式中负号表示输入信号与输出信号反相。因为管子纵向串联堆积，电流连续，故该电路又称"电流连续器"或"电流跟随器"。

② 输入电阻 R_i。由图 5.8.7(a)可见

$$R_i = R_{B2} \mathbin{/\!/} R_{B3} \mathbin{/\!/} [r_{be1} + (1+\beta)R_E]$$

③ 输出电阻 R_o。由图 5.8.7(a)可见

$$R_o \approx R_C$$

习　题

5-1　在图 P5-1 所示的放大电路中，三极管的 $\beta = 50$，$R_B = 500\ \text{k}\Omega$，$R_C = 6.8\ \text{k}\Omega$，$U_{CC} = 12\ \text{V}$，$U_{BEQ} = 0.6\ \text{V}$。

(1) 计算静态工作点；

(2) 若要求 $I_{CQ} = 0.5\ \text{mA}$，$U_{CEQ} = 6\ \text{V}$，求所需的 R_B 和 R_C 值。

5-2　晶体管电路如图 P5-2 所示，已知 $\beta = 100$，$U_{BE} = -0.3\ \text{V}$。

(1) 估算直流工作点 I_{CQ}、U_{CEQ}；

(2) 若偏置电阻 R_{B1}、R_{B2} 分别开路，试分别估算集电极电位 U_C 值，并说明各自的工作状态；

(3) 若 R_{B2} 开路时，要求 $I_{CQ} = 2\ \text{mA}$，试确定 R_{B1} 应取多大值。

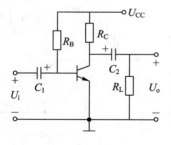

图 P5-1　习题 5-1 图

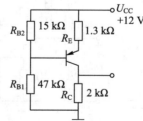

图 P5-2　习题 5-2 图

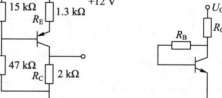

图 P5-3　习题 5-3 图

5-3　电压负反馈型偏置电路如图 P5-3 所示。若晶体管的 β、U_{BE} 已知：

(1) 计算工作点的表达式；

(2) 简述稳定工作点的原理。

5-4　试判别图 P5-4 各电路是否具有正常放大作用，若无放大作用则说明理由，并

将错误处加以改正。

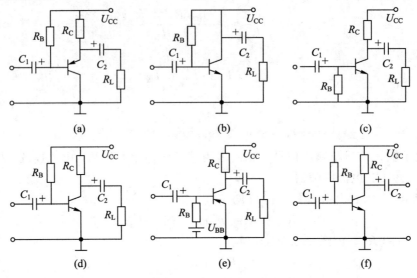

图 P5-4 习题 5-4 图

5-5 试画出图 P5-5 所示电路的直流通路和交流通路。

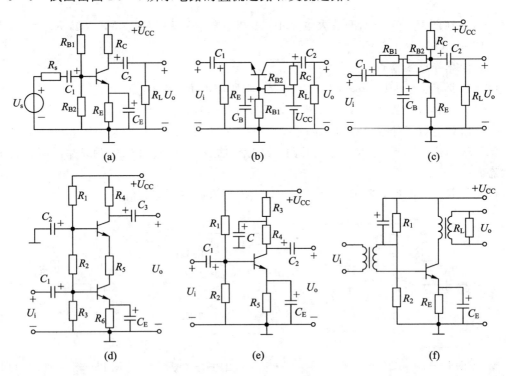

图 P5-5 习题 5-5 图

5-6 测得放大电路中某晶体管三个电极上的电流分别为 2 mA、2.02 mA、0.02 mA。已知该管的厄尔利电压 $U_A = 120$ V，$r_{bb'} = 200$ Ω。试画出该晶体管的交流等效电路，并确定等效电路中各参数值。

5-7　在图 P5-6 所示的电路中，设 $\beta=50$，$U_{BE}=0.7$ V。

（1）估算直流工作点；

（2）求电压放大倍数 A_u、输入电阻 R_i 和输出电阻 R_o。

（3）旁通电容 C_E 开路，试画出交流等效电路，并重新计算 A_u、R_i 和 R_o。

5-8　在图 P5-7 所示的电路中，设晶体管 $\beta=50$，$U_{BE}=-0.2$ V，$r_{bb'}=300$ Ω。

（1）求静态工作点；

（2）画出交流小信号等效电路；

（3）求源电压放大倍数 $A_{us}=U_o/U_s$。

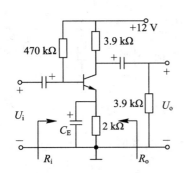

图 P5-6　习题 5-7 图

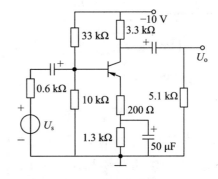

图 P5-7　习题 5-8 图

5-9　图 P5-8 所示电路可用来测量放大器的输入、输出电阻。当开关 S_1 闭合时，若电压表 V_1 的读数为 50 mV，而 S_1 打开时，V_1 的读数为 100 mV，试求输入电阻 R_i。当开关 S_1 闭合，S_2 也闭合时，电压表 V_2 的读数为 1 V，而 S_2 打开时，V_2 的读数为 2 V，试求输出电阻 R_o。

5-10　射极输出器电路如图 P5-9 所示。已知 $U_{CC}=12$ V，$R_E=4$ kΩ，$R_L=2$ kΩ，$R_B=200$ kΩ，$R_C=50$ Ω，晶体管采用 3DG6，$\beta=50$。

（1）计算电路的静态工作点；

（2）求电压放大倍数和输入、输出电阻。

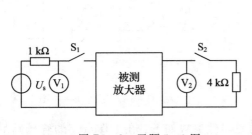

图 P5-8　习题 5-9 图

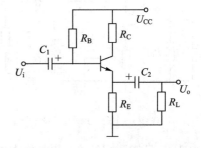

图 P5-9　习题 5-10 图

5-11　在图 P5-10 所示的电路中，三极管的 $\beta=80$，$r_{be}=2.2$ kΩ。

（1）求放大器的输入电阻 R_i；

（2）分别求从射极输出时的 A_{u2} 和 R_{o2} 及从集电极输出时的 A_{u1} 和 R_{o1}。

5-12 采取自举措施的射极输出器如图 P5-11 所示，已知晶体管的 $U_{BE}=0.7$ V，$\beta=50$，$r_{bb'}=100$ Ω。

(1) 求静态工作点；

(2) 求电压放大倍数 A_u 和输出电阻 R_o；

(3) 说明自举电容 C 对输入电阻的影响。

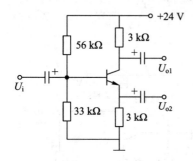 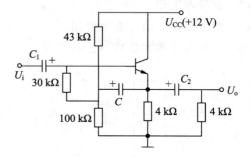

图 P5-10 习题 5-11 图   图 P5-11 习题 5-12 图

5-13 在图 P5-12 所示的共基极放大电路中，晶体管的 $\beta=50$，$r_{bb'}=50$ Ω，$R_{B1}=30$ kΩ，$R_{B2}=15$ kΩ，$R_E=2$ kΩ，$R_C=R_L=3$ kΩ，$U_{CC}=12$ V，$U_{BE(on)}=0.7$ V。

(1) 计算放大器的直流工作点；

(2) 求放大器的 A_u、R_i 和 R_o。

5-14 电路如图 P5-13 所示，这是一个共基相加电路。试证明：

$$u_o \approx \frac{R'_L}{R_{E1}}u_{i1} + \frac{R'_L}{R_{E2}}u_{i2} + \frac{R'_L}{R_{E3}}u_{i3}$$

式中，$R'_L = R_C \parallel R_L$。

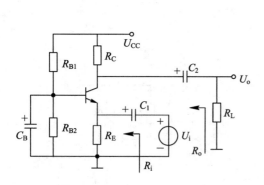 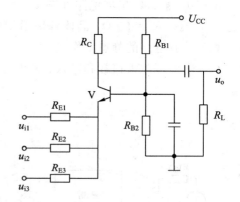

图 P5-12 习题 5-13 图   图 P5-13 习题 5-14 图

5-15 已知图 P5-14 共源放大电路的元器件参数如下：在工作点上的管子跨导及其他参数为 $g_m=1$ ms，$r_{ds}=200$ kΩ，$R_1=300$ kΩ，$R_2=100$ kΩ，$R_3=1$ MΩ，$R_4=10$ kΩ，$R_5=2$ kΩ，$R_6=2$ kΩ，试估算放大器的电压增益、输入电阻和输出电阻。

5-16 场效应管放大电路如图 P5-15 所示，已知 $g_m=10$ mS，试求电压增益、输入电阻和输出电阻。

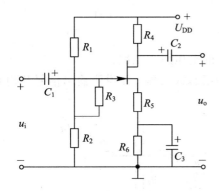

图 P5 - 14　习题 5 - 15 图

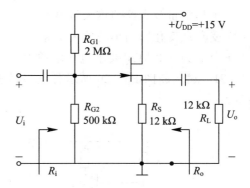

图 P5 - 15　习题 5 - 16 图

5 - 17　放大电路如图 P5 - 16 所示。

（1）画出交流通路，说明是何种组合放大器；

（2）求电压放大倍数 $A_u = U_o/U_i$、输入电阻 R_i 和输出电阻 R_o 的表达式。

5 - 18　电路如图 P5 - 17 所示，已知 $U_{BE} = 0.7$ V，$\beta = 100$，$r_{bb'} = 100\ \Omega$。

（1）若要求输出直流电平 $U_{oQ} = 0$ V，估算偏置电阻 R_2 的数值；

（2）若 $u_i = 100\sin\omega t\,(\text{mV})$，试求 u_o；

（3）求输入电阻 R_i 和输出电阻 R_o。

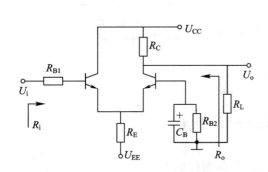

图 P5 - 16　习题 5 - 17 图

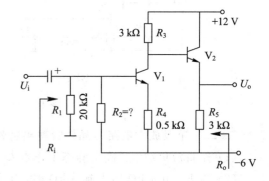

图 P5 - 17　习题 5 - 18 图

5 - 19　电路如图 P5 - 18 所示，试求出增益 $A_u = U_o/U_i$ 及 R_i、R_o 的表达式。

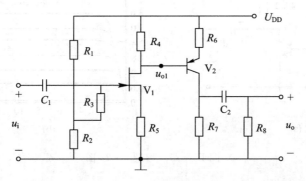

图 P5 - 18　习题 5 - 19 图

5 - 20　按照如下的不同应用场合，试分别选择合适的组合放大器：

(1) 电压测量放大器的输入级电路;

(2) 受负载变化影响小的放大电路;

(3) 负载为 0.2 kΩ,要求电压增益大于 60 dB 的电压放大电路。

5-21　试判断图 P5-20 所示各电路属于何种组态放大器,并说明输出信号相对输入的相位关系。

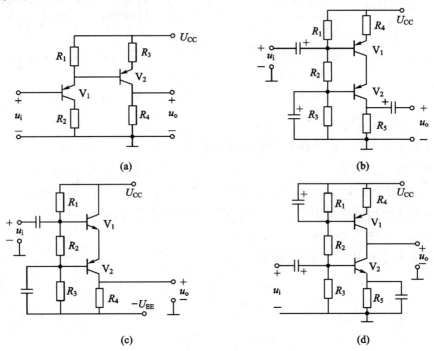

(a)　　　　(b)

(c)　　　　(d)

图 P5-20　习题 5-21 图

5-22　单级放大电路与晶体管输出特性如图 P5-21 所示。

(1) 作直流负载线,确定静态工作点 Q_1;

(2) 当 R_C 由 4 kΩ 增大到 6 kΩ 时,工作点 Q_2 将移到何处?

(3) 当 R_B 由 200 kΩ 变为 100 kΩ 时,工作点 Q_3 将移到何处?

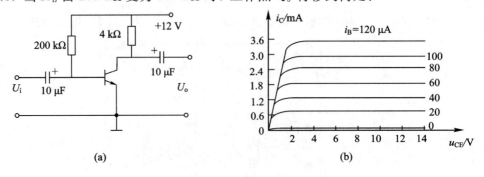

(a)　　　　(b)

图 P5-21　习题 5-22 图

5-23　放大电路如图 P5-22(a)所示,按照电路参数在图 P5-22(b)中:

(1) 画直流负载线,并确定 Q 点(设 $U_{BEQ}=0.7$ V);

（2）画交流负载线，定出对应于 I_B 为 $0 \sim 100\ \mu A$ 时，U_{CE} 的变化范围。

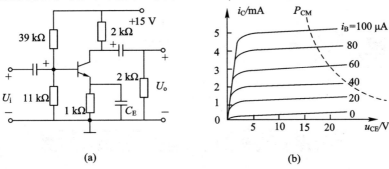

(a)　　　　　　　　(b)

图 P5-22　习题 5-23 图

5-24　放大电路如图 P5-23(a)所示，已知 $\beta = 50$，$U_{BE} = 0.7\ V$，$U_{CES} = 0$，$R_C = 2\ k\Omega$，$R_L = 20\ k\Omega$，$U_{CC} = 12\ V$。

（1）若要求放大电路有最大的输出动态范围，问 R_B 应调到多大；

（2）若已知该电路的交、直流负载线如图 P5-23(b)所示，试求：U_{CC}、R_C、U_{CEQ}、I_{CQ}、R_L、R_B 和输出动态范围 U_{opp}。

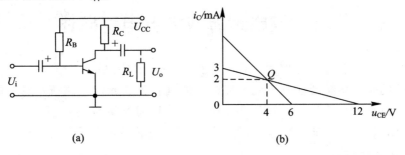

(a)　　　　　　　　(b)

图 P5-23　习题 5-24 图

5-25　在图 P5-23(a)中，设三极管的 $\beta = 100$，$U_{BE} = 0.7\ V$，$U_{CES} = 0.5\ V$，$R_C = 1\ k\Omega$，$R_B = 360\ k\Omega$，$U_{CC} = 15\ V$，若接上负载 $R_L = 1\ k\Omega$，试估算输出动态范围。

5-26　假设 NPN 管固定偏流共射极放大器的输出电压波形分别如图 P5-24(a)、(b)所示。试问：

（1）电路产生了何种非线性失真？

（2）偏置电阻 R_B 应如何调节才能消除该失真？

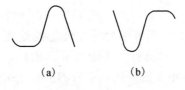

(a)　　　　(b)

图 P5-24　习题 5-26 图

5-27　上题中，若晶体管改为 PNP 型管，重做上题。

第六章

集成运算放大器内部电路

本章将在前几章的基础上进一步探究集成运算放大器内部电路的设计理念，以及电路构造和设计方法的特点。

本章将介绍构成集成运放内部的单元电路和典型集成运放芯片，重点是差动放大器、恒流源和互补跟随输出级电路，了解集成运放的性能参数。学习本章的目的是更好地应用集成运放芯片，并为今后进一步从事集成电路芯片设计打下入门的基础。

6.1 集成运算放大器电路概述

运算放大器是模拟集成电路的一种，其最初的设计目的是用于模拟信号运算并因此得名，但其实际的应用功能已远非于此。集成运放具有分立元件电路所不具备的许多优点，如高增益、低成本、体积小、重量轻、功耗低、工作可靠方便等，广泛用于信号的产生、运算、变换、加工等诸多方面，在自动控制、测量仪表等领域占有重要的地位。

1. 集成运放的特点

集成运放在电路设计理念和电路结构上具有许多特点，主要如下：

（1）级间采用直接耦合方式。目前，采用集成电路工艺还不能制作大电容和电感。因此，集成运放电路中各级间的耦合只能采用直接耦合方式。

（2）尽可能用有源器件代替无源元件。因为集成电路工艺中制作电阻、电容所占用的芯片面积比制作晶体管要大得多，所以在集成运放电路中，一方面应避免使用大电阻和大电容，另一方面应尽可能采用双极型三极管或场效应管等有源器件组成的恒流源电路来替代大电阻。

（3）利用对称结构改善电路性能。由集成工艺制造出来的元器件，虽然参数的精度不是很高，受温度的影响也比较大，但由于电路元件都同处在一块微小的硅片上，用相同的工艺制造出来，所以它们的参数对称性、匹配性好。因此，在集成运放的电路设计中，应尽可能使电路性能取决于元器件参数的比值，而不依赖于元器件参数的绝对值，以保证电路参数的准确及性能稳定。

（4）集成电路的集成度高，功耗小，偏置电流比分立元件电路小得多。

2. 集成运放的组成

集成运放的内部通常由四个主要单元电路组成，包括输入级、中间级、输出级和恒流源电路，如图 6.1.1 所示。

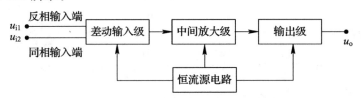

图 6.1.1　集成运放的组成框图

集成运放各部分的电路特性说明如下：

（1）输入级。集成运放的输入级又称为前置级，对输入级的基本要求是输入电阻高、电压放大倍数大（大至上千倍）、有两个输入端子，可完成信号"相减"功能。输入级的性能好坏直接影响集成运放的很多性能指标。

（2）中间级。中间级的主要作用是提供足够大的电压放大倍数，是整个电路的主放大器，多采用有源负载共发射极（或共源极）放大电路，其放大倍数可达到几千倍以上。且具有大的输入电阻，因为中间级输入电阻是前级的负载，太小了会影响前级增益。

（3）输出级。输出级的主要作用是提高输出功率、降低输出电阻（即提高带负载能力）、减小非线性失真和增大输出电压的动态范围。此外，输出级应有过载保护措施，以防负载意外短路而毁坏运放。

（4）恒流源电路。恒流源电路的首要任务是作为集成运放的偏置电路，为各级放大电路提供合适的静态电流，从而确定静态工作点。其另一任务是作放大器的有源负载，取代高阻值的电阻，以保证单级放大器的高增益。恒流源电路还可以用来完成电平移位功能，以保证各级直流电平配置合理，并使运放输出直流电平为零。

6.2　集成运放电路中的电流源

电流源（亦称恒流源）电路是一种能输出稳定电流的电路。对电流源的主要要求是输出电流恒定，交流输出电阻尽可能大，温度稳定性好等。常用的集成电流源有如下几种形式。

6.2.1　双极型晶体管组成的电流源

1. 单管电流源

由于晶体管在放大区的输出特性具有恒流特点，因此工作在放大区的晶体管就可作为电流源，称为单管电流源。一个基本的单管电流源电路如图 6.2.1(a) 所示，该电路中只要保证基极电位 U_B 恒定，即可实现集电极输出电流 I_C 恒定。设晶体管工作于 Q 点（如图 6.2.1（b）所示），则电流源输出端对地之间的直流等效电阻 $R_{DC}=U_{CE}/I_C$，其值较小，而动态电阻很大。可见，直流电阻小、交流电阻大是电流源的突出特点，这一特点使电流源获得了广泛的应用。

图 6.2.1（a）所示电路源的输出电流为

$$U_B \approx \frac{R_2}{R_1+R_2} \cdot U_{CC}$$

（6.2.1）

$$I_C \approx I_E = \frac{U_B - U_{BE}}{R_3} \tag{6.2.2}$$

可以证明电流源的输出电阻为

$$R_o = \frac{U_o}{I_o} \approx r_{ce}\left[1 + \frac{\beta R_3}{r_{be} + R_3 + R_1 /\!/ R_2}\right] \gg r_{ce} \tag{6.2.3}$$

图 6.2.1(c)为该电路的等效电流源表示方法。

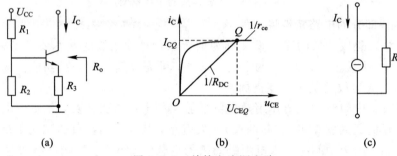

(a)   (b)   (c)

图 6.2.1   单管电流源电路

(a) 分压式偏置电路;(b) 晶体管的输出特性;(c) 等效电流源表示法

单管电流源的缺点是受电源波动影响大。而且电阻过多,不便于集成工艺实现,故需要进一步改进。

2. 镜像电流源

1) 基本镜像电流源

镜像电流源是一种在集成电路中应用十分广泛的电路。如图 6.2.2 所示,它由两个参数完全相同的 NPN 三极管 V_1 和 V_2 组成,两管基极与发射极相连,$U_{BE1} = U_{BE2}$,为了使 V_1 管导通,将 V_1 管的集电极与基极短路,并与 R 一起产生基准电流 I_{REF},由图可得

$$I_{REF} = \frac{U_{CC} - U_{BE1}}{R} \tag{6.2.4}$$

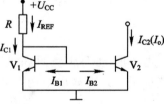

图 6.2.2   镜像电流源

由图 6.2.2 所示电路的结构可知:$\beta_1 = \beta_2$,$U_{BE1} = U_{BE2}$,$I_{B1} = I_{B2} = I_B$,$I_{C1} = I_{C2} = I_C$,则

$$I_{C1} = I_{C2} = I_{REF} - 2I_B = I_{REF} - 2\frac{I_{C2}}{\beta} \tag{6.2.5}$$

即

$$I_{REF} = I_{C2} + 2\frac{I_{C2}}{\beta} = I_{C2}\left(1 + \frac{2}{\beta}\right) \tag{6.2.6}$$

所以有

$$I_{C2} = I_{REF} \times \frac{1}{\left(1 + \dfrac{2}{\beta}\right)} \tag{6.2.7}$$

当 $\beta \gg 2$ 时,输出的电流源 I_o。

$$I_o = I_{C2} \approx I_{REF} = \frac{U_{CC} - U_{BE1}}{R} \tag{6.2.8}$$

由于两管的集电极电流相同，如同镜像一样，所以这种电流源电路称为镜像电流源，又称为电流镜（Current Mirror）。

由于集成运放是多级放大电路，需要给多个放大管提供偏置电流和有源负载，因此常用到多路电流源。多路电流源是利用一个基准电流，同时获得多个不同输出电流的电流源。多路镜像电流源如图 6.2.3 所示。很容易看出，I_{C2}、$I_{C3} \sim I_{CN}$ 各路电流都和 I_{REF} 成镜像关系，且有

$$I_{C2} = I_{C3} = \cdots = I_{CN} = I_{REF} \frac{1}{1 + \dfrac{N}{\beta}} \tag{6.2.9}$$

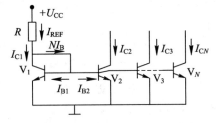

图 6.2.3　多路镜像电流源

在集成电路中，多路镜像电流源可用多集电极晶体管实现，三集电极横向晶体管电路如图 6.2.4(a)所示。图 6.2.4 (b)表示利用一个三集电极横向 PNP 管（横向 PNP 管是采用标准工艺，在制作 NPN 管过程中同时制作出来的一种 PNP 管）组成双路电流源。

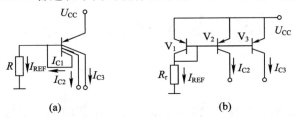

图 6.2.4　多集电极晶体管电流源

（a）三集电极横向晶体管电流源；（b）等效电路

2）加射随器隔离的镜像电流源

基本镜像电流源当 β 值不足够大时，恒流源 I_o 与基准电流 I_{REF} 之间将产生较大的误差，图 6.2.5 所示电流源是在基本镜像电流源的基础上增加了 V_3，V_3 接成射随器，利用 V_3 的隔离和电流放大作用，减少了基极电流 I_{B1} 和 I_{B2} 对基准电流 I_{REF} 的分流作用，从而提高了 I_{C2} 与 I_{REF} 互成镜像的精度。分析过程如下：

因 V_1、V_2 和 V_3 特性完全相同，故 $\beta_1 = \beta_2 = \beta_3 = \beta$，又由于 $U_{BE1} = U_{BE2}$，$I_{B1} = I_{B2} = I_B$，因此输出电流为

$$I_{C2} = I_{C1} = I_{REF} - I_{B3} = I_{REF} - \frac{I_{E3}}{1 + \beta} = I_{REF} - \frac{2I_{B2}}{1 + \beta} = I_{REF} - \frac{2I_{C2}}{(1 + \beta)\beta}$$

整理后得

$$I_{C2} = \frac{(1 + \beta)\beta}{2 + (1 + \beta)\beta} I_{REF} \approx I_{REF} \tag{6.2.10}$$

采用相同方法改进的多输出镜像电流源如图 6.2.6 所示。

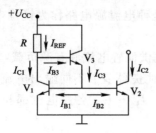

图 6.2.5　加射随器隔离的镜像电流源

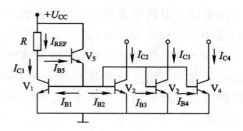

图 6.2.6　改进的多输出镜像电流源

3. 比例电流源

比例电流源是在镜像电流源的基础上，在 V_1 和 V_2 的发射极分别引入电阻 R_{E1}、R_{E2} 构成的，如图 6.2.7 所示。由图可知

$$U_{BE1} + I_{E1}R_{E1} = U_{BE2} + I_{E2}R_{E2} \qquad (6.2.11)$$

由于晶体管的 $I_E(\approx I_C)$ 与发射结电压 U_{BE} 成指数关系，V_1、V_2 管的电流虽然不等，但 U_{BE} 却差很小（如 U_{BE} 增加 60 mV，I_C 就增大 10 倍），故可以认为 V_1、V_2 管的发射结电压 U_{BE} 近似相等，即 $U_{BE1} \approx U_{BE2}$。由此可见，

$$I_{E1}R_{E1} \approx I_{E2}R_{E2} \qquad (6.2.12)$$

当 $\beta \gg 2$ 时，忽略两管的基极电流，可得

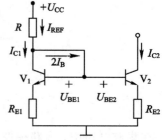

图 6.2.7　比例电流源

$$I_{C2} \approx I_{E2} \approx \frac{R_{E1}}{R_{E2}}I_{C1} \approx \frac{R_{E1}}{R_{E2}}I_{REF} \qquad (6.2.13)$$

可见，只要改变 R_{E1} 和 R_{E2} 的比值，就可以改变 I_{C2} 与 I_{REF} 的比例关系，故称为比例电流源。式中基准电流

$$I_{REF} = \frac{U_{CC} - U_{BE1}}{R + R_{E1}} \qquad (6.2.14)$$

由于 R_{E1} 和 R_{E2} 是电流负反馈电阻，因此，比例电流源输出的电流 I_{C2} 比镜像电流源具有更高的温度稳定性。另外，由于 R_{E2} 的存在，电路的输出电阻增大，进一步提高了输出电流的恒流特性。

4. 微电流源

为了进一步减小功耗，在集成电路中常常需要微安级的电流，采用镜像电流源或比例电流源时，需要的基准电阻 R 往往达到兆欧级，这在集成电路中很难实现。另外，当 U_{CC} 变化时，输出电流 I_{C2} 几乎按 U_{CC} 同样的规律波动，因此，以上两种电流源不适用于直流电源在大范围内变化的集成运放。微电流源可以克服这些缺点。微电流源是在镜像电流源的基础上，将比例电流源电路中的 R_{E1} 短路，并相应增大 R_{E2}，从而得到更小电流的电流源，称为微电流源，如图 6.2.8 所示。显然，当 $\beta \gg 1$ 时，V_2 管集电极电流：

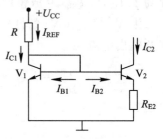

图 6.2.8　微电流源

$$U_{BE1} - U_{BE2} = I_{E2}R_{E2} \approx I_{C2}R_{E2} \qquad (6.2.15)$$

$$I_{C2} \approx I_{E2} = \frac{U_{BE1} - U_{BE2}}{R_{E2}} = \frac{\Delta U_{BE}}{R_{E2}} \qquad (6.2.16)$$

由于 ΔU_{BE} 只有几十毫伏（或更小），R_{E2} 的阻值不用太大就可以得到微安级的电流。根据晶体管的电流方程

$$I_{C} \approx I_{E} = I_{S}(e^{\frac{U_{BE}}{U_{T}}} - 1) \approx I_{S}e^{\frac{U_{BE}}{U_{T}}}$$

$$U_{BE1} - U_{BE2} \approx U_{T}\left(\ln\frac{I_{C1}}{I_{S1}} - \ln\frac{I_{C2}}{I_{S2}}\right) \approx I_{C2}R_{E2} \tag{6.2.17}$$

由于 $I_{S1} = I_{S2}$，则

$$I_{C2} = \frac{1}{R_{E2}}U_{T}\ln\frac{I_{C1}}{I_{C2}} \tag{6.2.18}$$

式(6.2.18)表明，若已知 I_{C2}，便可确定 R_{E2}，当 $\beta \gg 1$ 时，式中

$$I_{C1} \approx I_{REF} = \frac{U_{CC} - U_{BE1}}{R} \tag{6.2.19}$$

5. 负反馈型电流源——威尔逊电流源

上述几种电流源，虽然电路简单，但存在两个问题：一是输出阻抗不够大，二是受 β 值影响大。当 β 值不够大时，输出电流与参考电流两者之间存在较大误差。为进一步提高镜像电流源的传输精度和输出电流的稳定性，一种有效的解决方法是引入电流负反馈。常用的电流负反馈型电流源如图 6.2.9 所示，该电路也称为威尔逊(Wilson)电流源。

威尔逊电流源是通过在恒流管 V_3 的射极和基极之间接入一个镜像电流源而起负反馈作用的。当由于某种原因使 V_3 管输出电流发生变化时，通过镜像电流的自动调整作用使输出电流稳定。例如，由于某种原因要使 I_{C3} 增大时，由图可见，I_{E3} 也增大，则 I_{C2} 随之增加，因镜像关系 I_{C1} 相应增大，而 I_{REF} $= I_{C1} + I_{B3}$ 固定不变，因此 I_{B3} 减小，使得 I_{C3} 不能增大，从而稳定了 I_{C3}。

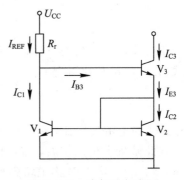

图 6.2.9　威尔逊电流源

设 $I_{C1} = I_{C2} = I_C$，晶体管的 β 相同，则

$$I_{C1} = I_{REF} - I_{B3} = I_{REF} - \frac{I_{C3}}{\beta}$$

$$I_{E3} = I_{C2} + I_{B1} + I_{B2} = I_C\left(1 + \frac{2}{\beta}\right)$$

因为 $I_{E3} = I_{C3}\dfrac{1+\beta}{\beta}$，所以

$$I_{C3} = I_{REF}\left(1 - \frac{2}{\beta^2 + 2\beta + 2}\right) = I_{REF}\left(\frac{\beta^2 + 2\beta}{\beta^2 + 2\beta + 2}\right) \approx I_{REF} \tag{6.2.20}$$

又由图 6.2.7 可知，参考电流 I_{REF} 为

$$I_{REF} = \frac{U_{CC} - U_{BE3} - U_{BE2}}{R_r} \tag{6.2.21}$$

设 $\beta = 50$，则由式(6.2.20)得 I_{C3} 与 I_{REF} 的误差小于 1%。利用交流等效电路可求出威尔逊电流源的交流输出电阻 $R_o \approx \dfrac{\beta}{2}r_{ce}$。

可见，由于引入电流负反馈，不仅使恒流源输出电阻提高，而且输出电流受 β 值的影

响大大减小,因此增强了恒流源的稳定性。

6.2.2 场效应管组成的电流源

场效应管电流源与双极型晶体管电流源的主要区别有两点:一是不同比例电流源不是靠加不同的电阻实现,而是靠设计不同场效应管尺寸(W/L)实现的,因此场效应管电流源所占硅片面积小,而且设计十分方便;二是区别于双极型晶体管的指数特性,场效应管具有平方律特性,导通时U_{GSQ}不等于$0.7\ V$,计算基准电流I_{REF}比较复杂,必须利用平方律特性求解。

由 MOS 管组成的电流源如图 6.2.10 所示。由于场效应管 V_1 的栅极和漏极短路,$U_{DS1}=U_{GS1}>(U_{GS1}-U_{GS(th)})$,所以场效应管 V_1 一定工作于恒流区。而 V_1 与 V_2 的电性能完全相同,由于 $U_{GS1}=U_{GS2}$,所以 V_2 也工作在恒流区。如果 V_1 和 V_2 是对称的,则有:

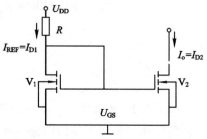

图 6.2.10 基本 MOS 管电流源

$$I_{REF}=\frac{U_{DD}-U_{GS}}{R} \qquad (6.2.22)$$

对于增强型 MOS 管,若忽略沟道长度调制效应,场效应管在恒流区的特性为

$$I_{REF}=I_{D1}=\frac{\mu_{n}C_{ox}}{2}\frac{W_1}{L_1}(U_{GS}-U_{GS(th)})^2 \qquad (6.2.23a)$$

$$I_{D2}=\frac{\mu_{n}C_{ox}}{2}\frac{W_2}{L_2}(U_{GS}-U_{GS(th)})^2 \qquad (6.2.23b)$$

式(6.2.22)与式(6.2.23a)联立,可求出基准电流 I_{REF}(即 I_{D1}),在相同工艺下,式(6.2.23a)与式(6.2.23b)相比可得

$$\frac{I_{D1}}{I_{D2}}=\frac{W_1/L_1}{W_2/L_2}=m \qquad (6.2.24)$$

式中,m 为电流传输比,$m=1$ 为镜像电流源,$m\neq1$ 为比例电流源。

在此基础上稍加扩展,就可以构成 MOS 多路电流源。MOS 多路电流源如图 6.2.11 所示,$V_1\sim V_4$ 均为 N 沟道增强型 MOS 管,它们的开启电压 $U_{GS(th)}$ 等参数相等,在 $U_{GS1}=U_{GS2}=U_{GS3}=U_{GS}$ 时,它们的漏极电流 I_D 正比于沟道的宽长比 W/L,则

$$\frac{I_{D1}}{I_{D2}}=\frac{W_1/L_1}{W_2/L_2},\ \frac{I_{D1}}{I_{D3}}=\frac{W_1/L_1}{W_3/L_3},\ \frac{I_{D1}}{I_{D4}}=\frac{W_1/L_1}{W_4/L_4} \qquad (6.2.25)$$

MOS 多路电流源电路如图 6.2.11 所示。

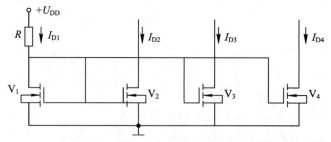

图 6.2.11 MOS 管多路电流源

在集成电路中,为节省硅片面积,通常将偏置电阻 R 外接,或用另一个场效应管代

替。如图 6.2.12 所示，其中图(a)电路是将偏置电阻 R 外接，图(b)电路是用另一个场效应管代替偏置电阻。

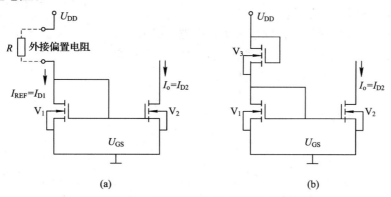

图 6.2.12　偏置电阻外接或用 V_3 管代替

（a）偏置电阻 R 外接电路；（b）用 V_3 管代替偏置电阻 R

图 6.2.13 是一个典型的 CMOS 电流源电路，图中每个场效应管旁边注明了它们的栅极宽长比。由宽长比可求出其中每个电流对于 I_{REF} 的比值。

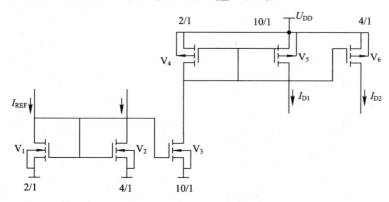

图 6.2.13　改变栅极宽长比的 CMOS 电流源的例子

图 6.2.13 中共有两组电流镜，一组由 N 沟道 FET 组成，另一组由 P 沟道 FET 组成。对于 N 沟道 FET 组成的电流镜，宽长比的比值为 $2:4:10=1:2:5$，所以有 $I_{o2}=2I_{REF}$，$I_{o3}=5I_{REF}$，其中 I_{o3} 又是 P 沟道 FET 电流镜的参考电流。P 沟道 FET 电流镜的宽长比的比值为 $2:10:4=1:5:2$，所以有 $I_{o4}=I_{o3}=5I_{REF}$，$I_{o5}=5I_{o3}=25I_{REF}$，$I_{o6}=2I_{o3}=10I_{REF}$。

6.3　差分放大电路

6.3.1　差分放大器的特征

差分放大器又名差动放大器，广泛应用于模拟集成电路中，是集成运放的主导单元电路，可用于运放的输入级和中间级，也是组成单片集成电压比较器的主要电路之一。即使在分立元件电路中，差分放大器也占据重要地位。

差分放大器符号如图 6.3.1 所示,有两个输入端和两个输出端。

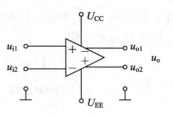

图 6.3.1　差分放大器符号

差分放大器的主要特征是:

(1) 电路结构高度对称,特别适合集成电路工艺实现。

(2) 输出信号正比于两输入信号之差,实现了信号相减和放大功能。其中一个输出端到地电压为

$$u_{o1} = A_{u1}(u_{i1} - u_{i2}) \tag{6.3.1a}$$

另一个输出端到地电压为

$$u_{o2} = A_{u2}(u_{i1} - u_{i2}) \tag{6.3.1b}$$

双端输出电压为

$$u_o = u_{o1} - u_{o2} = A_u(u_{i1} - u_{i2}) = (A_{u1} - A_{u2})(u_{i1} - u_{i2}) \tag{6.3.1c}$$

(3) 引进了新的共模负反馈机制,提高了对共模信号的抑制能力。

(4) 克服了"零点漂移"现象。在直接耦合放大电路中存在"零点漂移"现象。所谓的零点漂移,就是当输入信号为零时,输出信号是一个随时间变化、漂移不定的非零信号,如图 6.3.2(a)、(b) 所示。

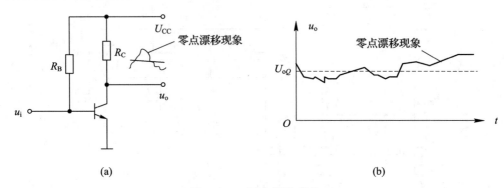

(a)　　　　　　　　　　　　　　　(b)

图 6.3.2　零点漂移现象

零点漂移简称为零漂。导致零点漂移的原因很多,如环境温度变化、电源电压波动、器件老化和参数变化等。最关键的是三极管参数随温度变化引起的漂移,因此零漂也称为温漂。在阻容耦合放大器中,由于电容有隔直作用,零漂不会造成严重影响。但是,在直接耦合放大器中,由于前级的零漂会被后级放大,因而将严重干扰正常信号的放大和传输。特别是直接耦合的级数越多,增益越大,零漂越严重,甚至会使电路不能正常工作。在多级直耦放大电路中,由于漂移电压与输入信号一起以同样的放大倍数传送到输出端,因此第一级的零漂影响最大,对末级放大器输出信号的影响最为严重。

如何实现抑制零点漂移呢?人们首先想到利用差分放大器相减功能来抑制零点漂移。从电路上差分放大器的雏形是将两个具有相同漂移的电路拼接起来,如图 6.3.3 所示,利用电路的对称性,从双端输出将漂移互相抵消掉。

但是,这种简单拼接并不实用,一是

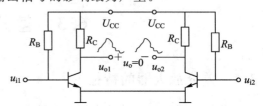

图 6.3.3　利用漂移完全相同的电路
让漂移互相抵消

因为绝对对称和匹配的电路并不存在，因此完全依赖电路对称性的抵消作用并不完全靠谱；二是当信号从单端输出时，漂移依旧，所以，这种简单的拼接电路不能作为实用电路。

6.3.2　长尾式差分放大电路分析

一个实用的差分放大电路如图 6.3.4 所示，它由两个结构和参数完全相同的单管共射放大电路组成，与图 6.3.3 不同的是图 6.3.4 电路发射极连在一起，并通过公共射极电阻 R_E 接到负压 U_{EE}，而且由于发射结偏压由负压 U_{EE} 提供，故省去接到正电源 U_{CC} 的偏置电阻 R_B。该电路有两个输入端和两个输出端，信号可以从两个输出端之间输出（称双端输出），也可以从一个输出端到地之间输出（称单端输出）。由于射极耦合电阻 R_E 连接负电源 U_{EE}，好像拖着一个长尾巴，所以也称为长尾式差分放大器。

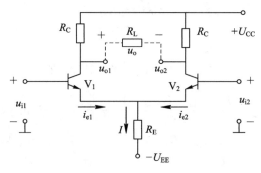

图 6.3.4　长尾式差分放大电路

1. 直流工作状态分析

若输入电压 $u_{i1} = u_{i2} = 0$，由于电路高度对称，两管的直流工作状态必然相同，即

$$I_{C1Q} = I_{C2Q} = I_{CQ} \approx I_{EQ}$$

流过射极公共电阻 R_E 的电流

$$I = I_{RE} = I_{E1Q} + I_{E2Q} = 2I_{EQ} \approx 2I_{CQ} \qquad (6.3.2a)$$

从基极—发射极回路看，有

$$U_{EE} = U_{BEQ} + IR_E \approx U_{BEQ} + 2I_{CQ}R_E$$

故每管的集电极静态电流

$$I_{C1Q} = I_{C2Q} = I_{CQ} = \frac{I}{2} = \frac{U_{EE} - U_{BEQ}}{2R_E} \qquad (6.3.2b)$$

电路对称，两边集电极直流电压相等（$U_{C1Q} = U_{C2Q}$），负载 R_L 无直流电流流过。故每管的管压降

$$U_{CE1Q} = U_{CE2Q} = U_{CEQ} = U_{CQ} - U_{EQ} = (U_{CC} - I_{CQ}R_C) - (-U_{BEQ}) \qquad (6.3.2c)$$

单端输出直流电压

$$U_{C1Q} = U_{C2Q} = U_{CC} - I_{CQ}R_C \qquad (6.3.2d)$$

双端输出直流电压

$$U_{oQ} = U_{C1Q} - U_{C2Q} = 0 \qquad (6.3.2e)$$

结论：① 射极耦合电阻 R_E 越大，工作点电流越小；

② 静态时，电流 I 在两管间平均分配，即 $I_{C1Q}=I_{C2Q}=I/2$。

③ 电路对称，双端输出直流电压 $U_{oQ}=0$。

【例 6.3.1】 图 6.3.5 中，设 $U_{CC}=U_{EE}=12$ V，$R_C=5$ kΩ，$R_E=10$ kΩ，$\beta=100$，$R_L=10$ kΩ，$U_{BEQ}=0.7$ V，求直流工作点 $I_{CQ}=?$，$U_{CQ}=?$，$U_{CEQ}=?$，$U_{oQ}=?$

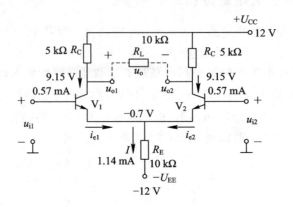

图 6.3.5　直流工作点计算例子

解 $I_{C1Q}=I_{C2Q}=I_{CQ}=\dfrac{I}{2}=\dfrac{U_{EE}-U_{BEQ}}{2R_E}=\dfrac{12-0.7}{20}\approx 0.57$ mA，$I=1.14$ mA

$U_{C1Q}=U_{C2Q}=U_{CC}-I_{CQ}R_C=12$ V-0.57 mA$\times 5$ kΩ$=9.15$ V

$U_{CE1Q}=U_{CE2Q}=U_{CEQ}=U_{CQ}-U_{EQ}=(U_{CC}-I_{CQ}R_C)-(-U_{BEQ})$

$=9.15+0.7$ V$=9.85$ V

可见，管子工作在放大区。电路各处直流电流、电压值标于图 6.3.5 中。

2. 增益分析

1）差模信号和共模信号

差分放大器中，若两基极到地输入一对等值反相信号则称差模信号，若输入一对等值同相信号则称共模信号。

如图 6.3.6(a)所示电路，任意两输入信号 u_{i1} 和 u_{i2} 可分解为一对差模信号和一对共模信号：

$$u_{i1}=\frac{u_{i1}-u_{i2}}{2}+\frac{u_{i1}+u_{i2}}{2} \tag{6.3.3a}$$

$$u_{i2}=-\frac{u_{i1}-u_{i2}}{2}+\frac{u_{i1}+u_{i2}}{2} \tag{6.3.3b}$$

可见在式(6.3.3)中：

一对等值反相的差模信号为输入信号之差的平均值：

$$u_{id1}=\frac{u_{i1}-u_{i2}}{2}=\frac{u_{id}}{2},\ u_{id2}=-\frac{u_{i1}-u_{i2}}{2}=-\frac{u_{id}}{2} \tag{6.3.4}$$

一对等值同相的共模信号为输入信号之和的平均值：

$$u_{ic}=\frac{u_{i1}+u_{i2}}{2} \tag{6.3.5}$$

那么重新改写后的输入信号表达式为

$$u_{i1} = \frac{u_{i1} - u_{i2}}{2} + \frac{u_{i1} + u_{i2}}{2} = \frac{u_{id}}{2} + u_{ic} = u_{id1} + u_{ic} \qquad (6.3.6a)$$

$$u_{i2} = -\frac{u_{i1} - u_{i2}}{2} + \frac{u_{i1} + u_{i2}}{2} = -\frac{u_{id}}{2} + u_{ic} = u_{id2} + u_{ic} \qquad (6.3.6b)$$

可见，输入信号可分解为一对等值反相的差模信号和一对等值同相的共模信号，信号分解后的电路如图 6.3.6(b)所示。根据线性系统的叠加原理，可分别求出对应差模信号和共模信号的增益和输出电压。

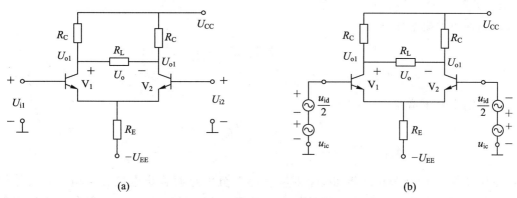

图 6.3.6　差分电路及信号分解

（a）差分电路；（b）信号分解

2）差模增益

差模增益定义为差模输出电压与输入电压之差（即总差模输入电压 $u_{id} = u_{i1} - u_{i2}$）的比值。如图 6.3.7(a)所示，若 u_{id} 增大，则流过 V_1 的射极电流增大，而流过 V_2 的射极电流减小，且增大量和减小量时时相等，那么流过射极耦合电阻 R_E 的电流始终不变（即信号电流为零），$\Delta U_E = 0$，故对差模信号而言，发射极为差模地电位，而且一管集电极电压减小，另一管集电极电压必等量增大，所以负载 R_L 有电流流过，且 R_L 中点相当于一平衡点，也是差模地电位。根据以上分析，得出图 6.3.7(a)电路的差模等效通路如图 6.3.7(b)所示。

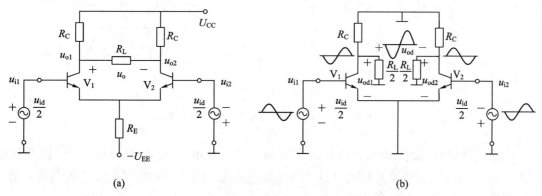

图 6.3.7　输入差模信号电路及等效通路

（a）电路；（b）差模等效通路

根据图 6.3.7(b)，可求出：

单端输出差模电压 u_{od1}、u_{od2}：

$$u_{\text{od1}} = -i_{\text{cd1}} \times \left(R_{\text{C}} \mathbin{/\mkern-5mu/} \frac{R_{\text{L}}}{2} \right) = -\beta i_{\text{bd1}} \left(R_{\text{C}} \mathbin{/\mkern-5mu/} \frac{R_{\text{L}}}{2} \right) = -\frac{\beta\left(R_{\text{C}} \mathbin{/\mkern-5mu/} \dfrac{R_{\text{L}}}{2} \right)}{r_{\text{be1}}} \frac{u_{\text{id}}}{2} = -u_{\text{od2}}$$

$$(6.3.7)$$

单端输出差模增益 A_{ud1}、A_{ud2}：

$$A_{\text{ud1}} = \frac{u_{\text{od1}}}{u_{\text{id}}} = \frac{u_{\text{od1}}}{u_{\text{i1}} - u_{\text{i2}}} = -\frac{1}{2} \frac{\beta\left(R_{\text{C}} \mathbin{/\mkern-5mu/} \dfrac{R_{\text{L}}}{2} \right)}{r_{\text{be}}} = -\frac{1}{2} \frac{\beta R_{\text{L}}'}{r_{\text{be}}} = -A_{\text{ud2}} = -\frac{u_{\text{od2}}}{u_{\text{id}}} \quad (6.3.8)$$

双端输出差模电压 u_{od}：

$$u_{\text{od}} = u_{\text{od1}} - u_{\text{od2}} = 2u_{\text{od1}} = -\frac{\beta\left(R_{\text{C}} \mathbin{/\mkern-5mu/} \dfrac{R_{\text{L}}}{2} \right)}{r_{\text{be}}} u_{\text{id}} \quad (6.3.9)$$

双端输出差模增益 A_{ud}：

$$A_{\text{ud}} = \frac{u_{\text{od}}}{u_{\text{id}}} = \frac{u_{\text{od}}}{u_{\text{i1}} - u_{\text{i2}}} = -\frac{\beta\left(R_{\text{C}} \mathbin{/\mkern-5mu/} \dfrac{R_{\text{L}}}{2} \right)}{r_{\text{be}}} = -\frac{\beta R_{\text{L}}'}{r_{\text{be}}} \quad (6.3.10)$$

从图 6.3.7(b)及分析结果可知，对称长尾差分电路两管集电极分别输出一对等值反相的差模信号，本管集电极输出信号与本管基极输入信号反相，而 V_2 管集电极输出信号与 V_1 管基极输入信号同相。因为总差模输入信号被两管发射结等分，每管只分到 u_{id} 的一半，故单端输出差模电压增益仅为单管共射放大器的 $1/2$，双端输出差模增益为单端输出差模增益的两倍。

3）共模增益

对于一对等值同相的输入共模信号输出又如何？其电路及等效通路如图 6.3.8(a)所示。

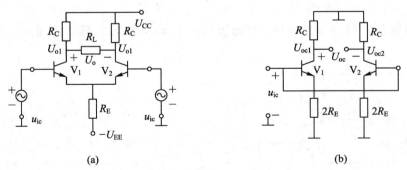

(a)　　　　　　　　　　　　(b)

图 6.3.8　输入共模信号电路及等效通路

（a）电路；（b）等效通路

当输入共模信号时，两管的射极将产生相同的变化电流 Δi_{E}，使得流过 R_{E} 的变化电流为 $2\Delta i_{\text{E}}$，从而引起两管射极电位有 $2R_{\text{E}}\Delta i_{\text{E}}$ 的变化，因此，从电压等效的观点看，相当于每管的射极各接有 $2R_{\text{E}}$ 的电阻。

在输出端，由于共模输入信号引起两管集电极电位变化完全相同，因此流过负载 R_{L} 的电流为零，相当于 R_{L} 开路。

根据以上分析，图 6.3.8(a)所示电路的共模等效通路如图 6.3.8(b)所示，利用该电路很容易求得共模增益。很显然，由于电路高度对称 $u_{oc1} = u_{oc2}$，故双端输出共模增益 A_{uc}：

$$A_{uc} = \frac{u_{oc1} - u_{oc2}}{u_{ic}} = 0 \tag{6.3.11}$$

单端输出共模增益 A_{uc1}、A_{uc2}：

$$A_{uc1} = A_{uc2} = \frac{u_{oc1}}{u_{ic}} = \frac{u_{oc2}}{u_{ic}} = -\frac{\beta R_C}{r_{be} + (1+\beta)2R_E} \approx -\frac{R_C}{2R_E} < 1 \tag{6.3.12}$$

可见，长尾式差分放大器不仅双端输出共模增益为零，单端输出共模增益也很小，这是因为射极耦合电阻 R_E 对共模信号起到了很强的负反馈作用，导致共模信号不仅不被放大，反而受到衰减和抑制，而对差模信号放大却不受影响，这是长尾式差分放大器设计的巧妙之处。

4）共模抑制比

在差分放大电路中，差模信号一般是有用信号，电路要予以放大，而共模信号反映的是温度、电源电压波动、共模干扰以及零点漂移等构成的影响，要求电路给予抑制。也就是说，要求电路的差模电压增益 A_d 越大越好，共模电压增益 A_c 越小越好，理想情况下应为零，这就是差分放大电路共模抑制的概念。为了综合评价差分电路对差模信号的放大能力和对共模信号的抑制能力，常用共模抑制比作为一项技术指标来衡量。共模抑制比定义为差模增益与共模增益之比：

$$K_{CMR} = \left| \frac{A_{ud}}{A_{uc}} \right| \tag{6.3.13}$$

若用分贝表示，则定义为

$$K_{CMR}(dB) = 20\lg \left| \frac{A_{ud}}{A_{uc}} \right| \tag{6.3.14}$$

显然，差模电压增益越大，共模电压增益越小，则共模抑制比越高，抑制零漂的能力愈强，放大电路的性能越好。

如前所述，长尾式差分放大器共模抑制比为

双端输出共模抑制比：

$$K_{CMR} = \left| \frac{A_{ud}}{A_{uc}} \right| = \left| \frac{A_{ud}}{0} \right| = \infty \tag{6.3.15}$$

单端输出共模抑制比：

$$K_{CMR} = \left| \frac{A_{ud1}}{A_{uc1\approx}} \right| = \frac{\beta R'_L / 2r_{be}}{R_C / 2R_E} = \frac{\beta R'_L R_E}{R_C r_{be}} \gg 1 \tag{6.3.16}$$

实际上电路不可能完全对称，故双端输出共模抑制比为一有限值，不过对称度越好，双端输出共模抑制比越高，另外射极耦合电阻 R_E 越大，共模负反馈越强，共模抑制比越高。

5）输入电阻

（1）差模输入电阻。差模输入电阻定义为总差模输入电压与差模输入基极电流之比，即从两基极看进去的输入电阻。由图 6.3.7(b)可知，差模输入电阻为

$$R_{id} = \frac{u_{id}}{i_{bd}} = 2r_{be} \tag{6.3.17}$$

（2）共模输入电阻。由图 6.3.8(b)可知，共模输入电阻为

$$R_{\mathrm{ic}} = \frac{u_{\mathrm{ic}}}{i_{\mathrm{ic}}} = \frac{u_{\mathrm{ic}}}{2i_{\mathrm{ic1}}} = \frac{1}{2}[r_{\mathrm{be}} + (1+\beta)2R_{\mathrm{E}}] \tag{6.3.18}$$

6) 输出电阻

（1）差模输出电阻。双端输出时为

$$R_{\mathrm{od}} = 2R_{\mathrm{C}} \tag{6.3.19}$$

单端输出时为

$$R_{\mathrm{od1}} = R_{\mathrm{od2}} = R_{\mathrm{C}} \tag{6.3.20}$$

（2）共模输出电阻。单端输出时为

$$R_{\mathrm{oc1}} = R_{\mathrm{oc2}} = R_{\mathrm{C}} \tag{6.3.21}$$

【例 6.3.2】 电路如图 6.3.9 所示，设管子 $\beta=100$，$r_{\mathrm{bb'}}=100\ \Omega$，该电路的直流工作点已在例 6.3.1 中分析过，即已知：

$$I_{\mathrm{C1Q}} = I_{\mathrm{C2Q}} = I_{\mathrm{CQ}} = \frac{I}{2} = 0.57\ \mathrm{mA}, \quad U_{\mathrm{C1Q}} = U_{\mathrm{C2Q}} = U_{\mathrm{CC}} - I_{\mathrm{CQ}}R_{\mathrm{C}} = 9.15\ \mathrm{V}$$

（1）求该电路的差模增益、共模增益和共模抑制比；

（2）若 $u_{\mathrm{i1}} = 3\ \mathrm{V} + 50\sin\omega t\,(\mathrm{mV})$，$u_{\mathrm{i2}} = 3\ \mathrm{V} + 60\sin\omega t\,(\mathrm{mV})$，求单端输出电压 u_{o1} 及双端输出电压 u_{o}。

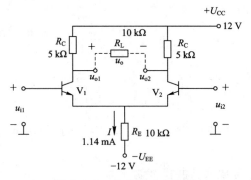

图 6.3.9　差分放大器电路

解　（1）① 求差模增益。

· 单端输出差模增益：

$$A_{u\mathrm{d1}} = \frac{u_{\mathrm{od1}}}{u_{\mathrm{id}}} = \frac{u_{\mathrm{od1}}}{u_{\mathrm{i1}} - u_{\mathrm{i2}}} = -\frac{1}{2}\frac{\beta\left(R_{\mathrm{C}} \,/\!/\, \frac{R_{\mathrm{L}}}{2}\right)}{r_{\mathrm{be}}} = -\frac{1}{2}\frac{\beta R_{\mathrm{L}}'}{r_{\mathrm{be}}}$$

其中

$$r_{\mathrm{be}} = r_{\mathrm{bb'}} + (1+\beta)r_{\mathrm{e}} = r_{\mathrm{bb'}} + (1+\beta)\frac{26\ \mathrm{mV}}{I_{\mathrm{C1Q}}} \approx 100 + 100\,\frac{26}{0.57} \approx 4.56\ \mathrm{k\Omega}$$

故

$$A_{u\mathrm{d1}} = -\frac{1}{2}\frac{\beta R_{\mathrm{L}}'}{r_{\mathrm{be}}} = -\frac{1}{2}\frac{100 \times (5 \,/\!/\, 5)}{4.56} \approx -27.4$$

$$A_{u\mathrm{d2}} = \frac{u_{\mathrm{od2}}}{u_{\mathrm{id}}} = \frac{u_{\mathrm{od2}}}{u_{\mathrm{i1}} - u_{\mathrm{i2}}} = -A_{u\mathrm{d1}} = +27.4$$

· 双端输出差模增益：

$$A_{uod} = \frac{u_{od}}{u_{id}} = \frac{u_{od1} - u_{od2}}{u_{i1} - u_{i2}} = 2A_{ud1} = 2 \times (-27.4) = -54.8$$

② 求共模增益。

• 单端输出共模增益：

$$A_{uc1} = A_{uc2} = \frac{u_{oc1}}{u_{ic}} = \frac{u_{oc2}}{u_{ic}} = -\frac{\beta R_C}{r_{be} + (1+\beta)2R_E} \approx -\frac{R_C}{2R_E} = -\frac{5}{2 \times 10} = -0.25$$

• 双端输出共模增益：

$$A_{uc} = \frac{u_{oc1} - u_{oc2}}{u_{ic}} = 0$$

③ 求共模抑制比。

• 单端输出共模抑制比：

$$K_{CMR} = \left| \frac{A_{ud1}}{A_{uc1}} \right| \approx \left| \frac{27.4}{0.25} \right| = 108.4$$

或

$$K_{\substack{CMR \\ (单端)}} = \left| \frac{A_{ud1}}{A_{uc1}} \right| \approx \frac{\beta R'_L R_E}{R_C r_{be}} = \frac{100 \times (5 /\!/ 5) \times 10}{5 \times 4.56} = 109.65$$

• 双端输出共模抑制比：

$$K_{\substack{CMB \\ (双端)}} = \left| \frac{A_{ud}}{A_{uc}} \right| = \left| \frac{A_{ud}}{0} \right| = \infty$$

(2) ① 求单端输出电压。单端输出电压 u_{o1} 是直流工作点电压 u_{C1Q}、差模输出电压和共模输出电压三项的叠加。其中：

直流工作点电压

$$U_{C1Q} = U_{C2Q} = U_{CC} - I_{CQ}R_C = 9.15 \text{ V}$$

差模输出电压

$$u_{od1} = A_{ud1} \times u_{id} = A_{ud1} \times (u_{i1} - u_{i2}) = -27.4 \times (-10\sin\omega t)$$
$$= 274\sin\omega t (\text{mV}) = -u_{od2}$$

共模输出电压

$$u_{oc1} = u_{oc2} = A_{uc1} \times u_{ic} = -0.25 \times \frac{u_{i1} + u_{i2}}{2} = -0.25 \times 3 \text{ V} = -0.75 \text{ V}$$

故单端总输出电压

$$u_{o1} = U_{C1Q} + u_{oc1} + u_{od1} = 9.15\text{V} - 0.75\text{V} + 0.274\sin\omega t (\text{V})$$
$$u_{o2} = U_{C2Q} + u_{oc2} + u_{od2} = 9.15\text{V} - 0.75\text{V} - 0.274\sin\omega t (\text{V})$$

② 求双端输出电压。

$$u_o = u_{o1} - u_{o2} = 2u_{od1} = 2 \times 0.274\sin\omega t = 0.548\sin\omega t (\text{V})$$

以上分析可以得出两点结论：

(1) 差分放大器电路若高度对称(包括基极—射极回路和集电极回路)，则两管直流电流和直流电压也完全对称，两管集电极差模输出电压等值反相，其值正比于两输入信号之差，放大倍数大，且与射极电阻 R_E 无关。双端输出差模增益等于单端输出的两倍。

(2) 差分放大器电路若高度对称，则双端输出共模增益为零，共模抑制比为无穷大，单端输出共模电压由于射极电阻 R_E 引入的共模负反馈作用而得到抑制,共模抑制比与射极电阻 R_E 成正比。

6.3.3 带恒流源的差分放大电路

由上述分析可知,发射极电阻 R_E 越大,共模信号的抑制能力越强,所以单纯从抑制共模信号,提高共模抑制比来看,应该尽可能将 R_E 增大。但是,当 $-U_{EE}$ 一定时,R_E 太大必然使 V_1、V_2 管的静态偏置电流过小,难以得到合适的工作点。另外,在集成电路中,制作大电阻也不方便,所以不能一味地通过增大 R_E 来达到提高共模抑制比。为此,需要采用其他方式使差分放大器既有合理的直流电阻值,又有非常大的交流电阻值,既可以提供合适的静态偏置,又可以有更大的共模抑制比。解决这一问题的有效方法是采用恒流电路代替 R_E。

带恒流源的差分放大电路如图 6.3.10 所示,图中 V_3、R_1、R_2、R_3 组成恒流源电路,用 V_3 管的交流等效输出电阻 R_{o3} 取代长尾式差分放大电路中的射极耦合电阻 R_E,其值一般在几十千欧以上。显然,在保持 U_{EE} 不变的情况下,适当调节 R_1、R_2、R_3,静态电流就可以维持不变。

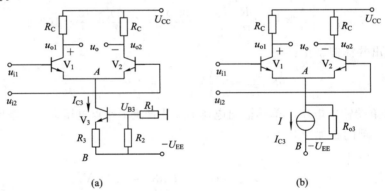

图 6.3.10 带电流源的差分放大电路

(a) 带电流源的差分放大电路;(b) 带电流源的差分放大器简化电路

在图 6.3.10 中,恒流源的电流 $I(I_{C3})$ 计算如下:

$$U_{R2} = \frac{R_2}{R_1 + R_2} \mid U_{EE} \mid$$

$$I = I_{C3Q} \approx I_{E3Q} = \frac{U_{R2} - U_{BE3}}{R_3}$$

$$I_{E1Q} = I_{E2Q} = \frac{1}{2} I_{C3} = \frac{1}{2} I \approx I_{C1Q} = I_{C2Q}$$

恒流源的动态电阻 R_{AB} 的表达式

$$R_{AB} = R_{o3} = r_{ce3} \left[1 + \frac{\beta_3 R_3}{r_{be3} + R_3 + (R_1 /\!/ R_2)} \right] \tag{6.3.22}$$

具有电流源耦合差分放大器电路的动态分析,与前面的分析完全相同。有关差模指标的计算公式,对电流源差分电路同样适用。由于电流源的动态内阻 $R_{o3}(R_{AB})$ 非常大,因此无论双端输出还是单端输出,共模电压放大倍数都大为减小,从而使共模抑制比大大增加。当实际电流源近似为理想电流源时,差放的性能更接近理想情况。

另外,引入电流源后,扩大了差分电路的共模输入电压范围。如图 6.3.10 所示,共模

输入电压 U_{ic} 的范围应满足下式，即

$$U_{C1Q} > U_{iC} > U_{B3} \tag{6.3.23}$$

当满足以上条件时，就保证了差放管 V_1、V_2 或恒流管 V_3 均工作在放大区，否则超过这个范围，差放管 V_1、V_2 或恒流管 V_3 将进入饱和，使电路不能正常工作。

【例 6.3.3】 恒流源差分放大器电路如图 6.3.11(a)所示，设恒流源电流 $I = 1$ mA，恒流管输出电阻 $R_{o3} = 200$ kΩ，$\beta = 100$，$r_{be} = 5$ kΩ，$U_{CC} = |U_{EE}| = 12$ V，试求：

（1）直流工作点 I_{CQ}，U_{C1Q}，$U_{C2Q} = ?$；

（2）差模增益 $A_{u2d} = \dfrac{u_{o2d}}{u_{id}} = \dfrac{u_{od}}{u_{i1}} = ?$；

（3）共模增益 $A_{u2c} = \dfrac{u_{o2c}}{u_{ic}} = \dfrac{u_{oc}}{u_{ic}} = ?$；

（4）共模抑制比 $K_{CMR} = \left| \dfrac{A_{u2d}}{A_{u2c}} \right| = ?$。

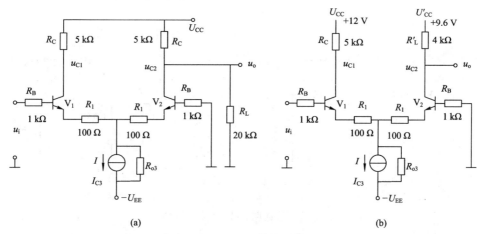

(a)   (b)

图 6.3.11 差分放大器电路

(a) 电路；(b) V_2 管集电极等效电路

解 该电路为单端输入单端输出，且增加了电阻 R_1、R_B，看对计算结果有何影响。

（1）直流工作点：观察电路，发现基极—发射极回路完全对称，故有

$$I_{C1Q} = I_{C2Q} \approx \frac{I}{2} = 0.5 \text{ mA}$$

两管集电极回路是不对称的，将 V_2 管集电极回路用戴维南定理等效后如图 6.3.11(b)所示，其中

$$U'_{CC} = \frac{R_L}{R_C + R_L} U_{CC} = \frac{20}{5+20} \times 12 = 9.6 \text{ V}, \quad R'_L = R_C /\!/ R_L = 5 /\!/ 20 = 4 \text{ kΩ}$$

故有

$$U_{C1Q} = U_{CC} - I_{C1Q} R_C = 12 - 0.5 \times 5 = 9.5 \text{ V}$$
$$U_{C2Q} = U'_{CC} - I_{C2Q} R'_L = 9.6 - 0.5 \times 4 = 7.6 \text{ V}$$

（2）差模增益：单端输入对计算不会产生影响，

$$u_{id} = u_{i1} - u_{i2} = u_{i1}, \quad u_{id1} = -u_{id2} = \frac{u_{i1} - u_{i2}}{2} = \frac{u_i}{2}, \quad u_{ic} = \frac{u_{i1} + u_{i2}}{2} = \frac{u_i}{2}$$

但流过 R_1、R_B 的电流只是单管电流，所以差模信号计算时要考虑这一点。差模信号等效通路如图 6.3.12(a)所示。故

$$A_{u2d} = \frac{u_{o2d}}{u_{id}} = \frac{u_{od}}{u_{i1}} = \frac{1}{2} \frac{\beta R'_L}{r_{be} + R_B + (1+\beta)R_1}$$

$$= \frac{1}{2} \times \frac{100 \times 4}{5 + 1 + 101 \times 0.1} \approx 12.4$$

（3）共模增益：根据图 6.3.12(b)所示的共模等效通路

$$A_{u2c} = \frac{u_{o2c}}{u_{ic}} = \frac{u_{oc}}{u_{ic}} = - \frac{\beta R'_L}{r_{be} + R_B + (1+\beta)(R_1 + 2R_{o3})}$$

$$\approx -\frac{R'_L}{2R_{o3}} = \frac{4}{2 \times 200} = 0.01$$

（4）共模抑制比：

$$K_{CMR} = \left| \frac{A_{u2d}}{A_{u2c}} \right| = \frac{12.4}{0.01} = 1240(61.87 \text{ dB})$$

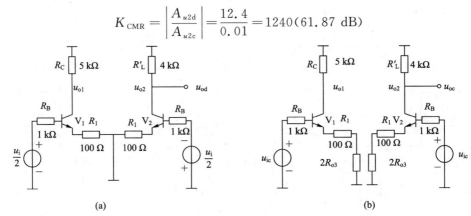

图 6.3.12　图 6.3.11(a)电路的差模等效通路及共模等效通路

（a）差模等效通路；（b）共模等效通路

6.3.4　差分放大电路的传输特性及应用

1. 差分放大器的传输特性

所谓差分放大器的传输特性，是指电路输出电流或输出电压与输入差模电压之间的函数关系。研究差分放大器的传输特性，可以明确输入信号的线性工作范围和大信号输入时的输出特性。

图 6.3.13 为恒流源差分放大器电路原理图。由图可以得到：

$$u_{i1} - u_{BE1} + u_{BE2} - u_{i2} = 0$$

$$u_{id} = u_{i1} - u_{i2} = u_{BE1} - u_{BE2} \qquad (6.3.24)$$

晶体管发射极电流与 BE 结电压之间的关系可以近似表示为

$$i_C \approx I_S e^{\frac{u_{BE}}{U_T}} \qquad (6.3.25)$$

$$i_{C1} + i_{C2} = I, \quad i_{C1} = \frac{I}{1 + \frac{i_{C2}}{i_{C1}}}, \quad i_{C2} = \frac{I}{1 + \frac{i_{C1}}{i_{C2}}} \qquad (6.3.26)$$

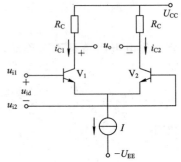

图 6.3.13　恒流源差分放大器电路原理图

由式(6.3.24)、式(6.3.25)及式(6.3.26)可以得到

$$i_{C1} = \frac{I}{1+e^{-\frac{u_{id}}{U_T}}}, \quad i_{C2} = \frac{I}{1+e^{\frac{u_{id}}{U_T}}} \tag{6.3.27}$$

$$i_{C1} - i_{C2} = I\left(\frac{1}{1+e^{-\frac{u_{id}}{U_T}}} - \frac{1}{1+e^{\frac{u_{id}}{U_T}}}\right) = I\ \text{th}\left(\frac{u_{id}}{2U_T}\right) \tag{6.3.28}$$

双端输出电压

$$u_o = -R_C(i_{C1} - i_{C2}) = -IR_C\,\text{th}\left(\frac{u_{id}}{2U_T}\right) \tag{6.3.29}$$

根据式(6.3.27)、式(6.3.29)可以画出图 6.3.14(a)、(b)所示的电流传输特性与双端输出电压传输特性。

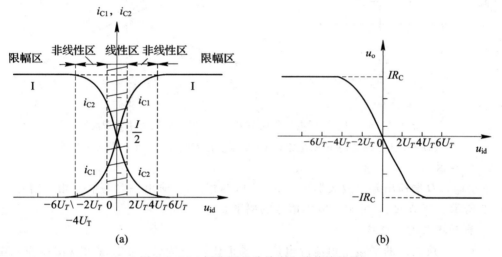

图 6.3.14　恒流源差分放大电路传输特性

(a) 电流传输特性；(b) 双端输出电压传输特性

由图 6.3.14(a)可以看出以下几点：

(1) 当 $u_{id}=0$ 时，差分放大器处于平衡状态，此时 $I_{C1}=I_{C2}=\dfrac{I}{2}$，则 Q 点跨导 g_m 为

$$g_m = -\frac{\text{d}(i_{C1} - i_{C2})}{\text{d}u_{id}}\bigg|_{u_{id}=0} = \frac{I}{2U_T} \approx 20I\ (\text{mA/V})（常温下） \tag{6.3.30a}$$

$$A_{ud} = -R_C\left(\frac{\text{d}(i_{C1} - i_{C2})}{\text{d}u_{id}}\right) = -g_mR_C = -\left(\frac{R_C}{2U_T}\right)I \tag{6.3.30b}$$

可见，差分放大器的增益与恒流源电流 I 成正比。且传输特性可分为三个区域：

(2) 线性区：差模电压 $-U_T \leqslant u_{id} \leqslant +U_T$ 时，输入与输出可保持线性关系(说明线性范围很窄，仅±26 mV)。

(3) 限幅区：差模电压 $|u_{id}| > 4U_T$(100 mV 左右)时，输出 i_{C1}、i_{C2} 及 u_o 基本上保持不变，特性进入限幅区。利用此特性，差分放大器可用作限幅、整形(将不规则波形整成方波)、检波、变频等频率变换。

(4) 非线性区：在线性区与限幅区之间，特性有一段弯曲区，即非线性区，利用此特性

可实现波形变换(如将三角波变换为正弦波)。

2. 展宽输入动态范围及差分放大器的其他应用

1) 展宽输入动态范围

由传输特性可知,差分放大器的输入线性范围极小,输入差模信号大于 100 mV 左右就会出现严重的限幅现象(输出可能成为方波),为了展宽输入动态范围,可在射极加电流负反馈电阻 R,如图 6.3.15 所示。此时,最大不失真输入电压范围为

$$u_{id(max)} \leqslant R \times I \tag{6.3.31}$$

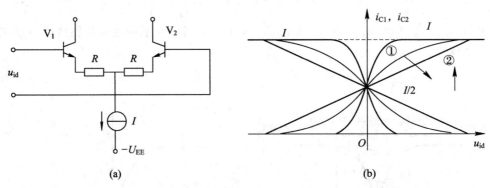

图 6.3.15 引入串联电流负反馈电阻 R,展宽输入线性动态范围

(a) 引入电流负反馈电阻电路;(b) 展宽了输入线性动态范围的传输特性

2) 倒相器

单端输入双端输出差分放大器可作为"分离倒相器",输出一对等值反相的信号,如图 6.3.16 所示。调节 R_W,可调节输出信号的幅度。

3) 自动增益控制电路

利用差分放大器的增益与恒流源电流 I 成正比这一特点,可实现自动增益控制电路。如图 6.3.17 所示。如果输入信号增大,输出信号也随之增大,经过一定的电路产生控制电压 U_C,促使恒流源电流 I 减小,导致增益减小,反之亦然。从而保证即使输入信号大范围变化,输出信号大小也比较稳定,不会产生严重的非线性失真。

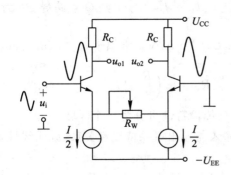

图 6.3.16 倒相器电路

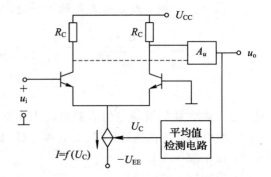

图 6.3.17 自动增益控制电路

4) 波形变换电路

在很多单片集成函数发生器电路中,利用调节差分放大器的电流负反馈强度来控制传

输特性的线性范围,从而将三角波变换为正弦波,如图 6.3.18 所示,调节 $R_W = 0$,使传输特性如图(b)中曲线①所示,线性范围很窄,输出为方波。增大 R_W,传输特性如图(b)中曲线②所示,输出为正弦波。再增大 R_W,传输特性如图(b)中曲线③所示,线性范围很宽,输出为三角波。

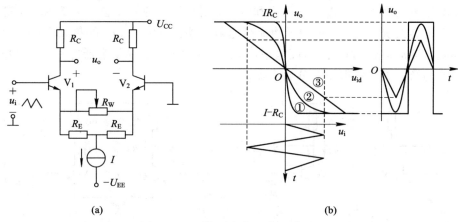

(a)   (b)

图 6.3.18 波形变换电路及波形图

(a)波形变换电路;(b) R_W 大小变化对传输特性及输出波形的影响

5)实现信号"乘法"运算

如前分析,双端输出电压 u_{od} 正比于电流源 I,即

$$u_o = u_{od} = A_{ud} \times u_{id} = \left(-\frac{R_C}{2U_T}I\right)u_{id} \tag{6.3.32}$$

如果让另一个信号 u_2 控制电流源 I 变化,如图 6.3.19 所示,也就是

$$I = I_Q + ku_2 \tag{6.3.33}$$

那么有

$$u_o = \left(-\frac{R_C}{2U_T}I\right)u_{id} = \left[-\frac{R_C}{2U_T}(I_Q + ku_2)\right]u_{id} = -\frac{R_C}{2U_T}I_Q u_{id} - \frac{R_C}{2U_T}k(u_2 \times u_{id})$$

$$\tag{6.3.34}$$

式中最后第二项就是 u_2 与 u_{id} 的乘积项,这个发现将有广泛的应用。

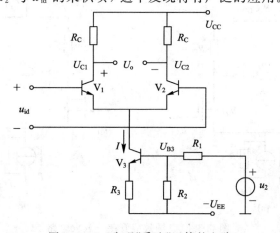

图 6.3.19 实现"乘法"运算的电路

6）高速电流开关和电压比较器

差分放大器的输入线性范围很窄，差模信号稍大就会进入限幅区，如图 6.3.20(a)所示。当 $u_i > u_r$，电流源电流 I 会全部灌给 V_1 管而导通，V_2 管则截止，反之亦然。这相当于一个单刀双掷开关，将电流源电流 I 分别接入差动管的发射极，如图 6.3.20(b)所示。只要设计电流源电流 I 小于差动管的饱和电流，则管子导通时不会进入饱和区，那么电流开关的速度将会很快，该电路可用于构成高速射极耦合逻辑（ECL）的单元电路。电压比较器也是如此，当 $u_i > u_r$ 时，u_{o2} 为高电平，反之当 $u_i < u_r$ 时，u_{o2} 为低电平，所以单片集成电压比较器的第一级一般都用差分放大器。

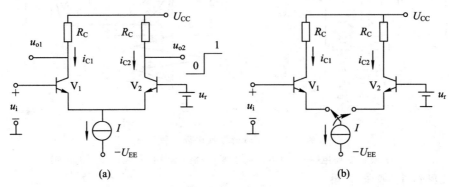

6.3.20　差分电路用于高速开关

（a）电路；（b）等效高速开关

6.3.5　场效应管差分放大器

场效应管输入电阻大（栅—源极之间相当于开路），集成工艺简单，集成度高，故场效应管模拟集成电路应用广泛，特别是在数—模混合集成电路中尤为重要。差分放大器是场效应管模拟集成电路的重要单元电路，其电路结构与双极型基本相同，图 6.3.21(a)、(b)分别给出 NMOS 与结型场效应管差分放大电路，其分析方法与双极型晶体管电路也类似。图中 R_o 为恒流管输出电阻（即恒流源内阻）。

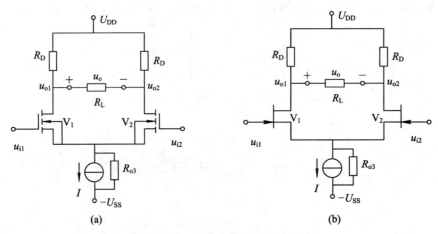

图 6.3.21　场效应管差分放大电路

（a）NMOS 场效应管差分放大电路；（b）结型场效应管差分放大电路

将信号 $u_{id} = u_{i1} - u_{i2}$ 分解为一对差模信号和一对共模信号。

一对差模信号为

$$u_{id1} = u_{id2} = \frac{u_{i1} - u_{i2}}{2} = \frac{u_{id}}{2}$$

一对共模信号为

$$u_{ic1} = u_{ic2} = u_{ic} = \frac{u_{i1} + u_{i2}}{2}$$

其差模等效通路和共模等效通路分别如图 6.3.22(a)、(b)所示。由图(a)可得：

单端输出差模增益为

$$A_{ud1} = \frac{u_{od1}}{u_{id}} = -A_{ud2} = -\frac{u_{od2}}{u_{id}} = -\frac{1}{2} g_m \left(R_D \,/\!/\, \frac{R_L}{2} \right) \tag{6.3.35}$$

双端输出差模增益为

$$A_{ud} = \frac{u_{od}}{u_{id}} = 2 \times A_{ud1} = -g_m \left(R_D \,/\!/\, \frac{R_L}{2} \right) \tag{6.3.36}$$

式中，g_m 为场效应管的跨导。

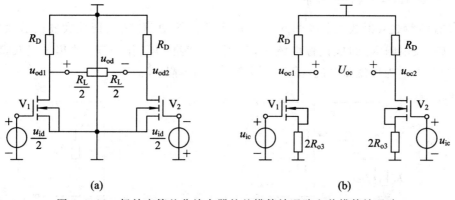

(a)   **(b)**

图 6.3.22 场效应管差分放大器的差模等效通路和共模等效通路
（a）差模等效通路；（b）共模等效通路

由图 6.3.22(b)可得：

单端输出共模增益为

$$A_{uc1} = \frac{u_{oc1}}{u_{ic}} = -\frac{g_m R_D}{1 + g_m 2R_{o3}} \approx -\frac{R_D}{2R_{o3}} = A_{uc2} \tag{6.3.37}$$

双端输出共模增益为

$$A_{uc} = \frac{u_{oc1} - u_{ox2}}{u_{ic}} = 0 \tag{6.3.38}$$

单端输出共模抑制比为

$$K_{CMR} = \left| \frac{A_{ud1}}{A_{uc1}} \right| = \frac{g_m \left(R_D \,/\!/\, \frac{R_L}{2} \right) R_{o3}}{R_D} \tag{6.3.39}$$

双端输出共模抑制比为

$$K_{CMR} = \left| \frac{A_{ud}}{A_{uc}} \right| = \infty \tag{6.3.40}$$

6.4 有源负载放大器

在集成运放中，为了减少总级数，要求单级放大器的电压放大倍数高达上千倍，人们首先想到的是增加负载电阻 R_C（或 R_D）。但电阻太大，占的硅片面积太大（集成电路工艺不宜制作大电阻），而且 R_C（或 R_D）太大，其上直流压降也增大，导致工作点电压降低，容易进入饱和区（或可变电阻区）。为了解决这一矛盾，就应该选择直流电阻小而交流电阻很大的元件来代替 R_C。恒流源电路恰恰具有这种特点。用电流源电路代替放大电路的负载电阻称为"有源负载"。

采用有源负载的放大器具有很高的电压增益。其数值主要取决于有源负载的输出阻抗，输出阻抗越高，电压增益越大。而且，在保证晶体管进入正常放大状态（BJT 在放大区，FET 在恒流区）的前提下，有源负载放大器的增益与电源电压无关。这为放大器的低电压应用提供了十分有利的条件。

6.4.1 单管有源负载放大器

单管有源负载共射放大器如图 6.4.1(a) 所示。图中 V_1 为共射放大器的放大管；V_2、V_3（PNP 管）及电阻 R_r 组成镜像电流源，其中 V_2 替代 R_C 作为 V_1 的集电极负载管。图 6.4.1(b) 中，I_{C3} 为恒流源电流，R_{o3} 为恒流源输出电阻（$R_{o3} = r_{ce3}$）。

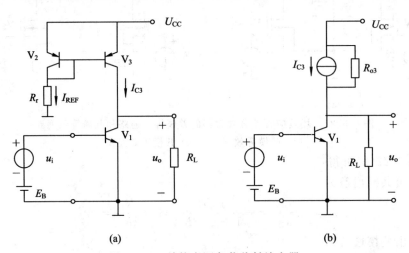

图 6.4.1 单管有源负载共射放大器
(a) 电路；(b) 镜像电流源等效电路

设 V_2 与 V_3 管特性完全相同，因而 $\beta_2 = \beta_3 = \beta$，$I_{C2} = I_{C3}$，则空载时 V_1 管的静态集电极电流为

$$I_{CQ1} = I_{C3} = I_{REF} \times \frac{\beta}{\beta + 2} \tag{6.4.1}$$

基准电流为

$$I_{REF} = \frac{U_{CC} - U_{BE2}}{R_r}$$

可见，电路中并不需要很高的电源电压，只要 U_{CC} 与 R_r 相配合，就可设置合适的集电极电流 I_{CQ1}。应当指出，输入端的 E_B 为 V_1 提供静态基极电流 I_{BQ1}。应当注意，当电路带上负载电阻 R_L 后，由于 R_L 对 I_{C3} 的分流作用，I_{CQ1} 将有所变化。图 6.4.1(a)所示电路的交流等效电路如图 6.4.2 所示。

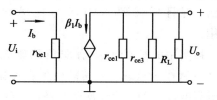

图 6.4.2　图 6.4.1(a)电路的交流等效电路

由图 6.4.2 可见，电路的电压放大倍数

$$A_u = -\frac{\beta_1(r_{ce1} \text{ // } r_{ce3} \text{ // } R_L)}{r_{be1}} \tag{6.4.2}$$

设 $\beta = 100$，$r_{be1} = 2$ kΩ，$r_{ce1} = r_{ce3} = 100$ kΩ，$R_L = 80$ kΩ，则 $A_u \approx 1500$。

可见，用电流源做有源负载，有利于提高放大电路的放大倍数。特别指出，在有源负载放大器中，为确保高增益，一定要设法增大负载电阻 R_L，即下级输入电阻（如用复合管），否则 R_L 太小，会影响增益提高。

有源负载射极跟随器如图 6.4.3 所示。图中 V_1 为射极跟随器的晶体管，V_2、V_3 及 R_r 组成镜像电流源，其中 V_3 替代 R_E 作为 V_1 的射极负载。

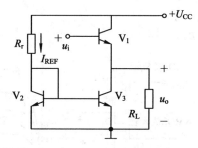

图 6.4.3　有源负载射极跟随器

场效应管有源负载放大器应用尤为普遍，场效应管类型多，图 6.4.4(a)、(b)分别给出了用增强型 NMOS 管和耗尽型 NMOS 管做负载管的有源负载共源放大器电路。

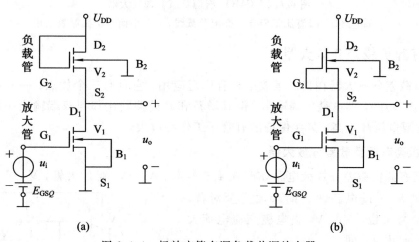

(a)　　　　　　　　　(b)

图 6.4.4　场效应管有源负载共源放大器

(a) 增强型 NMOS 管作负载管；(b) 耗尽型 NMOS 管作负载管

图 6.4.4(a)所示电路的负载管和放大管均为增强型 NMOS 管，称之为 E—E 组合电路，负载管的栅极接电源，以保证 U_{GS2} 为正，并使 V_2 导通，因为 V_2 的源极接输出端，其输出电阻($R_{o2} = 1/g_{m2}$)作为放大管的漏极负载，该电阻非常小，且 B_2 与 S_2 存在电位差，应考虑背栅效应，所以这种电路的增益比较小（一般小于 10），故 E—E 组合电路很少被采用。

图 6.4.4(b)所示电路的负载管 V_2 为耗尽型 NMOS，称之为 E—D 组合电路，其

负载管的栅极与源极相连($U_{GS2Q}=0$)。该电路同样存在背栅效应,增益一般可达到几十倍,况且增强型 NMOS 与耗尽型 NMOS 工艺不同,故 E—D 组合电路也很少被采用。

最实用的是 CMOS 有源负载放大器的电路如图 6.4.5(a)所示。由图可见,增强型 PMOS 管作为负载管,其栅极加直流偏压 E_{G2},源极 S_2 接电源,交流 $U_{gs2}=0$,且衬底 B_2 接最高电位点 U_{CC},与源极短路,不存在背栅效应。图 6.4.5(b)给出直流工作点与交流负载线,V_2 管的某一条特性曲线作为放大管的负载线,斜率很大,使放大倍数很大,动态范围也很大。

图 6.4.5(c)给出该电路的小信号交流等效电路,故得出放大器增益为

$$A_u=\frac{U_o}{U_i}=-g_{m1}(r_{ds1}\,/\!/\,r_{ds2}) \tag{6.4.3}$$

设 $g_{m1}=12$ mA/V,$r_{ds1}=r_{ds2}=200$ kΩ,则 $A_u=1200$。

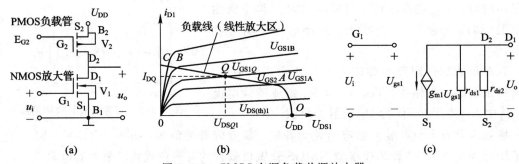

图 6.4.5　CMOS 有源负载共源放大器

(a)电路;(b)直流工作点与交流负载线;(c)小信号交流等效电路

6.4.2　有源负载差分放大器

有源负载差分放大器在集成运放中有着广泛应用,它具有三个优点:一是增益高;二是有"单端化"功能,即虽是单端输出,但其增益和共模抑制比却与双端输出一致;三是增益高,但电源电压却不高,只要保证所有管子工作在放大。

1. 双极型有源负载差分放大器

双极型有源负载差分放大电路如图 6.4.6 所示。V_1、V_2 是放大管,V_3、V_4 构成镜像电流源取代 R_C。设电路两边的参数完全对称,对于差模信号来说,V_1、V_2 集电极交流电流大小相等且方向相反,即

$$\Delta i_{cd1}=-\Delta i_{cd2}$$

且有

$$\Delta i_{cd3}=\Delta i_{cd1}=\Delta i_{cd4}$$

那么总输出差模电流

$$\Delta i_{od}=\Delta i_{cd4}-\Delta i_{cd2}=\Delta i_{cd1}-(-\Delta i_{cd1})=2\Delta i_{cd1} \tag{6.4.4}$$

可见,总输出差模电流是单端输出的两倍,负载

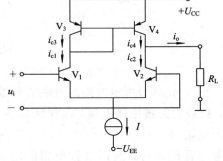

图 6.4.6　有源负载差分放大电路

可得到如同双端输出的交流电流。总输出差模增益也与双端输出差模增益一致，设各管参数相同，则有

$$A_{ud} = \frac{U_{od}}{U_{id}} = 2 \times \frac{\beta(r_{ce4} /\!/ r_{ce2} /\!/ R_L)}{2r_{be}} = \frac{\beta(r_{ce} /\!/ r_{ce} /\!/ R_L)}{r_{be}} \qquad (6.4.5)$$

而对于共模信号，

$$\Delta i_{cc1} = \Delta i_{cc3} = \Delta i_{cc4} = \Delta i_{cc2}$$

那么总输出共模电流

$$\Delta i_{oc} = \Delta i_{cc4} - \Delta i_{cc2} = 0 \qquad (6.4.6)$$

则共模抑制比

$$K_{CMR} \to \infty \qquad (6.4.7)$$

总输出直流工作点电流也为零（$I_{oQ} = I_{C4Q} - I_{C2Q} = I_{C1Q} - I_{C2Q} = 0$）。

因此，用镜像电流源作差分放大电路的有源集电极负载电阻，可以使单端输出具有与双端输出相同的差模放大倍数及共模抑制比，这称为"单端化"功能。

2. 有源负载 CMOS 差分放大器

有源负载 CMOS 差分放大器的电路组成形式和工作原理与双极型有源负载差分放大电路具有相同的特点，而且分析方法也相似。

典型的有源负载差分放大器如图 6.4.7(a)所示。V_1、V_2 为增强型 NMOS 差分对管，V_3、V_4 为增强型 PMOS 有源负载。V_5 为增强型 NMOS 源极电流源。

1）差模电压增益

差模输入情况下，有源负载差分放大器的漏极交流电流如图 6.4.7(b)所示。由于 V_1、V_2 完全对称，V_3、V_4 完全对称，所以当输入为差模信号时，有

$$i_{cd4} = i_{cd3} = i_{cd1}$$

所以

$$i_{od} = i_{cd2} + i_{cd4} = i_{cd2} + i_{cd1} = 2i_{cd1} \qquad (6.4.8)$$

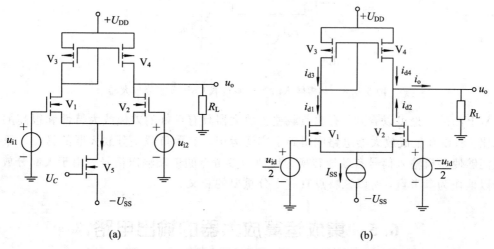

(a)　　　　　　　　　　　　　　(b)

图 6.4.7　采用有源负载的 CMOS 差分放大器

（a）采用有源负载的 CMOS 差分放大器；（b）用差模输入信号及恒流源表示的 CMOS 放大器

又因为

$$i_{d1} = g_m u_{id1} = \frac{1}{2} g_m u_{id}$$

则

$$i_{od} = 2 i_{d1} = g_m u_{id}$$

若从输出端看进去总的负载电阻为 R'_L，则差模电压增益为

$$A_{ud} = \frac{i_{od} R'_L}{u_{id}} = g_m R'_L \qquad (6.4.9)$$

其中，$R'_L = r_{ds2} /\!/ r_{ds4} /\!/ R_L$。

由此可见，在采用有源负载以后，尽管差分放大器的输出是单端对地的，但是它的电压增益仍然与单管放大器相同，而不是采用电阻负载时那样为单管放大器的一半。如果后级的负载电阻 R_L 为无穷大，则 $R'_L = r_{ds2} /\!/ r_{ds4}$。由于 r_{ds2}、r_{ds4} 均为较大的电阻，所以有源负载差分放大器的最大电压增益可以达到很高的数值。

2）共模电压增益

图 6.4.8 是输入为共模信号的有源负载差分放大器。由图可知，对于共模信号，由于 $u_{i1} = u_{i2} = u_{ic}$，所以两个晶体管的集电极电流大小、方向相同。又由于电路两边对称，必有 $i_{ic1} = i_{ic2}$，$i_{ic3} = i_{ic4}$，因此 $i_{ic2} = i_{ic4}$，即

$$i_{oc} = i_{ic4} - i_{ic2} = 0 \qquad (6.4.10)$$

这个结果说明在理想情况下，有源负载差分放大器的共模增益为 0，K_{CMR} 趋于无穷大。

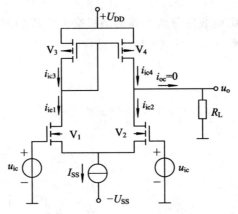

图 6.4.8　共模输入时的有源负载 CMOS 差分放大器

从上面的讨论可以看到，有源负载差分放大器具有良好的差模放大特性和很高的共模抑制比，所以在集成放大器电路中得到了广泛运用。有源负载差分放大器的另一个重要特点是能够使差模输入信号有效地转换为以地为参考点的单端输出信号。由于大部分放大器需要以地作为参考点，所以该特点具有十分重要的意义。

6.5　集成运算放大器的输出电路

对集成运放输出级的主要要求是尽可能大的动态范围（即摆幅）、比较高的输入电阻、

足够低的输出电阻和充分小的功耗。在三种基本组态放大电路中，射随器基本上能够满足上述要求，是最好的选择。

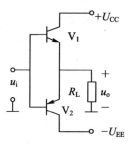

图 6.5.1　互补原理电路

单管射随器的缺点是工作效率低、动态范围小，因此，在集成运放中，输出级一般采用复合结构，即由一只 PNP 管和一只 NPN 管组成互补对称推挽射极跟随器电路，其原理电路如图 6.5.1 所示。由电路的对称性可知：

(1) 当 $u_i = 0$ 时，输出 $u_o = 0$；

(2) 在正半周电压信号作用下，晶体管 V_1 导通，V_2 截止，V_1 处于电压跟随状态；

(3) 在负半周电压信号作用下，晶体管 V_2 导通，V_1 截止，V_2 处于电压跟随状态。

由此可见，如果输入为正弦波，即可在负载上合成完整的波形。该电路的输出电阻低，带负载能力强。但是晶体管只有在基极和发射极之间电压相差 0.3 V（锗管）或 0.7 V（硅管）时才导通，过零时将出现波形不连续，如图 6.5.2 所示，这种现象称为交越失真。解决交越失真的办法是将晶体管偏置于临界导通状态，因此可以利用两只二极管来设置晶体管的静态工作点，如图 6.5.3 所示。一般取 $R_1 = R_2$，流过 R_1、R_2 的电流

$$I = \frac{U_{CC} - (-U_{EE}) - 2U_D}{R_1 + R_2} \tag{6.5.1}$$

调节流过 R_1、R_2 的电流，可微调二极管管压降，从而调节输出管的正向偏置电压。另外应该指出，二极管的交流电阻十分小，二极管的加入，对交流信号不产生任何影响。

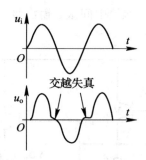

图 6.5.2　交越失真波形

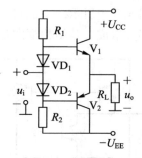

图 6.5.3　用二极管偏置的互补跟随电路

另一种常用的克服交越失真的电路如图 6.5.4 所示，图中 R_1、R_2 和 V_4 组成并联电压负反馈电压源为输出管提供正向偏置电压，由图可见，$U_{AB} = I_1 R_1 + U_{BE4}$ 忽略 I_{B4}，$I_1 = I_2 = \dfrac{U_{BE4}}{R_2}$，故有

$$U_{AB} \approx \left(1 + \frac{R_1}{R_2}\right) U_{BE4} \approx \left(1 + \frac{R_1}{R_2}\right) \times 0.7 \text{ V} \tag{6.5.2}$$

可见，调节 R_1 与 R_2 的比值，即可调节正向偏置电压 U_{AB} 的大小。因为偏置电压电路引入了并联电压负反馈（R_1），A、B 两端输出电阻很小，故对交流信号也不产生任何影响。

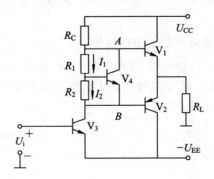

图 6.5.4　引入了并联电压负反馈的偏置电压源电路

6.6　集成运算放大器内部电路举例

集成运算放大器一直向着高精度、高速度和多功能的方向发展。早期的运放，全部由 BJT 构成，随后又出现了 MOS 集成运放以及电流模集成运放。下面介绍两种典型的集成运放，一种是由双极型晶体管组成的运放，另一种是由场效应管组成的运放。

6.6.1　BJT 通用运算放大器 F007

F007(国外对应型号为 LM741)是第二代集成运算放大器的代表，它充分利用了集成电路的优点，结构合理，性能优良，是目前仍在广泛应用的模拟集成运算放大器。F007 的原理电路如图 6.6.1 所示。由图可知，整个电路由输入级、中间级、输出级、偏置电路和保护电路五部分组成。其结构框图如图 6.6.2 所示。

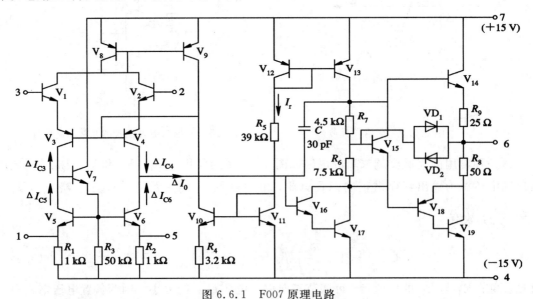

图 6.6.1　F007 原理电路

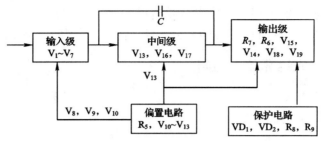

图 6.6.2 F007 结构框图

1. 差分输入级

F007 的差分输入级由 $V_1 \sim V_7$ 组成，V_1、V_2 和 V_3、V_4 管组成共集—共基复合差分输入电路。其中 NPN 管 V_1 和 V_2 作为射极输出器，把输入信号跟随到 PNP 管 V_3 和 V_4 的发射极，横向 PNP 管 V_3 和 V_4 具有发射结反向击穿电压高的优点。V_5、V_6 是它们的有源负载。V_5、V_6、V_7 还担当双端变单端输出的转换任务。另外，还可以从 V_5 和 V_6 的发射极与 $-U_{EE}$ 之间外接调零电阻 R_P，以调节差分放大器两臂负载的对称性，对失调电压进行补偿。该输入级的优点是：差模输入范围大；共模输入范围大，共模抑制比高；电压增益和输入阻抗高。

2. 中间级

V_{16}、V_{17} 组成中间电压放大级，V_{16} 和 V_{17} 是复合管，其输入电阻很高，对前级影响小。V_{13} 管是中间电压放大级的集电极有源负载，从而使中间级增益高达 55 dB。

3. 输出级

互补对称输出级由 V_{14}、V_{18} 和 V_{19} 组成。其中 V_{18} 为横向 PNP 管，β 值较小，当 V_{18} 与 V_{19} 组合构成复合 PNP 管时，其 β 值将由 V_{19} 决定。由于 V_{14}、V_{19} 均为 NPN 管，因而保证了互补输出时的对称性。V_{15}、R_6 和 R_7 组成恒压偏置电路，为互补输出管提供适当的正向偏压，使之工作于甲乙类，以克服交越失真。

4. 保护电路

VD_1、VD_2、R_8 和 R_9 组成输出级过载保护电路。其原理为：在正常输出情况下，R_8 和 R_9 上的压降不足以使 VD_1、VD_2 导通，所以保护电路不工作。当输出电流过大或输出不慎短路时 R_8 和 R_9 上的电压增大，致使 VD_1、VD_2 导通，将 V_{14}、V_{18} 基极的部分驱动电流旁路，从而限制了互补管的输出电流，起到限流保护作用。

5. 偏置电路

由图 6.6.1 可知，V_{11}、V_{12} 和 R_5 构成了主偏置电路，其基准电流

$$I_r = \frac{+U_{CC} - (-U_{EE}) - U_{BE12} - U_{BE11}}{R_5} \approx \frac{(12 + 12 - 0.7 - 0.7) \text{ V}}{39 \text{ k}\Omega} = 0.58 \text{ mA}$$

(6.6.1)

V_{10}、V_{11} 和 R_4 组成微电流源，通过 V_8 和 V_9 组成的镜像电流源为差分输入级提供偏置电流。V_{12} 和 V_{13} 管构成电流源是中间级的有源负载。

为了保证 F007 在负反馈应用时能稳定工作，在 V_{16} 管基极和集电极之间还接了一个内补偿电容。根据密勒效应，这种接法可使 30 pF 小电容起到一个大电容的补偿作用。

此外，F007 的两个输入端相对输出信号的相位，有一个为同相端，而另一个则为反相端。由图 6.6.1 不难看出，管脚 3 为同相输入端，管脚 2 则为反相输入端。

6.6.2　C14573 集成运算放大电路

在测量中经常需要输入电阻高，输入电流小的放大器。有时要求其电流在 $10\mu A$ 左右。双极型器件难于满足上述要求，必须使用场效应型器件。场效应集成运算放大电路种类很多，下面以 CMOS 电路 C14573 为例，简述其工作原理。

C14573 是四个独立的运放制作在一个芯片上的器件，单个运放单元的电路原理图如图 6.6.3 所示，它全部由增强型 CMOS 管构成。由图可知整个电路由两级组成。V_0、V_1 和 V_2 构成多路电流源，根据它们的结构尺寸可以得到 V_1 与 V_2 管的漏极电流，参考电流由 V_0 管和外接偏置电阻 R 提供。在已知 V_0 管开启电压的前提下，改变外接电阻 R，可改变电流源的参考电流 I_{V0} 的大小。一般控制在 $20\sim200\ \mu A$。它为输入级的差分放大器和输出级的共源放大电路提供偏置电流，V_2 管同时也是输出级共源放大电路的有源负载。

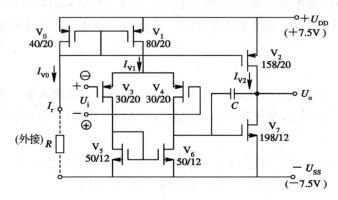

图 6.6.3　C14573 集成运算放大器电路原理图

第一级是采用共源有源负载差分放大电路，使得单端输出的差分电路具有与双端输出同样的电压增益。由于第二级电路从 V_7 的栅极输入，其输入电阻非常大，所以使第一级具有很强的电压放大能力。

第二级是由 V_2 与 V_7 组成一个高增益共源放大电路，V_7 为放大管，V_2 为有源负载。由于输出电阻很大，因而带负载能力较差，通常用于以场效应管为负载的电路。电容 C 为密勒补偿电容，起相位补偿作用，防止自激。

6.7　集成运算放大器的主要技术参数

为了合理地选用运算放大器，必须了解运放各参数的含义。选择器件时，最主要的是要注意"精度"和"速度"两个方面。

1.　与"精度"有关的指标

1）输入失调电压 U_{IO} 和输入失调电流 I_{IO}

输入失调主要反映运放输入级差分电路的对称性。欲使静态时输出端为零电位，运放两输入端之间必须外加的直流补偿电压，称为输入失调电压，用 U_{IO} 表示。所谓输入失调电流 I_{IO}，是指实际运放两输入端的电流之差，即 $I_{IO} = I_{B1} - I_{B2}$。

2）失调的温漂

U_{IO} 随温度的平均变化率称为输入失调电压温漂，以 dU_{IO}/dT 表示。I_{IO} 随温度的平均变化率称为输入失调电流温漂，以 dI_{IO}/dT 表示。

3）输入偏置电流 I_{IB}

所谓输入偏置电流 I_{IB}，是指实际运放静态时，输入级两差放管基极电流 I_{B1}、I_{B2} 的平均值，即

$$I_{IB} = \frac{I_{B1} + I_{B2}}{2}$$

4）开环差模电压放大倍数 A_{ud}

在无反馈回路条件下，运放输出电压与输入差模电压之比，称为开环差模电压放大倍数，用 A_{ud} 表示，常以分贝（dB）为单位。

5）共模抑制比 K_{CMR}

运放差模电压放大倍数与共模电压放大倍数之比的绝对值，称为共模抑制比，用 K_{CMR} 表示，常以分贝（dB）为单位。

6）差模输入电阻 R_{id}

运放两个差分输入端之间的等效动态电阻，称为差模输入电阻，用 R_{id} 表示。

7）共模输入电阻 R_{ic}

运放每个输入端对地之间的等效动态电阻，称为共模输入电阻，用 R_{ic} 表示。

8）输出电阻 R_o

从运放输出端和地之间看进去的动态电阻，称为输出电阻，用 R_o 表示。

9）电源电压抑制比 PSRR

电源电压的改变将引起失调电压的变化，则失调电压的变化量与电源电压变化量之比，即

$$PSRR = \frac{\Delta U_{IO}}{\Delta E}$$

定义为电源电压抑制比，用 PSRR 表示。

10）总谐波失真加噪声输出

$$THD + N = \frac{\sum (谐波电压 + 噪声电压)}{总输出电压} \times 100\%$$

2. 与"速度"有关的指标

1）-3 dB 带宽 BW

运放开环电压增益下降到直流增益的 $1/\sqrt{2}$ 倍（-3 dB）时所对应的频带宽度，称为运放的 -3 dB 带宽，用 BW 表示。

2）单位增益带宽 BW_G

运放开环电压增益下降到 1（0 dB）时的频带宽度，称为运放的单位增益带宽，用 BW_G 表示。

3) 转换速率(压摆率)SR

该指标是反映运放对于高速变化的输入信号的响应情况。运放在额定输出电压下,输出电压的最大变化率,即

$$SR = \left| \frac{\mathrm{d}u_o}{\mathrm{d}t} \right|_{max}$$

称为转换速率(压摆率),用 SR 表示。

3. 其他值得关注的参数

(1) 电源电压范围:电源电压越低,功耗越小,一般有 15 V、12 V、5 V、3.3 V、1.8 V 等,有双电源与单电源之分。

(2) 最大输出电流:表示运放带负载能力的大小,一般只有几毫安至几十毫安,特殊的可达几百毫安,甚至安培级。

(3) 功耗:低功耗是趋势,为了减小功耗,许多运放设有"休眠"功能,让静态功耗处于微瓦级。

(4) 最大输出、输入电压范围:有"轨到轨"与"非轨到轨"之分。所谓"轨"指的是"电源轨",如图 6.7.1 所示。对双电源轨而言($\pm U_{CC} = \pm 5$ V),若输出是"轨到轨"运放,则表明输出信号不失真动态范围可达电源电压(± 5 V),而"非轨到轨"运放则小于电源电压,如图 6.7.2 所示。

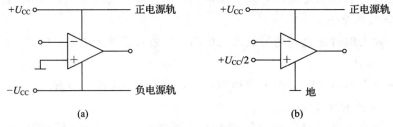

图 6.7.1　电源轨

(a) 双电源轨;(b) 单电源轨

对单电源轨而言($U_{CC} = +5$ V),若输出是"轨到轨"运放,则表明输出信号不失真动态范围为 0～+5 V,而"非轨到轨"运放则小于 0～+5V,如图 6.7.3 所示。

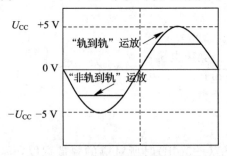

图 6.7.2　双电源"轨到轨"运放

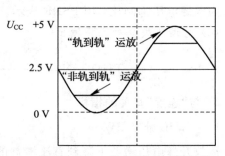

图 6.7.3　单电源"轨到轨"运放

经过运放内部电路的精心设计,运放输入端也可以实现"轨到轨"的功能,"轨到轨"设计对低电压运放特别有意义。

几种常用的集成运算放大器参数如表 6.6.1 所示。

表 6.6.1　几种常用集成运算放大器的性能参数

器件型号与性能	BW_G/MHz (典型)	SR/(V/μs) (典型)	K_{CMR}/dB (最小)	U_n/(V/√Hz) (典型)	U_{IO}/V (最大)	I_{IB}/A (最大)	$\dfrac{\Delta U_{IO}}{\Delta T}$/(μV/℃) (典型)	I_Q/A (最大)	I_{IO}/A (最大)	U_{CC}/V (最小至最大)
LM324　四路通用运算放大器	1.2	0.5	65	35 n	9 m	500 n	7	1.4 m	150 n	±1.5~±18
LM741　通用运算放大器	0.7	0.5	70	—	7.5 m	500 n	—	2.8 m	500n	±1.5~±18
OP07C　低失调电压型运算放大器	0.6	0.3	120	9.8 n	150μ	1n	1.5	1.3m	1n	±4~±22
OP27　低噪声，精密运算放大器	8	2.8	114	3 n	25μ	40n	0.2	5.7m	35n	±4~±22
OP37　低噪声，精密，高速运放	63	17	114	3 n	10μ	40n	0.2	5.67m	35n	±4~±22
AD797　低电压噪声放大器	0.8	20	114	900p	80n	0.25μ	1.0	8.2m	100n	±5~±15
AD8034　高速 FET 输入运算放大器	80	80	100	11 n	1m	1.5p	4	3.5m	1.5p	单电源 5~24
AD812　高速电流反馈型运算放大器	145	1600	51	3.5 n	5m	25n	15	5.5m	1.5p	±1.2~±18
TLC25M4　低功耗低压运算放大器	1.7	3.6	65	25 n	10 m	1p	1	7.2 m	600p	1.4~16
LF347　四路通用 JFET 输入运放	3	13	70	18 n	10 m	200 n	18	11 m	100p	±3.5~±18
LP2902　超低功耗四路运算放大器	0.1	0.05	75	—	10 m	40n	10	0.275 m	8p	3~32
LMV344　有关断状态的轨到轨运放	1	1	56	39 n	4m	250p	1.7	230μ	6.6f	2.7~5
TLC2264A　轨到轨极低功耗 CMOS 运放	0.71	0.55	70	12 n	2.5m	800p	0.2	0.5m	0.5p	±2.2~±18
TL342A　低压轨到轨运放	2.2	0.9	50	33 n	1.25 m	3000 p	1.9	0.2 m	6.6f	1.5~5.5
OPA454　高压大电流运算放大器	2.5	13	100	47 n	4 m	100 p	10	4 m	100p	±5~±50
TL074B　低噪声 JFET 输入运放	3	13	75	18 n	3 m	200 p	18	2.5 m	100p	±3.5~±18
TLC254　低压四路运算放大器	1.7	3.6	65	25 n	10m	60 p	1	0.5 m	60 p	±1.4~±16
TLC279　精密单电源运算放大器	1.7	3.6	60	25 n	0.9 m	600 p	1.8	7.2 m	60p	3~16
OPA137　低功耗 JFET 输入运放	1	3.5	74	45 n	10 m	100 p	15	0.27 m	50p	±2.25~±18
TL2362　高性能低压运算放大器	7	3	75	8 n	6 m	150 n	—	2.25 m	100n	±1~±2.5

6.8 实际集成运算放大器选型指南及应用注意事项

6.8.1 正确选用集成运算放大器

在设计电路时,能否选到合适的运放型号,往往决定了电路设计的成败与品质的高低。选用集成运放器件既要考虑性能方面的要求,又要考虑到可靠性、稳定性和价格,还要考虑供货问题,应统筹兼顾。

值得注意的是,因运放的性能是由各个指标的综合因素决定的,有些指标是互相矛盾而又互相制约的,所以并非高档的集成电路就一定能设计出最佳的放大电路。例如,要求高速度,就要有较大的电流,这与低功耗的要求相矛盾。

在实际应用中,当运放参数远超过电路设计所要求的指标时,可以将运放视为"理想运放"。但如果选用的运放参数不满足设计要求,则会带来很大的误差,不仅达不到设计指标,甚至会导致基本功能都实现不了。如图 6.8.1 所示,当运放用来放大高频正弦信号或窄脉冲时,如果运放的工作速度较低(压摆率 SR 不够),使输出电压的变化跟不上输入电压的变化,从而使输出信号发生畸变。图(a)表示,当输入信号的频率很高时,正弦波变成三角波,且放大倍数大大减小。图(b)表示,当输入窄脉冲时,输出信号的边沿变差,波形展宽,幅度大大降低,已不像窄脉冲了。解决的办法必须是选择速度更高的运放。

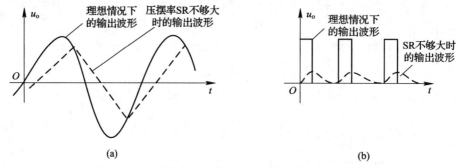

图 6.8.1 有限的压摆率 SR 引起输出信号发生畸变
(a) 正弦波输入情况;(b) 窄脉冲输入情况

总之:

(1) 如果没有特殊的要求,通常选用通用型集成运放,如 F007. LM741、LM324(四运放)之类。

(2) 如果系统要求精密度高、温漂小、噪声干扰低,例如微弱信号放大和检测、精密计算、自动化仪表、高精密稳压电源等应用场合,则可选择高精度、低漂移、低噪声的集成运放。如果系统要求集成运放输入阻抗高,输入偏置电流小,例如取样/保持、峰值检波、高质量积分器、光电流检测等应用电路中,则可选择高输入阻抗的运放,例如 μPC152、F3130、F3140 等,其差模输入电阻均在 1000 GΩ 以上。

(3) 若系统对功耗有严格要求,则可选择低功耗运放,例如 F253、μPC253 等。功耗为 μW 级的运放称为微功耗运放。低功耗运放一般用于对能源有严格限制的遥测、遥感、生物医学、手持测试仪器和空间技术研究的设备中。当前许多运放具有"休眠"功能,当不需要工作时，让器件进入"休眠"状态，此时的静态电流只有 μA 级。这也是低功耗的一种措施。

（4）若系统的工作频率高，信号频带宽，则可选择高速、宽带运放。这类运放一般用于高速 A/D 和 D/A 转换器、有源滤波器、高速取样—保持电路、锁相环、精密比较器和视频放大器中。如 OPA355/2355/3355，带宽 250 MHz，压摆率 360 V/μs，OPA690（SR＝1800 V/μs），AD9618（SR＝1800 V/μs，BW_G＝8 GHz）等。一般高速运放的输出电流都比较大（几十毫安至几百毫安），即负载驱动能力较强，功耗也较大。

（5）若系统要求很高的输出电压，则选择高压集成运放，高压集成运放要求其工作电压高于 ± 30 V，主要产品有 F1536、F143、D41、LM143、HA2645 等，其中 D41 可在 ± 150 V 的电压下工作，最大输出电压达 ± 125 V。

6.8.2　集成运放应用中的注意事项

1. 集成运放的电源供给方式

1）对称双电源供电方式

运算放大器多采用双电源供电。实际应用中电源电压的选择，以输入、输出信号的动态范围而定。例如，OPA227 的电源范围为 $\pm 2.5 \sim \pm 18$ V，如果要求运放输出电压幅度很小，则电源电压选低一些（± 5 V），以降低功耗。若要求运放输出电压幅度为 ± 10 V，则电源电压可选 ± 15 V。

2）单电源供电方式

有的运放可单电源工作，其负电源管脚可直接"接地"。此类运放平常输出直流电平为 $U_{CC}/2$，为保证运放内部单元电路具有合适的静态工作点，需要在运放输入端加入一直流电位，如图 6.8.2 所示。其中，图（a）为半电压发生器（$U_{CC}/2$），产生内阻极小的 $U_{CC}/2$ 电压源，图（b）为直接耦合单电源反相比例放大器，图（c）为阻容耦合单电源反相比例放大器。图中 C_1、C_3 为隔直电容，两个电阻 R 分压得到 $U_{CC}/2$，C_2 为滤波电容。

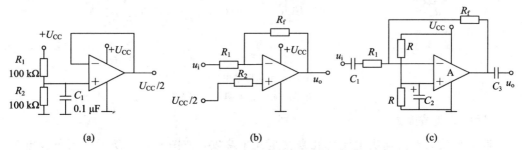

图 6.8.2　单电源反相比例放大器电路

（a）半电压发生器（$U_{CC}/2$）；（b）直接耦合单电源反相比例放大器；（c）阻容耦合单电源反相比例放大器

2. 电源滤波（去耦）电路

由于电路中多级运放共用一个电源，各级电流都流过公共电源内阻而产生寄生正反馈，严重时会引发自激振荡，故在运放电源端要加"去耦电路"，一般去耦电路为一到两个滤波电容，如图 6.8.3 所示的 C_1、C_2，一个为容量较大的电解电容（几微法至几十微法），由于电解电容的高频特性不好，所以还要并联一个小电容（0.01～0.1 μF），以使各级的交流电流构成自回路，而不再流过公共电源内阻，从而去除寄生耦合和寄生正反馈。

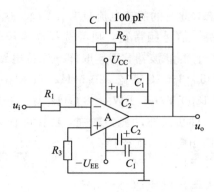

图 6.8.3 电源去耦电路(C_1 — C_2)

3. 集成运放的调零问题及电平移位电路

由于运放内部的电路不可能完全对称,实际运放电路的输出电压会受到输入失调电压 U_{IO} 和输入失调电流 I_{IO} 的影响。当运算放大器组成的线性电路输入信号为零时,输出往往不等于零。为了提高电路的运算精度,要求对失调电压和失调电流造成的误差进行补偿,这就是运算放大器的调零。如图 6.8.4 所示,图(a)利用运放本身调零端实现调零,图(b)是在同相端外加调零及电平移位电路的反相比例放大器,图(c)是在反相端外加调零及电平移位电路的同相比例放大器。

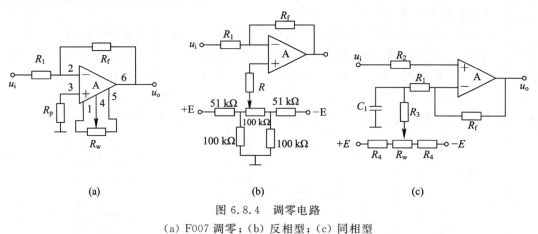

(a)   (b)   (c)

图 6.8.4 调零电路
(a) F007 调零;(b) 反相型;(c) 同相型

4. 运放的负载能力

一般运算放大器的输出电流为几毫安至几十毫安,如图 6.8.5 所示。当负载电阻 R_L 较大时,R_L 对输出电压的影响可忽略不计;但当 R_L 很小时,例如 $R_L = 50\ \Omega$,运放最大输出电流为 15 mA,那么即使运放全部输出电流都供给负载,则最大输出电压 $U_{O(max)} = 15\ \text{mA} \times 50\ \Omega = 0.75\ \text{V}$。若要求最大输出电压 $U_{O(max)} = 10\ \text{V}$,则运放最大输出电流 $I_{O(max)} \geqslant 10\ \text{V}/50\ \Omega = 200\ \text{mA}$,一般运放根本承受不起,必须换一个负载能力更强的运放。有一种运放叫"缓冲器",其增益为 1,带宽很宽,输出电流很大,可作为驱动重负载的输出级。例如,TI 公司的高速缓冲器 BUF634 的最大输出电流达 250 mA,压摆率 SR $= 2000\ \text{V}/\mu s$,有内部电流限制和热关断保护,可用于阀门驱动器、螺线管或电磁线圈驱动器、运算放大器电流提升器、传输线驱动器、耳机驱动器、马达(电机)驱动器,以及测试设备等。

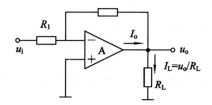

图 6.8.5　关于运放负载能力讨论的电路

习　　题

6-1　集成运放 F007 的电流源组成如图 P6-1 所示，设 $U_{BE}=0.7$ V。

(1) 若 V_3、V_4 管的 $\beta=2$，试求 I_{C4}；

(2) 若 $I_{C1}=26\mu A$，试求 R_1。

6-2　由电流源组成的放大器如图 P6-2 所示，试估算电流的放大倍数 $A_i=I_o/I_i$。

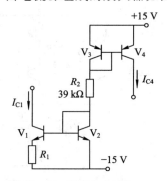

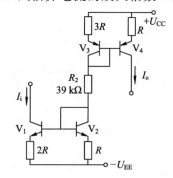

图 P6-1　习题 6-1 图　　　　　　　　　图 P6-2　习题 6-2 图

6-3　用电阻 R_2 取代晶体管的威尔逊电流源如图 P6-3 所示，试证明：

$$I_{C2}\approx\frac{U_T}{R_2}\ln\frac{I_{REF}}{I_S}$$

6-4　电路见图 P6-4。已知 $U_{CC}=U_{EE}=15$ V，V_1、V_2 管的 $\beta=100$，$r_{bb'}=200$ Ω，$R_E=7.2$ kΩ，$R_C=R_L=6$ kΩ。

(1) 估算 V_1、V_2 管的静态工作点 U_{CQ}、U_{CEQ}；

(2) 试求 $A_{ud}=U_o/(U_{i1}-U_{i2})$ 及 R_{id}、R_{od}。

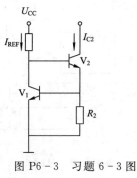

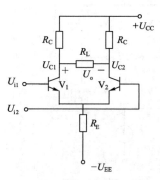

图 P6-3　习题 6-3 图　　　　　　　　　图 P6-4　习题 6-4 图

6-5 差分放大器如图 P6-5 所示。已知 $U_{CC}=24$ V, $U_{EE}=12$ V, $R_E=5.1$ kΩ, $R_{B1}=R_{B2}=2$ kΩ, $R_C=R_L=10$ kΩ, V_1、V_2 管 $\beta=100$, $r_{be}=1$ kΩ, $U_{BE(on)}=0.7$ V。

(1) 估算 V_2 的静态工作点 I_{C2Q}, U_{CE2Q};

(2) 试求差模电压放大倍数 $A_{ud}=\dfrac{u_{od}}{u_{id}}$, 并说明 u_o 与 u_i 之间的相位关系。

(3) 估算共模抑制比 K_{CMR};

(4) 求 R_{id} 和 R_{oc};

(5) 若断开 R_{B2} 的接"地"端, 并在该端与"地"之间输入一交流电压 $u_{i2}=510\sqrt{2}\sin\omega t$ (mV); 并令 $u_{i1}=u_i=500\sqrt{2}\sin\omega t$ (mV), 试求出此时输出电压 u_o 的瞬时值表达式。

6-6 电路见图 P6-6, 已知 V_1、V_2 和 V_3 管的 $\beta=100$, $r_{bb'}=200$ Ω, $U_{CC}=U_{EE}=15$ V, $R_C=6$ kΩ, $R_1=20$ kΩ, $R_2=10$ kΩ, $R_3=2.1$ kΩ。

(1) 若 $u_{i1}=0$, $u_{i2}=10\sin\omega t$(mV), 求 u_o;

(2) 若 $u_{i1}=10\sin\omega t$(mV), $u_{i2}=5$ mV, 试画出 u_o 的波形图;

(3) 当 R_1 增大时, A_{ud}、R_{id} 将如何变化?

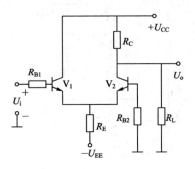

图 P6-5 习题 6-5 图

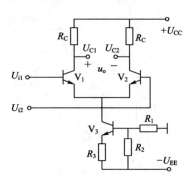

图 P6-6 习题 6-6 图

6-7 图 P6-7 是由 N 沟道 MOSFET 组成的差放, 试说明这是一个什么电路。V_1、V_2、V_3、V_4 管的作用是什么? 该电路的电压增量为什么做不大?

6-8 场效应差分放大器如图 P6-8 所示。已知 V_1、V_2 管的 $g_m=5$ mS。

(1) 若 $I_{DQ}=0.5$ mA, 试求 R_r;

(2) 试求差模电压放大倍数 $A_{ud}==U_o/U_i$。

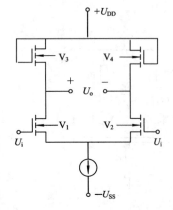

图 P6-7 习题 6-7 图

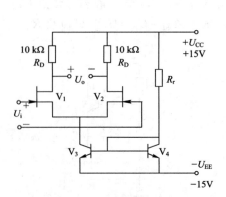

图 P6-8 习题 6-8 图

6 - 9　差分放大电路如图 P6 - 9(a)、(b)所示。设 $\beta_1 = \beta_2 = \beta$，$r_{be1} = r_{be2} = r_{be}$，$R_{C1} = R_{C2} = R_C$，$R_{B1} = R_{B2} = R_B$，$R_W$ 的滑动端调在 $R_W/2$ 处，试比较这两种差分放大电路的 A_{ud}、R_{id} 和 R_{od}。

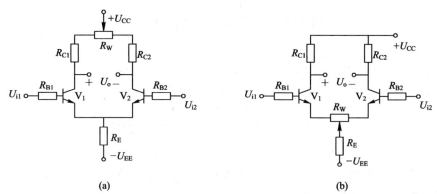

图 P6 - 9　习题 6 - 9 图

6 - 10　电路如图 P6 - 10 所示。已知 $\beta_1 = \beta_2 = 80$，$r_{be1} = r_{be2} = 1\ k\Omega$，$R_{E1} = R_{E2} = 11\ k\Omega$，两管发射极间所接的电阻 $R = 47\ \Omega$，电位器 $R_W = 220\ \Omega$，试求 R_W 滑动端从最左端调至最右端时，该电路差模电压放大倍数 A_{ud} 的变化范围。

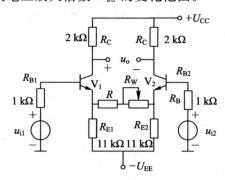

图 P6 - 10　习题 6 - 10 图

6 - 11　电路如图 P6 - 11 所示，试分析该电路的工作原理及特点。

6 - 12　电路如图 P6 - 12 所示，试分析该电路的工作原理及特点。

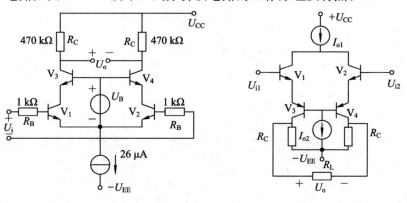

图 P6 - 11　习题 6 - 11 图　　　图 P6 - 12　习题 6 - 12 图

6 - 13　电路如图 P6 - 13 所示。设 $\beta_1 = \beta_2 = \beta_3 = 100$，$r_{be1} = r_{be2} = 5\ k\Omega$，$r_{be3} = 1.5\ k\Omega$。

（1）静态时，若要求 $U_o=0$，试估算 I；

（2）计算电压放大倍数 $A_{ud}=U_o/U_i$。

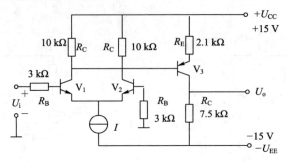

图 P6-13　习题 6-13 图

6-14　电路见图 P6-14，设 $U_{CC}=U_{EE}=15\ V,I=2\ mA,R_C=5\ k\Omega,u_{id}=1.2\ \sin\omega t\,(V)$。

（1）试画出 u_o 的波形，并标出波形的幅度；

（2）若 R_C 变为 15 kΩ，管子将处于什么工作状态？

6-15　电路见图 P6-15。已知 $\beta_1=\beta_2=100$，$r_{be1}=r_{be2}=5\ k\Omega$，$R_B=2\ kW$，$R_W=0.5\ k\Omega$，$R_C=8\ k\Omega$。

（1）静态时，若 $u_o<0$，试问电位器 R_W 的动臂应向哪个方向调整才能使 $u_o=0$；

（2）若在 V_1 管输入端加输入信号 U_i，试求差模电压放大倍数和差模输入电阻。

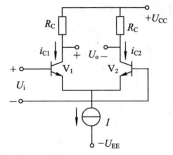

图 P6-14　习题 6-14 图

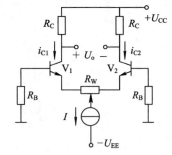

图 P6-15　习题 6-15 图

6-16　有源负载差动放大器如图 P6-16 所示，试分析在输入信号作用下，输出电流 ΔI_o 与 V_1、V_2 管电流之间的关系。

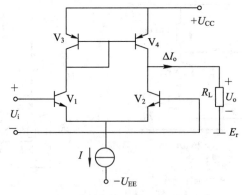

图 P6-16　习题 6-16 图

6-17　集成运放 5G23 电路原理图如图 P6-17 所示。

（1）简要叙述电路的组成原理；

（2）说明二极管 VD_1 的作用；

（3）判断 2、3 端哪个是同相输入端，哪个是反相输入端。

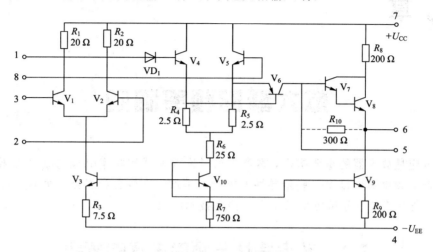

图 P6-17 习题 6-17 图

第七章

放大器的频率响应

频率响应是放大器的重要指标，本章重点讨论放大器的频率响应与哪些因素有关，为展宽放大器的频率响应提供一些指导性的方向。本章重在概念和思路，而不是具体的计算和公式，复杂电路频响分析可借助于虚拟仿真技术解决。

7.1　频率特性与频率失真的概念

7.1.1　频率特性及参数

放大器的频率响应是表征放大倍数大小和相移随频率变化的特性。如图 7.1.1 所示，放大器内部总存在一些电抗元件（主要是电容），其阻抗 $Z_C = 1/(j\omega C)$，从而导致放大倍数的大小及相移都是频率的函数，如图 7.1.2 所示。其中放大倍数的大小与频率的关系 $|A_u(jf)|$ 称为"振幅频率特性"，放大倍数的相移与频率的关系 $\varphi_u(jf)$ 称为"相位频率特性"。

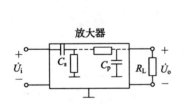

图 7.1.1　放大器内部总存在一些
电抗元件（主要是电容）

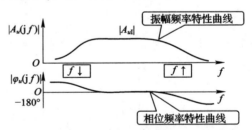

图 7.1.2　放大倍数的"振幅频率特性"
与"相位频率特性"

将"振幅频率特性"专门画于图 7.1.3 中，并定义如下参数：

上限频率 f_H：当 $f = f_H$ 时，

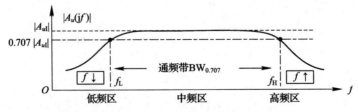

图 7.1.3　放大倍数的"振幅频率特性"

$$|A_u(jf_H)|=\frac{1}{\sqrt{2}}A_{uI}=0.707A_{uI}$$

下限频率 f_L：当 $f=f_L$ 时，

$$|A_u(jf_L)|=\frac{1}{\sqrt{2}}A_{uI}=0.707A_{uI}$$

通频带：

$$BW_{0.707}=f_H-f_L\approx f_H$$

增益带宽积：

$$G \cdot BW_{0.707}\approx A_{uI} \cdot f_H$$

7.1.2　频率失真现象

如果输入信号为单一频率正弦波，则不论是处在低频区、中频区还是高频区都不会产生失真，只不过输出信号的大小和延时不同而已。但实际信号大多是由不同频率和不同相位分量组成的复杂信号，如语音、电视信号等。假设一信号由基波和三次谐波组成，如图7.1.4(a)所示。若基波分量的频率处于中频区，放大倍数大，而三次谐波分量的频率处于高频区，放大倍数小，那么放大后不同频率信号分量的大小比例产生变化，从而导致波形失真，这种失真称为"振幅频率失真"，如图7.1.4(b)所示。如果放大器使不同频率信号分量的延时不同而导致各分量相对时间关系产生变化而引起输出波形失真，则称为"相位频率失真"，如图7.1.4(c)所示。振幅频率失真和相位频率失真统称为"线性失真"。

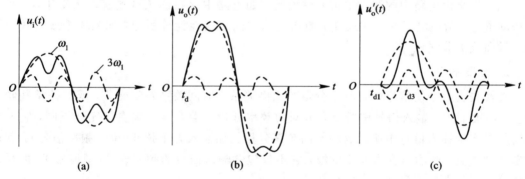

图 7.1.4　放大器的频率失真现象

（a）待放大的信号；（b）振幅频率失真；（c）相位频率失真

7.1.3　不产生线性失真(即频率失真)的条件

放大器满足什么条件才能避免产生线性失真呢？显然，一个理想放大器的放大倍数应是与频率无关的常数，即

$$|A_u(jf)|=K \quad （常数） \tag{7.1.1}$$

同时，放大器对各频率分量的相移要与频率呈线性关系，即

$$\varphi_u(jf)=\omega t_d=2\pi f t_d \quad （与频率成正比） \tag{7.1.2}$$

式中，t_d 为各频率分量的相同延迟时间，如图7.1.5所示。

不产生线性失真(即频率失真)的条件如图7.1.6所示。

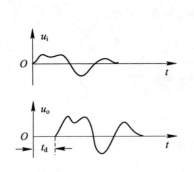

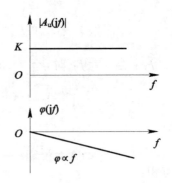

图 7.1.5 t_d 为各频率分量的相同延迟时间　　　图 7.1.6 理想放大器的幅频特性与相频特性

实际上图 7.1.6 所示条件既苛刻又无必要，因为待放大信号的频率范围是有限的，例如某信号的频率范围为

$$BW = F_{max} - F_{min}$$

那么，放大器的频响只要满足以下条件即可不产生线性失真：

$$f_H \geqslant F_{max}, \quad f_L \leqslant F_{min} \tag{7.1.3}$$

7.1.4 线性失真与非线性失真

线性失真和非线性失真都会使输出信号产生畸变，但两者有许多不同点。

1. 起因不同

线性失真由电路中的线性电抗元件引起，如电路中存在的负载电容、分布电容、管子的极间电容、引线电感等。非线性失真由电路中的非线性元件引起，如晶体管或场效应管的特性曲线的非线性等。

2. 结果不同

线性失真只会使信号中各频率分量的比例关系和时间关系发生变化，或滤掉某些频率分量，但决不产生输入信号中所没有的新的频率分量。但非线性失真却完全不同，它的主要特征是产生输入信号中所没有的新的频率分量。如输入为正弦波（单一频率信号），若产生非线性失真，则输出变为非正弦波，它不仅包含输入信号的频率成分（基波 ω_i），而且还产生许多新的谐波成分（$2\omega_i$、$3\omega_i$、…）。

在实际工程中，人们更关注放大器的高频响应，引起高频频率失真的主要原因是电子器件内部存在极间电容以及电路的负载电容、分布电容等。下面首先讨论电子器件内部极间电容对高频频率失真的影响。

7.2 晶体管的高频小信号模型及高频参数

7.2.1 晶体管的高频小信号混合 π 型等效电路

在第四章中，我们曾经提到过晶体管的势垒电容和扩散电容。因为发射结正向偏置，基区存储了许多非平衡载流子，所以扩散电容成分较大，记为 $C_{b'e}$；而集电结为反向偏置，势垒电容起主要作用，记为 $C_{b'c}$，将基区体电阻 $r_{bb'}$ 拉出来，其管子极间电容如图 7.2.1(a) 所示。在高频区，这些电容呈现的阻抗减小，对电流的分流作用不可忽略。考虑这些极间电容影响的高频混合 π 型小信号模型如图 7.2.1(b) 所示。一般高频管的基区体电阻 $r_{bb'}$ 约为几十欧姆，发射结扩散电容 $C_{b'e}$ 约为几十皮法至几百皮法，集电结势垒电容 $C_{b'c}$ 约为几皮法。图中，$r_{b'e}=(1+\beta_0)r_e=(1+\beta_0)\dfrac{26(mV)}{I_{CQ}(mA)}$（$\beta_0$ 为中、低频区的 β 值）。由于极间电容的存在，电路中交流电压和电流均为频率的函数。

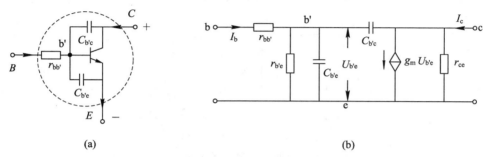

(a)   (b)

图 7.2.1 晶体管的极间电容及高频混合 π 型小信号模型

（a）晶体管的极间电容；（b）晶体管的高频混合 π 型小信号模型

7.2.2 晶体管的高频参数

1. 共射短路电流放大系数 $\beta(j\omega)$ 及其上限频率 f_β

因为 $C_{b'c}$ 很小，暂忽略其分流作用。由于电容 $C_{b'e}$ 的影响，β 值将是频率的函数。

$$\beta(j\omega)=\frac{I_c(j\omega)}{I_b(j\omega)}\approx\frac{g_m U_{b'e}(j\omega)}{I_b(j\omega)} \tag{7.2.1}$$

$$U_{b'e}(j\omega)=I_b(j\omega)\left(r_{b'e}\ /\!/\ \frac{1}{j\omega C_{b'e}}\right)=I_b(j\omega)\frac{r_{b'e}}{1+j\omega r_{b'e}C_{b'e}}$$

$$\beta(j\omega)\approx\frac{g_m U_{b'e}(j\omega)}{I_b(j\omega)}=\frac{\beta_0}{1+j\omega r_{b'e}C_{b'e}}=\frac{\beta_0}{1+j\dfrac{\omega}{\omega_\beta}}=\frac{\beta_0}{1+j\dfrac{f}{f_\beta}}$$

$$=\left|\beta(j\omega)\right|\angle\varphi(j\omega)=\frac{\beta_0}{\sqrt{1+\left(\dfrac{f}{f_\beta}\right)^2}}\angle\varphi(j\omega) \tag{7.2.2}$$

式中，

$$f_\beta=\frac{1}{2\pi C_{b'e}r_{b'e}} \qquad (\beta(j\omega)\ 的上限频率) \tag{7.2.3}$$

2. 特征频率 f_T

特征频率 f_T 的定义是 $\left|\beta(j\omega)\right|$ 下降到 1 所对应的频率，如图 7.2.2 所示。当 $f=f_T$ 时，

$$\left|\beta(jf_T)\right|=\frac{\beta_0}{\sqrt{1+\left(\dfrac{f_T}{f_\beta}\right)^2}}=1$$

得

$$f_T = \beta_0 f_\beta = \frac{\beta_0}{2\pi C_{b'e} r_{b'e}} \approx \frac{1}{2\pi C_{b'e} r_e} \gg f_\beta \tag{7.2.4}$$

根据上式，已知 f_T，就可以算出 $C_{b'e}$。例如，$f_T = 300$ MHz，$r_e = 20$ Ω，则 $C_{b'e} \approx 27$ pF。为了保证实际电路在较高工作频率时仍有较大的电流放大系数，必须选择管子的 f_T $> 3f_{max}$ 左右（f_{max} 为信号的最高工作频率）。一般晶体管手册中都会给出 f_T 的数据，大约为几百兆赫至几千兆赫。晶体管的共基电流放大倍数的上限频率 $f_\alpha \approx f_T$。

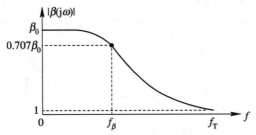

图 7.2.2　$|\beta(j\omega)|$ 与频率 f 的关系曲线及 f_T 的定义

7.3　共射放大器的高频响应

这里首先考虑管子内部极间电容的影响。

7.3.1　共射放大器的高频小信号等效电路

图 7.3.1(a)所示的共射放大器的高频小信号等效电路如图 7.3.1(b)所示。该电路中 $C_{b'c}$ 跨接在输入回路和输出回路之间，使高频响应的估算变得复杂化，所以首先应用密勒定理将其做单向化近似。

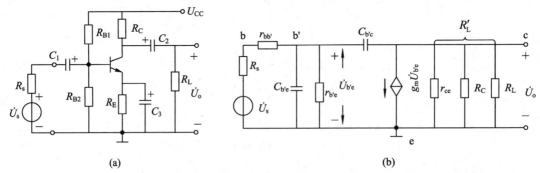

图 7.3.1　共射放大器及高频小信号等效电路

(a) 电路；(b) 高频小信号等效电路

7.3.2　密勒定理以及高频等效电路的单向化模型

密勒定理给出了网络的一种等效变换关系，它可以将跨接在网络输入端与输出端之间的阻抗分别等效为并接在输入端与输出端的阻抗。

如图 7.3.2 所示，阻抗 Z 跨接在网络 N 的输入端与输出端之间，则等效到输入端的阻抗 Z_1 为

$$Z_1 = \frac{U_1}{I_1} = \frac{U_1}{\dfrac{U_1 - U_2}{Z}} = \frac{Z}{1 - \dfrac{U_2}{U_1}} = \frac{Z}{1 - A'_u} \qquad (7.3.1)$$

等效到输出端的阻抗 Z_2 为

$$Z_2 = \frac{U_2}{I_2} = \frac{U_2}{\dfrac{U_2 - U_1}{Z}} = \frac{A'_u}{A'_u - 1} Z \approx Z \qquad (7.3.2)$$

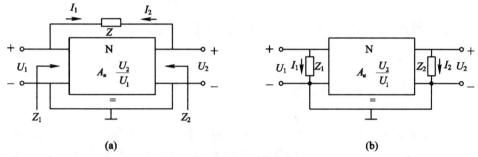

图 7.3.2　密勒等效

（a）原电路；（b）等效后的电路

将密勒等效原理应用到图 7.3.1(b) 中，令 $Z = \dfrac{1}{\mathrm{j}\omega C_{b'c}}$，则

$$Z_1 = \frac{Z}{1 - A_u} = \frac{1}{\mathrm{j}\omega C_{b'c}(1 - A_u)} = \frac{1}{\mathrm{j}\omega C_M} \qquad (7.3.3)$$

$$Z_2 \approx Z = \frac{1}{\mathrm{j}\omega C_{b'c}} \qquad (7.3.4)$$

根据图 7.3.1(b)，电压增益

$$A'_u = \frac{U_o}{U_{b'e}} = - g_m R'_L$$

得 $C_{b'c}$ 等效到输入端的电容 C_M 为

$$C_M = C_{b'c}(1 - A'_u) = C_{b'c}(1 + g_m R'_L) \gg C'_{bc} \qquad (7.3.5)$$

可见，由于共射放大器的电压增益 A'_u 为负值，且较大，导致 C_M 比 $C_{b'c}$ 增大了许多倍（称为密勒倍增效应），所以其影响不可忽视。而 $C_{b'c}$ 等效到输出端的电容没有增大，因为 $C_{b'c}$ 本身很小，故影响可忽略不计。密勒等效的单向化模型如图 7.3.3(a) 所示。利用戴维南定理将输入回路进一步简化为图 7.3.3(b)，图中

$$C_i = C_{b'e} + C_M = C_{b'e} + (1 + g_m R'_L)C_{b'c}$$

$$R'_s = r_{b'e} \; /\!/ \; (R_s + r_{b'b})$$

$$U'_s = \frac{r_{b'e}}{R_s + r_{b'b} + r_{b'e}} U_s = \frac{r_{b'e}}{R_s + r_{be}} U_s$$

由图 7.3.3(b) 可知，输入回路也是一阶 RC 低通网络，$\omega \uparrow \Rightarrow U_{b'e} \downarrow \Rightarrow U_o \downarrow \Rightarrow A_{us}(\mathrm{j}\omega) \downarrow$，利用图 7.3.3(b) 单向化简化模型，我们很快可以估算出由管子内部电容引入的频率响应和上限频率 f_{H1}。

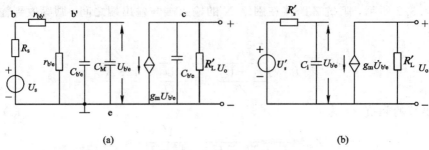

图 7.3.3　密勒等效的单向化模型及其简化电路

(a) 单向化模型；(b) 简化电路

7.3.3　管子内部电容引入的频率响应和上限频率 f_{H1}

源电压放大倍数为

$$A_{us}(\mathrm{j}\omega)=\frac{U_o(\mathrm{j}\omega)}{U_s(\mathrm{j}\omega)}=\frac{A_{uIs}}{1+\mathrm{j}\dfrac{\omega}{\omega_{H1}}} \tag{7.3.6}$$

式中：A_{uIs} 为中频区源电压放大倍数，由于电容对中频电压放大倍数没有影响，故 A_{uIs} 值与以前计算的完全相同；ω_{H1} 是由 C_i 引入的上限角频率，其值取决于时常数 $\tau_{H1}=R_s'C_i$，即

$$\omega_{H1}=2\pi f_{H1}=\frac{1}{R_s'C_i}=\frac{1}{\tau_{H1}} \tag{7.3.7}$$

其幅频特性和相频特性分别为

$$|A_{us}(\mathrm{j}\omega)|=\frac{|A_{uIs}|}{\sqrt{1+\left(\dfrac{\omega}{\omega_{H1}}\right)^2}} \tag{7.3.8}$$

$$\varphi_1(\mathrm{j}\omega)=-180°-\arctan\left(\frac{\omega}{\omega_{H1}}\right) \tag{7.3.9}$$

由 C_i 引入的附加相移 $\Delta\varphi_1(\mathrm{j}\omega)$ 为

$$\Delta\varphi_1(\mathrm{j}\omega)=-\arctan\left(\frac{\omega}{\omega_{H1}}\right) \tag{7.3.10}$$

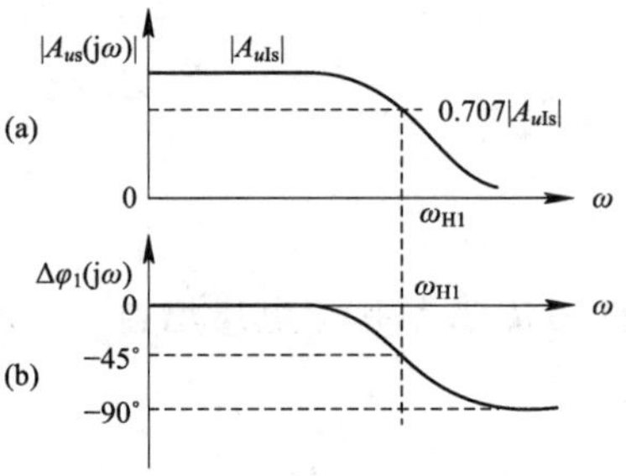

图 7.3.4　由管子内部电容引起的共射放大器的高频响应

(a) 幅频特性；(b) 相频特性

当 $\omega=\omega_{H1}$，$|A_{us}(\mathrm{j}\omega_{H1})|=\dfrac{A_{uIs}}{\sqrt{2}}=0.707A_{uIs}$，

$\Delta\varphi_1(\mathrm{j}\omega_{H1})=-45°$，频率进一步升高时，附加相移趋向$-90°$。由管子内部电容引起的共射放大器的高频响应如图 7.3.4 所示。

7.3.4　负载电容 C_L 引入的上限频率 $\omega_{H2}(f_{H2})$

影响高频区频率响应的因素有两个：管子内部的极间电容和负载电容(包括电路的分布电容)。现在仅考虑负载电容 C_L 对高频响应的影响。如图 7.3.5(a)所示，在高频区，电容 C_1、C_2、C_E 均可视为交流短路，对高频响应不产生影响，那么可画出如图 7.3.5(b)的输出回路等效电路，随着频率升高，C_L 的容抗减小，输出电压 $U_o(\mathrm{j}\omega)$ 减小，导致高频电压放大倍数 $A_u(\mathrm{j}\omega)$ 下降。

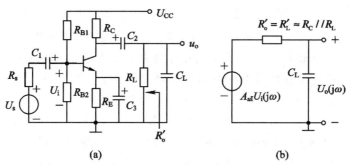

图 7.3.5　仅考虑负载电容 C_L 对高频响应的电路

(a) 共射放大器电路；(b) 输出回路等效电路

由图 7.3.5 可见，C_L 对中频、低频放大倍数均无影响，而由它引入的输出回路高频时常数 τ_{H2} 及上限角频率 ω_{H2} 分别为

$$\tau_{H2} = C_L R_L' = C_L(R_C \mathbin{//} R_L), \qquad \omega_{H2} = \frac{1}{\tau_{H2}} = \frac{1}{C_L(R_C \mathbin{//} R_L)} \tag{7.3.11}$$

可见，C_L、R_C、R_L 越大，上限角频率 ω_{H2} 越低，频带越窄。若 $C_L = 30$ pF，$R_C = R_L = 2$ kΩ，则由 C_L 引入的上限频率 f_{H2} 为

$$f_{H2} = \frac{\omega_{H2}}{2\pi} = \frac{1}{2\pi C_L(R_C \mathbin{//} R_L)} = \frac{1}{2\pi \times 30 \times 10^{-12} \times (2 \times 10^3 \mathbin{//} 2 \times 10^3)} = 5.3 \text{ MHz}$$

图 7.3.6 给出了由负载电容 C_L 引入的振幅频率特性与附加相移示意图。

同时考虑管子内部电容和负载电容影响的高频响应为

$$A_{us}(j\omega) = \frac{U_o(j\omega)}{U_s(j\omega)} = \frac{A_{u\mathrm{Is}}}{\left(1 + j\dfrac{\omega}{\omega_{H1}}\right)\left(1 + j\dfrac{\omega}{\omega_{H2}}\right)} \tag{7.3.12}$$

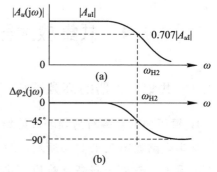

图 7.3.6　由 C_L 引入的频率特性

此时可分三种情况：

(1) 若 ω_{H1}、ω_{H2} 差不多大，则放大器总上限角频率按下式近似计算：

$$\omega_H \approx \frac{1}{\sqrt{\dfrac{1}{\omega_{H1}^2} + \dfrac{1}{\omega_{H2}^2}}} \tag{7.3.13}$$

可见，总上限角频率比其中任何一个都要低。

(2) 若 $\omega_{H1} \ll \omega_{H2}$，则

$$\omega_H \approx \omega_{H1} \tag{7.3.14a}$$

即管子内部电容对频响起决定性作用。

(3) 若 $\omega_{H2} \ll \omega_{H1}$，则

$$\omega_H \approx \omega_{H2} \tag{7.3.14b}$$

即负载电容起决定性作用。

【讨论】　通过以上分析，为设计宽带放大器提供了依据。

(1) 选择晶体管的依据。为了提高总的上限频率，必须减小输入回路时常数 $R_s' C_i$。所以在

选择晶体管时,要求 $r_{bb'}$ 小,$C_{b'e}$ 小(即 f_T 高),$C_{b'c}$ 小,特别是密勒等效电容 C_M 将 $C_{b'c}$ 的影响扩大了 $(1+g_mR_L')$ 倍,所以一定要选择 $C_{b'c}$ 小,而 f_T 高的晶体管作为宽带放大器的放大管。

(2) 关于信号源内阻 R_s。为了提高总的上限频率,要求信号源内阻 R_s 尽量小。如果信号源内阻较大,则建议在信号源和共射放大器之间插入一级射极跟随器作为隔离级,利用射随器的阻抗变换作用(R_i 大,R_o 小),将 R_s 的影响减小。

(3) 关于集电极负载电阻 R_C 的选择原则。R_C 增大,放大倍数随之增大。但 R_C 直接影响输入回路时常数和输出回路时常数。R_C 增大,密勒等效电容 C_M 随之增大,ω_{H1} 下降,而且输出电阻也随之增大,ω_{H2} 也将下降,高频特性变差。所以在宽带放大器中,集电极负载电阻 R_C 一般都是比较小的(几十欧姆至几百欧姆)。通常在电路参数选定之后,增益频带积 $G \cdot BW$ 基本上是一个常数。频带宽了,增益就小。增益和频带是一对矛盾。所以,选择 R_C 时应兼顾 A_{u1} 与 f_H 的要求。

(4) 尽量减小负载电容和分布电容以及输出电阻,从而减小输出回路时常数和提高上限频率。当今,随着工艺水平的提高,晶体管的 f_T 可以做到很高(达 GHz 量级),因此负载电容 C_L 对 f_H 的影响不可忽视。所以,要设法减小 C_L 及分布电容。在印制板(PCB)设计的布局、布线及元件选择中,都要设法减小分布电容。而且当负载电容 C_L 确实很大时,也要应用共集电路加以隔离。将共集电路插入到共射电路与负载之间,利用共集电路的输出电阻 R_o 特别小、带负载能力特别强这一特点,来减小 C_L 对高频响应所造成的不良影响。

7.4 共集放大器及共基放大器的高频响应

7.4.1 共集放大器的高频响应

1. 管子内部电容对高频响应的影响

共集电路如图 7.4.1(a)所示。图 7.4.1(b)中,我们有意将基区体电阻 $r_{bb'}$ 拉出来,并将 $C_{b'e}$ 及 $C_{b'c}$ 这两个对高频响应有影响的电容标于图中。与共射电路对比,我们有理由说,共集电路的高频响应比共射电路要好得多,即 $f_{H(CC)} \gg f_{H(CE)}$。

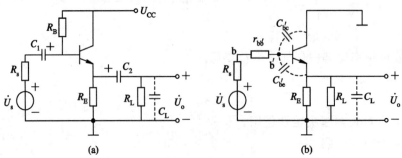

图 7.4.1 共集放大器高频响应的讨论

(a) 电路;(b) 高频交流通路及密勒等效

1) $C_{b'c}$ 的影响

由于共集电路集电极直接连接到电源 U_{CC},所以 $C_{b'c}$ 相当于接在内基极"b'"和"地"之间，不存在共射电路中的密勒倍增效应。因为 $C_{b'c}$ 本身很小（零点几皮法至几皮法），只要源电阻 R_s 及 $r_{bb'}$ 较小，$C_{b'c}$ 对高频响应的影响就很小。

2）$C_{b'e}$ 的影响

这是一个跨接在输入端与输出端的电容，利用密勒定理将其等效到输入端（如图 7.4.1（b）所示），则密勒等效电容 C_M 为

$$C_M = C_{b'e}(1 - A_u')$$

A_u' 为共集电路的电压增益是接近于 1 的正值，故 $C_M \ll C_{b'e}$。

可见，由于 $C_{b'e}$ 的密勒等效电容远小于 $C_{b'e}$ 本身（$C_M \approx 0$），故 $C_{b'e}$ 对高频响应的影响也很小。所以，共集电路的上限频率 f_{H1} 很高。理论上，共集电路的 f_{H1} 可接近于管子的特征频率 f_T。

同时我们可以看出，共集电路的输入电阻很大，而输入电容却很小，故对前级频响有好处。

2. 负载电容 C_L 对高频响应的影响

从负载电容看进去的等效输出电阻为

$$R_o' = \left[\left(\frac{R_s' + r_{be}}{1 + \beta} \right) /\!/ R_E /\!/ R_L \right] \approx \frac{R_s' + r_{be}}{1 + \beta} \tag{7.4.1}$$

负载电容 C_L 引入的高频时常数及上限频率分别为

$$\tau_{H2} = R_o' C_L, \quad f_{H2} = \frac{\omega_{H2}}{2\pi} = \frac{1}{2\pi \tau_{H2}} = \frac{1}{2\pi R_o' C_L} \approx \frac{1}{2\pi \dfrac{R_s' + r_{be}}{1 + \beta} C_L} \tag{7.4.2}$$

由于共集电路的输出电阻非常小，由 C_L 引入的上限频率很高，这再次表明了共集电路有很强的带负载电容的能力。

如图 7.4.2 所示，若 $R_s = 1\ \text{k}\Omega$，$R_E = R_L = 2\ \text{k}\Omega$，$r_{be} = 2.5\ \text{k}\Omega$，$\beta = 100$，$C_L = 30\ \text{pF}$，忽略偏置电阻的影响，则共集电路由 C_L 引入的上限频率很高，即

$$f_{H2} = \frac{\omega_{H2}}{2\pi} = \frac{1}{2\pi C_L \left(\dfrac{R_s + r_{be}}{1 + \beta} /\!/ R_E /\!/ R_L \right)} \approx \frac{1}{2\pi \times 30 \times 10^{-12} \left(\dfrac{1 + 2.5}{1 + 100} \right) \times 10^3} \approx 152\ \text{MHz}$$

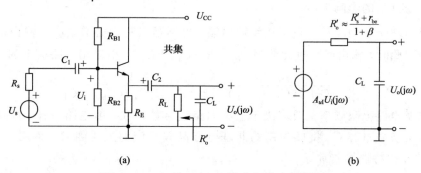

图 7.4.2 负载电容 C_L 对高频响应的影响

（a）电路；（b）与 C_L 相关的高频等效电路

7.4.2 共基放大器的高频响应

共基电路如图 7.4.3（a）所示，我们来考察晶体管电容 $C_{b'e}$ 和 $C_{b'c}$ 以及负载电容 C_L 对

高频响应的影响。

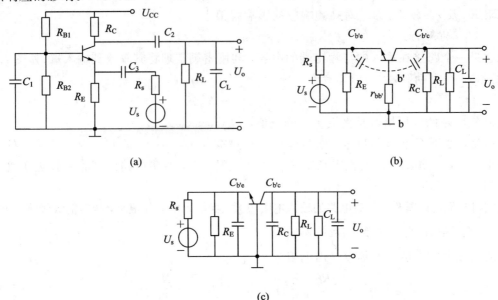

图 7.4.3　共基放大器高频响应的讨论

(a) 电路；(b) 交流通路及极间电容；(c) 忽略 $r_{bb'}$ 影响的高频交流通路

1. $C_{b'e}$ 的影响

图 7.4.3(a)电路的高频通路如图 7.4.3(b)所示，如果忽略 $r_{bb'}$ 的影响，该图又可等效为图 7.4.3(c)。由图 7.4.3(c)可见，$C_{b'e}$ 直接接于输入端，输入电容 $C_i = C_{b'e}$，不存在密勒倍增效应，且与 $C_{b'c}$ 无关。所以，共基电路的输入电容比共射电路的小得多。而且共基电路的输入电阻 $R_i \approx r_e = 26\ \mathrm{mV}/I_{CQ}$，也非常小，因此，共基电路输入回路的时常数很小，$f_{H1}$ 很高，如式(7.4.3)所示，f_{H1} 约等于管子的特征频率 f_T。

$$f_{H1} = \frac{1}{2\pi R_p C_{b'e}} \approx \frac{1}{2\pi(r_e \mathbin{/\!/} R_E \mathbin{/\!/} R_s)C_{b'e}} \approx \frac{1}{2\pi r_e C_{b'e}} = f_T \tag{7.4.3}$$

2. $C_{b'c}$ 及 C_L 的影响

如图 7.4.3(c)所示，$C_{b'c}$ 直接接到输出端，也不存在密勒倍增效应。输出端总电容为 $(C_{b'c} + C_L)$。此时，输出回路时常数为 $\tau_{H2} = R_o'(C_{b'c} + C_L)$，由输出回路决定的 f_{H2} 为

$$f_{H2} = \frac{1}{2\pi R_o'(C_{b'c} + C_L)} = \frac{1}{2\pi(R_C \mathbin{/\!/} R_L)(C_{b'c} + C_L)} \tag{7.4.4}$$

所以说，共基电路上限频率主要取决于输出回路时常数，与共射电路一样，承受容性负载的能力较差，负载电容 C_L 将成为制约共基电路高频响应的主要因素。而对于纯阻负载，共基电路的高频特性将非常好。

7.4.3　三种电路高频响应对比及组合电路在展宽频带中的应用

表 7.4.1 给出了三种电路高频响应的对比，共射放大器功率放大能力最强，作为主放大器，但频率响应最差，共集放大器电压增益为 1，而频率响应很好，共基放大器电流增益为 1，管子本身频率响应也很好，但负载电容对频响影响较大(这点与共射相同)。

表 7.4.1 三种基本放大电路高频响应的对比

共射放大器	共集放大器	共基放大器
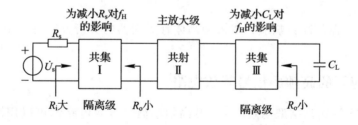		
$\omega_{H1}=\dfrac{1}{R_s'C_i}$ $R_s'=(R_s+r_{bb'})//r_{b'e}$ $C_i=C_{b'c}(1+g_mR_L')+C_{b'e}$ $\omega_{H2}=\dfrac{1}{(R_C//R_L)C_L}$	$\omega_{H1}\approx\omega_T$ $\omega_{H2}=\dfrac{1}{R_o'C_L}$ $R_o'=R_o//R_E//R_L$ $R_o=\dfrac{R_s+r_{be}}{1+\beta}$	$\omega_{H1}\approx\dfrac{1}{r_eC_{b'e}}=\omega_T\approx\omega_\alpha$ $\omega_{H2}=\dfrac{1}{R_o'C_L}=\dfrac{1}{(R_C//R_L)C_L}$

利用三种基本放大电路高频响应的特点组成组合电路，可以保证增益大小不变而展宽了频带。

1. 共集—共射—共集组合

如图 7.4.4 所示，该电路展宽频带的特点为：共集作为输入级，减小了源内阻过大对共射输入回路高频特性的影响；共集作为输出级，提高了放大器带容性负载 C_L 等的能力。

图 7.4.4 展宽频带组合电路之一——共集—共射—共集组合

2. 共射—共基组合

如图 7.4.5 所示，共射—共基放大器级联，其总放大倍数与单级共射电路的是相同的，共基电路仅仅起了电流接续器的作用（$i_{C1}\approx i_{C2}$），但是总的高频响应将得到一定的改善。这是因为，共基电路的输入阻抗将作为共射电路的集电极负载。由于共基电路输入阻抗 R_{i2} 很小（$\approx r_{e2}=26\ mV/I_{C2Q}$），所以共射电路 $C_{b'c}$ 的密勒倍增电容 $C_M\approx(1+g_mr_e)C_{b'c}$ 将很小，所以有利于减小共射电路输入回路时常数，从而有利于提高共射放大器的 f_H。因此，共射—共基级联被广泛应用于集成宽带放大器中。

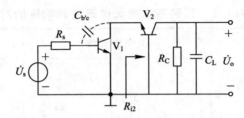

图 7.4.5 共射—共基级联有利于提高整体上限频率及展宽频带

图 7.4.6 给出了单片集成芯片 CA3040 的原理图,该电路由两级组成:第一级为带恒流源的共射—共基差分放大器,双端输入双端输出,输入为复合管;第二级为共集放大器,总带宽 BW＝55 MHz。

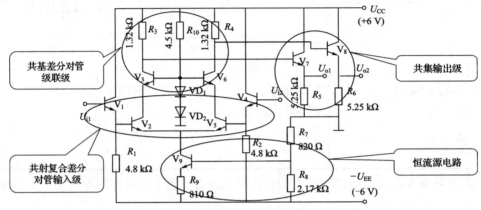

图 7.4.6 单片集成宽带放大器 CA3040 的原理图(带宽 BW＝55 MHz)

7.5 场效应管放大器的高频响应

场效应管放大器的高频响应与双极型晶体管放大器的分析方法是完全相似的,其结果也完全相似。

7.5.1 场效应管的高频小信号等效电路

无论是 MOS 管还是结型场效应管,其高频小信号等效电路都可以用图 7.5.1 所示的模型表示。

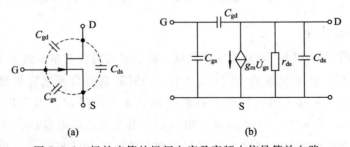

(a) (b)

图 7.5.1 场效应管的极间电容及高频小信号等效电路

(a) 场效应管的极间电容;(b) 场效应管的高频小信号等效电路

图 7.5.1 中，C_{gs} 表示栅、源间的极间电容，C_{gd} 表示栅、漏间的极间电容，C_{ds} 表示漏、源间的极间电容。在 MOS 管中，衬底与源极相连，所以栅极与衬底间的电容可以归纳到 C_{gs} 中，漏极与衬底间的电容也可归纳到 C_{ds} 中。这三个极间电容对场效应管放大器的高频响应将产生不良影响。

7.5.2　场效应管放大器的高频响应

典型的场效应管共源放大器电路如图 7.5.2(a)所示，其高频小信号等效电路如图 7.5.2(b)所示。

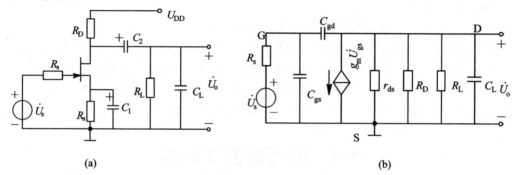

(a)

(b)

图 7.5.2　场效应管放大器及其高频小信号等效电路

(a) 放大电路；(b) 等效电路

由图 7.5.2(b)可见，C_{gd} 是跨接在放大器输入端和输出端之间的电容。应用密勒定理做单向化处理，可将 C_{gd} 分别等效到输入端(用 C_M 表示)和输出端(用 C'_M 表示)，如图 7.5.3 所示。

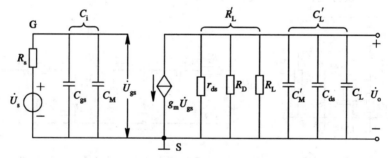

图 7.5.3　场效应管放大器单向化模型

图 7.5.3 中，

$$C_M \approx C_{gd}(1 + g_m R'_L) \tag{7.5.1}$$

$$C'_M \approx C_{gd} \tag{7.5.2}$$

有了单向化模型，我们很容易得到增益的高频表达式：

$$A_u(j\omega) = \frac{\dot{U}_o}{\dot{U}_s} = \frac{-g_m R'_L}{(1 + j\omega R_s C_i)(1 + j\omega R'_L C'_L)} = \frac{A_{uIs}}{\left(1 + j\dfrac{\omega}{\omega_{H1}}\right)\left(1 + j\dfrac{\omega}{\omega_{H2}}\right)} \tag{7.5.3}$$

式中：

$$A_{uIs} = -g_m R'_L \quad (\text{中频增益}) \tag{7.5.4}$$

$$\omega_{H1} = \frac{1}{R_s C_i} \quad \text{(输入回路时常数引入的上限角频率)} \tag{7.5.5}$$

$$\omega_{H2} = \frac{1}{R'_L C'_L} \quad \text{(输出回路时常数引入的上限角频率)} \tag{7.5.6}$$

总的上限频率为

$$f_H = \frac{\omega_H}{2\pi} = \frac{1}{2\pi}\sqrt{\frac{1}{\dfrac{1}{\omega_{H1}^2} + \dfrac{1}{\omega_{H2}^2}}} \tag{7.5.7}$$

上述分析结果显示：

(1) 要提高 f_H，必须选择 C_{gs}、C_{gd}、C_{ds} 小的管子。

(2) f_H 高和 A_{uls} 大是一对矛盾，所以在选择 R_D 时要兼顾 f_H 和 A_{uls} 的要求。

(3) 由于 $C_i = C_{gs} + C_M$ 的存在，希望有恒压源激励，即要求源电阻 R_s 小。

(4) 尽量减小负载电容、分布电容和输出电阻，以减小输出回路时常数。

共漏电路、共栅电路的高频响应分析方法和晶体管电路的十分相似，在此不予重复。

7.6 低频区频率响应

如图 7.6.1 所示，当频率较高时，隔直(耦合)电容 C_1、C_2，旁路电容 C_E 的容抗都很小，故在以前的分析计算中都视为"交流短路"，但当频率很低时，容抗增大，其上的交流压降再也不能忽略，就会导致放大倍数下降，并产生附加相移。作为工程估算，下面分别讨论三个电容对低频特性的影响，其模型如图 7.6.1 所示。

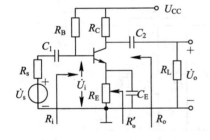 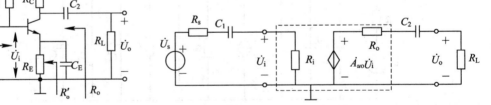

图 7.6.1　阻容耦合放大器　　　图 7.6.2　阻容耦合放大器低频模型(暂不考虑 C_E 的影响)

1. 输出耦合电容 C_2 的影响

如图 7.6.2 所示，输出回路是一个一阶 RC 高通电路，当频率下降时，有

$$\omega \downarrow \Rightarrow Z_{C_2} = \frac{1}{j\omega C_2} \uparrow \Rightarrow U_o(j\omega) \downarrow \Rightarrow A_u(j\omega) \downarrow$$

$$A_u(j\omega) = \frac{U_o(j\omega)}{U_i(j\omega)} = \frac{R_L}{R_o + R_L + \dfrac{1}{j\omega C_2}} A_{uo} = \frac{R_L}{R_o + R_L} \times \frac{1}{1 + \dfrac{1}{j\omega C_2(R_o + R_L)}} \times A_{uo}$$

$$= \frac{A_{ul}}{1 - j\dfrac{\omega_{L2}}{\omega}} = |A_u(j\omega)| \angle \varphi(j\omega) \tag{7.6.1}$$

式中：

$$\omega_{L2} = \frac{1}{\tau_{L2}} = \frac{1}{C_2(R_o + R_L)} \quad (C_2 \text{ 引入的下限角频率}) \tag{7.6.2}$$

$$A_{uI} = \frac{R_L}{R_o + R_L} A_{uo} = -\frac{R_L}{R_o + R_L}|A_{uo}| = -|A_{uI}| \quad (\text{中频增益}) \tag{7.6.3}$$

$$|A_u(j\omega)| = \frac{|A_{uI}|}{\sqrt{1 + \left(\dfrac{\omega_{L2}}{\omega}\right)^2}} \quad (\text{低频区增益模值}) \tag{7.6.4}$$

$$\varphi(j\omega) = -180° + \Delta\varphi(j\omega) = -180° + \arctan\frac{\omega_{L2}}{\omega} \quad (\text{低频区增益相移}) \tag{7.6.5}$$

其中，$-180°$ 表示共射电路输入、输出反相，$\Delta\varphi(j\omega) = \arctan\dfrac{\omega_{L2}}{\omega}$ 为 C_2 引入的附加相移。图 7.6.3 给出由 C_2 引起的低频响应。

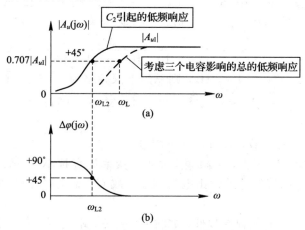

图 7.6.3 由 C_2 引起的低频响应

(a) 振幅频率响应；(b) 相位频率响应

2. 输入耦合电容 C_1 的影响

由图 7.6.2 可见，当频率 ω 下降时，$Z_{C_1} = \dfrac{1}{j\omega C_1}$ 增大，$U_i(j\omega)$ 将减小，导致低频放大倍数下降，类似前面的分析可知，输入回路低频时常数 τ_{L1} 为

$$\tau_{L1} = C_1(R_s + R_i) \tag{7.6.6}$$

故由 C_1 引入的下限角频率 ω_{L1} 为

$$\omega_{L1} = \frac{1}{\tau_{L1}} = \frac{1}{C_1(R_s + R_i)} \tag{7.6.7}$$

3. 射极旁路电容 C_E 的影响

按照同样的分析，只要找出与电容 C_E 所关联的电阻，然后求出对应的时常数 τ_{L3}，即可得到由电容 C_E 引入的下限角频率 ω_{L3}。

时常数 τ_{L3} 为

$$\tau_{L3} = C_E \times R_o' = C_E \times \left[R_E \mathbin{/\mkern-5mu/} \frac{R_s + r_{be}}{1+\beta}\right] \approx C_E\left(\frac{R_s + r_{be}}{1+\beta}\right) \tag{7.6.8}$$

故由电容 C_E 引入的下限频率 ω_{L3} 为

$$\omega_{L3} = \frac{1}{\tau_{L3}} = \frac{1}{C_E \left(\dfrac{R_s + r_{be}}{1 + \beta} \right)} \qquad (7.6.9)$$

由于射极输出电阻 $(R_s + r_{be})/(1 + \beta)$ 很小，故 C_E 就要很大。

4. 由 C_1、C_2、C_E 三个电容引入的总的下限角频率 ω_L

根据近似公式计算，总的下限角频率 ω_L 为

$$\omega_L \approx \sqrt{\omega_{L1}^2 + \omega_{L2}^2 + \omega_{L3}^2} \qquad (7.6.10)$$

总的下限频率 f_L 为

$$f_L = \frac{\omega_L}{2\pi} \quad (\text{Hz})$$

可见，总的下限角频率 ω_L 比其中任何一个都要高，如图 7.6.3(a) 中虚线所示。

【例 7.6.1】 若图 7.6.1 中，$R_s = 1 \text{ k}\Omega$，$R_i = 2 \text{ k}\Omega$，$R_C = 3 \text{ k}\Omega$，$R_L = 5 \text{ k}\Omega$，$C_1 = C_2 = 10 \text{ }\mu\text{F}$，$C_E = 100 \text{ }\mu\text{F}$，$\beta = 100$，$r_{be} = 2.5 \text{ k}\Omega$，则下限频率为

$$f_{L1} = \frac{1}{2\pi C_1 (R_s + R_i)} = \frac{1}{2\pi \times 10 \times 10^{-6} \times (1 + 2) \times 10^3} \approx 5.3 \text{ Hz}$$

同理算出，$f_{L2} \approx 2 \text{ Hz}$，$f_{L3} = 45.5 \text{ Hz}$，则总的下限频率为

$$f_L \approx \sqrt{5.3^2 + 2^2 + 45.5^2} \approx 50 \text{ Hz}$$

【讨论】

(1) 只要求出低频时常数，就可得到下限频率。

(2) 电容 C_1、C_2、C_E 越大，下限频率越低，频率失真越小，一般 C_1、C_2 取几十微法的电解电容，由于 C_E 两端的等效输出电阻很小，故 C_E 要比 C_1、C_2 大很多，一般取几百微法，甚至上千微法。

(3) 输入电阻越大，下限频率越低，如将 C_E 去掉，不仅 $\omega_{L3} = 0$，且 ω_{L1} 也小很多。

图 7.6.4 给出了一个阻容耦合放大器频率响应的虚拟仿真实验，供读者参考。

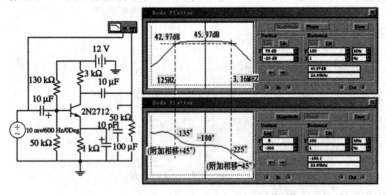

图 7.6.4　一个阻容耦合放大器频率响应的虚拟仿真实验

7.7　多级放大器的频率响应

如果放大器由多级级联而成，那么，总增益为

$$A_u(j\omega) = A_{u1}(j\omega)A_{u2}(j\omega)\cdots A_{un}(j\omega) = \prod_{k=1}^{n} A_{uk}(j\omega) \qquad (7.7.1)$$

取对数，幅频特性为

$$20\lg|A_u(j\omega)| = 20\lg|A_{u1}(j\omega)| + 20\lg|A_{u2}(j\omega)| + \cdots + 20\lg|A_{un}(j\omega)|$$

$$= \sum_{k=1}^{n} 20\lg|A_{uk}(j\omega)| \qquad (7.7.2)$$

相频特性为

$$\varphi(j\omega) = \varphi_1(j\omega) + \varphi_2(j\omega) + \cdots + \varphi_k(j\omega) = \sum_{k=1}^{n} \varphi_k(j\omega) \qquad (7.7.3)$$

可见，多级放大器的对数幅频特性为各级对数幅频特性之和，总相移等于各级相移相加。

1. 多级放大器的上限频率 f_H

设单级放大器的增益表达式为

$$A_{uk}(j\omega) = \frac{A_{uIk}}{1 + j\dfrac{\omega}{\omega_{H_k}}}$$

则多级放大器的增益 $A_u(j\omega)$ 为

$$A_u(j\omega) = \frac{A_{uI1}}{1 + j\dfrac{\omega}{\omega_{H1}}} \times \frac{A_{uI2}}{1 + j\dfrac{\omega}{\omega_{H2}}} \times \cdots \times \frac{A_{uIn}}{1 + j\dfrac{\omega}{\omega_{Hn}}} \qquad (7.7.4)$$

模值

$$|A_u(j\omega)| = \frac{|A_{uI}|}{\sqrt{\left[1 + \left(\dfrac{\omega}{\omega_{H1}}\right)^2\right]\left[1 + \left(\dfrac{\omega}{\omega_{H2}}\right)^2\right]\cdots\left[1 + \left(\dfrac{\omega}{\omega_{Hn}}\right)^2\right]}} \qquad (7.7.5)$$

相角

$$\Delta\varphi(j\omega) = -\arctan\left(\frac{\omega}{\omega_{H1}}\right) - \arctan\left(\frac{\omega}{\omega_{H2}}\right) \cdots \arctan\left(\frac{\omega}{\omega_{Hn}}\right) \qquad (7.7.6)$$

式中，$|A_{uI}| = |A_{uI1}||A_{uI2}|\cdots|A_{uIn}|$，为多级放大器中频增益。

令

$$A_u(j\omega_H) = \frac{|A_{uI}|}{\sqrt{2}}$$

则

$$\left[1 + \left(\frac{\omega_H}{\omega_{H1}}\right)^2\right]\left[1 + \left(\frac{\omega_H}{\omega_{H2}}\right)^2\right]\cdots\left[1 + \left(\frac{\omega_H}{\omega_{Hn}}\right)^2\right] = 2 \qquad (7.7.7)$$

解该方程，忽略高次项，可得多级放大器的上限角频率的近似表达式为

$$\omega_H \approx \frac{1}{\sqrt{\dfrac{1}{\omega_{H1}^2} + \dfrac{1}{\omega_{H2}^2} + \cdots + \dfrac{1}{\omega_{Hn}^2}}} \qquad (7.7.8)$$

若各级上限频率相等，即 $\omega_{H1} = \omega_{H2} = \cdots = \omega_{Hn}$，则根据式(7.7.7)得

$$\omega_H \approx \sqrt{2^{\frac{1}{n}} - 1} \cdot \omega_{H1} \qquad (7.7.9)$$

对于多级阻容耦合放大器级联，总的下限角频率与各级下限角频率的关系式为

$$\omega_L \approx \sqrt{\omega_{L1}^2 + \omega_{L2}^2 + \cdots + \omega_{Ln}^2} \qquad (7.7.10)$$

通过以上分析可以得出下述结论：

（1）多级放大器总的上限频率 f_H 比其中任何一级的上限频率 f_{Hk} 都要低，而下限频率 f_L 比其中任何一级的下限频率 f_{Lk} 都要高。也就是说，多级放大器总的放大倍数增大了，但总的通频带$(f_H - f_L)$变窄了。

（2）在设计多级放大器时，必须保证每一级的通频带都比总的通频带宽。例如，一个四级放大器的总通频带要求为 300 Hz～3.4 kHz（电话传输所需带宽），若每级通频带都相同，则每级放大器的上限频率为 3.4 kHz$/\sqrt{2^{\frac{1}{4}} - 1} = 7.8$ kHz，而下限频率应为 300 Hz$/\sqrt{2^{\frac{1}{4}} - 1} = 130$ Hz。

（3）如果各级通频带不同，则总的上限频率基本上取决于最低的一级。所以要增大总的上限频率 f_H，尤其要注意提高上限频率最低的那一级 f_{Hi}，因为它对总 f_H 起了主导作用，一般称为"主极点"频率，该频率决定了多级放大器的总带宽。

集成运算放大器是高增益的直接耦合多级放大器，图 7.7.1 给出了低速运放 OP07 的开环幅频特性（虚拟仿真实验），可见其下限频率 $f_L = 0$，低频增益 $A_u = 114$ dB，上限频率 $f_H = 1.22$ Hz，很低。表 7.7.1 给出了两个高速运放的开环幅频特性及相频特性，供读者参考。

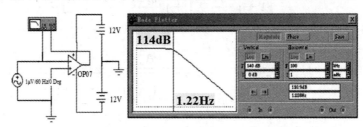

图 7.7.1　低速运放 OP07 的开环幅频特性

表 7.7.1　两个高速运放的开环幅频特性及相频特性

型号	供电电压	开环增益	主极点频率（开环带宽）	增益带宽积	闭环带宽	压摆率
OPA842	±6 V	115 dB	355 Hz	200 MHz	20 MHz$(G=10)$	400 V/μs
OPA843	±6 V	118 dB	1 kHz	800 MHz	80 MHz$(G=10)$	1000 V/μs

OPA842

OPA843

7.8 建立时间 t_r 与上限频率 f_H 的关系

建立时间 t_r 是一个暂态指标，它表征放大器对快速变化信号的反应能力。放大器高频响应的模型可等效为一阶 RC 低通网络，如图 7.8.1 所示。若输入为阶跃信号，则输出响应为一指数上升的信号（如式（7.8.1）所示）。

$$u_o(t) = (1 - e^{-\frac{1}{RC}})U_{om} \tag{7.8.1}$$

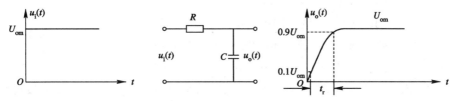

图 7.8.1 一阶 RC 低通网络的阶跃响应

建立时间 t_r 的定义为：输出信号 $u_o(t)$ 从 $10\%U_{om}$ 上升到 $90\%U_{om}$ 所需的时间。根据式（7.8.1）可得

$$t_r = 2.2\tau_H = 2.2RC \tag{7.8.2}$$

而对应图 7.8.1 的一阶 RC 低通网络的稳态指标上限频率 f_H 为

$$f_H = \frac{1}{2\pi\tau_H} = \frac{1}{2\pi RC} \tag{7.8.3}$$

故建立时间 t_r 与上限频率 f_H 的关系为

$$f_H = \frac{0.35}{t_r} \tag{7.8.4}$$

式（7.8.4）将暂态指标与稳态指标联系起来，知道上限频率，便可知道建立时间，反之亦然。建立时间 t_r 与上限频率 f_H 从不同角度描述放大器的性能，"快速"与"高频"是必然有着内在联系的。

习　　题

7-1　已知某放大器的频率特性表达式为 $A(j\omega) = \dfrac{200 \times 10^6}{j\omega + 10^6}$，试求该放大器的中频增益、上限频率及增益频带积。

7-2　已知某晶体管电流放大倍数的频率特性波特图如图 P7-1 所示，试写出 β 的频率特性表达式，分别指出该管的 f_β、f_T 各为多少，并画出其相频特性的渐近波特图。

7-3　已知某放大器的频率特性表达式为

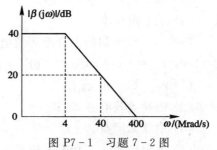

图 P7-1　习题 7-2 图

$$A(j\omega) = \frac{10^{13}(j\omega + 100)}{(j\omega + 10^6)(j\omega + 10^7)}$$

(1) 试画出该放大器的幅频特性及相频特性渐近波特图;

(2) 确定其中频增益及上限频率的大小。

7-4 一放大器的中频增益 $A_{u1} = 40$ dB,上限频率 $f_H = 2$ MHz,下限频率 $f_L = 100$ Hz,输出不失真的动态范围为 $U_{opp} = 10$ V,在下列各种输入信号情况下会产生什么失真?

(1) $u_i(t) = 0.1\sin(2\pi \times 10^4 t)$ (V);

(2) $u_i(t) = 10\sin(2\pi \times 3 \times 10^6 t)$ (mV);

(3) $u_i(t) = 10\sin(2\pi \times 400t) + 10\sin(2\pi \times 10^6 t)$ (mV);

(4) $u_i(t) = 10\sin(2\pi \times 10t) + 10\sin(2\pi \times 5 \times 10^4 t)$ (mV);

(5) $u_i(t) = 10\sin(2\pi \times 10^3 t) + 10\sin(2\pi \times 10^7 t)$ (mV)。

7-5 分相器电路如图 P7-2 所示,该电路的特点是,在集电极和发射极可输出一对等值反相的信号。现有一容性负载,若将其分别接到集电极和发射极,则由此引入的上限频率各为多少?(不考虑晶体管内部电容的影响。)

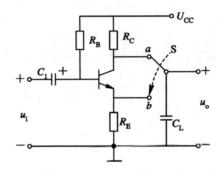

图 P7-2 习题 7-5 图

7-6 有一放大器的传递函数为

$$A_u(j\omega) = \frac{-1000}{\left(1 + j\dfrac{\omega}{10^7}\right)^3}$$

(1) 求低频放大倍数 A_{uI};

(2) 求放大倍数绝对值 $|A_u(j\omega)|$ 及附加相移 $\Delta\varphi(j\omega)$ 的表达式;

(3) 画出幅频特性波特图;

(4) 求上限频率 f_H。

7-7 一放大器的混合型等效电路如图 P7-3 所示,其中,$R_s = 100\ \Omega$,$r_{bb'} = 100\ \Omega$,$\beta = 100$,$I_{CQ} = 1$ mA,$C_{b'c} = 2$ pF,$f_T = 300$ MHz,$R_C = R_L = 1$ kΩ,试求:

(1) $r_{b'e}$、$C_{b'e}$ 和 g_m;

(2) 密勒等效电容 C_M;

(3) 中频源增益 A_{uIs};

(4) 上限频率 f_{H1} 和附加相移 $\Delta\varphi(jf_{H1})$。

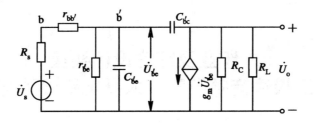

图 P7-3 习题 7-7 图

7-8 放大电路如图 P7-4(a)所示，已知晶体管参数 $\beta=100$，$r_{bb'}=100\ \Omega$，$r_{b'e}=2.6\ k\Omega$，$C_{b'e}=60\ pF$，$C_{b'c}=4\ pF$，$R_B=500\ k\Omega$，源电阻 $R_s=100\ \Omega$，要求的频率特性如图 P7-4(b)所示，试求：

(1) R_C 的值；（提示：首先满足中频增益的要求。）

(2) C_1 的值；

(3) f_H 的值。

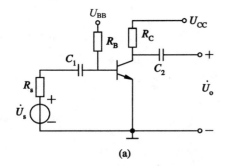
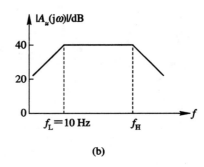

图 P7-4 习题 7-8 图

7-9 放大电路如图 P7-5 所示，要求下限频率 $f_L=10\ Hz$。若假设 $r_{be}=2.6\ k\Omega$，且 C_1、C_2、C_3 对下限频率的贡献是一样的，试分别确定 C_1、C_2、C_3 的值。

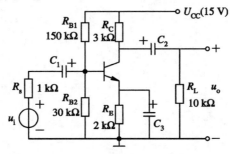

图 P7-5 习题 7-9 图

7-10 在图 P7-5 中，若下列参数变化，对放大器性能有何影响（指工作点 I_{CQ}、A_{uI}、R_i、R_o、f_H、f_L 等）？

(1) R_L 变大；

(2) 负载电容 C_L 变大；

(3) R_E 变大；

(4) C_1 变大。

大作业及综合设计实验
——三极管音频电压放大器电路设计与仿真

任务及要求

(1) 采用三极管设计并制作一个音频电压放大电路，负载阻抗为 600 Ω(一端接地)，输入电阻大于 10 kΩ；

(2) 电压增益为 40 dB，输入信号为 $40\sin\omega t$ (mV)；

(3) −3dB 通频带为 20 Hz~20 kHz，输出波形无明显失真。

第八章

反　馈

　　反馈理论及反馈技术在自动控制、信号处理、电子电路及电子设备中有着十分重要的作用。在放大器中，负反馈作为改善性能的重要手段而备受重视。

　　本章将对负反馈放大器作进一步的讨论，以便读者能更深入地了解反馈的基本概念及负反馈对放大器性能的影响，正确地辨识反馈电路类型，掌握深度负反馈条件下电路的分析计算，并能根据实际需要运用反馈电路来改善放大器的某些性能。

8.1　反馈的基本概念及基本方程

　　反馈的基本概念及基本方程在第一章已经讲过。前面曾将反馈放大器抽象为如图 8.1.1 所示的方框图。

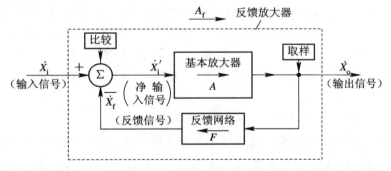

图 8.1.1　反馈放大器的基本框图

由图 8.1.1 可知：

基本放大器的传输增益（也称开环增益或开环放大倍数）为

$$A = \frac{\dot{X}_\text{o}}{\dot{X}_\text{i}'} \tag{8.1.1}$$

反馈网络的传输系数（也称反馈系数）为

$$F = \frac{\dot{X}_\text{f}}{\dot{X}_\text{o}} \tag{8.1.2}$$

F 代表反馈信号 $\dot{X}_\text{f}$ 占输出信号 $\dot{X}_\text{o}$ 的多大比例。

　　反馈放大器的传输增益（也称闭环增益）为

$$A_f = \frac{\dot{X}_o}{\dot{X}_i} \qquad\qquad (8.1.3)$$

环路增益(回归比)为

$$T = AF = \frac{\dot{X}_o}{\dot{X}_i'} \cdot \frac{\dot{X}_f}{\dot{X}_o} = \frac{\dot{X}_f}{\dot{X}_i'} \qquad\qquad (8.1.4)$$

需要注意的是，$\dot{X}_i$、$\dot{X}_o$、$\dot{X}_f$ 等信号可以取电压量或电流量，所以传输系数 A、F 的量纲不一定是电压比或电流比，也可能是互导或互阻。

由图 8.1.1 可见：

$$\dot{X}_o = A\dot{X}_i' \qquad\qquad (8.1.5)$$

$$\dot{X}_i' = \dot{X}_i - \dot{X}_f (负反馈) \qquad\qquad (8.1.6)$$

$$\dot{X}_f = F\dot{X}_o \qquad\qquad (8.1.7)$$

将式(8.1.6)、式(8.1.7)代入式(8.1.5)，得

$$\dot{X}_o = \frac{A}{1+AF}\dot{X}_i \qquad\qquad (8.1.8)$$

所以

$$A_f = \frac{\dot{X}_o}{\dot{X}_i} = \frac{A}{1+AF} \qquad\qquad (8.1.9)$$

式(8.1.9)称为反馈放大器的基本方程。

由以上所述，可得出如下结论：

(1) 负反馈使放大器的增益下降到原来的 $1/(1+AF)$。这是因为负反馈时，反馈信号 $\dot{X}_f$ 与输入信号 $\dot{X}_i$ 相减，使得真正加到基本放大器的净输入信号 $\dot{X}_i'$ 减小的缘故。

(2) 令 $D = 1+AF$，称它为"反馈深度"。它是一个表征反馈强弱的物理量。

$$D = 1+AF = 1+\frac{\dot{X}_o}{\dot{X}_i'} \cdot \frac{\dot{X}_f}{\dot{X}_o} = \frac{\dot{X}_i'+\dot{X}_f}{\dot{X}_i'} = \frac{\dot{X}_i}{\dot{X}_i'}$$

$$\dot{X}_i' = \frac{\dot{X}_i}{D} \qquad\qquad (8.1.10)$$

式(8.1.10)表明，负反馈使净输入信号减小为输入信号的 $1/D$，同样地输入 $\dot{X}_i$，则反馈放大器的输出信号也将下降 $1/D$(见式(8.1.8))。若 $D \gg 1$，意味着 $\dot{X}_i' \ll \dot{X}_i$，此时，反馈信号 $\dot{X}_f$ 为

$$\dot{X}_f = \dot{X}_i - \dot{X}_i' \approx \dot{X}_i \qquad\qquad (8.1.11)$$

我们把 $D \gg 1$ 或 $AF \gg 1$ 称为"深反馈条件"。在深反馈条件下，反馈信号 $\dot{X}_f$ 近似等于输入信号 $\dot{X}_i$，而真正加到基本放大器的净输入信号 $\dot{X}_i'$ 很小。这一结论，将大大简化反馈放大器的分析计算。

(3) 在深反馈条件下，$AF \gg 1$，所以

$$A_f = \frac{A}{1+AF} \approx \frac{1}{F} \qquad\qquad (8.1.12)$$

这是一个重要的关系式。它表明，在深反馈条件下，闭环增益主要取决于反馈系数，而与开环增益关系不大。

（4）若为正反馈，则 $\dot{X}_i' = \dot{X}_i + \dot{X}_f$，$A_f = \dfrac{A}{1-AF}$，净输入信号得到增强，输出信号和增益都增大了。但正反馈使放大器许多性能恶化，甚至自激，所以在放大器中的应用较少。

8.2　反馈放大器的分类

8.2.1　有、无反馈的判断

如果电路中存在输出回路信号返回到输入回路的连接通道，放大器的净输入信号 $\dot{X}_i'$ 不仅与输入信号 $\dot{X}_i$ 有关，而且与输出信号 $\dot{X}_o$ 有关，则放大器引入了反馈，否则没有反馈。如图 8.2.1 所示，（a）、（d）电路无反馈，（b）、（c）、（e）电路有反馈。

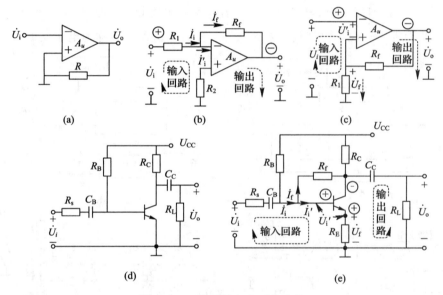

图 8.2.1　无反馈与有反馈电路

8.2.2　正反馈与负反馈的判断

通常用"瞬时极性法"来判断正、负反馈。首先假设输入信号的瞬时极性，并从输入到输出逐级依次判断各节点的瞬时极性，然后确定反馈信号的瞬时极性，如果反馈信号使净输入信号增大，则为正反馈，反之为负反馈。

图 8.2.1(b)电路中设运放输入信号瞬时极性为"＋"，输入信号接运放反相输入端，则输出信号极性为"－"，相应电流瞬时流向如图所示，净输入电流 $\dot{I}_i' = \dot{I}_i - \dot{I}_f$ 减小，所以是负反馈。图 8.2.1(c)电路中输入信号加到运放反相端，反馈引向同相端，假设输入信号瞬时极性为"＋"，则输出信号瞬时极性为"－"，反馈信号瞬时极性也为"负"，净输入电压 $\dot{U}_i' = \dot{U}_i - (-\dot{U}_f) = \dot{U}_i + |\dot{U}_f|$，净输入信号增大了，所以是正反馈。图 8.2.1 (e) 电路中先考虑 R_f 引入的反馈，设晶体管 B 极输入信号瞬时极性为"＋"，则 C 极为"－"，相应电流

瞬时流向如图所示,净输入电流 $\dot{I}'_i = \dot{I}_b = \dot{I}_i - \dot{I}_f$ 减小,所以是负反馈。再考虑 R_E 引入的反馈,同理设 B 极为"+",则 E 极也为"+",$\dot{U}'_i = \dot{U}_{be} = \dot{U}_i - \dot{U}_e = \dot{U}_i - \dot{U}_f = \dot{U}_i - I_e R_E$,$\dot{U}'_i < \dot{U}_i$,净输入信号减小,是负反馈。

注:这里的"+"或"−"极性,都是以地电位为参考点的。输入信号与反馈信号对地都是正极性并不意味着是正反馈。正、负反馈判别的唯一依据是净输入电压 $\dot{U}'_i$(或净输入电流 $\dot{I}'_i$)是增大了还是减小了。

8.2.3 电压反馈与电流反馈

按反馈网络与基本放大器输出端的连接方式不同,反馈分为电压反馈和电流反馈两种类型。图 8.1.1 反馈放大器基本框图中,若 $\dot{X}_o$ 是 $\dot{U}_o$,则为电压反馈;若 $\dot{X}_o$ 是 $\dot{I}_o$,则为电流反馈。

如图 8.2.2(a)所示,反馈网络与基本放大器输出端并联连接,反馈信号直接取自于负载两端的输出电压,且与输出电压成正比。若令负载电阻短路,即 $R_L = 0$,则 $\dot{U}_o = 0$,反馈信号 $\dot{X}_f$ 立即为零(该方法又称"输出短路法"),我们将这种反馈称为电压反馈。

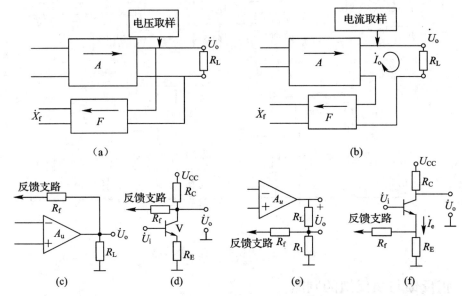

图 8.2.2 电压反馈和电流反馈

(a) 电压反馈框图;(b) 电流反馈框图;(c)、(d) 电压反馈具体电路;(e)、(f) 电流反馈具体电路

如图 8.2.2(b)所示,反馈网络串联在输出回路中,反馈信号与输出电流成正比。若令负载电阻 $R_L = 0$,则 $\dot{U}_o = 0$,但 $\dot{I}_o \neq 0$,反馈信号 $\dot{X}_f \neq 0$,我们将这种反馈称为电流反馈。

图 8.2.2(c)和(d)是电压反馈的具体例子,图 8.2.2(e)和(f)是电流反馈的具体例子。

8.2.4 串联反馈与并联反馈

根据反馈网络和基本放大器输入端的连接方式不同,反馈有串联反馈和并联反馈之分。

如图 8.2.3（a）所示，反馈网络串联在基本放大器的输入回路中，输入信号支路与反馈支路不接在同一节点上，净输入电压 $\dot{U}'_i$ 等于输入电压 $\dot{U}_i$ 和反馈电压 $\dot{U}_f$ 的矢量和。如果是负反馈，则有

$$\dot{U}'_i = \dot{U}_i - \dot{U}_f \qquad (8.2.1)$$

图 8.2.3（b）所示电路中，反馈网络直接并联在基本放大器的输入端，输入信号支路与反馈信号支路接到基本放大器的同一节点上。在这种反馈方式中，用节点电流描述较为方便、直观，即放大器的净输入电流 $\dot{I}'_i$ 等于输入电流 $\dot{I}_i$ 和反馈电流 $\dot{I}_f$ 的矢量和。如果是负反馈，则有

$$\dot{I}'_i = \dot{I}_i - \dot{I}_f \qquad (8.2.2)$$

式(8.2.1)和式(8.2.2)是反馈放大器中两个十分重要的关系式，根据这两个式子，可以简化反馈电路的许多计算。

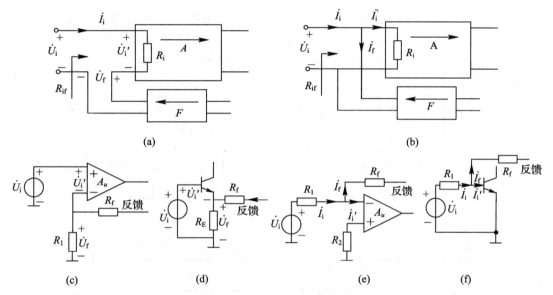

图 8.2.3　串联反馈和并联反馈

（a）串联反馈框图；（b）并联反馈框图；（c）、（d）串联反馈具体电路；（e）、（f）并联反馈具体电路

图 8.2.3（c）～（f）为放大器输入电路。图（c）中输入信号加到运放"＋"端，反馈支路加到运放"－"端，净输入电压 $\dot{U}'_i = \dot{U}_+ - \dot{U}_- = \dot{U}_i - \dot{U}_f$；图（d）中 $\dot{U}'_i = \dot{U}_b - \dot{U}_e = \dot{U}_i - \dot{U}_f$，所以图（c）、（d）放大器中引入了串联反馈。图（e）中信号加到运放"－"端，反馈支路也加到"－"端，图（f）中信号和反馈都加到晶体管的基极，所以净输入电流 $\dot{I}'_i = \dot{I}_i - \dot{I}_f$，可见图（e）、（f）都是并联反馈。

在差分放大器中，有两个输入端，输出信号与两个输入信号之差成正比。如图 8.2.4（a）所示，若信号加到 V_1 的基极，反馈加到 V_2 的基极，差模电压 $\dot{U}_{id} = \dot{U}_{b1} - \dot{U}_{b2} = \dot{U}_i - \dot{U}_f$，则为串联反馈；如图 8.2.4（b）所示，若信号和反馈都加到 V_1 的基极，净输入电流 $\dot{I}'_i = \dot{I}_i - \dot{I}_f$，则为并联反馈。

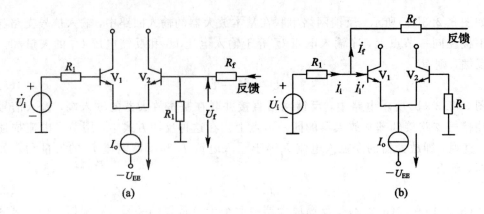

图 8.2.4　差分放大器中引入串联反馈和并联反馈
(a) 串联反馈；(b) 并联反馈

通过以上分析，可得出以下结论：对负反馈而言，根据反馈网络与基本放大器输出、输入端连接方式的不同，反馈电路可归纳为四种组态，即串联电压负反馈、串联电流负反馈、并联电压负反馈和并联电流负反馈，如图 8.2.5 所示。

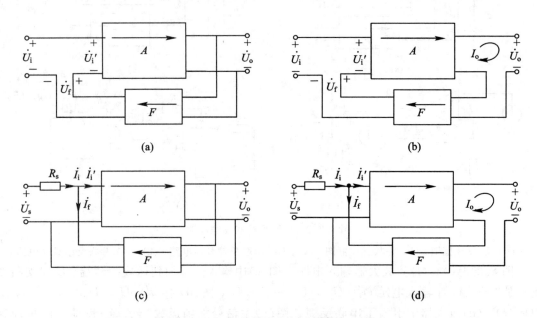

图 8.2.5　四种典型的负反馈组态电路
(a) 串联电压负反馈；(b) 串联电流负反馈；(c) 并联电压负反馈；(d) 并联电流负反馈

8.2.5　直流反馈与交流反馈

根据反馈量是直流信号或交流信号，反馈可分为直流反馈和交流反馈。

如图 8.2.6 所示，如果 C_E 足够大，可视为交流短路，晶体管发射极交流近似接地，可见 R_E 仅引入了直流分量，称直流反馈，直流反馈主要用于稳定晶体管的静态工作点。

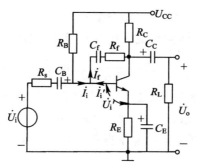

图 8.2.6　直流反馈和交流反馈

图 8.2.6 中，R_f、C_f 支路左边接在输入回路，右边接在输出回路，C_f 隔掉直流，故 R_f、C_f 支路仅引入交流反馈。交流反馈主要用于改善放大器性能，后续章节主要分析交流反馈。

8.3　负反馈对放大器性能的影响

负反馈虽然使放大器的放大倍数减小，但却使放大器的许多性能得到改善。本节就负反馈对放大器性能改善的一些共性问题加以讨论。

8.3.1　负反馈使放大倍数稳定度提高

负反馈稳定放大器增益的原理是因为负反馈有自动调节作用。工作环境变化（如温度、湿度）、器件更换或老化、电源电压不稳等诸因素会导致基本放大器的放大倍数不稳定。引入负反馈后，反馈网络将输出信号的变化信息返回到基本放大器的输入回路，从而使净入信号 $\dot{X}_i'$ 也随着输出信号 $\dot{X}_o$ 而变化。不过负反馈使二者变化的趋势相反，其结果使输出信号自动保持稳定，即当输入信号 $\dot{X}_i$ 不变时，若

$$A \downarrow \longrightarrow \dot{X}_o \downarrow \xrightarrow{\text{取样}} \dot{X}_f = F\dot{X}_o \downarrow \xrightarrow{\text{负反馈}} \dot{X}_i' = \dot{X}_i - \dot{X}_f \uparrow$$
$$\dot{X}_o \uparrow$$

可见 $\dot{X}_o$ 将保持稳定，闭环增益 $A_f = \dot{X}_o / \dot{X}_i$ 也将保持稳定。

通常用放大倍数的相对变化量来衡量放大器的稳定性。开环放大倍数相对稳定度为 $\Delta A / A$，闭环放大倍数相对稳定度为 $\Delta A_f / A_f$。

因为

$$A_f = \frac{A}{1 + AF}$$

所以

$$\mathrm{d}A_f = \frac{1}{(1 + AF)^2}\mathrm{d}A = \frac{A}{1 + AF}\frac{1}{1 + AF}\frac{\mathrm{d}A}{A} = A_f \frac{1}{1 + AF}\frac{\mathrm{d}A}{A}$$

若近似以增量代替微分，则有

$$\frac{\Delta A_f}{A_f} = \frac{1}{1 + AF}\frac{\Delta A}{A} \tag{8.3.1}$$

可见，引入负反馈使放大倍数的相对变化减小为原相对变化的 $1/(1 + AF)$。可见引入

合适的负反馈可以大大地提高放大器增益稳定度。

前面分析说明反馈越深,增益稳定度越好。当深反馈时,$AF \gg 1$,则

$$A_f = \frac{A}{1 + AF} \approx \frac{1}{F} \tag{8.3.2}$$

可见,即使开环放大倍数不稳定,只要 F 是稳定的,那么 A_f 也将稳定。反馈网络通常用电阻、电容等无源器件组成,稳定度高,所以深反馈时的闭环放大器增益稳定度可以很高,且与构成基本放大器的晶体管、场效应管的参数关系不大,受温度等外界因素的影响也将大大减小。

必须强调指出,负反馈被稳定的对象与反馈信号的取样对象有关。如果取样对象是输出电压(即电压反馈),则输出电压将被稳定;反之,若取样对象是输出电流(即电流反馈),则输出电流将被稳定。

【例 8.3.1】 设计一个负反馈放大器,要求闭环放大倍数 $A_f = 100$,当开环放大倍数 A 变化 $\pm 10\%$ 时,A_f 的相对变化量在 $\pm 0.5\%$ 以内,试确定开环放大倍数 A 及反馈系数 F 值。

解 因为

$$\frac{\Delta A_f}{A_f} = \frac{1}{1 + AF} \frac{\Delta A}{A}$$

所以,反馈深度 D 必须满足

$$D = 1 + AF \geqslant \frac{\Delta A / A}{\Delta A_f / A_f} = \frac{10\%}{0.5\%} = 20$$

因为

$$A_f = \frac{A}{1 + AF}$$

所以

$$A = A_f(1 + AF) \geqslant 100 \times 20 = 2000$$

因为

$$AF \geqslant 20 - 1 = 19$$

所以

$$F \geqslant \frac{19}{A} = \frac{19}{2000} = 0.95\%$$

8.3.2 负反馈使放大器通频带展宽及线性失真减小

从上节分析可知,放大器中引入负反馈,对反馈环路内任何原因引起的增益变动都能减小,所以对频率升高或降低而引起的放大倍数的下降也将得到改善,频率响应将变得平坦,线性失真将减小。

简单的数学分析将告诉我们,频带展宽的程度与反馈深度有关。设开环增益的高频响应具有一阶极点,即

$$A(jf) = \frac{A_I}{1 + j\dfrac{f}{f_H}} \tag{8.3.3}$$

其中 A_I 为基本放大器的中频放大倍数,f_H 为上限频率。引入负反馈后,闭环增益

$A_f(jf)$ 为

$$A_f(jf) = \frac{A(jf)}{1 + FA(jf)} \tag{8.3.4}$$

将式(8.3.3)代入式(8.3.4)得

$$A_f(jf) = \frac{\dfrac{A_I}{1 + FA_I}}{1 + j\dfrac{f}{(1 + FA_I)f_H}} \tag{8.3.5}$$

令

$$A_{If} = \frac{A_I}{1 + FA_I} \tag{8.3.6}$$

$$f_{Hf} = (1 + FA_I)f_H \tag{8.3.7}$$

则

$$A_f = \frac{A_{If}}{1 + j\dfrac{f}{f_{Hf}}} \tag{8.3.8}$$

显然，A_{If} 是闭环中频放大倍数，它比开环中频放大倍数减小了 $(1+FA_I)$ 倍。f_{Hf} 是闭环放大器的上限频率，它比开环上限频率展宽了 $(1+FA_I)$ 倍。定义增益频带积为中频增益与上限频率的乘积，即有

$$|A_{If} \cdot f_{Hf}| = |A_I \cdot f_H| \tag{8.3.9}$$

可见，负反馈的频带展宽是以增益下降为代价的，负反馈并没有提高放大器的增益频带积。

同理，可以证明负反馈使下限频率降低 $(1+FA_I)$ 倍，即

$$f_{Lf} = \frac{f_L}{1 + FA_I} \tag{8.3.10}$$

图 8.3.1 给出了负反馈改善放大器频率响应的示意图。

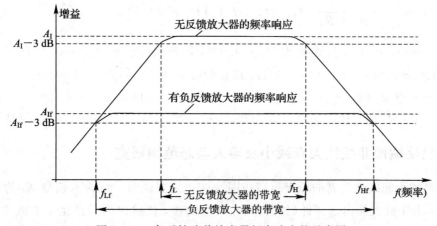

图 8.3.1 负反馈改善放大器频率响应的示意图

同样需要强调指出，负反馈展宽频带的前提是，引起高频段或低频段放大倍数下降的因素必须包含在反馈环路以内，即频率影响放大倍数变化的信息必须反馈到放大器的输入

端，否则负反馈不能改善频率响应。例如，图8.3.2中，取样点设在 A 点，而 C_1 在反馈环路以外，由 C_1 引起的低频段 $\dot{U}_o$ 的下降信息不能反馈到放大器的输入端，所以，负反馈不能减小由 C_1 引起的低频失真。但如果将取样点接到 B 点，则负反馈就可以减小由 C_1 引起的低频失真。（试问，对于由 C_o 引起的高频失真，取样点设在 A 点或 B 点有何差别？该问题留给读者思考。）

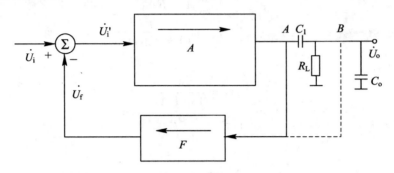

图 8.3.2　引起频率失真的因素必须包含在反馈环之内

【例 8.3.2】　已知集成运放 F007 的开环放大倍数 $A_u = 100$ dB，开环上限频率 $f_H = 7$ Hz。若按图8.3.3所示连接电路，则引入何种反馈？当反馈电阻 R_f 分别等于 R_1 的 9 倍、99 倍和 999 倍时，相应的反馈系数 F_u、闭环放大倍数 A_f、闭环上限频率 f_{Hf}、增益频带积 $A_{uf} \cdot f_{Hf}$ 各为多少？

解　已知 $A_u = 100$ dB（10^5 倍），$f_H = 7$ Hz，则增益频带积

$$A_{uf} \cdot f_{Hf} = 10^5 \times 7 \text{ Hz} = 0.7 \text{ MHz}$$

引入串联电压负反馈后

$$A_f = 1 + \frac{R_f}{R_1}$$

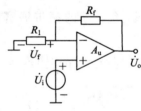

图 8.3.3　例 8.3.2 用图

$$F = \frac{\dot{U}_f}{\dot{U}_o} = \frac{R_1}{R_1 + R_f}, \quad f_{Hf} = (1 + FA_u)f_H$$

当 $R_f = 999 \times R_1$ 时，反馈系数 $F_{u1} = 0.001$，闭环放大倍数 $A_{f1} = 1000$，闭环上限频率 $f_{Hf1} = 7$ Hz$(1 + 0.001 \times 10^5) \approx 0.7$ kHz，增益频带积 $A_{uf1} \cdot f_{Hf1} \approx 0.7$ MHz。

当 $R_f = 99 \times R_1$ 时，$F_{u2} = 0.01$，$A_{f2} = 100$，$f_{Hf2} = 7$ kHz，$A_{uf2} \cdot f_{Hf2} = 0.7$ MHz。

当 $R_f = 9 \times R_1$ 时，$F_{u3} = 0.1$，$A_{f3} = 10$，$f_{Hf3} = 70$ kHz，$A_{uf3} \cdot f_{Hf3} = 0.7$ MHz。

8.3.3　负反馈使非线性失真减小及输入动态范围展宽

负反馈减小非线性失真的原理可以用图8.3.4简要说明。设输入信号 $\dot{X}_i$ 为单一频率的正弦波，由于放大器内部器件（如晶体管）的非线性，使输出信号产生了非线性失真，如图8.3.4(a)所示，将输出信号形象地描述为"上长下短"的非正弦波。引入负反馈后（如图8.3.4(b)所示），反馈信号 $\dot{X}_f$ 正比于输出信号 $\dot{X}_o$，也应该是"上长下短"，$\dot{X}_f$ 与 $\dot{X}_i$ 相减（负反馈）后，使净输入信号变成了"上短下长"，即产生了"预失真"。预失真的净输入信号

与器件的非线性特征的作用正好相反，其结果使输出信号的非线性失真减小了。

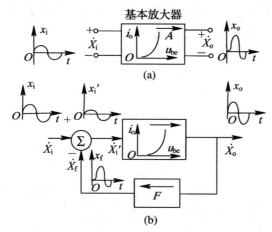

图 8.3.4 负反馈改善非线性失真的工作原理示意图

(a)无反馈；(b)负反馈使非线性失真减小

非线性失真的特征是输出信号中产生了输入信号 X_i 所没有的谐波分量。

第一章曾定义"全谐波失真率"（即非线性失真系数）的表达式为

$$\text{THD} = \frac{\sqrt{X_{2m}^2 + X_{3m}^2 + \cdots + X_{nm}^2}}{X_{1m}}$$

式中，X_{nm} 为器件非线性产生的输出高次谐波分量，X_{1m} 为基波分量。引入负反馈后，谐波分量有何变化？设反馈后的输出谐波分量为 X_{nmf}，则有

$$X_{nmf} = X_{nm} - AFX_{nmf} \tag{8.3.11}$$

式中，FX_{nmf} 为 X_{nmf} 经反馈网络回送到输入端的谐波分量，该分量再经放大后变成 AFX_{nmf}，总的谐波输出应为原来的与反馈放大后的叠加。由式(8.3.11)可得

$$X_{nmf} = \frac{X_{nm}}{1 + AF} \tag{8.3.12}$$

如果增大输入信号 $\dot{X}_i$ 而保持输出基波分量 $\dot{X}_{1m}$ 不变，则有

$$\text{THD}_f = \frac{\text{THD}}{1 + AF} \tag{8.3.13}$$

可见负反馈使非线性失真减小了 $(1+AF)$ 倍。失真减小，意味着线性动态范围的拓宽。

以上分析也有一个前提，即非线性失真的减小只限于反馈环内放大器产生的非线性失真，对外来信号已有的非线性失真，负反馈将无能为力。而且，只在输入信号有增大的余地，非线性失真也不是十分严重的情况下才是正确的。

8.3.4 负反馈可以减小放大器内部产生的噪声与干扰的影响

利用负反馈抑制放大器内部噪声及干扰的机理与减小非线性失真是一样的。负反馈输出噪声下降 $(1+AF)$ 倍。如果输入信号本身不携带噪声和干扰，且其幅度可以增大，输出信号分量保持不变，那么放大器的信噪比将提高 $(1+AF)$ 倍。

8.3.5 电压反馈和电流反馈对输出电阻的影响

电压反馈与电流反馈对放大器输出电阻的影响不同，电压负反馈使输出电阻减小，电

流负反馈使输出电阻增大。图 8.3.5 给出分析电压负反馈输出电阻的等效电路。其中，$R_\circ$ 为基本放大器的输出电阻（即开环输出电阻），$A_0 \dot{X}'_i$ 为等效开路电压（A_0 为不计负载时的放大倍数）。反馈放大器的输出电阻定义为

$$R_{\text{of}} = \frac{\dot{U}_\circ}{\dot{I}_{\text{of}}}\bigg|_{\dot{X}_i = 0,\, R_L \to \infty} \tag{8.3.14}$$

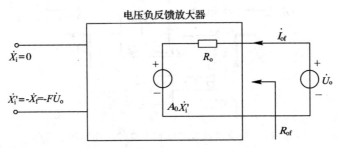

图 8.3.5　电压负反馈放大器输出电阻的计算

由图 8.3.5 可见：

$$\dot{I}_{\text{of}} = \frac{\dot{U}_\circ - A_0 \dot{X}'_i}{R_\circ}$$

因为引进了电压负反馈，所以净输入信号 $\dot{X}'_i$ 为

$$\dot{X}'_i = \dot{X}_i - \dot{X}_f = -\dot{X}_f = -F\dot{U}_\circ \tag{8.3.15}$$

代入上式，得

$$\dot{I}_{\text{of}} = \frac{\dot{U}_\circ + A_0 F\dot{U}_\circ}{R_\circ} = \frac{\dot{U}_\circ}{\dfrac{R_\circ}{1 + A_\circ F}}$$

所以

$$R_{\text{of}} = \frac{\dot{U}_\circ}{\dot{I}_{\text{of}}}\bigg|_{\dot{X}_i = 0,\, R_L \to \infty} = \frac{R_\circ}{1 + A_0 F} \tag{8.3.16}$$

式(8.3.16)表明，电压负反馈使放大器输出电阻减少了$(1 + A_0 F)$倍。输出电阻减小，意味着负载 R_L 变化时，输出电压 $\dot{U}_\circ$ 的稳定度提高了。这与前面 8.3.1 节中的分析结果是一致的。

对于电流负反馈，由于反馈信号 $\dot{X}_f$ 与输出电流成正比，所以我们采用恒流源等效电路，如图 8.3.6 所示。输出电阻 R_{of} 为

$$R_{\text{of}} = \frac{\dot{U}_\circ}{\dot{I}_{\text{of}}}\bigg|_{\dot{X}_i = 0,\, R_L \to \infty}$$

式中

$$\dot{I}_{\text{of}} = \frac{\dot{U}_\circ}{R_\circ} + A\dot{X}'_i$$

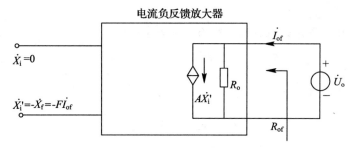

图 8.3.6 电流负反馈放大器输出电阻的计算

因为是电流负反馈，所以

$$\dot{X}'_i = \dot{X}_i - \dot{X}_f = -F\dot{I}_{of}$$

代入上式，则

$$\dot{I}_{of} = \frac{\dot{U}_o}{R_o} - AF\dot{I}_{of}$$

所以

$$\dot{I}_{of} = \frac{\dot{U}_o}{R_o(1+AF)} \tag{8.3.17}$$

故

$$R_{of} = \frac{\dot{U}_o}{\dot{I}_{of}}\bigg|_{\dot{X}_i=0,\ R_L\to\infty} = R_o(1+AF) \tag{8.3.18}$$

式(8.3.18)表明，电流负反馈使放大器的输出电阻增大为开环时 R_o 的 $(1+AF)$ 倍。输出电阻增大，意味着负载变化时，输出电流稳定。这与前面 8.3.1 节中的分析结果也是一致的。

8.3.6 串联负反馈和并联负反馈对放大器输入电阻的影响

串联负反馈使输入电阻增大，并联负反馈使输入电阻减小。

如图 8.2.3(a)所示，闭环输入电阻 R_{if} 为

$$R_{if} = \frac{\dot{U}_i}{\dot{I}_i}$$

式中，$\dot{I}_i = \frac{\dot{U}'_i}{R_i}$，$R_i$ 为开环输入电阻。因为

$$\dot{U}'_i = \dot{U}_i - \dot{U}_f = \dot{U}_i - F\dot{U}_o = \dot{U}_i - F \cdot A\dot{U}'_i$$

$$\dot{U}'_i = \frac{\dot{U}_i}{1+AF}, \quad \dot{I}_i = \frac{\dot{U}_i}{R_i(1+AF)}$$

所以

$$R_{if} = \frac{\dot{U}_i}{\dot{I}_i} = R_i(1+AF) \tag{8.3.19}$$

式(8.3.19)表明，串联负反馈使放大器输入阻抗增大为开环时 R_i 的 $(1+AF)$ 倍。这一点从图 8.2.3(a)上是很好理解的，因为负反馈，$\dot{U}_f$ 与 $\dot{U}_i$ 反相叠加，净输入电压 $\dot{U}'_i$ 减小了 $(1+AF)$ 倍，在输入电压 $\dot{U}_i$ 不变的情况下，输入电流 $\dot{I}_i$ 减小了 $(1+AF)$ 倍，所以输入电

阻就增大了$(1+AF)$倍。

图 8.2.3(b)引入了并联负反馈,其输入电流 $\dot{I}_i$ 为

$$\dot{I}_i = \dot{I}_f + \dot{I}_i' \tag{8.3.20}$$

式中,$\dot{I}_i' = \dfrac{\dot{U}_i}{R_i}$,$\dot{I}_f$ 为反馈电流。因为

$$\dot{I}_f = F \dot{X}_o = F \cdot A \dot{I}_i' \tag{8.3.21}$$

所以

$$\dot{I}_i = (1 + F \cdot A) \dot{I}_i' \tag{8.3.22}$$

反馈放大器的输入电阻 R_{if} 为

$$R_{if} = \frac{\dot{U}_i}{\dot{I}_i} = \frac{\dot{U}_i}{(1 + F \cdot A)\dot{I}_i'} = \frac{R_i}{1 + AF} \tag{8.3.23}$$

式(8.3.23)表明,并联负反馈使放大器的输入电阻减小了$(1+AF)$倍。

综上所述,负反馈有以下特点:

(1) 负反馈使放大器的放大倍数下降,但增益稳定度提高,频带展宽,非线性失真减小,内部噪声干扰得到抑制,且所有性能改善的程度均与反馈深度$(1+AF)$有关。

(2) 被改善的对象就是被取样的对象。例如,反馈取样的是输出电流,则有关输出电流的性能得到改善;反之,取样对象是输出电压,则有关输出电压的性能得到改善。

(3) 负反馈只能改善包含在负反馈环节以内的放大器性能,对反馈环以外的,与输入信号一起进来的失真、干扰、噪声及其他不稳定因素是无能为力的。

(4) 串联负反馈使放大器输入电阻增大为无反馈时的输入电阻的$(1+AF)$倍,并联负反馈使放大器的输入电阻减小为无反馈时输入电阻的 $1/(1+AF)$ 倍。

(5) 电流负反馈使放大器的输出电阻增大了$(1+AF)$倍;电压负反馈使放大器输出电阻减小为开环的 $1/(1+AF)$。

8.4 反馈放大器的分析和近似计算

8.4.1 并联电压负反馈放大器

如图 8.4.1 所示,反相比例放大器是一个引入深反馈的并联电压负反馈电路,其闭环增益为

$$A_{uf} = \frac{\dot{U}_o}{\dot{U}_i} = -\frac{R_f}{R_1}$$

闭环输入电阻为

$$R_{if} \approx R_1 \quad (理想运放)$$

闭环输出电阻为

$$R_{of} = 0 \quad (理想运放)$$

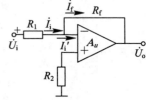

图 8.4.1 反相比例放大器

图 8.4.2 是一个引入并联电压负反馈的单级共射放大器。在深反馈条件下,$\dot{I}_i' \ll \dot{I}_i$,则 $\dot{I}_i \approx \dot{I}_f$。

其中：

$$\dot{I}_i = \frac{\dot{U}_i - \dot{U}_i'}{R_1} \approx \frac{\dot{U}_i}{R_1}$$

$$\dot{I}_f = \frac{\dot{U}_i' - \dot{U}_o}{R_2} \approx -\frac{\dot{U}_o}{R_2}$$

所以

$$A_{uf} = \frac{\dot{U}_o}{\dot{U}_i} \approx -\frac{R_2}{R_1}$$

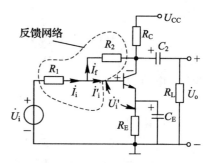

图 8.4.2　单级并联电压负反馈放大器

应指出，单级放大器开环增益小，很难满足深反馈条件，故以上估算结果有一定误差。

图 8.4.3(a)是一个三级并联电压负反馈放大器。其中 R_8 与 R_1 构成反馈网络。设输入信号 $\dot{U}_i$ 瞬时极性为正，即 b_1 为正，则 c_1 为负，c_2 为正，c_3 为负，反馈电流 $\dot{I}_f$ 的流向为 b_1 流向 c_3，净输入电流 $\dot{I}_i' = \dot{I}_i - \dot{I}_f$，$\dot{I}_i' < \dot{I}_i$，所以是负反馈。图 8.4.3(a)中三级开环增益 A 很大，一般满足深反馈条件，所以有

$$\dot{I}_i \approx \dot{I}_f$$

$$\dot{I}_i \approx \frac{\dot{U}_i}{R_1}, \quad \dot{I}_f \approx -\frac{\dot{U}_o}{R_8}$$

故电压放大倍数

$$A_{uf} = \frac{\dot{U}_o}{\dot{U}_i} \approx -\frac{R_8}{R_1}$$

图 8.4.3(a)中标注放大器的虚线框可等效为集成运放，那么该电路可等效为一个反相比例放大器，如图 8.4.3(b)所示，可见它与图 8.4.1 完全相同。

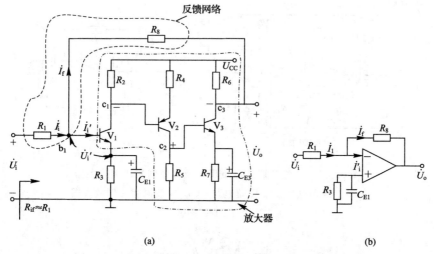

图 8.4.3　三级并联电压负反馈及等效反相比例放大器
（a）三级并联电压负反馈电路；（b）等效反相比例放大器

8.4.2　串联电压负反馈放大器

如图 8.4.4 所示，同相比例放大器是一个引入深反馈的串联电压负反馈电路。其闭环

增益为

$$A_{uf} = \frac{\dot{U}_o}{\dot{U}_i} = \frac{R_1 + R_2}{R_1} = 1 + \frac{R_2}{R_1}$$

闭环输入电阻为

$$R_{if} = \infty \quad (理想运放)$$

闭环输出电阻为

$$R_{of} = 0 \quad (理想运放)$$

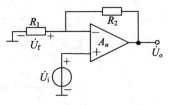

图 8.4.4 同相比例放大器

图 8.4.5(a)为共集放大器,即射极跟随器。这是一个引入 100% 负反馈的串联电压负反馈电路,反馈系数 $F = \dot{U}_f / \dot{U}_o = 1$, $\dot{U}_o = \dot{U}_f \approx \dot{U}_i$, 故 $A_{uf} = \dot{U}_o / \dot{U}_i \approx 1$。可见与第五章的等效电路法计算结果($A_{uf} = \dfrac{(1+\beta)(R_E // R_L)}{r_{be} + (1+\beta)(R_E // R_L)} \approx 1$)是完全吻合的。若将图 8.4.5(a)中共集放大器等效为集成运放,则构成电压跟随器,如图 8.4.5(b)所示。

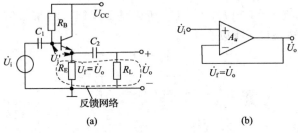

(a) (b)

图 8.4.5 共集放大器——$F=1$ 的串联电压负反馈电路

(a) 共集放大器;(b) 电压跟随器

图 8.4.6 (a)给出了一个二级级联电压负反馈放大电路。图中 R_4 将输出电压 $\dot{U}_o$ 反馈到第一级发射极,是电压反馈,如图 8.4.7 所示。

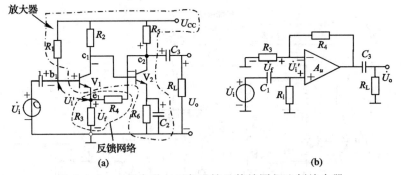

(a) (b)

图 8.4.6 二级串联电压负反馈及等效同相比例放大器

(a) 二级串联电压负反馈电路;(b) 等效同相比例放大器

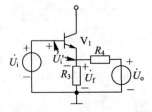

图 8.4.7 第一级输入回路等效电路图

反馈电压为

$$\dot{U}_f = \frac{R_3}{R_3 + R_4}\dot{U}_o = F\dot{U}_o$$

又因为 R_3 串联在输入回路之中，所以是串联反馈。

运用"瞬时极性法"来确定该反馈是正反馈还是负反馈。如图 8.4.6(a)所示，设 b_1 点信号为正极性，则 c_1 点为负极性，c_2 点为正极性，经 R_4 反馈到 e_1 点而形成的反馈信号 $\dot{U}_f$ 也为正极性。这样，净输入信号 $\dot{U}_i' = \dot{U}_{be1} = \dot{U}_i - \dot{U}_f$，$\dot{U}_i' < \dot{U}_i$，所以是负反馈。对于该电路，总的性能指标主要取决于两级之间的大闭环反馈。在深反馈条件下，净输入电压 $\dot{U}_i'$ 很小，所以

$$\dot{U}_i \approx \dot{U}_f = F\dot{U}_o = \frac{R_3}{R_3 + R_4}\dot{U}_o$$

因此，闭环电压放大倍数 A_{uf} 为

$$A_{uf} = \frac{\dot{U}_o}{\dot{U}_i} \approx \frac{1}{F} = \frac{R_3 + R_4}{R_3}$$

因为电路引入了串联电压负反馈，所以有电压放大倍数稳定、频率展宽、输入电阻增大、输出电阻减小等优点

图 8.4.6 (a)中标注放大器的虚线框内二级放大器开环增益较大，若将其等效为集成运放，则该电路相当于阻容耦合同相比例放大器，可见与图 8.4.4 基本相同。

8.4.3 串联电流负反馈放大器

图 8.4.8 电路中负载 R_L 不接地，即悬浮输出，应用"输出短路法"，令 $R_L = 0$，则输出电压 $U_o = 0$，反馈电压 $U_- = U_{R1} \neq 0$，所以为电流反馈；输入信号加到同相端，反馈加到反相端，净输入信号 $\dot{U}_i' = \dot{U}_i - \dot{U}_f$，故为串联负反馈。

闭环增益 A_{uf} 为

$$A_{uf} = \frac{\dot{U}_o}{\dot{U}_i} = \frac{R_L}{R_1}$$

图 8.4.9 电路是一个共射放大器。R_E 引入了串联电流负反馈。根据深反馈条件 $(AF \gg 1)$，则

$$\dot{U}_i \approx \dot{U}_f = \dot{I}_e R_E \approx \dot{I}_c R_E$$

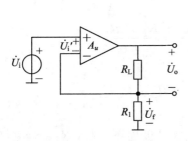

图 8.4.8 串联电流负反馈放大器

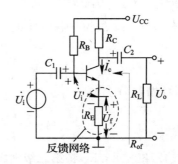

图 8.4.9 单级串联电流负反馈放大器

输出电压

$$\dot{U}_o = -\dot{I}_c(R_C \parallel R_L) = -\dot{I}_c R'_L$$

所以电压放大倍数

$$A_{uf} = \frac{\dot{U}_o}{\dot{U}_i} \approx -\frac{R'_L}{R_E}$$

可见，这与第五章所学等效电路法计算结果是吻合的($A_{uf} = -\dfrac{\beta(R_C /\!/ R_L)}{r_{be} + (1+\beta)R_E} \approx -\dfrac{R_C /\!/ R_L}{R_E} = -\dfrac{R'_L}{R_E}$)。

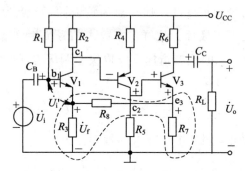

图 8.4.10　三级串联电流负反馈电路

图 8.4.10 是一个三级串联电流负反馈放大器。输入电压加在 V_1 基极，R_8 将 V_3 发射极电压反馈到 V_1 发射极，信号从 V_3 集电极输出，所以该电路是一个三级串联电流反馈电路。设信号极性以 b_1 为正，则 c_1 为负，c_2 为正，e_3 为正，该电压经 R_8 与 R_3 分压得反馈电压 $\dot{U}_f$ 也为正，净输入电压 $\dot{U}'_i = \dot{U}_i - \dot{U}_f$，$\dot{U}'_i <$ $\dot{U}_i$，是负反馈。由图可见，反馈电压 $\dot{U}_f$ 为

$$\dot{U}_f = \dot{I}_{e3} \frac{R_7}{R_3 + R_8 + R_7} \cdot R_3$$

在深反馈条件下 $\dot{U}_i \approx \dot{U}_f$，输出电压 $\dot{U}_o = \dot{I}_{c3}(R_6 /\!/ R_L) \approx \dot{I}_{e3} R'_L$，故电压放大倍数 A_{uf} 为

$$A_{uf} = \frac{\dot{U}_o}{\dot{U}_i} \approx \frac{\dot{U}_o}{\dot{U}_f} = \frac{R_3 + R_8 + R_7}{R_3} \cdot \frac{R'_L}{R_7}$$

又因为我们的判断结果 $\dot{U}_o$ 与 $\dot{U}_i$ 相位是相反的，所以

$$A_{uf} = -\frac{R_3 + R_8 + R_7}{R_3} \cdot \frac{R'_L}{R_7}$$

8.4.4　并联电流负反馈放大器

图 8.4.11 电路中负载 R_L 悬浮输出，应用"输出短路法"，令 $R_L = 0$，则输出电压 $U_o = 0$，反馈电流 $\dot{I}_f = \dot{I}_{R6} \neq 0$，所以为电流反馈；输入信号加到反相端，反馈也加到反相端，净输入信号 $\dot{I}'_i = \dot{I}_i - \dot{I}_f$，故为并联负反馈。

$$\dot{I}_i = \frac{\dot{U}_i}{R_1} \approx \dot{I}_f = -\frac{\dot{U}_o}{R_L} \cdot \frac{R_5 /\!/ R_6}{R_6}$$

所以闭环增益 A_{uf} 为

$$A_{uf} = \frac{\dot{U}_o}{\dot{U}_i} = -\frac{R_L}{R_1} \cdot \frac{R_5 + R_6}{R_5}$$

如图 8.4.12 所示，R_6 将第二级射极和第一级基极连在一起，R_1、R_6 和 R_5 构成了两级间的反馈网络。输入信号支路($\dot{U}_i$、R_1)与反馈支路(R_6)并联连接到 V_1 管的基极，构成

两级间的并联反馈。反馈信号取自 V_2 的射极，输出信号取自 V_2 的集电极，是电流反馈。信

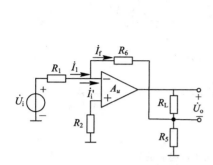

图 8.4.11　并联电流负反馈放大器

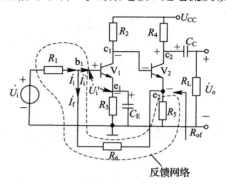

图 8.4.12　二级并联电流负反馈电路

号极性以 b_1 为正，c_1 为负，e_2 为负，故反馈电流 $\dot{I}_f$ 的方向是从 b_1 流向 e_2，$\dot{I}_i' = \dot{I}_i - \dot{I}_f$，$\dot{I}_i' \ll \dot{I}_i$，净输入电流减小，所以是负反馈。在深反馈条件下，$\dot{I}_i' \ll \dot{I}_i$，$\dot{U}_i' \approx 0$，则

$$\dot{I}_i \approx \dot{I}_f$$

式中：

$$\dot{I}_f \approx \dot{I}_{e2} \frac{R_5}{R_5 + R_6} \approx \dot{I}_{c2} \frac{R_5}{R_5 + R_6}$$

$$\dot{I}_i = \frac{\dot{U}_i - \dot{U}_i'}{R_1} \approx \frac{\dot{U}_i}{R_1}$$

输出电压

$$\dot{U}_o = \dot{I}_{c2}(R_4 /\!/ R_L) = \dot{I}_{c2} R_L' \approx \dot{I}_f \left(\frac{R_5 + R_6}{R_5} \right) R_L'$$

所以

$$A_{uf} = \frac{\dot{U}_o}{\dot{U}_i} = \frac{R_5 + R_6}{R_1} \cdot \frac{R_L'}{R_5}$$

式中，第一项 $(R_5 + R_6)/R_1$ 反映了并联反馈的特征，第二项 R_L'/R_5 体现了电流反馈的特性。

8.4.5　复反馈放大器

以上讨论的电路，其反馈系数 F 都是常数，与频率无关。所谓复反馈，就是反馈网络引入电抗元件（电容或电感等），以至于反馈系数 F 成为频率的函数。如图 8.4.13(a) 所示，发射极接了两个电容，其中 C_{E2} 容量很大，$C_{E2} /\!/ R_{E2}$ 构成直流反馈，以稳定直流工作点。而 C_{E1} 容量很小（几十皮法至几百皮法），对低频及中频，C_{E1} 相当于开路，R_{E1} 构成串联电流负反馈，但当高频时，C_{E1} 呈现的容抗减小并可以与 R_{E1} 相比拟，而且频率越高，容抗越小，反馈随之减弱，导致该电路的高频电流放大倍数比中频电流放大倍数大，因此有进一步展宽高频响应的作用。频带展宽程度与 C_{E1} 的取值有关，如图 8.4.13(b) 所示。若 C_{E1} 太小，则补偿不足，为欠补偿；若 C_{E1} 太大，则为过补偿。一般设计成过补偿，让电流放大倍数高频响应突起，可进一步补偿由负载电容 C_L 引起的电压高频响应下降，从而使整个高频响应趋于平坦。复反馈补偿是目前展宽高频响应的重要方法。

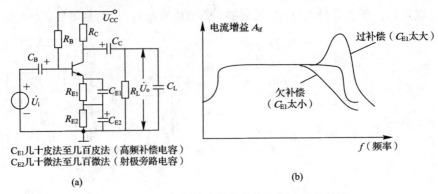

图 8.4.13　电流复反馈电路及高频响应的补偿

(a) 电流复反馈电路；(b) 复反馈补偿电流高频响应

【例 8.4.1】　电路如图 8.4.14(a)所示。这是一个两级放大器，第一级为场效应管差分放大器，第二级为运放构成的反相比例放大器。

(1) 计算开环放大倍数 $A_u = \dot{U}_o / \dot{U}_i$；

(2) 为进一步提高输出电压稳定度，试正确引入反馈；

(3) 计算引入反馈后的闭环电压放大倍数 A_{uf}；

(4) 若一定要求引入并联电压负反馈，电路应如何改接？

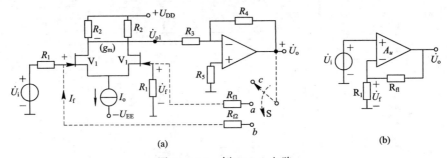

图 8.4.14　例 8.4.1 电路

解　(1) 开环增益。若将 S 接 c 点，则没有引入反馈，此时

$$A_u = \frac{\dot{U}_o}{\dot{U}_i} = \frac{\dot{U}_{o1}}{\dot{U}_i} \cdot \frac{\dot{U}_o}{\dot{U}_{o1}} = A_{u1} \cdot A_{u2}$$

其中：

$$A_{u1} = \frac{\dot{U}_{o1}}{\dot{U}_i} = -\frac{1}{2} g_m (R_2 /\!/ R_3) \quad （单端输出）$$

$$A_{u2} = -\frac{R_4}{R_3}$$

(2) 为进一步提高输出电压稳定度，必须引入电压负反馈，如图 8.4.14(a)中虚线所示。这有两种可能：一种是将反馈引至 V_1 管栅极(开关 S→b)构成并联反馈；另一种是将反馈引至 V_2 栅极(开关 S→a)构成串联反馈。问题的关键是哪一种能保证是"负反馈"。根据瞬时极性判别法，我们将各点信号的极性标于图 8.4.14(a)中。判断结果，开关 S 接 a 点，构成了串联电压负反馈，而接 b 点则为正反馈，所以电路应将开关 S 接 a 点。

（3）引入串联电压负反馈后，在深反馈条件下闭环增益 A_{uf} 为

$$A_{uf} = 1 + \frac{R_{f1}}{R_1}$$

也可将图中 V_1、V_2 和运放整体看做一个新的集成运放，其等效电路如图 8.4.14(b) 所示，即等效同相比例放大器，可直接得出其增益表达式与上式相同。

（4）若一定要求引入并联电压负反馈，那么最简单的办法是将第一级输出由 V_1 管漏极改为 V_2 管的漏极。

8.5 反馈放大器稳定性讨论

8.5.1 负反馈放大器稳定工作的条件

负反馈放大器的基本方程如下：

$$A_f(j\omega) = \frac{A(j\omega)}{1 + A(j\omega)F(j\omega)} \tag{8.5.1}$$

在前面的分析中，我们认为 A 与 F 都是常数，即 $A(j\omega)F(j\omega) = AF$，那么

$$A_f(j\omega) = A_f = \frac{A}{1 + AF}$$

实际上，F 一般与频率关系不大（复反馈例外），而基本放大器的放大倍数 $A(j\omega)$ 在高频区与频率关系极大。在高频区，不仅放大倍数绝对值下降，而且出现了附加相移 $\Delta\varphi(j\omega)$。附加相移的存在，是引起放大器不稳定的主要因素。因为，原来设计的负反馈放大器，反馈信号 $\dot{X}_f(= F\dot{X}_o)$ 与输入信号 $\dot{X}_i$ 反相，净输入信号 $\dot{X}_i'$ 减小，闭环放大倍数减小。而当 $A(j\omega)$ 附加相移越来越大时，$\dot{X}_o$、$\dot{X}_f$ 的相位也随之而变，原来设计的负反馈电路就有可能演变为正反馈电路。此时，$\dot{X}_f$ 与 $\dot{X}_o$ 变为同相相加，使净输入信号 $\dot{X}_i'$ 增大，放大倍数不仅不减小，反而增大。当 $A(j\omega)$ 的附加相移增大到 $-180°$，而且反馈足够强时，使得环路增益 $A(j\omega) \cdot F(j\omega)$ 为

$$A(j\omega)F(j\omega) = A(j\omega)F = |A(j\omega)F| \underline{/\Delta\varphi(j\omega)} = -1 \tag{8.5.2a}$$

$$|A(j\omega)F| = 1 \tag{8.5.2b}$$

$$\Delta\varphi(j\omega) = \pm(2n+1)\pi \quad （n \text{ 为整数}） \tag{8.5.2c}$$

则

$$A_f(j\omega) = \frac{A(j\omega)}{1 - A(j\omega)F} = \infty \tag{8.5.3}$$

这说明，放大器没有输入信号也有输出信号，放大器已失去了正常的放大功能，而产生了自激振荡。式(8.5.2b)称为振荡的振幅条件。$|A(j\omega) \cdot F| = |\dot{X}_f/\dot{X}_i'| = 1$，表示反馈信号等于放大器所需的净输入信号。式(8.5.2c)称为振荡的相位条件，它表示附加相移使负反馈演变为正反馈。如果要放大器稳定地正常放大，则必须要远离振荡的振幅条件和相位条件。一般要求当 $|A(j\omega) \cdot F| = 1$ 时，$\Delta\varphi(j\omega)$ 要小于 $-135°$，即所谓离开 $-180°$ 还有 $45°$ 的"相位裕度"。同理，对应 $\Delta\varphi(j\omega) = \pm180°$ 时，$|A(j\omega) \cdot F|$ 应小于 0 dB，一般应保证

有-10 dB的"幅度裕度"。如图 8.5.1 所示，A 曲线是稳定的，B 曲线是不稳定的。

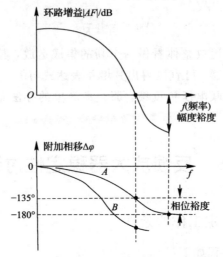

图 8.5.1　用环路增益来判断放大器稳定性

8.5.2　利用开环增益的波特图来判别放大器的稳定性

如果反馈系数 F 为常数，我们可以用开环增益 $A(j\omega)$ 直接来判断放大器是否能稳定工作。我们以集成运算放大器为例来说明该问题。某运算放大器的开环特性 $A(j\omega)$ 为一个三极点放大器，即

$$A(j\omega) = \frac{A_I}{\left(1+j\dfrac{\omega}{\omega_1}\right)\left(1+j\dfrac{\omega}{\omega_2}\right)\left(1+j\dfrac{\omega}{\omega_3}\right)} = \frac{10\,000}{\left(1+j\dfrac{f}{1\ \text{kHz}}\right)\left(1+j\dfrac{f}{10\ \text{kHz}}\right)\left(1+j\dfrac{f}{100\ \text{kHz}}\right)}$$

$$(8.5.4)$$

画出开环频率响应波特图如图 8.5.2(a)所示。由于三个极点距离较远，对应三个频率转折点的附加相移的计算就比较简单。如图 8.5.2(a)所示，第一个拐点（$f_1 = 1$ kHz）为主极点，附加相移为 $-45°$；第二个拐点（$f_2 = 10$ kHz）附加相移为 $-135°$（因为第一个极点相移接近于 $-90°$，第二个极点相移为 $-45°$，合起来为 $-135°$）；第三个拐点（$f_3 = 100$ kHz）附加相移为 $-225°$（第一极点相移为 $-90°$，第二个极点相移为 $-90°$，第三个极点相移为 $-45°$，合起来为 $-225°$）。"$-180°$"点就在第二拐点和第三拐点之间。

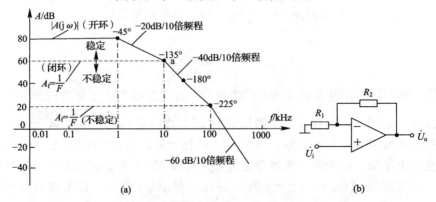

(a)　　　　　　　　　　　　　(b)

图 8.5.2　用开环特性波特图来判断放大器的稳定性

接成同相比例放大器(如图 8.5.2(b)所示)，其闭环增益为

$$A_f(j\omega) = \frac{A(j\omega)}{1 + A(j\omega)F}$$

在低频和中频时，$|A(j\omega) \cdot F| \gg 1$，所以

$$A_f(j\omega) \approx \frac{1}{F} = \frac{R_1 + R_2}{R_1} = 1 + \frac{R_2}{R_1}$$

在高频区，$|A(j\omega)|$ 下降，若 $|A(j\omega) \cdot F| \ll 1$，则

$$A_f(j\omega) \approx A(j\omega)$$

由此可见，闭环特性可近似为图 8.5.2(a)的虚线所示。闭环特性与开环特性的交点 a 表示

$$|A(j\omega)| \cdot F = 1$$

若该交点落在 $-180°$ 以上，表明放大器是稳定的。若交点落在 $-180°$ 附近或以下，表明放大器是不稳定的。如图 8.5.2(a)所示，对应 $F = F_1 \leqslant 1/1000$，则 $|A_f(j\omega)| > 60$ dB，放大器至少有 $45°$ 的相位裕度，能稳定工作。反之，若增强负反馈，$F > 1/1000$，$|A_f(j\omega)| < 60$ dB，则放大器不能稳定工作。例如：$A_f = 20$ dB，放大器是不稳定的。可见，反馈越强，稳定性越不易保证。

图 8.5.3(a)给出了运放 OP37 的开环幅频特性与相频特性，图 8.5.3 (b)是用 OP37 接成增益为 -2 的反相比例放大器及输入、输出波形图，闭环增益 $|A_f| = 1/F = 2$(即 6 dB)，由图(a)可见，$1/F$ 线与开环幅频特性相交点，即 $AF = 1$ 处，相移已超过 $180°$，可见该放大器不稳定，仿真结果如图(b)中输出波形所示，输出产生了自激振荡。

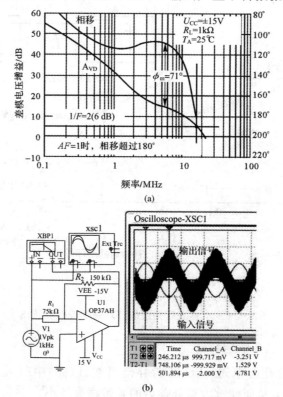

图 8.5.3　放大器不稳定(产生自激)的原理及仿真波形
(a) OP37 的开环幅频特性与相频特性；(b) OP37 产生自激的电路及输入、输出波形

8.5.3 常用的消振方法——相位补偿法

从前面的分析可知，负反馈越深，放大器的性能改善越多，但也越容易自激振荡。为了提高放大器在深反馈条件下的工作稳定性，一般采用的消振方法为相位补偿法，即外加一些元件来校正放大器的开环频率特性，破坏自激振荡条件，以保证闭环稳定工作。

1. 电容滞后补偿

电容滞后补偿方法是在放大器时常数最大的那一级里并接补偿电容 C，以高频增益下降更多来换取稳定工作之目的。如图 8.5.4 所示，以 $F' = 0.1$ 为例，要满足有 $45°$ 的相位裕度，必须将第二个拐点移至与 $1/F' = 10$，即 20 dB 线的交点 a' 上，然后，以 -20 dB/10 倍频程的斜率作一直线交至 b'，那么 b' 点就成为校正后频率特性的第一个极点(f_1')，a' 为校正后的频率特性的第二个极点。新的开环带宽为 f_1'，闭环带宽为 f_2。$f_1' \ll f_1$，可见，单纯的电容补偿是以牺牲带宽来换取稳定的。补偿电容值 C 可根据 f_1' 来计算，即

$$C \geqslant \frac{1}{2\pi f_1' (R_{o1} /\!/ R_{i2})}$$

式中，R_{o1} 为第一级输出电阻，R_{i2} 为第二级输入电阻。

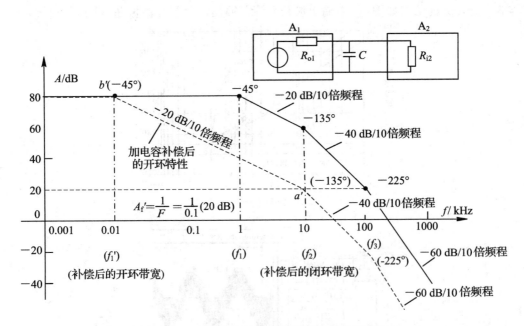

图 8.5.4 电容滞后补偿的开环频率特性波特图

2. 零极点对消——RC 滞后补偿

与单纯的电容滞后补偿不同，RC 滞后补偿可在 $A(j\omega)$ 中引入一个零点。该零点与 $A(j\omega)$ 的一个极点相消，从而使放大器补偿后的频带损失较小。

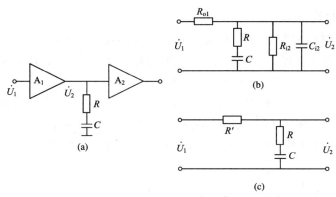

图 8.5.5 零极点相消——RC 滞后补偿

(a) RC 串联补偿网络电路；(b) 输出等效电路；(c) 简化等效电路

如图 8.5.5 所示，在时常数最大的一级放大器的输出端并接 RC 串联补偿网络(见图 8.5.5(a))，其输出等效电路如图 8.5.5(b) 所示。令 $C \gg C_{i2}$ (第二级输入电容)，$R \ll R' = R_{o1} /\!/ R_{i2}$ (R_{o1} 为第一级输出电阻，R_{i2} 为第二级输入电阻)，则等效电路可简化为图 8.5.5(c)。加 RC 补偿后的开环增益分子多了一个零点，其表达式为

$$A(\mathrm{j}f) = \frac{A_1 \left(1 + \mathrm{j}\dfrac{f}{f'_2}\right)}{\left(1 + \mathrm{j}\dfrac{f}{f'_1}\right)\left(1 + \mathrm{j}\dfrac{f}{f_2}\right)\left(1 + \mathrm{j}\dfrac{f}{f_3}\right)}$$

式中

$$f'_1 = \frac{1}{2\pi(R' + R)C}, \quad f'_2 = \frac{1}{2\pi RC}$$

选择 R、C 值，使 $f'_2 = f_2$，即零点与极点相消，那么新的加 RC 补偿的开环增益表达式为

$$A(\mathrm{j}f) = \frac{A_1}{\left(1 + \mathrm{j}\dfrac{f}{f'_1}\right)\left(1 + \mathrm{j}\dfrac{f}{f_3}\right)}$$

新的开环特性如图 8.5.6 所示。对比单纯的电容补偿和 RC 补偿，可以发现后者对频宽有所改善。仍以 $F = 0.1$ 为例，为保证 $45°$ 的相位裕度，新的开环带宽为 f'_1，闭环带宽为 f_3。

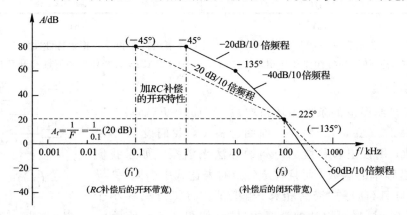

图 8.5.6 零极点相消——RC 滞后补偿的开环频率响应波特图

3. 密勒效应补偿

利用密勒效应进行补偿,可大大减小补偿电容的容量。如图 8.5.7 所示,跨接在 A_2 输入、输出端的电容等效到 A_2 的输入端,其容量增大为 $(1+|A_2|)C$,即

$$C' = (1+|A_2|)C$$

若 $C=30$ pF, $|A_2|=1000$,则 $C'=30\ 000$ pF。密勒效应补偿在集成电路中有着广泛的应用。因为集成电路工艺不宜制作大容量电容,密勒效应补偿使小电容发挥大电容的作用。图 6.6.1 F007 电路原理图中跨接在 V_{16} 基极和 V_{13} 集电极之间的 $C=30$ pF 就是密勒补偿电容。

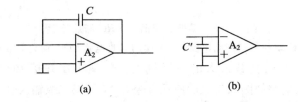

图 8.5.7 密勒电容补偿

图 8.5.8 给出了两个低噪声、高精度属同一系列含密勒补偿电容的典型运放 OPA227 与 OPA228 的开环幅频和相频特性曲线。如果分别接成电压跟随器,即闭环增益为 1(0 dB) 时,由图可见,OPA227 对应滞后相位约为 $-120°$,离 $-180°$ 有 $60°$ 的相位裕度。此时 OPA228 对应滞后相位约为 $-160°$,离 $-180°$ 仅有 $20°$ 的相位裕度。可见 OPA227 十分稳定,OPA228 则要求闭环增益大于 5,否则闭环增益太小,不能保证稳定工作。

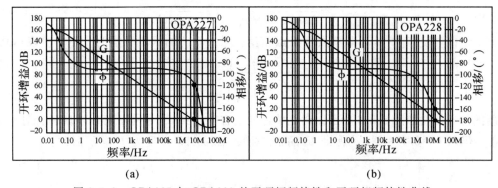

图 8.5.8 OPA227 与 OPA228 的开环幅频特性和开环相频特性曲线
(a) OPA227 的开环幅频特性和开环相频特性曲线;(b) OPA228 的开环幅频特性和开环相频特性曲线

4. 导前补偿

负反馈自激振荡的条件为环路增益 $|A(j\omega)\cdot F(j\omega)|=1$,相移 $\Delta\varphi=\Delta\varphi_A+\Delta\varphi_F=-180°$。前面分析中,我们设 F 不是频率的函数,用校正和补偿 $A(j\omega)$ 的办法来消振。如果我们设计成 F 是频率的函数,而且在 $F(j\omega)$ 的表达式中引入一“导前相移”,与 $A(j\omega)$ 的“滞后相移”相抵消,而使总相移小于 $-180°$,那么,同样可以达到消振的目的(如图 8.5.9 所示)。

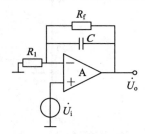

图 8.5.9 导前补偿电路

$$F = \frac{R_1}{R_1 + \left(R_f \; // \; \dfrac{1}{j\omega C}\right)} = \frac{R_1}{R_1 + R_f} \cdot \frac{1 + j\omega R_f C}{1 + j\omega R'C}$$

式中，$R' = R_1 // R_f$，记 $F_0 = \dfrac{R_1}{R_1 + R_f}$，$f_1 = \dfrac{1}{2\pi R_f C}$，$f_2 = \dfrac{1}{2\pi_1 R'C}$，则

$$F = F_0 \frac{1 + j\dfrac{f}{f_1}}{1 + j\dfrac{f}{f_2}} \quad (f_1 < f_2)$$

可见，F 表达式中引入了一个零点，该零点使相位导前 $\arctan(f/f_1)$，从而使环路增益总相位导前一个角度，破坏了自激振荡条件，保持了反馈放大器稳定工作，如图 8.5.10 所示。

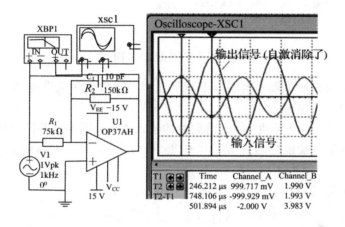

图 8.5.10 导前补偿消除自激的波形（C_1 为导前补偿电容）

习 题

8-1 如果要求开环放大倍数 A 变化 25% 时，闭环放大倍数的变化不超过 1%。又要求闭环放大倍数 $A_f = 100$，则开环放大倍数 A 应选多大？这时反馈系数 F 又应该选多大？

8-2 一放大器的电压放大倍数 A_u 在 150～600 之间变化（变化 4 倍），现加入负反馈，反馈系数 $F_u = 0.06$，则闭环放大倍数的最大值和最小值之比是多少？

8-3 一反馈放大器框图如图 P8-1 所示，试求总闭环增益 $A_f = \dot{X}_o / \dot{X}_i = ?$

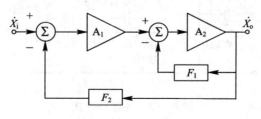

图 P8-1 习题 8-3 图

8-4 设集成运算放大器的开环幅频特性如图 P8-2(a)所示。

(1) 求开环低频增益 A_u、开环上限频率 f_H 和增益频带积 $A_u \cdot f_H$；

(2) 如图 P8-2(b)所示，在该放大器中引入串联电压负反馈，试求反馈系数 F_u、闭环低频增益 A_{uf} 和闭环上限频率 f_{Hf}，并画出闭环频率特性波特图。

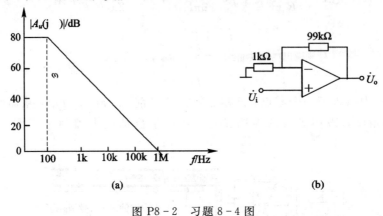

(a)　　　　　　　　(b)

图 P8-2　习题 8-4 图

8-5 一个无反馈放大器，当输入电压等于 0.028 V，并允许有 7% 的二次谐波失真时，基波输出为 36 V，试问：

(1) 若引入 1.2% 的负反馈，并保持此时的输入不变，则输出基波电压等于多少伏？

(2) 如果保证基波输出仍然为 36 V，但要求二次谐波失真下降到 1%，则此时输入电压应加大到多少伏？

8-6 某放大器的 $A(j\omega)$ 为

$$A(j\omega) = \frac{1000}{1 + j\omega/10^6}$$

若引入 $F = 0.01$ 的负反馈，试求闭环低频放大倍数 A_{If} 和闭环上限频率 f_{Hf}。

8-7 某雷达视频放大器输入级电路如图 P8-3 所示，试问：

(1) 该电路引入何种类型的反馈？反馈网络包括哪些元件？

(2) 深反馈条件下，闭环放大倍数 A_{uf} 是多少？

(3) 电容 C_3(75 pF)的作用是什么？若将 C_3 换成 4700 pF//10 μF，对放大器的反馈有何影响？

(4) 稳压管 V_Z 的作用是什么？

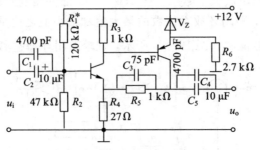

图 P8-3　习题 8-7 图

8-8 电路如图 P8-4 所示，试判断这些电路各引进了什么类型的反馈。

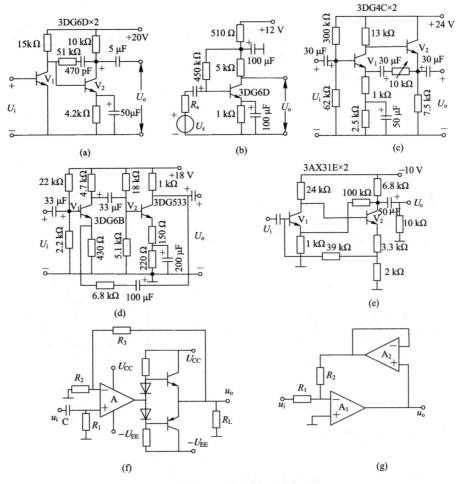

图 P8-4 习题 8-8 图

8-9 集成运放应用电路如图 P8-5 所示，试判别电路各引入了何种反馈。

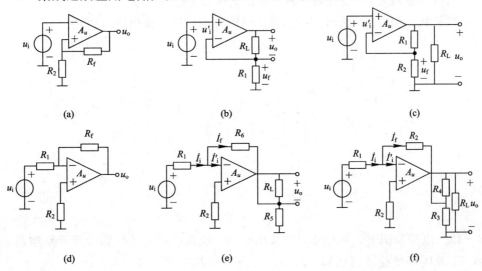

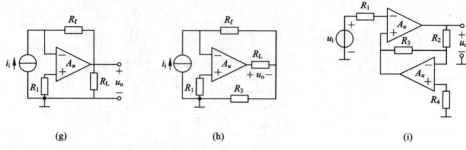

图 P8-5 习题 8-9 图

8-10 集成运放应用电路如图 P8-6 所示。

(1) 为保证(a)、(b)电路为负反馈放大器,分别指出运放的两个输入端①、②哪个是同相输入端,哪个是反相输入端;

(2) 若分别从 U_{o1} 和 U_{o2} 输出,分别判断电路各引入何种反馈。

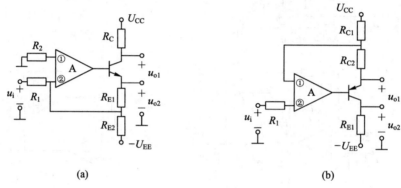

图 P8-6 习题 8-10 图

8-11 如图 P8-7(a)、(b)所示,试问:

(1) 两个电路哪个输入电阻高?哪个输出电阻高?

(2) 当信号源内阻 R_s 变化时,哪个输出电压稳定性好?

(3) 当负载电阻 R_L 变化时,哪个输出电压稳定?哪个输出电流稳定?

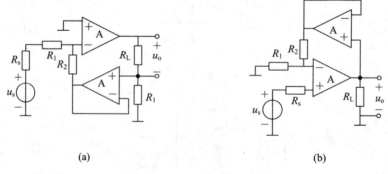

图 P8-7 习题 8-11 图

8-12 电路如图 P8-8 所示,试指出电路的反馈类型,并分别计算开环增益 A_u、反馈系数 F_u 及闭环增益 A_{uf}(已知 g_m、β、r_{be} 等,且 $R_f \gg R_s$,$R_f \gg R_L$)。

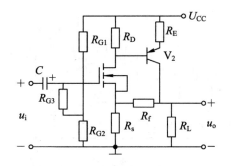

图 P8-8 习题 8-12 图

8-13 电路如图 P8-9 所示,试指出电路的反馈类型,并计算开环增益 A_u 和闭环增益 A_{uf}(已知 β、r_{be} 等参数)。

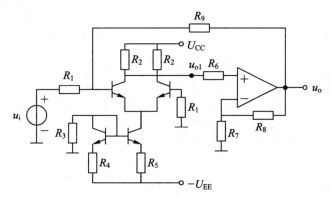

图 P8-9 习题 8-13 图

8-14 电路如图 P8-10 所示,试回答:

(1) 集成运算放大器 A_1 和 A_2 各引进了什么反馈?

(2) 闭环增益 $A_{uf} = \dot{U}_o / \dot{U}_i = ?$

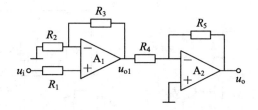

图 P8-10 习题 8-14 图

8-15 反馈放大器电路如图 P8-11 所示,试回答:

(1) 该电路引入了何种反馈?反馈网络包括哪些元件?工作点的稳定主要依靠哪些反馈?

(2) 该电路的输入、输出电阻如何变化,是增大了还是减小了?

(3) 在深反馈条件下,交流电压增益 A_{uf} 是多少?

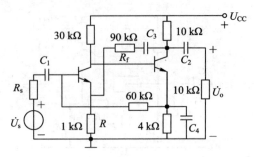

图 P8-11 习题 8-15 图

8-16 电路如图 P8-12 所示,判断电路引入了何种反馈,并计算在深反馈条件下的交流电压放大倍数 $A_{uf}=U_o/U_i=?$

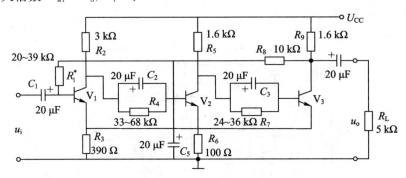

图 P8-12 习题 8-16 图

8-17 电路如图 P8-13(a)、(b)所示,试问:

(1) 图(a)、(b)电路各引入了什么类型的反馈?

(2) 图(a)、(b)电路各稳定了什么增益?

(3) 图(a)、(b)电路中引入反馈后对输入电阻和输出电阻各有什么影响?

(4) 估算深反馈条件下的闭环电压增益 A_{ufa} 和 A_{ufb}。

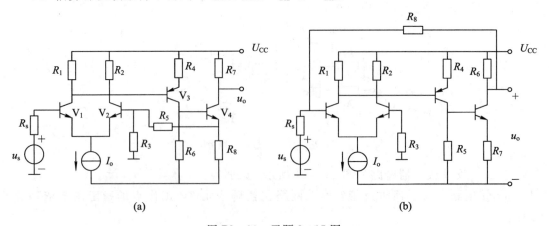

图 P8-13 习题 8-17 图

8-18 电路如图 P8-14 所示。

(1) 要求输入阻抗增大,试正确引入负反馈;

(2) 要求输出电流稳定,试正确引入负反馈;

（3）要求改善由负载电容 C_L 引起的幅频失真和相频失真，试正确引入负反馈。

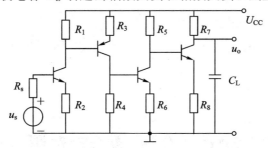

图 P8-14　习题 8-18 图

8-19　某放大器的开环幅频响应如图 P8-15 所示。

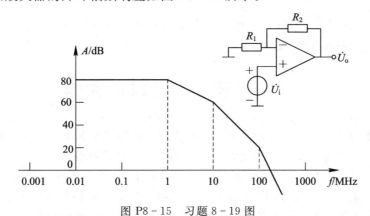

图 P8-15　习题 8-19 图

（1）当施加 $F=0.001$ 的负反馈时，此反馈放大器能否稳定工作？相位裕度等于多少？

（2）若要求闭环增益为 40 dB，为保证相位裕度大于等于 45°，试画出密勒电容补偿后的开环幅频特性曲线；

（3）求补偿后的开环带宽 BW 和闭环带宽 BW_f。

8-20　已知反馈放大器的环路增益为

$$A_u(\mathrm{j}\omega)F = \dfrac{40F}{\left(1+\mathrm{j}\dfrac{\omega}{10^6}\right)^3}$$

（1）若 $F=0.1$，该放大器会不会自激？

（2）该放大器不自激所允许的最大 F 为何值？

第九章

特殊用途的集成运算放大器及其应用

在由运算放大器构成的各种系统中，由于应用要求不同，对放大器的性能要求也不同。本章主要介绍特殊用途的集成运算放大器及其应用。

9.1 高速集成运算放大器

在现代电子技术中，有许多应用场合，如雷达、无线通信系统、高速视频放大电路、高速 A/D 与 D/A 驱动等，要求集成运算放大器的压摆率 SR 足够高（数百伏/微秒至数千伏/微秒）、单位增益带宽 BW_G 足够大（数百兆赫至数吉赫），其中压摆率主要决定在大信号通路时放大器的速度。采用特殊的工艺和电路结构可使运算放大器具有宽带、高速的性能，这就是高速集成运算放大器，简称高速放大器，其通常分为电流反馈型和电压反馈型两种。

9.1.1 高速电流反馈型集成运算放大器

电流反馈型集成运算放大器（Current Feedback Operational Amplifier）又称电流模运算放大器（Current Mode Operational Amplifier）。该放大器具有高速、宽带特性，压摆率 $SR > 1000 \sim 7000 \ V/\mu s$，带宽可达 100 MHz～1 GHz，并且在一定条件下，具有与闭环增益无关的近似恒定带宽。由于其优越的宽带特性，在视频处理、同轴电缆驱动等领域得到了广泛应用。

电流模运算放大器的基本框图如图 9.1.1 所示。

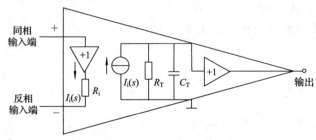

图 9.1.1 电流模集成运放框图

由图 9.1.1 可见，同相输入端经一缓冲级到反相输入端，其中 R_i 表示缓冲级输出电阻。由此得出，电流模运放与电压模运放不同，其同相输入端是高阻输入，而反相输入端则是低阻输入。缓冲级之后接一互阻增益级，将输入电流变换为输出电压。图中 R_T 表示低频互阻增益(一般可达 MΩ 数量级)，C_T 为等效电容(主要是相位补偿电容 $C_{\varphi 1}$，$1\sim 5$ pF 左右)。输出端又接一个缓冲级，故最后的输出电阻很小。电流模运放可以看成一个流控电压源，其互阻增益 $A_r(s)$ 的表达式如下：

$$A_r(s) = \frac{U_o(s)}{I_i(s)} = \frac{R_T}{1 + sR_T C_T} \tag{9.1.1}$$

若用开环差模电压增益表示，则

$$A_u(s) = \frac{U_o(s)}{U_i(s)} = \frac{U_o(s)}{I_i(s) \cdot R_i} = \frac{R_T}{R_i(1 + sR_T C_T)} \tag{9.1.2}$$

电流模运算放大器的典型电路如图 9.1.2 所示。

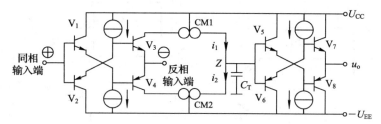

图 9.1.2　电流模运放的典型电路

图 9.1.2 中，V_1、V_2 接成有源负载跟随器，所以同相输入端为高阻。而反相输入端接 V_3、V_4 的射极，为低阻。$V_1 \sim V_4$ 组成输入缓冲级。而且可以看出，CM1 和 CM2 表示两个电流镜，它们将 i_{C3}、i_{C4} 映射到 i_1 和 i_2，并在 Z 点相加。V_5、V_6 组成输出缓冲级。V_7、V_8 组成互补跟随输出级，以保证输出电阻很小，增强带负载能力。

电流模运放的闭环低频增益与电压模运放相同。如图 9.1.3 所示，同相输入时的闭环电压增益等于

$$A_{uf0} = 1 + \frac{R_f}{R_G} \tag{9.1.3}$$

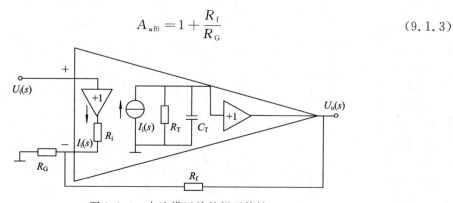

图 9.1.3　电流模运放的闭环特性

通常 R_T 约为几兆欧，R_i 约为 $10\sim 60$ Ω，所以可以满足 $R_T \gg R_f$，$R_T \gg R_i$，且当闭环增益 A_{uf0} 较小，满足 $(A_{uf0} R_i) \ll R_f$ 时，有

$$A_{uf}(s) = \frac{A_{uf0}}{1 + sR_f C_T} \tag{9.1.4}$$

则闭环带宽为

$$\text{BW} = f_H = \frac{1}{2\pi C_T R_f} \tag{9.1.5}$$

该式表明，当低频增益 A_{uf0} 不太大时，电流模运放的闭环带宽与闭环增益无关，而取决于反馈电阻 R_f 与补偿电容 C_T 的乘积。这是与电压模运放截然不同的特性。电压模运放增加带宽必然牺牲增益，增益带宽积为常数；而电流模运放的增益带宽积随着增益增大而有所提高。

图 9.1.4 分别给出电压反馈型运放与电流反馈型运放频率响应示意图，可见，电压反馈型运放随着闭环增益增大，闭环带宽必减小；而电流反馈型运放随着闭环增益增大，闭环带宽减小不多，只要保持反馈电阻 R_f 不变，减小 R_G 即可。式(9.1.5)表明，R_f 越小，闭环带宽 f_H 越宽，但 R_f 太小，放大器将不稳定，一般应取 $R_f > 200\ \Omega$。

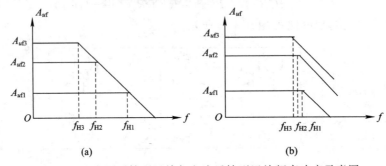

图 9.1.4 电压反馈型运放与电流反馈型运放频率响应示意图

(a) 电压反馈型运放频率响应示意图；(b) 电流反馈型运放频率响应示意图

电流反馈型运放的缺点是共模抑制比较低，反相输入端吸取的电流较大。在实际应用中，应根据实际需要选择电压反馈型运放或电流反馈型运放。表 9.1.1 给出了一些电流模运放的型号和主要参数，供读者参考。

表 9.1.1 若干电流模运放的型号及其参数

型号 / 参数	AD811	AD844	AD9610	OPA623	OPA658P	OPA603	MAX 4112/4113
压摆率(SR) /(V/μs)	1800 ($R_f=1$ kΩ)	2000 ($R_f=1$ kΩ)	3500 ($R_f=1.5$ kΩ)	2100 ($U_{opp}=5$ V)	1700 ($U_{opp}=2$ V)	1000	1500/1800
带宽(BW) /MHz	140	60	80	290	680	100	600/750
失调电压 U_{IO}/mV	0.5	0.05	±0.3	8	±5	5	1
同相端输入电阻/MΩ	1.5	10	0.2	2.74	0.5	5	0.5
反相端输入电阻/Ω	14	50	20	—	50	30	30
低频互阻增益/MΩ	0.75 ($R_L=200\ \Omega$)	3 ($R_L=500\ \Omega$)	1.5 ($R_L=200\ \Omega$)	—	0.19	0.4	0.5
共模抑制比 K_{CMR}/dB	60	100	60	—	—	60	50
输出电流 I_o/mA	±100	±60	±50	±70	±120	±150	±80
电源电压 /V	±5~±15	—	—	±5	±5	±15	±5

9.1.2　高速电压反馈型集成运算放大器

许多常规的电压反馈型集成运放为了使电路工作稳定，引入了内部补偿，但它的代价是极大地降低了运算放大器的闭环带宽。为适用于高速放大应用场合，TI 等芯片公司专门推出了一系列去补偿（Decompensate）和经特殊结构设计的电压反馈放大器，可实现数百兆赫的带宽和数千伏/微秒的压摆率，如高带宽的 OPA842/843/846/847 和高压摆率的 OPA690 等，见表 9.1.2。

表 9.1.2　若干高速电压反馈型运放的型号及其参数

型号 参数	AD818	OPA842	OPA843	OPA846	OPA847	OPA690	THS4021
压摆率（SR） $/(V/\mu s)$	500	400	1000	625	950	1800	470
带宽（BW） /MHz	130 $(G=+2)$	20 $(G=10)$	80 $(G=10)$	110 $(G=20)$	350 $(G=20)$	500 $(G=1)$	80 $(G=20)$
失调电压 U_{IO}/mV	0.5	1.2	1.2	0.6	0.5	4.0	2.0
共模抑制比 K_{CMR}/dB	120	95	95	110	110	65	95
输出电流 I_o/mA	50	100	100	80	75	190	100
增益带宽积 $(G \cdot BW)/MHz$	—	200 （$G>5$ 时准确）	800 （$G>10$ 时准确）	1750 （$G>10$ 时准确）	3900 （$G>50$ 时准确）	500	1600
电源电压/V	±15	±6	±6	±6	±6	±5	±16

表 9.1.2 中，对于增益带宽积这个指标来说，OPA842/843/846/847 等高速放大器只在相对高增益下才有效，这是因封装过程中引入了高速放大器反相输入端的寄生电容。该电容使运放在低增益下带宽实际表现比设计时更宽，其过大时容易引起放大器振荡，只有在增益大于指定值时构成的系统是稳定的。另外，在为这类运放选择反馈电阻 R_f 以及增益设定电阻 R_G 时，虽然电压反馈放大器选择范围较电流反馈放大器宽松，但在高速放大器设计中，必须同时考虑功耗、R_f 上并联电容对带宽影响以及 $R_f // R_G$ 与反相输入端寄生电容 C_{in} 作用下的影响。反馈电阻 R_f 不能太大也不能太小，取值小运放功耗大，取值大时其与寄生电容作用影响运放的带宽，工程中一般取 $200 \sim 1000$ Ω。通常先设定 R_G 为 200 Ω，再根据增益选定 R_f，当计算出的 R_f 超过 1 $k\Omega$ 时，再降低 R_G 的阻值。

9.1.3　宽带、高速集成运算放大器举例

1. 电流反馈型 THS3120/THS3121

THS3120/THS3121 是一种速度高、输出驱动能力强、噪声低的运算放大器。当增益

$G=2$、负载 $R_L=50\ \Omega$ 时，带宽可达 120 MHz，输出电流驱动能力可达到 475 mA。在 $R_L=50\ \Omega$，$U_{OPP}=8$ V 情况下压摆率为 1700 V/μs，电源范围为 ±5 ~ ±15 V。电压噪声为 2.5 nV/$\sqrt{Hz}$。另外，THS3120 具有电源休眠控制功能，当 PD 引脚加高电平时可关断电源。

THS3120/THS3121 可用于视频分配器、功率 FET 管驱动器和大容性负载驱动器等领域。

THS3120/THS3121 的典型应用电路如图 9.1.5 所示。图 9.1.5(a) 是 THS3120/THS3121 的双电源放大电路，图 9.1.5(b) 是 THS3120/THS3121 的单电源放大电路。

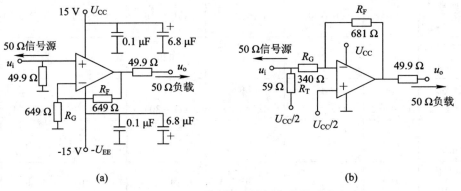

(a)　　　　　　　　　　　　(b)

图 9.1.5　双电源和单电源直接耦合宽带放大电路

(a) 双电源同相组态；(b) 单电源反相组态

另外，宽带、高压摆率和高的输出电流驱动能力使 THS3120/THS3121 很适合做视频分配器，一个放大器输出经多根传输线以最小的性能代价将视频信号分配给多个设备。高的压摆率保证视频信号有最小的延迟、短的传输时间和建立时间。图 9.1.6 就是一个视频分配器电路。

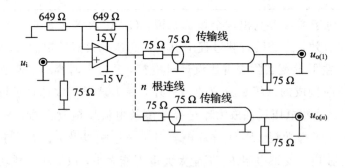

图 9.1.6　视频分配器电路

从上面例子看出，高速运放的输出电流都十分大，驱动负载能力强，为保证带宽，所用电阻值都比较小，为防止传输中信号反射，应注意输入端和输出端前后的阻抗匹配（50 Ω 或 75 Ω）。

2. 电压反馈型、输入输出轨对轨运算放大器 OPA830

OPA830 是一种电压反馈型、宽带、低功耗、低噪声单电源运算放大器。当增益

$G=+1$ 时带宽为 250 MHz；当增益 $G=+2$ 时带宽为 110 MHz。高压摆率为 500 V/μs。输出驱动电流为 ±80 mA。当 $U_{CC}=+5$ V 时电源电流为 3.9 mA。双电源的电源范围为 $\pm1.4\sim\pm5.5$ V，单电源的电源范围为 $+2.8\sim+11$ V。输入电压噪声为 9.2 nV/$\sqrt{\text{Hz}}$。

OPA830 主要用于单电源 ADC 的输入缓冲器、单电源视频驱动器、低功耗超声系统、CCD 图像通道调理器以及便携式消费电器等方面。

OPA830 的典型应用电路如图 9.1.7 和图 9.1.8 所示。图 9.1.7 所示为一个增益等于 $+2$ 的单电源交流耦合放大器，其输入阻抗为 50 Ω，负载为 150 Ω，两个 1.5 kΩ 电阻为输入端提供偏置。图 9.1.8 是一个增益为 $+2$ 的双电源直接耦合放大电路。

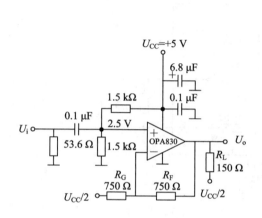

图 9.1.7　交流耦合，5 V 单电源工作

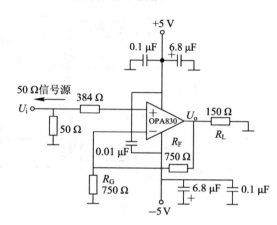

图 9.1.8　直接耦合，5 V 双电源工作

9.2　集成仪表放大器

在前文中曾讨论过由三个运算放大器组成的仪表放大器，由于其优越的性能而得到广泛应用，它的输入电阻很高，电路结构高度对称，有很强的共模抑制能力和较小的输出漂移，增益调节方便，故目前这种仪表放大器已有多种型号的单片集成电路产品，如 LH0036、AD620、AD624、INA128 等。LH0036 只需要外接电阻 R_G 即可工作，其取值一般由 $R_G=50$ kΩ/(A_u-1) 确定。AD624 性能更为优异，共模抑制比可达 100 dB 以上，增益带宽积为 25 MHz，且低噪声（0.2 μV），低线性失真（最大为 0.001%），低增益温漂（5×10^{-6}/$^\circ$C），低输入失调电压（最大 25 μV），电源电压为 $\pm6\sim\pm18$ V，并可提供电流或电压输出。下面以 INA128/129 为例介绍集成仪表放大器。

INA128/129 是由美国德州仪器（简称 TI）公司生产的低功耗、精密仪表放大器，三个运算放大器和 6 个电阻全部集成在芯片中，仅外接 R_G 来调节增益（1$\sim$10 000 的任何值），频带宽（在 $G=100$ 时带宽为 200 kHz）。其主要特点为：低失调电压（最大 50 μV）；低漂移（最大 0.5 μV/$^\circ$C）；低输入偏流（最大 5 μA）；高共模抑制比（最小 120 dB）；宽电源范围（$\pm2.25\sim\pm18$ V）；低静态电流（700 μA）。INA128/129 可用于桥放大器、热电偶放大器、RTD（热敏电阻）传感放大器、医疗仪器、数据采集等领域。

INA128/129 的典型接法如图 9.2.1 所示，其增益方程如下：

INA128

$$G = 1 + \frac{50 \text{ k}\Omega}{R_{\text{G}}} \qquad (9.2.1)$$

INA129

$$G = 1 + \frac{49.4 \text{ k}\Omega}{R_{\text{G}}} \qquad (9.2.2)$$

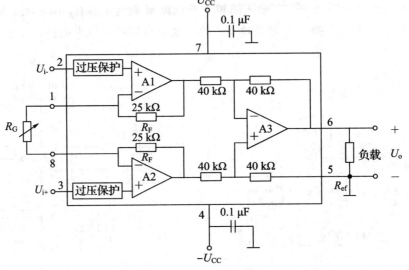

图 9.2.1   INA128/129 的典型接法

INA128/129 的应用非常广泛,图 9.2.2 所示电路为具有右腿驱动的心电信号(ECG)放大电路。

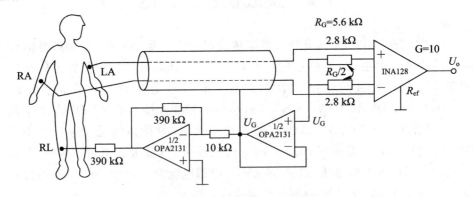

图 9.2.2   具有右腿驱动的心电信号(ECG)放大电路

值得注意的是,INA128/129 的输入阻抗高达 10^{10} Ω,在高输入阻抗情况下,输入偏流的很小变化都会引起输入电压的变化。因此,在实际应用中必须保证有输入偏流的返回通路,即共模电流通路。对热电偶等阻抗很低的信号源只需加一个电阻到地即可,对于高阻信号源(如麦克风、水听器等)则用两个相等的电阻分别加到两个输入端到地(以保证两边平衡)。如果是变压器,则将中心抽头接地构成输入偏流通路。图 9.2.3 所示为共模电流提供路径的典型电路。

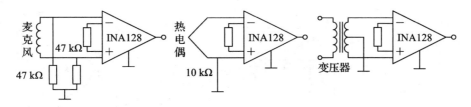

图 9.2.3　INA128 共模电流提供路径

9.3　增益可控集成运算放大器

单片增益可控放大器广泛用于数据采集系统和仪器仪表系统等领域,其一般分为可编程增益放大器系列(PGA 系列)和电压控制增益放大器系列(VGA 系列)。

可编程增益放大器系列(PGA 系列)放大器的增益由数字控制,通常增益按二进制步进(如 1、2、4、8 等)或十进制步进(如 1、10、100 等)。其控制逻辑与 TTL 或 CMOS 电平兼容,故易与微处理器连接。

电压控制增益放大器系列(VGA 系列)放大器通过高阻态输入提供了线性化的"dB"增益和增益范围控制,有单通道、双通道等配置,可同时控制增益及衰减,有很大的灵活性。

电压控制增益放大器的控制机理一般有可变跨导型、可变反馈型等。可变跨导型实际上与模拟乘法器原理相同,即首先将输入控制电压通过 V/I 变换,变成差分放大器的可控电流源,从而改变电路的跨导,以达到改变放大器增益的目的。也有用外加电压改变放大器的负反馈深度来实现增益控制的。还有的是制作一个较大的固定增益的放大器,然后再制作一个可变衰减器,外加电压控制衰减器的衰减量,以最终完成对放大器总增益的控制。解决方案各有不同,下面将通过两个典型芯片来了解可变增益放大器的特点,重点介绍这些芯片及其应用实例。

9.3.1　电压控制增益放大器 VCA820/VCA822/VCA824

VCA820/VCA822/VCA824 系列是 TI 公司的一款宽带(130 MHz)、高增益精度、大增益调节范围、高输出电流的压控增益放大器,主要用于自动增益控制接收机、差分线接收器、脉冲幅度补偿、可变衰减器、电压—可调谐有源滤波器等领域。

VCA820/822/824 由两个输入缓冲器、一个电流反馈放大级以及一个乘法器单元组成了一个完整的电压控制可变增益放大器系统(VCA),其工作电源为 ±5 V。VCA820 的增益是以线性 dB 规律变化的,对应的增益控制电压为 0~2 V;VCA822/VCA824 的增益是以 V/V 线性规律变化的,对应的增益控制电压为 +1~−1 V。例如,设置的最大增益为 +10 V/V,VCA820 在 +2 V 控制电压输入时增益为 20 dB,在 0 V 输入时增益为 −20 dB,VCA822/VCA824 在 +1 V 控制电压输入时对应的增益为 10 V/V,在 −1 V 控制电压输入时对应的增益则为 0.1 V/V。对于 20 dB 的最大增益,VCA820 输入控制电压为 1~2 V,VCA822/VCA824 的输入控制电压为 0~1 V。VCA810 的增益可控范围为 −40 dB~+40 dB,即 80 dB。

VCA820/824 的内部框图及典型应用电路如图 9.3.1 所示。

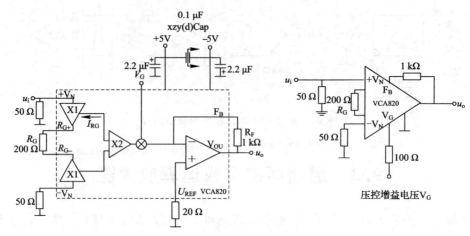

图 9.3.1　直接耦合 $A_{u\max} = 20$ dB(10 V/V)双电源 VCA 放大器

9.3.2　可变增益放大器 AD8367

AD8367 是 ADI 公司生产的一款可变增益单端中频放大器,具有优异的增益控制特性,广泛应用于移动通信基站、雷达、卫星接收机等各种通信设备中。

AD8367 是基于 ADI 的 X-AMP 结构的可变增益中频放大器,原理框图和简化框图如图 9.3.2 所示。该器件主要由可变衰减器、固定增益放大器和平方律检波器组成。可变衰减器为一个由 9 阶电阻衰减网络组成的 0～45 dB 的可变电压衰减网络;固定增益放大器的增益为 42.5 dB。其中,可变衰减器由 200 Ω 电阻梯形网络和跨导控制单元实现,电阻网络包含一个高斯增益内插器和 9 个 5 dB 衰减选择网络。增益内插器的作用是选择衰减因子,决定增益控制级,当第一级衰减有效时,衰减为 0 dB,当最后一级衰减选中时,衰减为 45 dB。当衰减控制量在两级之间、不是 5 dB 整数倍时,相邻级跨导控制单元起作用,通过两相邻离散节点衰减的加权平均值产生与控制电压相对应的衰减控制量,两者结合产生 0～45 dB 的任意衰减量。经过内部 42.5 dB 固定增益放大器输出后实现平滑单调的、以 dB 为单位的线性增益控制。固定增益放大器的作用是保证 AD8367 具有 42.5 dB 的增益和 500 MHz 的带宽,它实际上是一个具有 100 GHz 的增益带宽积的运算放大器,在高频工作时芯片仍具有良好的线性度。

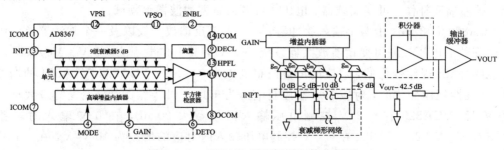

图 9.3.2　AD8367 原理框图和简化框图

AD8367 的主要特点有:单端输入/输出;3 dB 截止频率为 500 MHz,带宽内增益与控制电压以 dB 为单位线性变化;增益控制范围为 -2.5～42.5 dB,增益控制因数为 20 mV/dB,输入的模拟增益控制电压的范围为 50～950 mV;当电路输入端为零电平信号时,输出端信号电平为电源电压的一半,且可以调节;具有增益控制特性可选和功耗关断控制功能;既能配置应用于外加电压控制的传统的 VGA 模式,同时内部还集成了平方律检波器,因而也可以工作于自动增益控制模式;能够通过设置外部电容将工作频率扩展到任意低频。

该芯片有两种工作模式,且通过模式控制管脚 MODE 的外加电平来控制。当 MODE 管脚接高电平时,芯片工作于增益上升(Gain Up)模式。在这种模式下,其芯片增益随着控制电压的增加而增大:

$$增益(dB) = 50 \times U_{Gain} - 5 \tag{9.3.1}$$

其中,U_{Gain} 的单位为 V,而其变化单位(增益控制因数)为 50 dB/V(20 mV/dB)。

当 MODE 管脚接低电平时,芯片工作在增益下降(Gain Down)模式。芯片的控制增益随控制电压 U_{Gain} 的增加而减小:

$$增益(dB) = 45 - 50 \times U_{Gain} \tag{9.3.2}$$

AD8367 芯片的增益与控制电压 U_{Gain} 的关系图如图 9.3.3 所示,从图中可以看出,芯片可以在大于 35 dB 左右的输入动态范围中获得好于 0.1 dB 的线性控制度。

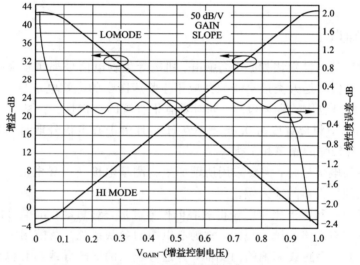

图 9.3.3 增益和信号线性度与控制电压的关系

AD8367 实现传统的 VGA 功能时,利用其增益控制的线性特性实现大动态范围的增益控制,此时需要给芯片外加控制电压。AD8367 典型的应用电路如图 9.3.4 所示。

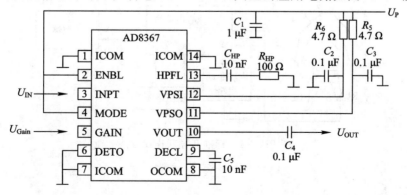

图 9.3.4 AD8367 作为 VGA 的典型应用电路

习 题

9-1 电流反馈型高速运放和电压反馈型高速运放各有什么优缺点?

9-2 请用 AD811 设计一个脉冲放大器(脉宽为 20 ns,周期为 100 kHz),要求增益大于 3 倍。

9-3 请用 INA128 设计一个增益可调的放大器,要求增益分别为 1、10、100、1000、10 000 倍。

9-4 利用 ADI 公司或 TI 公司网站的数据表,查询一个电压控制增益可变放大器,并写出介绍该器件主要性能的中文文档。

大作业及综合设计实验 1——简易心电图仪设计

一、相关背景知识

人体的各种生物电参数诸如心电、脑电、肌电等生物电信号都属于强噪声背景下的微弱低频信号,心电信号是人类最早研究并应用于临床医学的生物电信号之一,与其他生物电信号相比,该信号也比较容易检测,同时具有很直观的规律性。一般人体心电信号的幅度为 20 μV~5 mV,频带宽度为 0.05 ~100 Hz,且由于心电信号取自活体,所以信号源内阻较高,存在着较强的噪声和干扰。

检测人体生物电信号时,需要采用所谓的生物测量电极及引导电极,通过引导电极将生物电信号引入到放大器的输入端。

临床上为了统一和便于比较所获得的心电信号波形,对测量心电信号的电极和引线与放大器的连接方式有严格的统一规定,称为心电图的导联系统。目前国际上均采用标准导联,即将电极捆绑在手腕或脚腕的内侧面,并通过较长的屏蔽导线与心电信号放大器相连接。标准Ⅱ导联的具体连接方法如图 PP9-1 所示。简单一点右脚可直接接放大器的"地",为进一步提高抗共模干扰能力,可加"右腿驱动电路",具体可参考图 PP9-2。

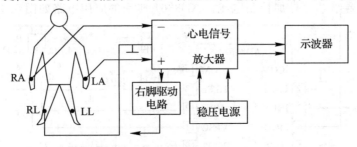

图 PP9-1 标准Ⅱ导联连线方法

二、任务

根据以上背景与提示,设计并制作简易心电图仪(参考框图如图 PP9-2 所示)。

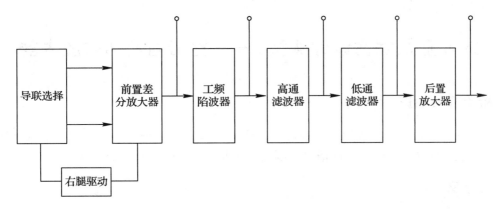

图 PP9-2　心电信号放大器框图

三、要求

（1）前置差分放大器的差模增益为 40 dB，共模抑制比大于 80 dB，总增益大于 60 dB，建议第一级用集成仪表放大器；

（2）工频陷波器为中心频率为 50 Hz 的带阻滤波器，要求其中心频率处衰减大于 15 dB，Q 值大于 4；

（3）高通滤波器的截止频率不高于 0.05 Hz，建议用无源 RC 隔直电路；

（4）低通滤波器的截止频率为 200 Hz，带外衰减大于 40 dB/十倍频程，平坦度不大于 2 dB；

（5）用 Multisim 仿真电路性能；

（6）能在示波器上观察有规律的心电信号。（选做）

四、说明

体表电极可用一次性 ECG 专用电极（胸导联），或用金属夹子电极（肢体导联），如图 PP9-3 所示。

连接导联线的搭扣

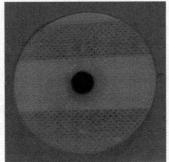

贴体表的电极

(a)

(b)

图 PP9-3　心电测量导联一次性 ECG 专用电极

（a）一次性 ECG 专用电极；（b）金属夹子电极

大作业及综合设计实验 2——宽带可控增益放大器

一、相关背景知识

在许多电子设备中需要增益可控的放大器,如仪器仪表中,被测信号大小变化很大,又如在无线接收机中,所接收的信号强弱变化也很大,都要求放大器的增益可控。

二、任务及要求

本实验要求设计一个宽带可控增益放大器(推荐芯片为 VCA810)。

1. 基本要求

(1) 电压增益 $A_u \geqslant 20$ dB,输入电压有效值 $U_i \leqslant 100$ mV。A_u 在 $0 \sim 20$ dB 范围内可调;

(2) 最大输出正弦波电压有效值 $U_o \geqslant 1000$ mV,输出信号波形无明显失真;

(3) 放大器带宽 $BW_{-3\,dB}$ 的下限频率 $f_L \leqslant 0.3$ MHz,上限频率 $f_H \geqslant 3$ MHz,并要求在 $1 \sim 2$ MHz 频带内增益起伏小于等于 2 dB;

(4) 放大器的输入阻抗 $R_{in} = 50$ Ω,输出阻抗 $R_o = 50$ Ω,测试负载 $R_L = 50$ Ω。

2. 发挥部分

(1) 电压增益 $A_u \geqslant 40$ dB,输入电压有效值 $U_i \leqslant 20$ mV,A_u 在 $0 \sim 40$ dB 范围内可调;

(2) 最大输出正弦波电压有效值 $U_o \geqslant 2000$ mV,输出信号波形无明显失真;

(3) 放大器带宽 $BW_{-3\,dB}$ 的下限频率 $f_L \leqslant 0.1$ MHz,上限频率 $f_H \geqslant 8$ MHz,并要求在 $1 \sim 8$ MHz 频带内增益起伏小于等于 1 dB。

第十章

集成运算放大器的非线性应用

在集成运算放大器的外围电路中引入非线性器件，如引入晶体管并使其工作在电流方程描述的非线性范围，引入二极管并使其在导通和截止之间不断改变工作状态，或者为集成运放引入正反馈，就可以设计出集成运放的非线性应用电路，实现比较特殊的功能，如非线性运算、波形变换、波形产生，等等。

10.1　对数、反对数运算和乘除法运算

检测模拟信号时，为了适应信号取值范围大和取值精度高的特点，经常需要对信号做对数量化。例如，功率检测芯片 AD8317 可以检测从 5 nW（－53 dBm）到 0.5 mW（－3 dBm）的功率，按－22 mV/dB 给出输出电压。相应地，模拟信号处理需要电路能对信号做对数和反对数运算。

根据 NPN 型晶体管的电流方程，有

$$u_{BE} \approx U_T \ln \frac{i_C}{I_S}$$

由此可以设计放大器完成对数和反对数运算。图 10.1.1(a)中，输出电压 $u_o = -u_{BE} = -U_T \ln(i_C/I_S)$，又 $i_C = u_i/R$，所以

$$u_o = -U_T \ln \frac{u_i}{I_S R} \tag{10.1.1}$$

这样就实现了从 u_i 到 u_o 的对数运算。图 10.1.1(b)中，根据 PNP 型晶体管的电流方程，有 $u_o = i_C R = -I_S R \exp(-u_{BE}/U_T)$，而输入电压 $u_i = -u_{BE}$，因此

$$u_o = -I_S R e^{\frac{u_i}{U_T}} \tag{10.1.2}$$

这样就实现了 u_o 和 u_i 之间的反对数运算。

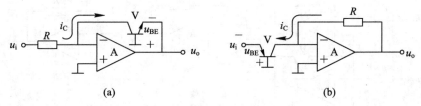

图 10.1.1　对数和反对数放大器

（a）对数放大器；（b）反对数放大器

式(10.1.1)和式(10.1.2)中，反向饱和电流 I_S 和热电压 U_T 都随温度变化，因此，对数放大器和反对数放大器的运算结果受温度影响很大。为了提高电路的温度稳定性，一般采用对管对消 I_S 的变化，同时引入热敏电阻补偿 U_T 的变化。采用温度补偿措施的对数放大器如图 10.1.2 所示，其中，晶体管 V_1 和 V_2 是参数匹配对称的对管，R_T 是热敏电阻。

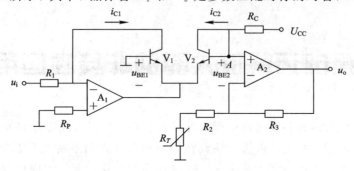

图 10.1.2　采用温度补偿的对数放大器

图 10.1.2 中，节点 A 的电压

$$u_A = u_{BE2} - u_{BE1} = U_T \ln \frac{i_{C2}}{I_{S2}} - U_T \ln \frac{i_{C1}}{I_{S1}} = U_T \ln \frac{i_{C2}}{i_{C1}} \frac{I_{S1}}{I_{S2}}$$

因为 V_1 和 V_2 参数对称，即 $I_{S1} = I_{S2}$，所以

$$u_A = U_T \ln \frac{i_{C2}}{i_{C1}} \tag{10.1.3}$$

从电路中可以看出 $i_{C1} = \dfrac{u_i}{R_1}$，$i_{C2} = \dfrac{U_{CC} - (u_{BE2} - u_{BE1})}{R_C} \approx \dfrac{U_{CC}}{R_C}$，代入式(10.1.3)，得

$$u_A = U_T \ln \left(\frac{R_1}{R_C} \cdot \frac{U_{CC}}{u_i} \right)$$

输出电压

$$u_o = \left(1 + \frac{R_3}{R_2 + R_T} \right) u_A = \left(1 + \frac{R_3}{R_2 + R_T} \right) U_T \ln \left(\frac{R_1}{R_C} \cdot \frac{U_{CC}}{u_i} \right) \tag{10.1.4}$$

式(10.1.4)实现了从 u_i 到 u_o 的对数运算，其中没有反向饱和电流 I_S 的影响。适当选择热敏电阻 R_T 和电阻 R_2、R_3，也可以尽量消除热电压 U_T 的影响，因此该电路的温度稳定性较好。

在对数和反对数运算的基础上可以进一步设计放大器，完成乘法运算和除法运算。做乘法运算时，两个信号先取对数，再相加，然后取反对数，用三级放大器可以实现这个过程，电路如图 10.1.3(a)所示。做除法运算时，把第二级放大器从相加器改成相减器即可，电路如图 10.1.3(b)所示。

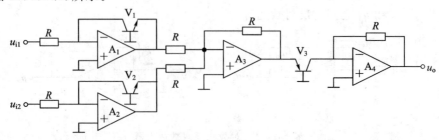

(a)

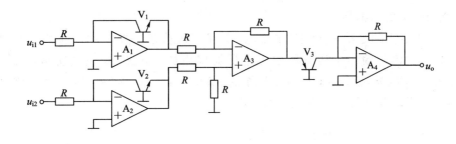

(b)

图 10.1.3　乘法和除法运算电路

（a）乘法器；（b）除法器

读者可以自行推导乘法器和除法器的电压传输关系。

10.2　精密二极管电路

一般的二极管电路需要输入电压 u_i 大于二极管的导通电压 $U_{D(on)}$，二极管才导通，在零和 $U_{D(on)}$ 之间的 u_i 没有正确反映到电路的输出电压上。为了解决这个问题，可以先将 u_i 输入集成运算放大器，并由集成运放的输出电压控制二极管的状态。经过放大，u_i 过零时集成运放的输出电压也随之过零并立刻超过 $U_{D(on)}$，使二极管的工作状态随着 u_i 过零而立即改变。这种电路称为精密二极管电路。

10.2.1　精密二极管整流电路

【例 10.2.1】　分析图 10.2.1(a)所示电路的输出电压 u_o 的波形和传输特性。

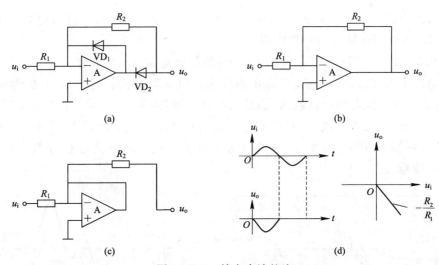

(a)

(b)

(c)

(d)

图 10.2.1　精密半波整流

（a）电路；（b）$u_i > 0$ 时的等效电路；（c）$u_i < 0$ 时的等效电路；（d）u_o 的波形和传输特性

解　当输入电压 $u_i > 0$ 时，二极管 VD_1 截止，VD_2 导通，电路等效为图 10.2.1(b)所示的反相比例放大器，$u_o = -(R_2/R_1)u_i$；当 $u_i < 0$ 时，VD_1 导通，VD_2 截止，等效电路如图 10.2.1(c)所示，此时 $u_o = u_- = u_+ = 0$。据此可以根据 u_i 的波形画出 u_o 的波形以及传

输特性，如图 10.2.1(d)所示。

例 10.2.1 给出的是精密半波整流电路，为了实现精密全波整流，可以利用集成运放加法器，将半波整流的输出电压与原输入电压加权相加。如图 10.2.2 所示，$u_o = -u_i - 2u_{o1}$。当 $u_i > 0$ 时，$u_{o1} = -u_i$，$u_o = u_i$；当 $u_i < 0$ 时，$u_{o1} = 0$，$u_o = -u_i$。因此在任意时刻有 $u_o = |u_i|$，所以该电路也称为绝对值电路。

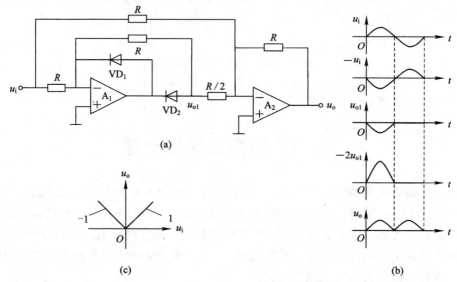

图 10.2.2　精密全波整流电路——绝对值电路

(a) 电路；(b) 波形；(c) 传输特性

10.2.2　峰值检波电路

峰值检波电路把输入信号的峰值作为输出。实现方法是设计电路对电容只充电不放电，使电容电压保持在输入信号的峰值。

【例 10.2.2】　分析图 10.2.3(a)所示的峰值检波电路的工作原理。

解　电路中集成运放 A_2 起电压跟随器作用。当 $u_i > u_o$ 时，$u_{o1} > 0$，二极管 VD 导通，u_{o1} 对电容 C 充电，此时集成运放 A_1 也成为电压跟随器，$u_o = u_C \approx u_i$，即 u_o 随着 u_i 增大；当 $u_i < u_o$ 时，$u_{o1} < 0$，VD 截止，C 不放电，$u_o = u_C$ 保持不变，此时 A_1 是电压比较器。图 10.2.3(b)所示为 u_i 和 u_o 的波形。电路中复位开关 S 闭合时直接对 C 放电，再次打开时重新进行峰值检波。

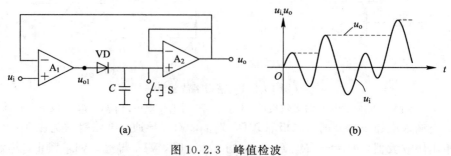

图 10.2.3　峰值检波

(a) 电路；(b) u_i 和 u_o 的波形

读者也可以思考，如果将图 10.2.3(a)中的二极管反向接入，则输出电压会出现什么结果？

10.3　电压比较器

集成运算放大器在开环使用或引入正反馈时，没有负反馈作用下的"虚短"特点，同相端和反相端的两个电压可以不等，集成运放主要工作在限幅区。集成运放输出的高电平和低电平反映了输入端两个电压的大小关系，实现了电压比较。为了提高工作速度，可以采用专用电压比较器。在电压比较的基础上，电路能够实现许多新的功能，如脉宽调制和波形产生等。

10.3.1　简单电压比较器

电压比较器的电路符号和传输特性如图 10.3.1 所示。反相端加输入信号 u_i，u_i 与同相端的参考电压 u_r 比较。当 $u_i > u_r$ 时，输出电压 u_o 为低电平 U_{oL}；当 $u_i < u_r$ 时，u_o 为高电平 U_{oH}。如果将 u_i 和 u_r 对调位置，则比较的结果也相反。

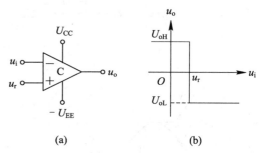

图 10.3.1　电压比较器
(a) 电路符号；(b) 传输特性

集成运放用作电压比较器时，高低电平接近电压源的电压，即 $U_{oH} \approx U_{CC}$，$U_{oL} \approx -U_{EE}$。专用电压比较器的 $U_{oH} \approx 3.4$ V，$U_{oL} \approx -0.4$ V，与数字电路的高低电平兼容。

1. 运放开环应用的简单电压比较器

当参考电压 $u_r = 0$ 时，比较器单独作为一个电路，可以实现过零比较，输出电压 u_o 表示了输入电压 u_i 的正负。过零比较器可以将不规则的 u_i 波形整理成规则的矩形波，如图 10.3.2(a)所示。

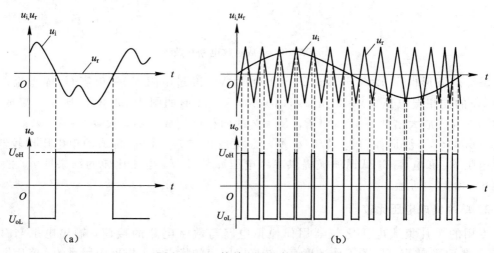

图 10.3.2　简单电压比较器的应用
(a) 过零比较的波形；(b) 脉宽调制的波形

如果让 u_r 为三角波，变化速率远大于 u_i，取值范围大于 u_i 的变化范围，则可以用简单电压比较器实现脉宽调制。如图 10.3.2(b)所示，当 u_i 较大时，脉冲较窄，u_i 较小时，脉冲较宽。波形变换方便了后续电路对 u_o 的处理，如编码、开关功放等。

【**例 10.3.1**】 电路和输入电压 u_i 的波形分别如图 10.3.3(a)、(b)所示，分别画出 u_{o1} 和 u_{o2} 的波形。

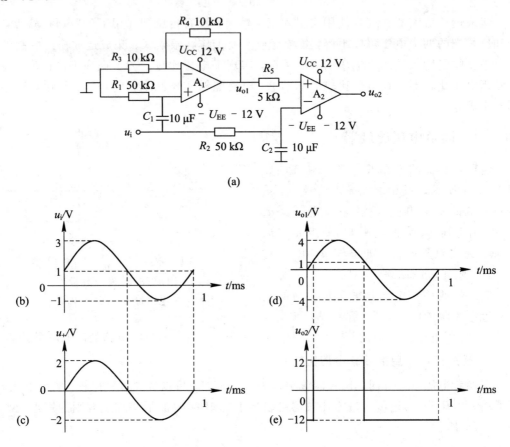

图 10.3.3 集成运放电路和波形

解 从波形得到 $u_i = 1 + 2\sin(2\pi \times 1000)t$ V。经过电阻 R_1 和电容 C_1 隔直流，集成运放 A_1 的同相端电压 $u_+ = 2\sin(2\pi \times 1000)t$ V，波形如图 10.3.3(c)所示。集成运放 A_1 对 u_+ 构成放大倍数 $A_{uf1} = 1 + R_4/R_3 = 2$ 的同相比例放大器，故 $u_{o1} = A_{uf1} \times u_+ = 4\sin(2\pi \times 1000)t$ V，波形如图 10.3.3(d)所示。集成运放 A_2 对 u_{o1} 构成简单电压比较器，u_i 经过电阻 R_2 和电容 C_2 低通滤波提供参考电压 $u_r = 1$ V，电压比较的结果即 u_{o2} 的波形如图 10.3.3(e)所示。

2. 单片集成电压比较器

专用的单片集成电压比较器用作模拟电路与数字电路的接口，输出电平与 TTL、CMOS 或 ECL 兼容。除了工作速度高，转换时间短的优点外，根据应用目的，单片集成电压比较器有各自的特性。有的输出电流大，带负载能力很强，可以直接驱动继电器；有的工作速度很快，转换时间仅为 1～3 ns；有的输出端集电极开路，使用时需要接入上拉电阻连到正电源电压；有的用选通端控制工作状态和禁止状态；还有的带锁存功能，能锁存比较的状态。单片集成电压比较器有单比较器、双比较器和四比较器。表 10.3.1 列举了若干单片集成电压比较器的型号、引脚设置、外接电路和主要参数。

表 10.3.1　单片集成电压比较器举例

型　号	引脚设置	外接电路	主要参数 *
LM311/ 211/ 111（通用、低速）			双电源：$U_{CC} = U_{EE} = 15$ V 单电源：$U_{CC} = 5$ V，$U_{OS} = 0.7$ mV $I_{OS} = 4$ nA，$I_B = 60$ nA 转换时间：$t_r = 200$ ns 电源电流：$I_{CC} = 5.1$ mA $I_{EE} = 4.1$ mA
LM119（通用、中速）			双电源：$U_{CC} = U_{EE} = 18$ V， $U_{OS} = 0.7$ mV $I_{OS} = 30$ nA，$I_B = 150$ nA 转换时间：$t_r = 80$ ns 电源电流：$I_{CC} = 8$ mA，$I_{EE} = 3$ mA
LM339/ 239/ 139（高精度、低失调）			双电源：$U_{CC} = U_{EE} = 15～18$ V 单电源：$U_{CC} = 30～36$ V， $U_{OS} = 2$ mV $I_{OS} = 5$ nA，$I_B = 25$ nA 大信号转换时间：$t_r = 300$ ns 电源电流：$I_{CC} = 0.8～1$ mA
MAX901/ 902/ 903（高速、低功耗）			双电源：$U_{CC} = U_{EE} = U_{DD} = 5$ V 单电源：$U_{CC} = U_{DD} = 5$ V $U_{OS} = 0.5$ mV，$I_{OS} = 50$ nA $I_B = 3$ μA 转换时间：$t_r = 8$ ns 电源电流：$I_{CC} = 10$ mA，$I_{EE} = 7$ mA $I_{DD} = 4$ mA 功耗：$P_C = 70$ mW

*U_{OS}：输入失调电压；I_{OS}：输入失调电流；I_B：输入偏置电流。

转换时间是选择单片集成电压比较器时需要考虑的关键参数。图 10.3.4(a)所示为

LM311 构成的过零比较器，采用上拉电阻 R 使比较结果即输出电压 u_o 的取值是高电平 $U_{oH} \approx U_{CC}$ 或 0。输入电压 u_i 是一个正弦信号，接到同相端。正常工作时，u_o 与 u_i 同相。当 u_i 的频率为 1 kHz 时，半周期为 0.5 ms，远远大于 LM311 的 200 ns 转换时间，u_o 的波形如图 10.3.4(b) 所示，其上升沿和下降沿都很陡峭，波形质量较好。当 u_i 的频率为 1 MHz 时，半周期为 500 ns，接近 LM311 的转换时间，u_o 的波形如图 10.3.4(c) 所示，波形表现出明显的上升和下降变化过程。当 u_i 的频率为 5 MHz 时，半周期为 100 ns，小于 200 ns 的转换时间，LM311 来不及转换，一直工作在瞬态响应阶段，u_o 的波形如图 10.3.4 (d) 所示，此时的比较器不能正常工作。

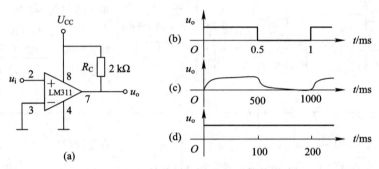

图 10.3.4　转换时间对电压比较的影响
(a) 电路；(b) ～ (d) 不同频率 u_i 的比较结果

10.3.2　引入正反馈的迟滞比较器

简单电压比较器在应用中存在两个常见的问题，如图 10.3.5 所示。图中给出了一个过零比较器，输入电压 u_i 过零时，输出电压 u_o 在高电平 $U_{oH} \approx U_{CC}$ 和低电平 $U_{oL} \approx -U_{EE}$ 之间翻转，用结果表示 u_i 大于 0 或者小于 0。如果 u_i 在过零时受到干扰，波形在 0 附近起伏，则 u_o 会产生错误的跳变。如果用 u_o 计数来统计 u_i 过零的次数，则结果会产生误差。这样的过零计数误差在观测时间内累计增大，无法统计消除。同时，受到压摆率的影响，比较器的翻转速度有限，u_o 在 U_{oH} 和 U_{oL} 之间渐变而非跳变，当 u_i 过零的速率比较高时，u_o 波形的上升沿和下降沿不够陡峭。

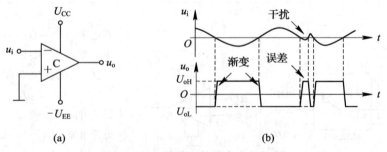

图 10.3.5　简单比较器存在的问题
(a) 过零比较器；(b) u_i 和 u_o 的波形

为了解决上述问题，迟滞比较器在电路中引入正反馈，使 u_i 与反馈网络提供的参考电压 u_r 比较。u_r 非零且随着 u_o 的变化改变取值，避免了 u_i 中的干扰造成的误差。同时，正反馈可以加速比较器的翻转速度，改善高速比较时 u_o 波形的边缘形状，提高信号质量。

1. 反相迟滞比较器

电路如图 10.3.6(a)所示，比较器的输出电压 u_o 或者是高电平 U_{oH} 或者是低电平 U_{oL}。电阻 R_1 和 R_2 构成正反馈网络，对 u_o 分压，提供参考电压 u_r。输入电压 u_i 从反相端输入，与 u_r 比较，决定 u_o 的取值。

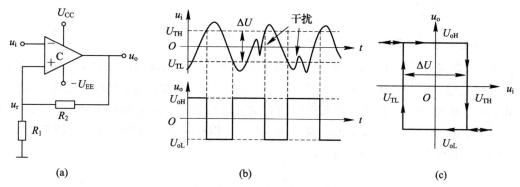

图 10.3.6　反相迟滞比较器

(a) 电路；(b) u_i 和 u_o 的波形；(c) 传输特性

u_i 和 u_o 的波形如图 10.3.6(b)所示。开始时，$u_i<0$，由于其从反相端输入，所以 $u_o=U_{oH}$，而

$$u_r = \frac{R_1}{R_1+R_2}U_{oH} \approx \frac{R_1}{R_1+R_2}U_{CC}$$

u_i 与 u_r 比较，当 $u_i<u_r$ 时，比较器的输出不变；当 $u_i=u_r$ 时，比较结果将改变，即 u_o 会从 U_{oH} 跳变为 U_{oL}。u_i 的这个门限值称为上门限电压，记为 U_{TH}，即

$$U_{TH} = u_r \approx \frac{R_1}{R_1+R_2}U_{CC} \tag{10.3.1}$$

接下来，$u_o=U_{oL}$，而参考电压也发生了变化：

$$u_r = \frac{R_1}{R_1+R_2}U_{oL} \approx -\frac{R_1}{R_1+R_2}U_{EE}$$

u_i 继续与变化后的 u_r 比较，只有当 u_i 减小到再次等于 u_r 时，比较结果将再次改变，即 u_o 从 U_{oL} 跳变为 U_{oH}。u_i 这个门限值称为下门限电压，记为 U_{TL}，即

$$U_{TL} = u_r \approx -\frac{R_1}{R_1+R_2}U_{EE} \tag{10.3.2}$$

这样，我们完成了 u_i 两个变化方向的比较。这一过程中，假设 u_i 受到了如图 10.3.6(b)所示的干扰。第一个干扰发生在 u_i 过零的位置，由于 u_i 的波形没有超过门限电压，所以没有造成 u_o 的错误跳变。第二个干扰发生时，u_i 在与 $u_r=U_{TL}$ 比较，干扰使 u_i 提前超过 U_{TL}，导致 u_o 提前从 U_{oL} 跳变为 U_{oH}。接下来，u_i 要与 $u_r=U_{TH}$ 比较，干扰没有使 u_o 再次跳变。所以，第二个干扰只能造成 u_o 提前跳变，而不造成额外的多余跳变，前提是干扰幅度不超过 $U_{TH}-U_{TL}$。此上、下门限电压之差表征了迟滞比较器抗干扰的能力，称为回差，记为

$$\Delta U = U_{TH}-U_{TL} \approx 2\frac{R_1}{R_1+R_2}U_{CC} \tag{10.3.3}$$

回差虽然使迟滞比较器有了一定的抗干扰能力，但也降低了比较器的鉴别灵敏度。u_i

不再与 0 比较，而是与门限电压比较。回差越大，u_i 的峰值也应该越大，保证其取正、负值时分别能超过上、下门限电压以造成 u_o 跳变。u_o 的跳变时刻滞后于 u_i 的过零时刻，回差越大，迟滞时间越长。

反相迟滞比较器的传输特性如图 10.3.6(c)所示，注意其中包含两条关系曲线，箭头代表了 u_i 增大和 u_i 减小两个变化方向。两个方向对应的门限电压以及 u_o 的跳变方向是不同的，要注意区别。

2. 同相迟滞比较器

与反相迟滞比较器相比，同相迟滞比较器的正反馈网络结构不变，在输入端把输入电压 u_i 和接地端对调了位置。电路如图 10.3.7(a)所示，反相端接地，而输入电压 u_i 接到了同相端。电阻 R_1 和 R_2 构成的正反馈网络右端接输出电压 u_o，左端接输入电压 u_i。该电路中，同相端的电压 u_+ 是 u_o 和 u_i 共同决定的，可以根据叠加原理计算。比较器将 u_+ 与反向端的 0 电压比较，决定 u_o 的取值。

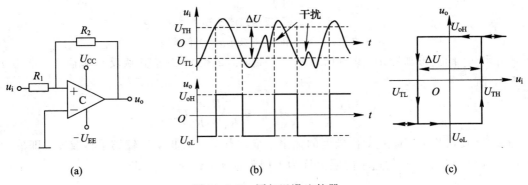

图 10.3.7 同相迟滞比较器

(a) 电路；(b) u_i 和 u_o 的波形；(c) 传输特性

u_i 和 u_o 的波形如图 10.3.7(b)所示。开始，$u_i < 0$，由于其从同相端输入且小于两个门限电压，所以 $u_o = U_{oL}$。比较器的输出跳变发生在 u_+ 过 0 时：

$$u_+ = \frac{R_2}{R_1 + R_2} u_i + \frac{R_1}{R_1 + R_2} U_{oL} = 0$$

即得到上门限电压：

$$u_i = U_{TH} = -\frac{R_1}{R_2} U_{oL} \approx \frac{R_1}{R_2} U_{EE} \tag{10.3.4}$$

当 u_i 超过 U_{TH} 时，u_o 从 U_{oL} 跳变为 U_{oH}。比较器的输出再次改变时，需要

$$u_+ = \frac{R_2}{R_1 + R_2} u_i + \frac{R_1}{R_1 + R_2} U_{oH} = 0$$

由此得到下门限电压：

$$u_i = U_{TL} = -\frac{R_1}{R_2} U_{oH} \approx -\frac{R_1}{R_2} U_{CC} \tag{10.3.5}$$

该比较器的传输特性如图 10.3.7(c)所示，不难看出，同相迟滞比较器也具备用回差 ΔU 表征的抗干扰能力。

同相迟滞比较器和反相迟滞比较器相比，波形变换的关键区别在于输出电压对应的门

限电压不一样。反相迟滞比较器中，用作比较的门限电压和输出电压是同相关系，即输出 U_{oH} 时，用 U_{TH} 比较，输出 U_{oL} 时，用 U_{TL} 比较；同相迟滞比较器中，门限电压和输出电压是反相关系，输出 U_{oH} 时，用 U_{TL} 比较，输出 U_{oL} 时，用 U_{TH} 比较。

迟滞比较器又称为施密特触发器或双稳态电路，两个输出状态都和过去的输入有关，具有记忆功能。

【例 10.3.2】 电路和输入电压 u_i 的波形分别如图 10.3.8（a）、（b）所示，画出输出电压 u_{o1} 和 u_{o2} 的波形。

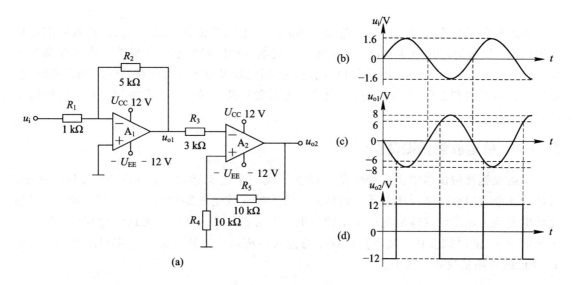

图 10.3.8 电路与波形

解 观察电路可知，集成运放 A_1 构成反相比例放大器，A_2 构成反相迟滞比较器，其传输特性分别如图 10.3.9(a)、(b)所示。

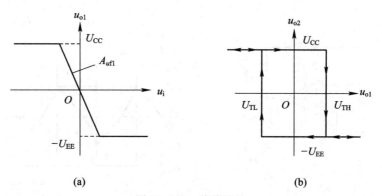

图 10.3.9 传输特性

（a）第一级反相比例放大器的传输特性；（b）第二级反相迟滞比较器的传输特性

反相比例放大器的闭环增益 $A_{uf1} = -R_2/R_1 = -5$，故

$$u_{o1} = -5 \times u_i = -5 \times 1.6\sin\omega t = -8\sin\omega t \text{ (V)}$$

u_{o1} 的波形如图 10.3.8(c)所示。

反相迟滞比较器的门限电压

$$U_{TH} = \frac{R_4}{R_4 + R_5} U_{CC} = 6 \text{ V}$$

$$U_{TL} = -\frac{R_4}{R_4 + R_5} U_{EE} = -6 \text{ V}$$

u_{o2} 的波形如图 10.3.8(d) 所示。

10.4 方波、三角波产生器——弛张振荡器

弛张振荡器在集成运放的外围电路中同时引入正反馈和负反馈。正反馈构成迟滞比较器的结构，用来记忆输出状态，产生方波的高低电平和门限电压。负反馈构成积分器的结构，产生三角波，将三角波与门限电压比较，控制比较器输出状态的维持时间和改变时刻。正反馈和负反馈相互作用，使电路形成稳定的低频振荡，同时获得方波和三角波两种输出波形。

10.4.1 单运放弛张振荡器

单运放弛张振荡器把正反馈和负反馈引入到一个集成运放上，如图 10.4.1(a) 所示。可以看到电路中有一个反相迟滞比较器和一个 RC 充放电电路构成的积分器。RC 电路的充放电电压为比较器的输出电压 u_o，即高电平 U_{oH} 或低电平 U_{oL}。充放电过程中，电容 C 上的电压 u_C 随时间变化，又作为比较器的输入电压，与门限电压 U_{TH} 或 U_{TL} 比较，决定 u_o 应该维持还是改变。其中：

$$U_{TH} = \frac{R_1}{R_1 + R_2} U_{oH} \approx \frac{R_1}{R_1 + R_2} U_{CC}$$

$$U_{TL} = \frac{R_1}{R_1 + R_2} U_{oL} \approx -\frac{R_1}{R_1 + R_2} U_{EE}$$

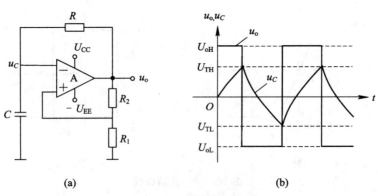

图 10.4.1 单运放弛张振荡器

(a) 电路；(b) 波形

单运放弛张振荡器的输出波形如图 10.4.1(b) 所示。开始，$u_o = U_{oH}$，C 的电量为零，U_{oH} 通过电阻 R 对 C 充电，u_C 上升，并与 U_{oH} 提供的 U_{TH} 比较。如果 $u_C < U_{TH}$，则 $u_o = U_{oH}$ 维持不变，C 继续充电，u_C 继续上升；当 u_C 超过 U_{TH} 时，u_o 会从 U_{oH} 跳变为 U_{oL}。

U_{oL} 为负电压，因此接下来 C 通过 R 放电，u_C 下降。当 $u_C<0$ 时，U_{oL} 通过 R 对 C 反向充电，u_C 继续下降。下降过程中，u_C 与 U_{oL} 提供的 U_{TL} 比较。如果 $u_C>U_{TL}$，则 $u_o=U_{oL}$ 维持不变；当 u_C 超过 U_{TL} 时，u_o 从 U_{oL} 跳变为 U_{oH}，完成一个周期的振荡。

u_o 的波形是一个方波，其峰峰值为

$$U_{opp}=U_{oH}-U_{oL}\approx 2U_{CC} \tag{10.4.1}$$

u_C 的波形则是一个近似的三角波，其峰峰值为

$$U_{Cpp}=U_{TH}-U_{TL}\approx 2\frac{R_1}{R_1+R_2}U_{CC} \tag{10.4.2}$$

所以，三角波的幅度要小于方波的幅度。

现在计算单运放弛张振荡器的振荡频率。根据三要素法，在上升段，u_C 的取值为

$$u_C(t)=U_C(\infty)-[U_C(\infty)-U_C(0)]e^{-\frac{t}{\tau}} \tag{10.4.3}$$

式中：u_C 的趋向值 $U_C(\infty)=U_{oH}\approx U_{CC}$；$u_C$ 的起始值 $U_C(0)=U_{TL}\approx-\frac{R_1}{R_1+R_2}U_{EE}$；时间常数 $\tau=RC$。设 u_C 上升的时间为 T_1，则 $u_C(T_1)=U_{TH}\approx\frac{R_1}{R_1+R_2}U_{CC}$。将这些取值代入式 (10.4.3)，得

$$T_1=\tau\ln\frac{U_{oH}-U_{TL}}{U_{oH}-U_{TH}}\approx RC\ln\left(1+2\frac{R_1}{R_2}\right)$$

由于 u_C 上升和下降的电压范围相同，充放电时间常数也相同，所以占空比是 0.5，一个周期为 $2T_1$。于是，振荡频率

$$f_{osc}=\frac{1}{2T_1}=\frac{1}{2RC\ln\left(1+2\frac{R_1}{R_2}\right)} \tag{10.4.4}$$

所以，改变时间常数 RC 或者 R_1/R_2，都可以调节 f_{osc}。从图 10.4.1 中也可以看出，如果减小 RC，u_C 上升和下降就更快，到达门限电压引起 u_o 跳变的时间缩短，f_{osc} 就会上升。或者，如果增加 R_1/R_2，则 U_{TH} 上升而 U_{TL} 下降，增加了 u_C 上升和下降的电压范围，u_C 到达门限电压的时间延长，f_{osc} 就会下降。

【**例 10.4.1**】 图 10.4.1(a)所示电路中，如果 $U_{CC}=U_{EE}=12$ V，$R_1=R_2=10$ kΩ，$R=50$ kΩ，$C=0.1$ μF，计算 u_o、u_C 的幅度和振荡频率 f_{osc}。

解 u_o 的幅度 $U_{om}=U_{oH}=|U_{oL}|\approx U_{CC}=12$ V。u_C 的幅度

$$U_{Cm}=U_{TH}=|U_{TL}|\approx\frac{R_1}{R_1+R_2}U_{CC}=\frac{10\text{ kΩ}}{10\text{ kΩ}+10\text{ kΩ}}\times 12\text{ V}=6\text{ V}$$

振荡频率

$$f_{osc}=\frac{1}{2RC\ln\left(1+2\frac{R_1}{R_2}\right)}=\frac{1}{2\times 50\text{ kΩ}\times 0.1\text{ μF}\ln\left(1+2\frac{10\text{ kΩ}}{10\text{ kΩ}}\right)}\approx 91\text{ Hz}$$

如果要改变弛张振荡器波形的占空比，则可以在积分器的电阻支路上接入二极管，利用二极管的单向导电特性，使 u_C 上升和下降时有不同的时间常数，如图 10.4.2 (a)、(b) 所示。电路中，稳压二极管对输出电压做双向限幅，同时也修改了门限电压。

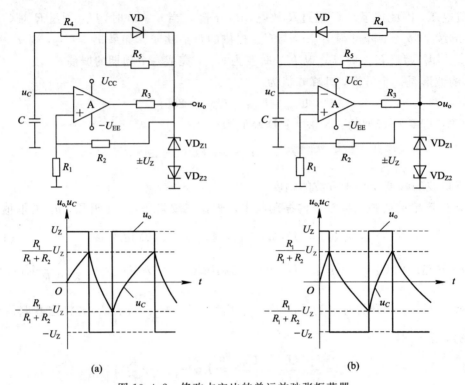

图 10.4.2　修改占空比的单运放弛张振荡器

（a）占空比大于 0.5 的设计；（b）占空比小于 0.5 的设计

弛张振荡器与电子开关配合使用，可以发展出其他波形产生电路。图 10.4.3 所示电路用来产生锯齿波。集成运放 A_1 构成弛张振荡器，A_2 构成反相积分器。振荡器的输出电压 u_{o1} 经过二极管 VD 和电阻 R_5 整流后，得到 u_{o2}，来控制 JFET 开关 V 的状态，栅极电压 $u_{GS} = u_{o2}$。当 u_{o1} 为低电平时，V 打开，电源电压 E 通过 R_6 对电容 C_2 充电，输出电压 u_o 随时间线性上升；当 u_{o1} 为高电平时，V 闭合，C_2 通过 V 放电，u_o 瞬间减小到零。

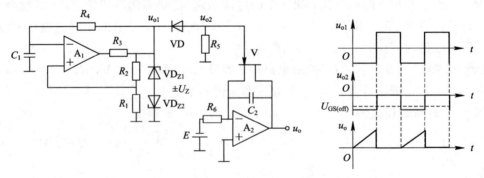

图 10.4.3　锯齿波产生电路及波形

10.4.2　双运放弛张振荡器

双运放弛张振荡器使用两个集成运放，如图 10.4.4(a)所示。集成运放 A_1 有正反馈，构成同相迟滞比较器，集成运放 A_2 构成反相积分器，积分器作为反相电路，对比较器又形成级间负反馈。比较器的输出电压 u_{o1} 为高电平 U_{oH} 或低电平 U_{oL}，经过电位器 R_W 的分压后，被积分器积分。积分器输出的 u_{o2} 随后又作为比较器的输入电压，与门限电压 U_{TH} 和 U_{TL} 比较，决定 u_{o1} 应该维持还是改变。其中：

$$U_{TH} = -\frac{R_1}{R_2}U_{oL} \approx \frac{R_1}{R_2}U_{EE}$$

$$U_{TL} = -\frac{R_1}{R_2}U_{oH} \approx -\frac{R_1}{R_2}U_{CC}$$

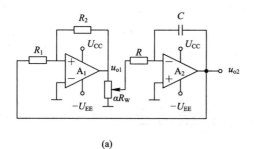
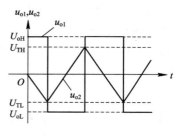

(a)　　　　　　　　　　　　　　(b)

图 10.4.4　双运放弛张振荡器

(a) 电路；(b) 波形

双运放弛张振荡器的输出波形如图 10.4.4(b) 所示。开始 $u_{o1}=U_{oH}$，C 的电量为零，设 R_w 的分压比为 α，则分压后 αU_{oH} 被积分器积分，u_{o2} 下降，并与 U_{oH} 提供的 U_{TL} 比较。如果 $u_{o2} > U_{TL}$，则 $u_{o1} = U_{oH}$ 维持不变，积分器继续积分，u_{o2} 继续下降；当 u_{o2} 超过 U_{TL} 时，u_{o1} 会从 U_{oH} 跳变为 U_{oL}。U_{oL} 为负电压，接下来对 αU_{oL} 的积分使 u_{o2} 上升，上升过程中，u_{o2} 与 U_{oL} 提供的 U_{TH} 比较。如果 $u_{o2} < U_{TH}$，则 $u_{o1} = U_{oL}$ 维持不变；当 u_{o2} 超过 U_{TH} 时，u_{o1} 从 U_{oL} 跳变为 U_{oH}，完成一个周期的振荡。

u_{o1} 的波形是一个方波，其峰峰值为

$$U_{o1pp} = U_{oH} - U_{oL} \approx 2U_{CC} \tag{10.4.5}$$

u_{o2} 的波形则是一个三角波，其峰峰值为

$$U_{o2pp} = U_{TH} - U_{TL} \approx 2\frac{R_1}{R_2}U_{CC} \tag{10.4.6}$$

当 $R_1 > R_2$ 时，三角波的幅度大于方波的幅度。

现在计算双运放弛张振荡器的振荡频率。设 u_{o2} 上升的时间即半个周期为 T_1，这段时间 u_{o2} 上升一个峰峰值，可以根据电容 C 的电流积分计算：

$$U_{o2pp} \approx 2\frac{R_1}{R_2}U_{CC} = \frac{\Delta Q}{C} = \frac{1}{C}\int_0^{T_1} i_C \,\mathrm{d}t = \frac{1}{C}\frac{\alpha U_{CC}}{R}T_1$$

于是，振荡频率

$$f_{osc} = \frac{1}{2T_1} = \frac{\alpha R_2}{4RCR_1} \tag{10.4.7}$$

合适的时间常数 RC、R_1 和 R_2 决定 f_{osc} 的基准取值，在此基础上，电路通过调节电位器 R_w 的分压比 α，可以在很大范围内线性改变 f_{osc}。

【例 10.4.2】 图 10.4.4(a) 所示电路中，如果 $U_{CC}=U_{EE}=12$ V，$R_1=R_2=10$ kΩ，$R_w=10$ kΩ，$\alpha=0.5$，$R=100$ kΩ，$C=0.01$ μF，计算 u_{o1}、u_{o2}、u_C 的幅度和振荡频率 f_{osc}。

解　u_{o1} 的幅度 $U_{o1m}=U_{oH}=|U_{oL}|\approx U_{CC}=12$ V。u_{o2} 的幅度

$$U_{Cm}=U_{TH}=|U_{TL}|\approx\frac{R_1}{R_2}U_{CC}=\frac{10\ \mathrm{k\Omega}}{10\ \mathrm{k\Omega}}\times12\ \mathrm{V}=12\ \mathrm{V}$$

振荡频率

$$f_{osc}=\frac{\alpha R_2}{4RCR_1}=\frac{0.5\times10\ \mathrm{k\Omega}}{4\times100\ \mathrm{k\Omega}\times0.01\ \mathrm{\mu F}\times10\ \mathrm{k\Omega}}=125\ \mathrm{Hz}$$

单运放弛张振荡器在 RC 串联支路的两端用比较器的高、低电平做恒压充放电，所以电容电压随时间按指数规律变化，其波形是近似的三角波，线性不好。双运放弛张振荡器利用积分器，对其中的电容做恒流充放电，得到的输出电压随时间线性变化，明显提高了三角波的质量。

10.5　正弦波振荡器

很多应用中需要用正弦波振荡器产生只包含一个频率分量的正弦波。下面分别介绍常用的文氏桥振荡器、LC 正弦波振荡器和石英晶体振荡器。

10.5.1　产生正弦波振荡的条件

振荡器不同于放大器，在没有激励输入的情况下，完全靠自身的反馈补充能量来产生所需的输出，显然这必须引入正反馈。而且正反馈网络又必须是一个选频网络，只有在某一所需频率上满足振荡条件，其他频率成分均被衰减掉。如图 10.5.1 所示，若维持放大器输出信号 $\dot{U}_o$ 所需的输入信号为 $\dot{U}_i$，而反馈信号 $\dot{U}_f$ 又恰好与 $\dot{U}_i$ 等值同相，则该电路不需要外部信号激励就能维持自激振荡。

所以，振荡条件

$$\dot{A}\dot{F}=\frac{\dot{U}_o}{\dot{U}_i}\times\frac{\dot{U}_f}{\dot{U}_o}=\frac{\dot{U}_f}{\dot{U}_i}=1 \tag{10.5.1}$$

首先要满足振荡的相位平衡条件——正反馈，即

$$\varphi_A+\varphi_F=\pm2n\pi \quad n=0,1,2,\cdots \tag{10.5.2}$$

同时要满足振荡的振幅平衡条件：

$$|\dot{A}\dot{F}|=1 \tag{10.5.3}$$

在满足正反馈条件下，$|\dot{A}\dot{F}|>1$ 时会产生增幅振荡，$|\dot{A}\dot{F}|<1$ 时会产生衰减振荡，$|\dot{A}\dot{F}|=1$ 时会产生等幅振荡。在起振时，要求 $|\dot{A}\dot{F}|>1$。

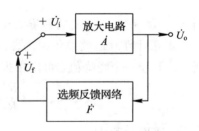

图 10.5.1　振荡器正反馈框图

10.5.2　文氏桥正弦波振荡器

文氏桥正弦波振荡器电路如图 10.5.2(a)所示，图中 RC 串并联选频网络构成正反馈选频网络，电阻 R_1、R_2 引入负反馈，并与运放构成同相比例放大器。RC 串并联选频网络的正反馈系数 $\dot{F}$ 的表达式为

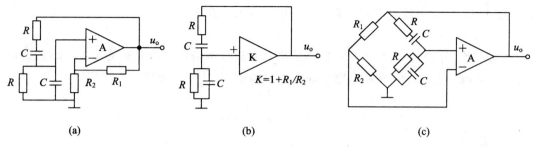

图 10.5.2　文氏桥振荡器电路

（a）文氏桥振荡器电路；（b）简化电路；（c）文氏桥电路形式

$$\dot{F}=\frac{\dot{U}_{\mathrm{f}}}{\dot{U}_{\mathrm{o}}}=\frac{\dfrac{R}{1+\mathrm{j}\omega CR}}{R+\dfrac{1}{\mathrm{j}\omega C}+\dfrac{R}{1+\mathrm{j}\omega CR}}=\frac{1}{3+\mathrm{j}\left(\dfrac{\omega}{\omega_0}-\dfrac{\omega_0}{\omega}\right)} \tag{10.5.4}$$

式中，$\omega_0=\dfrac{1}{CR}$，其振幅频率响应为

$$|\dot{F}|=\frac{1}{\sqrt{3^2+\left(\dfrac{\omega}{\omega_0}-\dfrac{\omega_0}{\omega}\right)^2}} \tag{10.5.5}$$

其相位频率响应为

$$\varphi_{\mathrm{F}}=-\arctan\frac{\dfrac{\omega}{\omega_0}-\dfrac{\omega_0}{\omega}}{3} \tag{10.5.6}$$

当 $\omega=\omega_0=\dfrac{1}{CR}$ 时，

$$|\dot{F}|=\frac{1}{\sqrt{3^2+\left(\dfrac{\omega}{\omega_0}-\dfrac{\omega_0}{\omega}\right)^2}}=\frac{1}{3}$$

$|\dot{F}|$ 达到最大，此时，$\varphi_{\mathrm{F}}=0$。

RC 串并联选频网络的频率响应如图 10.5.3 所示。

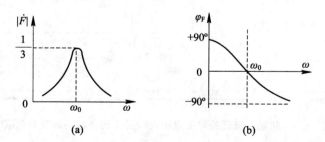

图 10.5.3　RC 串并联选频网络的频率响应

（a）振幅频率响应；（b）相位频率响应

如图 10.5.2(a)所示，其中 RC 串并联选频网络在 $\omega=\omega_0=1/(CR)$ 时，$\varphi_{\mathrm{F}}=0$ 引入正反馈，R_1、R_2 引入负反馈，其简化电路如图 10.5.2(b)所示，图中 $K=1+R_1/R_2$。图 10.5.2

(c)将图 10.5.2(a)改画成电桥形式,文氏桥振荡器由此而得名。

1) 振荡频率

因为只有当 $\omega = \omega_0 = 1/(CR)$ 时,RC 串并联选频网络的传输相移为零,才能满足正反馈条件,所以只有在这个频率电路才能产生自激振荡,故振荡频率 f_{osc} 为

$$f_{\text{osc}} = \frac{\omega_0}{2\pi} = \frac{1}{2\pi RC} \tag{10.5.7}$$

2) 起振条件

当 $f = f_{\text{osc}}$ 时,$|\dot{F}| = 1/3$,$\dot{A} = K = 1 + R_1/R_2$,$|\dot{A}\dot{F}| > 1$,故为了顺利起振,要求

$$K = 1 + \frac{R_1}{R_2} > 3$$

即

$$R_1 > 2R_2 \tag{10.5.8}$$

引入负反馈的目的,是为了满足平衡条件并减小非线性失真。R_1 太小,负反馈太强,难以起振;反之,R_1 太大,负反馈太弱,输出波形非线性失真太大。文氏桥振荡器的振荡频率一般为 20 Hz～200 kHz,广泛用于低频正弦信号发生器。

为了顺利起振和稳定输出波形幅度,往往在负反馈支路中引进热敏电阻、二极管、场效应管等。图 10.5.4 给出了一个二极管稳幅电路的虚拟仿真实验,起振时,u_{o} 振幅小,二极管截止,负反馈电阻大,$|\dot{A}\dot{F}| > 1$。而当 u_{o} 振幅增大时,二极管导通,且导通电阻变小,逐渐使 $\dot{A}$ 减小,最后达到平衡状态。当温度变化时,二极管电阻随温度变化,随时调整放大倍数 $\dot{A}$ 而起到稳幅作用。

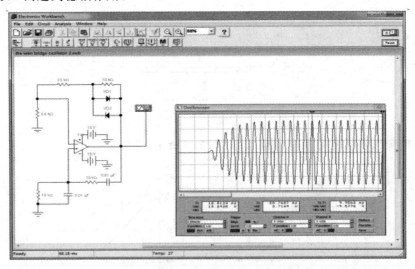

图 10.5.4　利用二极管的可变电阻设计的文氏桥振荡器及其仿真波形

10.5.3　LC 正弦波振荡器

文氏桥振荡器广泛用于产生频率在 200 kHz 以下的低频正弦波。在几十兆赫以上的高频范围,由于受到品质因数和元件参数的限制,RC 串并联选频网络不再适用。这时,

可以用电感和电容构成的 LC 并联谐振回路代替 RC 串并联选频网络，对放大器实现正反馈，产生高频正弦波，频率可以做到 100 MHz 以上，这样的电路称为 LC 正弦波振荡器。

与 RC 串并联选频网络相比，LC 并联谐振回路的品质因数较大，带宽较窄，选频滤波效果较好，所以，LC 正弦波振荡器产生的正弦波的波形质量优于文氏桥振荡器。

1. 三端式振荡器

LC 正弦波振荡器的典型设计是三端式振荡器，这种振荡器的 LC 并联谐振回路与有源器件如晶体管的连接构成了三端式结构，如图 10.5.5 所示。为了研究振荡器中关键的正反馈网络，图中仅保留了晶体管和 LC 回路元件，忽略了与正反馈无关的其他元件。LC 回路有两种结构：一种是用两个电容 C_1 和 C_2 串联，构成正反馈网络，再与电感 L 并联；一种是用两个电感 L_1 和 L_2 串联，构成正反馈网络，再与电容 C 并联。采用这两种结构的振荡器分别称为电容三端式振荡器和电感三端式振荡器。

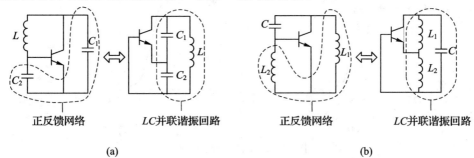

正反馈网络　　　LC并联谐振回路　　　正反馈网络　　　LC并联谐振回路

(a) (b)

图 10.5.5　三端式振荡器的基本结构

（a）电容三端式振荡器；（b）电感三端式振荡器

三端式振荡器的电容支路和电感支路并联，接近谐振时，回路中的电流远大于为其供电的晶体管三极上的电流，忽略晶体管的影响，回路两端的阻抗为

$$\dot{Z}_e = \frac{(R + j\omega L) \cdot \dfrac{1}{j\omega C}}{(R + j\omega L) + \dfrac{1}{j\omega C}}$$

对电容三端式振荡器有 $C = \dfrac{C_1 C_2}{C_1 + C_2}$，对电感三端式振荡器有 $L = L_1 + L_2$，$R = R_1 + R_2$。R、R_1 和 R_2 分别为各个电感的内阻。引入谐振参数后，$\dot{Z}_e$ 的表达式为

$$\dot{Z}_e \approx \frac{R_{e0}}{1 + jQ\dfrac{2(\omega - \omega_0)}{\omega_0}}$$

式中：$\omega_0 = \dfrac{1}{\sqrt{LC}}$，为谐振角频率；$R_{e0} = \dfrac{L}{CR} = \dfrac{Q}{\omega_0 C}$，为谐振电阻；$Q = \dfrac{\omega_0 L}{R} = \dfrac{1}{\omega_0 CR}$，为品质因数。

$\dot{Z}_e$ 的频率特性如图 10.5.6 所示，该频率特性类似文氏桥振荡器中 RC 串并联选频网络的频率特性，也具备产生正弦波所需的选频滤波功能。放大器的输出电流经过 LC 回路时，角频率为 ω_0 的频率分量遇到的阻抗较大，产生振幅较大的输出电压 $\dot{U}_o$。$\dot{U}_o$ 经过反馈系数为 $\dot{F}_{正}$ 的正反馈网络，得到反馈电压 $\dot{U}_f$，$\dot{U}_f$ 成为输入电压 $\dot{U}_i$ 进入放大倍数为 $\dot{A}$ 的放大器放大输出。振荡器工作在平衡阶段时，$\dot{A}$ 和 $\dot{F}_{正}$ 的取值满足 $\dot{A}\dot{F}_{正} = 1$，经过这一循环

的 $\dot{U}_\circ$、$\dot{U}_f$ 和 $\dot{U}_i$ 的振幅维持不变,产生角频率为 ω_0 的正弦波。输出电流中其他的频率分量遇到的阻抗很小,产生的电压振幅也小,不足以维持这些频率的振荡,经过不断循环的反馈放大,这些频率分量会减弱并消失。所以,三端式振荡器的振荡频率近似为 LC 回路的谐振频率,即

$$f_{\mathrm{osc}} \approx \frac{\omega_0}{2\pi} = \frac{1}{2\pi\sqrt{LC}} = \begin{cases} \dfrac{1}{2\pi\sqrt{L\,\dfrac{C_1 C_2}{C_1 + C_2}}} & \text{电容三端式振荡器} \\[4mm] \dfrac{1}{2\pi\sqrt{(L_1 + L_2)C}} & \text{电感三端式振荡器} \end{cases} \tag{10.5.9}$$

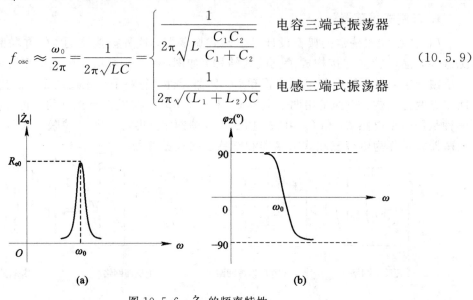

图 10.5.6 $\dot{Z}_e$ 的频率特性

(a) 幅频特性;(b) 相频特性

在起振阶段,角频率为 ω_0 的频率分量产生的 $\dot{U}_\circ$ 振幅要逐渐增大,所以相应的条件可以描述为 $\dot{A}\dot{F}_\mathbb{E} > 1$。

振荡器从起振阶段的 $\dot{A}\dot{F}_\mathbb{E} > 1$ 到平衡阶段的 $\dot{A}\dot{F}_\mathbb{E} = 1$,一般是通过非线性放大器变化的 $\dot{A}$ 实现的。$\dot{A} = \dfrac{\dot{U}_\circ}{\dot{U}_i} = \dfrac{\dot{U}_\circ}{\dot{U}_f}$,大小为 $\dot{U}_\circ$ 与 $\dot{U}_i$ 的振幅比。开始起振时,$\dot{A}$ 较大,满足 $\dot{A}\dot{F}_\mathbb{E} > 1$。随着 $\dot{U}_i$ 振幅的增大,经过非线性放大,其他角频率非 ω_0 的频率分量分走越来越多的功率,角频率为 ω_0 的 $\dot{U}_\circ$ 所占的功率比例逐渐减小,导致 $\dot{U}_\circ$ 振幅增大的趋势逐渐变缓,$\dot{A}$ 逐渐减小。当满足 $\dot{A}\dot{F}_\mathbb{E} = 1$ 时,振荡进入平衡阶段,$\dot{U}_\circ$ 的振幅不再变化。

$\dot{A}$ 取值随 $\dot{U}_\circ$ 振幅变化的规律也起到稳定 $\dot{U}_\circ$ 振幅的作用。如果由于某种原因,$\dot{U}_\circ$ 振幅增大,则 $\dot{A}$ 取值减小,$\dot{A}\dot{F}_\mathbb{E} < 1$。经过反馈放大,$\dot{U}_\circ$ 振幅在原来增大的基础上再减小,从而基本保持不变。

三种组态的晶体管放大器中,共发射极放大器是反相放大器,相移接近于 $-180°$,共集电极和共基极放大器都是同相放大器,相移接近于 0,所以放大器的 $\dot{A}$ 可以近似为实数。为了满足 $\dot{A}\dot{F}_\mathbb{E} = 1$ 的条件,正反馈网络的 $\dot{F}_\mathbb{E}$ 也近似为实数。这要求三端式振荡器的输出电压和反馈电压要通过同性质的电抗构成正反馈网络,同性质的电抗通过串联分压决定了 $\dot{F}_\mathbb{E}$ 为实数,而构成 LC 回路的第三个元件则应该是相反的电抗。这种设计称为"射同基反",设计结果就是如图 10.5.5 所示的电容三端式振荡器和电感三端式振荡器。图 10.5.7 以电容三端式振荡器为例,给出了三种晶体管放大器组态对应的 $\dot{U}_\circ$、$\dot{U}_f$ 和 $\dot{U}_i$ 的

位置与方向，以及由此决定的 $\dot{F}_{正}$。

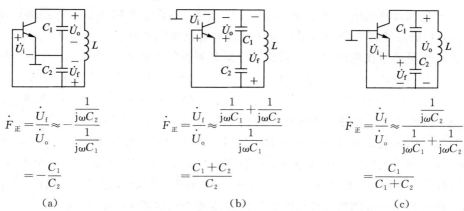

$$\dot{F}_{正}=\frac{\dot{U}_f}{\dot{U}_o}\approx-\frac{\dfrac{1}{\mathrm{j}\omega C_2}}{\dfrac{1}{\mathrm{j}\omega C_1}}$$

$$=-\frac{C_1}{C_2}$$

(a)

$$\dot{F}_{正}=\frac{\dot{U}_f}{\dot{U}_o}\approx\frac{\dfrac{1}{\mathrm{j}\omega C_1}+\dfrac{1}{\mathrm{j}\omega C_2}}{\dfrac{1}{\mathrm{j}\omega C_1}}$$

$$=\frac{C_1+C_2}{C_2}$$

(b)

$$\dot{F}_{正}=\frac{\dot{U}_f}{\dot{U}_o}\approx\frac{\dfrac{1}{\mathrm{j}\omega C_2}}{\dfrac{1}{\mathrm{j}\omega C_1}+\dfrac{1}{\mathrm{j}\omega C_2}}$$

$$=\frac{C_1}{C_1+C_2}$$

(c)

图 10.5.7 三端式振荡器中的 $\dot{U}_o$、$\dot{U}_f$、$\dot{U}_i$ 和 $\dot{F}_{正}$

（a）共发射极组态电容三端式振荡器；（b）共集电极组态电容三端式振荡器；

（c）共基极组态电容三端式振荡器

一个电容三端式振荡器的实例如图 10.5.8 所示。高频扼流圈 L_C 和旁路电容 C_4 构成电源滤波网络，阻挡交流电流流入电源并对其形成交流回路。电阻 R_1、R_2 和 R_3 为晶体管 2N3904 构成分压式偏置电路，集电极的直流电压通过电感 L 的直流短路取电压源电压 U_{CC}。放大器为共基极放大器，L 和电容 C_1、C_2 构成 LC 并联谐振回路。放大器的输出电压在 LC 回路两端，C_1 和 C_2 构成正反馈网络，串联分出的电压经过电容 C_3 成为反馈电压，即放大器的输入电压，通过反馈支路加到发射极。该电路输出 1 MHz 的正弦波，输出电压 u_o 的峰峰值可以超过 9 V 的 U_{CC}，达到 12 V。

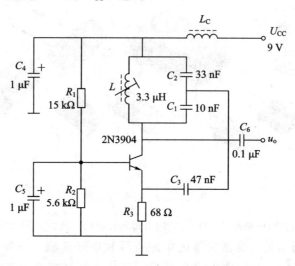

图 10.5.8 1 MHz 电容三端式振荡器

2. 石英晶体振荡器

作为信号源使用的正弦波振荡器的一个重要指标是频率稳定度，即由于元器件老化、环境温度变化等原因造成的振荡频率的相对变化。文氏桥振荡器的频率稳定度大约在 10^{-3} 量级，LC 正弦波振荡器的频率稳定度可以提高到 10^{-4} 量级。与它们相比，石英晶体振荡器不仅频率精确度更高,频率稳定度更能达到10^{-6}量级。因为这个优点,石英晶体振荡器在单片机和计算机的时钟电路、信号发生电路、通信系统的主振荡电路等电路中得到普遍应用,可满足精密电路对信号源频率精度和稳定度的要求。

石英晶体振荡器在电路中引入石英谐振器起到选频稳频的关键作用,石英谐振器的基础材料是在石英晶体中按特定角度切出的一定大小和形状的晶体片。基于天然的晶格结构,晶体片可以产生高精度和稳定度的机械振动。晶体片具有一个独特的物理特性,称为压电效应:机械形变会在晶体片的两个侧面上产生异性电荷,形成电压;外加到侧面上的电压又会反过来引起机械形变。压电效应使得机械能和电能可以相互转换,使机械振动表现为电谐振。为了把电谐振引入电路,我们在晶体片的两个侧面镀银,连接引线,封装保护,制成石英谐振器,简称晶振。图10.5.9(a)、(b)所示为谐振频率在1 MHz以上的石英谐振器的两种典型内部结构,常见的石英谐振器的外观如图10.5.9(c)所示。

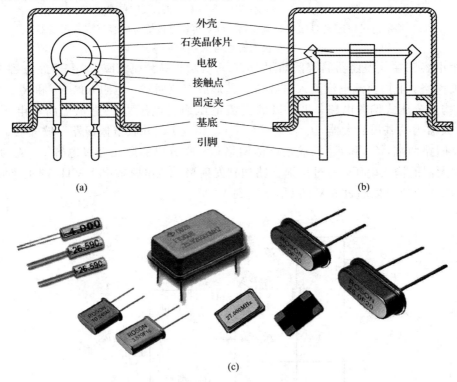

图 10.5.9 石英谐振器

(a) 双引脚晶振的内部结构;(b) 三、四引脚晶振的内部结构;(c) 常见的晶振外观

图10.5.10(a)所示是石英谐振器的电路符号和电路模型。石英谐振器可以在基音频率和近似为其整数倍的泛音频率上发生谐振,正弦波振荡器选用基音或奇次泛音频率工作。石英谐振器在所选频率附近的谐振特性用一个LC串并联谐振回路代表,其中包括四个元件。电容C_0代表电极和引线的电容,取值一般为几皮法。与C_0并联的是电感L_q、电容C_q和电阻r_q构成的串联支路。其中,L_q取值在亨利量级,C_q量级在10^{-3} pF,r_q则在$100\ \Omega$左右。由于L_q很大,C_q和r_q很小,所以石英谐振器的品质因数很高,由此决定了石英晶体振荡器很高的频率精度和稳定度。

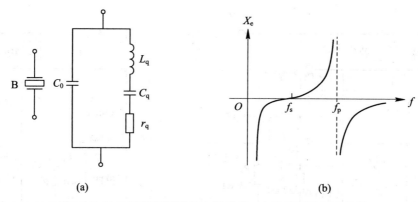

图 10.5.10 石英谐振器的电路符号、电路模型和频率特性

(a) 电路符号和电路模型；(b) 频率特性

根据电路模型，可以求得石英谐振器的阻抗 $\dot{Z}_e$。忽略很小的 r_q，有

$$\dot{Z}_e = jX_e = \frac{\dfrac{1}{j\omega C_0}\left(j\omega L_q + \dfrac{1}{j\omega C_q}\right)}{\dfrac{1}{j\omega C_0} + j\omega L_q + \dfrac{1}{j\omega C_q}} = \frac{1}{j2\pi f C_0}\cdot\frac{1 - \dfrac{f_s^2}{f^2}}{1 - \dfrac{f_p^2}{f^2}}$$

式中：

$$f_s = \frac{1}{2\pi\sqrt{L_q C_q}}$$

称为串联谐振频率，而

$$f_p = \frac{1}{2\pi\sqrt{L_q\dfrac{C_0 C_q}{C_0 + C_q}}} = f_s\sqrt{1 + \frac{C_q}{C_0}}$$

称为并联谐振频率。X_e 的频率特性如图 10.5.10(b)所示，在 f_s 附近，频率特性表现出串联谐振的特点，而在 f_p 附近，则表现出并联谐振的特点。因为 $C_q \ll C_0$，所以 f_s 与 f_p 非常接近。

根据石英谐振器在电路中的位置和功能，石英晶体振荡器分为并联型石英晶体振荡器和串联型石英晶体振荡器。

并联型石英晶体振荡器用石英谐振器代替 LC 并联谐振回路中的电感。根据图 10.5.10(b)所示的频率特性，石英谐振器应失谐且呈感性，所以振荡频率 f_{osc} 应该满足 $f_s < f_{osc} < f_p$。为了获得足够的电感，f_{osc} 取值更接近 f_p。由于 f_s 与 f_p 非常接近，所以位于其间的 f_{osc} 的变化范围很小，保证了振荡频率的精度和稳定度。图 10.5.11(a)所示为某数字频率计中用作频率源的并联型石英晶体振荡器，振荡级的交流通路如图 10.5.11(b)所示。振荡器中的放大器为共集电极放大器，与图 10.5.7(b)所示的共集电极组态电容三端式振荡器比较，可以看出，电路用石英谐振器替代了原来 LC 并联谐振回路中的电感。与石英谐振器串联的电容 C_3 和 C_4 起微调频率的作用。$L_1 C_1$ 并联谐振回路失谐且呈容性，以满足"射同基反"的设计要求。容性失谐要求振荡频率 f_{osc} 大于 $L_1 C_1$ 回路的谐振频率 f_0，因为 $f_0 = 4$ MHz，所以 f_{osc} 取三次泛音频率 6 MHz。

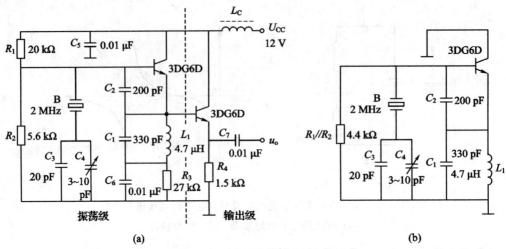

图 10.5.11　并联型石英晶体振荡器实例

（a）完整电路；（b）振荡级的交流通路

　　串联型石英晶体振荡器中，石英谐振器添加在正反馈支路中，等效为一个谐振频率为串联谐振频率 f_s 的 LC 串联谐振回路。只有频率等于 f_s 的频率分量被谐振短路，通过反馈支路产生正反馈；其他的频率分量经过石英谐振器时，石英谐振器对其失谐，阻抗很大，形不成反馈。所以，电路的振荡频率 $f_{osc}=f_s$。图 10.5.12 所示为 BDZ-3-1 三路载波终端机主振荡器使用的串联型石英晶体振荡器。第一级放大器采用 LC 并联谐振回路选频，LC 回路的谐振频率为 9 kHz，带宽较大，选频获得近似为 9 kHz 的正弦信号。该信号经过第二级放大器放大，又从正反馈支路回到第一级放大器的输入端。石英谐振器的 $f_s=$ 9 kHz，带宽远远小于 LC 回路的带宽，所以经过石英谐振器的二次选频后，振荡频率 f_{osc} 准确等于 9 kHz。

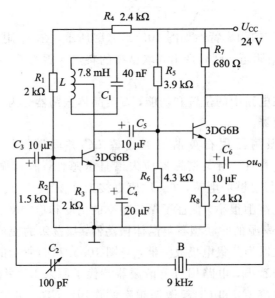

图 10.5.12　串联型石英晶体振荡器实例

习　题

10-1　推导图 P10-1 中对数运算电路的输出电压 u_o 的表达式。

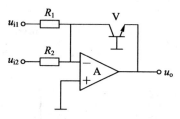

图 P10-1　习题 P10-1 图

10-2　由对数和反对数运算电路构成的模拟运算电路如图 P10-2 所示。求输出电压 u_o 的表达式。

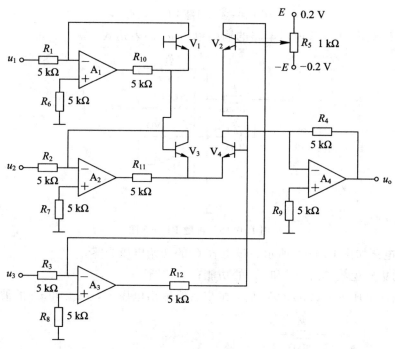

图 P10-2　习题 P10-2 图

10-3　高输入阻抗绝对值电路如图 P10-3 所示。已知匹配条件为 $R_1 = R_2 = R_{f1} = 0.5 R_{f2}$，推导输出电压 u_o 与输入电压 u_i 的关系表达式。

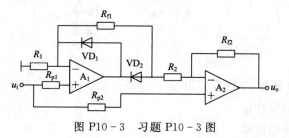

图 P10-3　习题 P10-3 图

10-4 电路和输入电压 u_i 的波形如图 P10-4 所示。设二极管是理想二极管，画出输出电压 u_o 的波形。

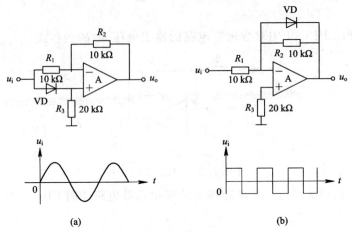

图 P10-4 习题 P10-4 图

10-5 推导图 P10-5 所示电路的输出电压 u_o 的表达式。

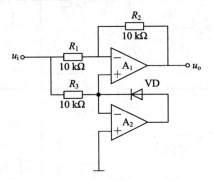

图 P10-5 习题 P10-5 图

10-6 电路如图 P10-6 所示。设电容 C 的初始电压为零。

(1) 说明集成运放 A_1、A_2 和 A_3 的功能；

(2) 当输入电压 $u_i = 8\sin\omega t\,(\mathrm{V})$ 时，画出各级输出电压 u_{o1}、u_{o2} 和 u_o 的波形。

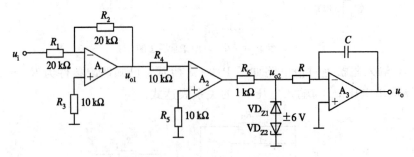

图 P10-6 习题 P10-6 图

10-7 电路如图 P10-7 所示，设输入信号为 $u_i = 2\sin\omega t\,(\mathrm{V})$。

(1) 判断各个电路的功能；

(2) 画出各自的输出波形。

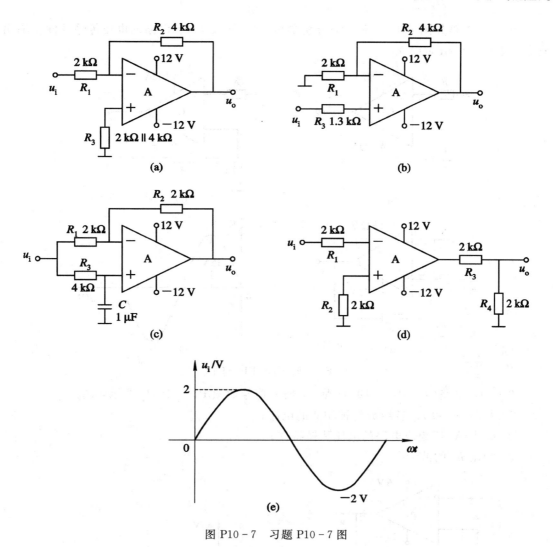

图 P10-7 习题 P10-7 图

10-8 电路如图 P10-8 所示，画出电路的电压传输特性。图中的 RS 触发器，当 $R=1$ 时，$Q=0$；当 $S=1$ 时，$Q=1$。

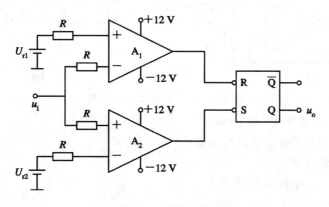

图 P10-8 习题 P10-8 图

10-9 电路如图 P10-9 所示，分别画出(a)、(b)、(c)各电路的电压传输特性及输出波形，设 $u_i = 15\sin\omega t\,(\text{V})$。

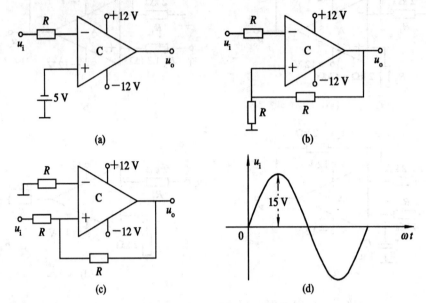

图 P10-9 习题 P10-9 图

10-10 电路如图 P10-10(a)所示，输入信号如图 P10-10(b)所示，试分析：

(1) 判断 A_1 和 A_2 各组成何种功能的电路；

(2) 画出 A_1 所组成电路的电压传输特性；

(3) 画出 u_o 的波形。

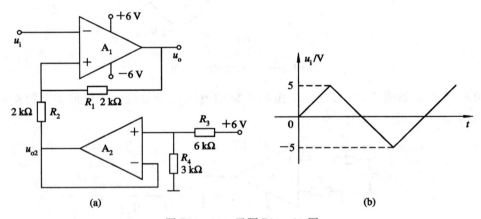

图 P10-10 习题 P10-10 图

10-11 电路如图 P10-11 所示。

(1) 判断 A_1、A_2 所组成电路的功能；

(2) 求 u_{o2} 的表达式；

(3) 画出 u_o — u_i 电压传输特性。

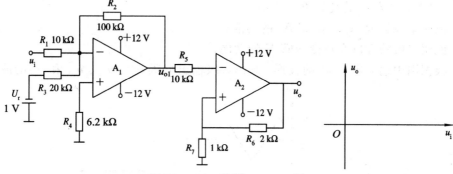

图 P10-11　习题 P10-11 图

10-12　电路如图 P10-12 所示。

(1) 判断 A_1、A_2 各组成什么功能的电路；

(2) 若输入信号为 1 V 的阶跃电压，试画出 u_{o1} 和 u_{o2} 的波形，确定 u_{o2} 产生跳变的时刻 t_1（设 $t=0$ 时，$u_C(0)=0$，$u_o(0)=-12$ V）。

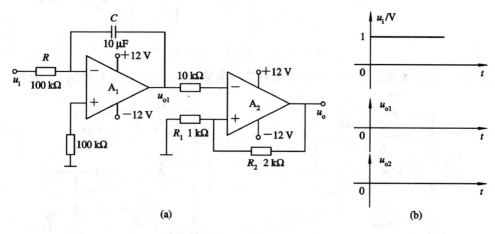

图 P10-12　习题 P10-12 图

10-13　电路如图 P10-13 所示，输入信号 $u_i=2\sin\omega t$（V），试画出 u_o 的波形。

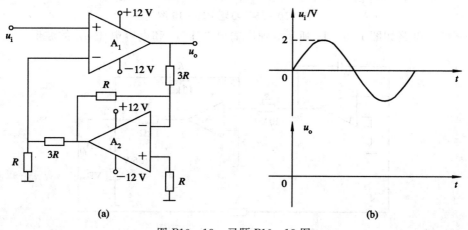

图 P10-13　习题 P10-13 图

10-14　电路如图 P10-14 所示。二极管是理想二极管，场效应管的夹断电压

$U_{GS(off)} = -4$ V，电容 C 的初始电压为零。

(1) 说明集成运放 A_1、A_2 和 A_3 的功能；

(2) 说明二极管 VD 和场效应管 V 的功能；

(3) 根据图中输入电压 u_i 的波形，画出各级输出电压 u_{o1}、u_{o2}、u_{o3} 和 u_o 的波形。

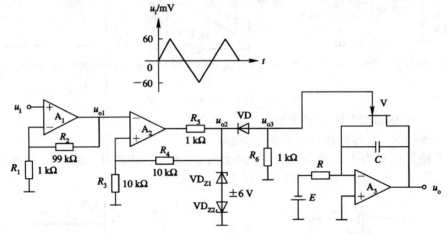

图 P10 - 14　习题 P10 - 14 图

10 - 15　定性画出图 P10 - 15 中弛张振荡器的输出电压 u_o 和电容电压 u_C 的波形。

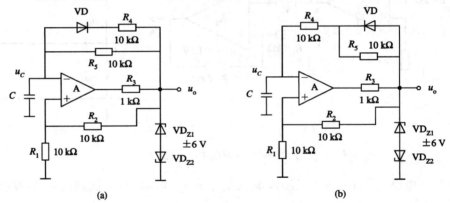

图 P10 - 15　习题 P10 - 15 图

10 - 16　电路如图 P10 - 16 所示，画出输出电压 u_o 和电容电压 u_C 的波形。

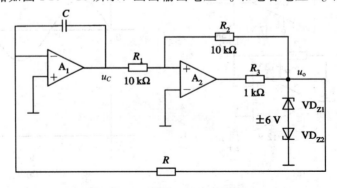

图 P10 - 16　习题 P10 - 16 图

10-17 电路如图 P10-17 所示，试回答如下问题：

(1) 判断 A_1、A_2 各组成何种功能电路；

(2) 设 $t=0$ 时，$u_i=0$，$u_C(0)=0$，$u_o(0)=12$ V，当 $t=t_1$ 时，u_i 接入 +12 V 的直流电压，问经过多长时间，u_o 从 +12 V 跃变到 −12 V；

(3) 将电路按图 P10-17 所示虚线连接，且不外加电压 u_i，试说明该电路的功能，并画出 u_{o1} 和 u_o 的波形图，计算振荡频率 f_{osc}。

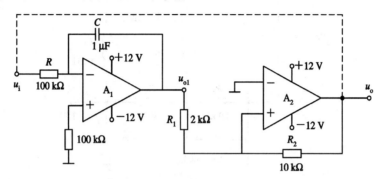

图 P10-17 习题 P10-17 图

10-18 压控弛张振荡器电路如图 P10-18 所示。

(1) 说明集成运放 A_1、A_2 和 A_3 的功能；

(2) 说明二极管和场效应管的功能；

(3) 画出各级输出电压 u_{o1}、u_{o2}、u_{o3} 和 u_o 的波形。

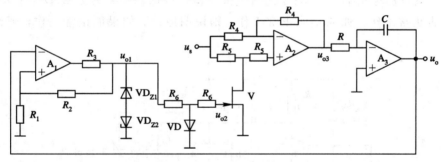

图 P10-18 习题 P10-18 图

10-19 文氏桥振荡器如图 P10-19 所示，分析电路的工作原理，确定热敏电阻 R_{t1} 和 R_{t2} 的温度特性。当电阻 $R=470$ kΩ，电容 $C=330$ pF 时，计算振荡频率 f_{osc}。

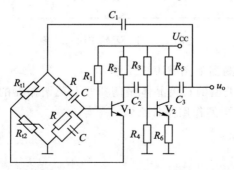

图 P10-19 习题 P10-19 图

10-20　三端式振荡器如图 P10-20 所示。

(1) 判断振荡器的类型；

(2) 计算振荡频率 f_{osc} 和正反馈系数 $\dot{F}_{正}$。

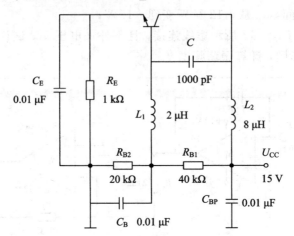

图 P10-20　习题 P10-20 图

10-21　石英晶体振荡器如图 P10-21 所示。

(1) 该电路属于何种类型的石英晶体振荡器？石英谐振器的功能是什么？

(2) 计算振荡频率 f_{osc}。

(3) 如果将标称频率为 5 MHz 的石英谐振器换成标称频率为 2 MHz 的石英谐振器，该电路能否正常工作？如果不能正常工作，则说明原因；如果能正常工作，则计算此时的 f_{osc}。

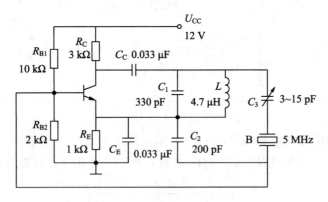

图 P10-21　习题 P10-21 图

10-22　石英晶体振荡器如图 P10-22 所示。

(1) 该电路属于何种类型的石英晶体振荡器？石英谐振器的功能是什么？

(2) 调节电容 C_2 和 C_4 的作用是什么？

(3) 计算振荡频率 f_{osc}。

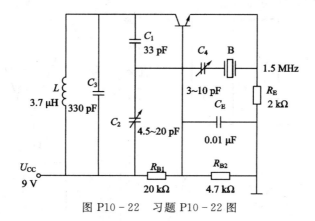

图 P10-22　习题 P10-22 图

大作业及综合设计实验 1——函数发生器电路设计

一、相关背景知识

信号源又称为信号发生器，是一种能提供各种频率、波形和输出电平的电信号的设备。本实验将设计一个能产生正弦波信号、方波信号、三角波信号的信号发生器，需要集成运放的非线性运用知识，以及积分、滤波、加减法电路等相关知识与技术方法。

二、任务与要求

设计一款可以同时产生正弦波信号、方波信号、三角波信号的信号源，实现方式可以参考图 PP10-1。要求三种信号的频率均为 1 kHz，正弦波信号峰峰值为 4 V，直流偏置从 −2 V 至 2 V 可调（波形如图 PP10-2 中(c)所示）；输出的方波信号峰峰值为 5 V，直流偏置 2.5 V（如图 PP10-2 中(d)所示）。

1. 基本要求

(1) 设计基于运放实现的弛张振荡器（图 PP10-1 中方框 I 所示），要求输出的方波信号（图 PP10-1 中节点 a）的峰峰值为 6 V，频率为 1 kHz(50％占空比)，直流偏置为 0 V，波形如图 PP10-2(a)所示；

(2) 输出的三角波信号（图 PP10-1 中节点 b）的峰峰值为 4 V，频率为 1 kHz，直流偏置为 0 V，波形如图 PP10-2(b)所示，频率误差小于 5％。

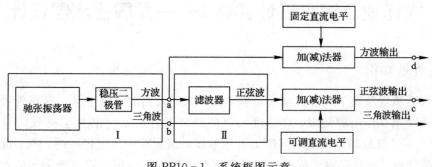

图 PP10-1　系统框图示意

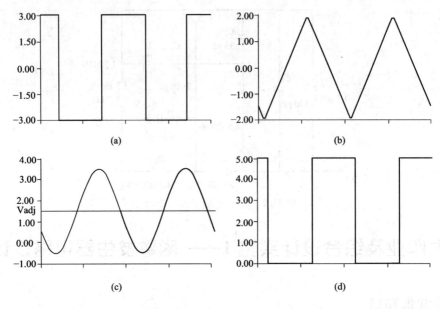

图 PP10 - 2　各节点波形示意

　　(3) 矩形波发生器产生的信号经有源滤波处理，产生频率为 1 kHz 正弦波信号；其中有源滤波器为带通滤波器，要求中心频率为 1 kHz，−3 dB 带宽 200 Hz，带外衰减呈−40 dB/10 倍频以上。产生的信号波形无明显失真，幅度峰峰值为 6 V。

2. 发挥部分

　　(1) 矩形波发生器频率可调，调整范围为 100 Hz～1 kHz；占空比可调，调整范围为 10%～90%，得到输出需要的方波信号(峰峰值为 5 V，直流偏置 2.5 V，波形如图 PP10 - 2(d)所示)；

　　(2) 在 1 kΩ 负载条件下，1 kHz 正弦波的直流偏置从−2 V 至 2 V 可调(波形如图 PP10 - 2(c)所示)，幅度可调，调整范围为 1 Vpp～6 Vpp；

　　(3) 其他。

三、说明

　　系统框图可参考图 PP10 - 1。

大作业及综合设计实验 2——雾霾检测器设计

一、相关背景知识

　　近年来雾霾现象在中国各大城市频发，已影响到人们的日常生活。雾霾是特定气候条件与人类活动相互作用的结果，高密度人口的经济及社会活动必然会排放大量细颗粒物(PM 2.5)，一旦排放超过大气循环能力和承载度，细颗粒物浓度将持续积累，此时如果受静稳天气等影响，极易形成大范围的雾霾。雾霾检测器的原理是通过激励源驱动光源发射光线照射空气，雾霾空气中的微粒产生光散射，光电管检测散射光强度并输出电参量（电阻、电压、电流等），再经过放大、峰值保持、滤波、校正等一系列运算，变为与雾霾浓度呈线性关系的模拟量，最后通过模/数转换器（ADC）变为数字量，显示在液晶屏或数码管上。雾霾检测是一个运用模拟与数字电子技术解决现实生活和工程实际问题的典型案例，需要运用传感器及检测技术、信号发生、信号调理、模/数转换、数据显示等相关知识与技术方法，并涉及测量仪器精度、仪器设备标定及抗干扰等工程概念与方法。

二、任务

以夏普 GP2Y1010AU0F 为雾霾传感器，设计并制作一台以 5 V 电源供电（可取自于 USB 插口或手机充电器），可显示雾霾浓度并超限报警的功能，其原理框图参考图 PP10 - 3。

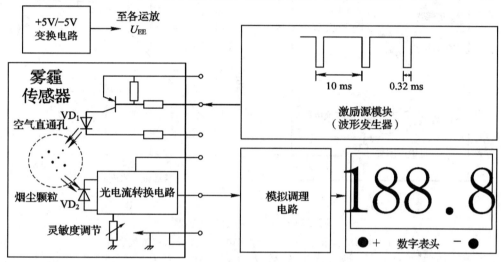

图 PP10 - 3　雾霾检测器原理框图

三、要求

1．基本要求

（1）设计实现雾霾检测器的激励源（波形发生器），要求高电平为 5 V，低电平为 0 V，周期为 10 ms，占空比为 96.8%；

（2）设计实现模拟调理电路，要求将 0～3.5 V 脉冲电压值换算为雾霾微粒浓度数值，在数字表头（DVM）或数字万用表上显示；

（3）雾霾微粒浓度精度不低于 10 $\mu g/m^3$；

（4）采用单电源＋5 V 供电。

2．发挥部分

（1）具有雾霾颗粒浓度超限报警功能；

（2）进一步提高整机精度，并以 PM2.5 标准仪器标定显示 PM2.5 的值；

（3）采用单片机等处理器实现激励源的产生及数据采集处理显示；

（4）其他。

四、说明

（1）图 PP10-3 的工作原理：根据光散射原理，当光照射空气中颗粒物质会发生部分光偏离其原来传播方向并散开的现象，在非传播方向可观测到，且空气中颗粒物质越多散射光越强。GP2Y1010AU0F 是一种光学雾霾微尘传感器，此传感器内部集成对角分布红外发光管和光电管，发光二极管 VD_1 将电脉冲变为光脉冲，经空气中颗粒物散射后被光电二极管 VD_2 接收，并变换为电信号，雾霾强度与接收到的脉冲幅度成比例关系，经换算后用数字显示雾霾微粒浓度。该传感器利用光散射光敏原理工作，可检测特别细微颗粒，主要用于空气检测器等领域，图 PP10-4 是其输出电压与雾霾微粒浓度的关系。

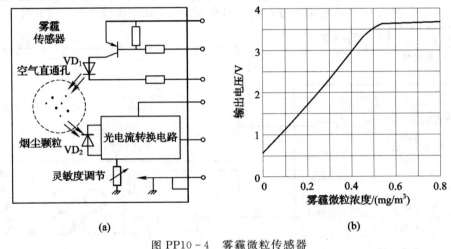

图 PP10-4　雾霾微粒传感器

（a）内部结构和引脚；（b）输出电压与雾霾微粒浓度关系

（2）提供器材：GP2Y1010AU0F 雾霾传感器一块、万用板一块、集成运放 LM324、TL082、TL431、ICL7660、USB 接口、二极管、三极管、电阻、电容。

（3）元件误差、运放失调、基准源偏差等都会带来误差，电路设计中要适当留有电位器以便调整。

（4）GP2Y1010AU0F、LM324、ICL7660、TL431 等器件参数见相关参考资料。

第十一章

低频功率放大电路

本章介绍低频功率放大电路的特点及主要指标，着重分析互补对称 AB 类功放电路的工作原理及其分析计算。同时，对应用较为广泛的 D 类功率放大电路的原理做了简述；另外，对功率器件的散热问题、安全工作区、集成功率放大器和 VMOS 管做了简单介绍。

11.1 功率放大电路的一般问题

11.1.1 特点和要求

功率放大电路是一种以输出较大功率为目的的放大电路，简称功放。它要求直接驱动负载，带负载能力要强。其主要任务是不失真地给负载（如使喇叭发声、驱动电机运转等）提供足够大的输出可控的功率。从能量转换的观点看，功率放大电路与电压放大电路并无本质上的差别，只是考虑问题的侧重点不同，功率放大电路工作在大功率、大信号状态下，其特点和要求如下：

（1）输出功率尽可能大。由于功率是电压和电流的乘积，为了获得大的输出功率，输出电压和电流都要求有足够大的幅度，即

$$P_{o} = I_{\text{有效}} U_{\text{有效}} = \frac{1}{2} I_{om} U_{om} \tag{11.1.1}$$

显然，功率管处于大信号范围工作，微变等效电路分析法就不准确了，所以在功率放大电路中采用图解分析法进行分析。

（2）效率要高。对功放电路来讲，由于负载得到的有用功率（输出功率）是在输入信号的控制下，通过功放管的作用由直流电源提供的能量转换而来，在转换时，功放管和电路中的耗能元件均要消耗功率，所以效率问题就变得十分重要；否则，就会造成极大的功率浪费，甚至还会带来功率管的不安全因素。设直流电源提供的直流功率为 P_E，交流输出功率为 P_o，集电极损耗功率为 P_C，则

$$P_E = P_o + P_C \tag{11.1.2}$$

效率定义为负载得到的有用信号功率（输出功率）和电源供给的直流功率的比值，它代表了电路将电源直流能量转换为输出交流能量的能力。

$$\eta = \frac{P_o}{P_E} \times 100\% \tag{11.1.3}$$

将式(11.1.2)代入式(11.1.3)可得

$$P_o = \frac{\eta}{1-\eta} P_C \qquad\qquad (11.1.4)$$

式(11.1.4)表明,当集电极损耗功率 P_C 一定时,交流输出功率 P_o 将随 η 增加而迅速提高。因此,如何提高功率放大电路的效率,是功率放大电路的一个重要参数,也是设计者应着重考虑的问题之一。

(3) 非线性失真要小。由于功放管工作在大信号状态下,所以非线性失真不可避免。如何减小非线性失真,同时又得到大的交流输出功率,这就使输出功率和非线性失真成为一对主要矛盾,这也是功放电路设计者必须要考虑的问题之一。

(4) 功率器件的安全问题。在功放电路中,有相当大的功率消耗在功放管的集电结上,它使管子的结温和管壳温度升高。为了充分利用允许的管耗而使管子输出足够大的功率,同时也为了保证功放管安全可靠地运行,必须要限制功耗、最大电流和管子承受的反压,功率器件的散热就成为一个重要问题。所以功放电路要有良好的散热条件和适当的过流、过压保护措施。

综上所述,对功率放大电路的要求是:在高效率、非线性失真小、安全工作的前提下,要向负载提供足够大的输出功率。

11.1.2 功率放大电路的工作状态

功率放大电路根据功放管在输入正弦信号的一个周期内的导通情况,可将功率放大电路分为 A 类、B 类、AB 类和 C 类四种工作状态,如图 11.1.1 所示。

1. A 类工作状态

如图 11.1.1(a)所示,A 类工作状态的工作点 Q 设在交流负载线的较高处,在输入正弦信号的一个周期内功放管都导通,都有电流流过功放管,即 $I_{CQ} \neq 0$,功放管的导通角 $\theta = 360°$。

特点:静态电流大;动态时,整个信号周期内有电流,非线性失真小,管耗大,且效率最低;用于小信号放大和驱动级。

2. B 类工作状态

如图 11.1.1(b)所示,B 类工作状态的工作点 Q 选在截止点处,$I_{CQ} = 0$。在输入正弦信号的一个周期内,只有信号半个周期功放管导通,另外半个周期功放管截止,导通角 $\theta = 180°$。

特点:静态电流约等于零;动态时,半个周期内无电流,效率较高,但非线性失真大。

3. AB 类工作状态

如图 11.1.1(c)所示,AB 类工作状态介于 A 类与 B 类状态之间。工作点 Q 靠近截止区。在这种状态下,功放管中的电流流通时间大于信号的半个周期,而小于整个周期,$I_{CQ} \neq 0$,导通角 $180° < \theta < 360°$。

特点:静态时电流不等于零;动态时,功放管中的电流流通时间大于信号的半个周期,而小于整个周期;这种工作状态兼有 A 类失真小和 B 类效率高的优点,是 A 类和 B 类的折中方案;用于低频功率放大电路。

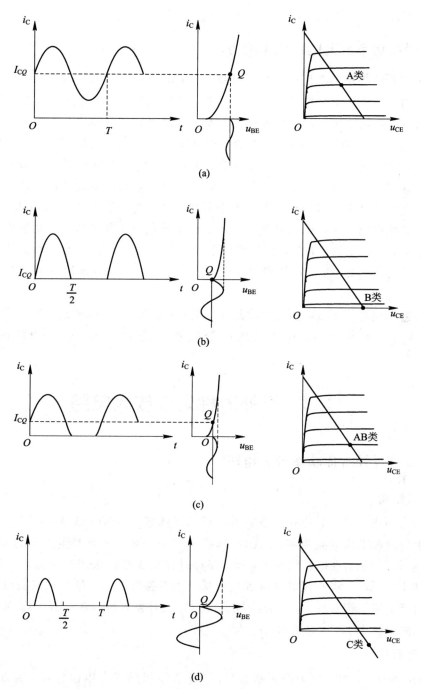

图 11.1.1　功放电路的工作状态

（a）A 类工作状态；（b）B 类工作状态；（c）AB 类工作状态；（d）C 类工作状态

4. C 类工作状态

如图 11.1.1（d）所示，C 类工作状态的工作点 Q 位于截止区内。$I_{CQ} = 0$，导通角 $0 < \theta < 180°$。

特点：静态时电流等于零；动态时，小于半个周期以内有电流，负载为 LC 谐振回路，效率更高，失真最大；用于高频功率放大电路。

11.1.3　提高功率放大电路效率的方法

效率 η 是负载得到的有用信号功率(即输出功率)和电源供给的直流功率的比值。

电源供给的直流功率是由信号输出功率和管耗组成的，所以降低管耗能有效地提高功放电路的效率。由功放工作状态分类可知，A 类功放电路的效率是较低的，可以证明，即使在理想情况下，A 类功放电路的效率最高也只能达到 50%。而静态电流是产生管耗的主要因素，提高效率应尽可能降低功放管的静态工作点，使静态电流很小或为零，使信号等于零时电源输出的功率也等于零(或很小)，信号增大时电源供给的功率也随之增大，这样电源供给功率及管耗都随着输出功率的大小而变，也就改变了 A 类放大时效率低的状况。实现上述设想的电路有 AB 类和 B 类功率放大。工作在 AB 类或 B 类的功放电路，虽然减小了静态功耗，提高了效率，但它们都出现了严重的波形失真。因此，既要保持静态时管耗小，又要使失真不太严重，这就需要在电路结构上采取措施，解决的方法是，采用互补对称功率放大电路。

如果维持输出功率不变，四类功放的效率满足：$\eta_A < \eta_{AB} < \eta_B < \eta_C$。在理想条件下，A 类功放的最高效率是 50%，B 类功放的最高效率是 78.5%，C 类功放的最高效率是 85%～90%。

11.2　互补对称功率放大电路

11.2.1　B 类互补对称功率放大电路

1. 电路组成

由上节分析可以看出，功放电路采用 B 类工作状态可以提高效率，但功放管工作在 B 类时，管子的静态工作电流为零，输出波形将被削去一半，从而产生严重的非线性失真。为了解决这一对矛盾，在电路组成上，B 类互补对称功放电路采用两个特性相同的异型管(NPN 管和 PNP 管)，将两管的基极和发射极分别连接在一起，信号从基极输入，从发射极输出，由于电路结构对称，两管输出电流波形互相补偿，最后在负载上得到不失真的波形，原理电路如图 11.2.1(a)所示。

2. 工作原理

静态($u_i = 0$)时，由于该电路无基极偏置，两管基极的静态电位为零，所以 V_1、V_2 均不导通，处于截止状态，静态工作电流 $I_{CQ} = 0$，所以该电路为 B 类功放电路。

动态($u_i \neq 0$)时，假设两管发射结导通电压为零(不考虑结电压 0.7 V)，在输入信号正半周时($u_i > 0$)，V_1 管发射结因加正向电压而导通，V_2 管截止，V_1 管承担放大任务，集电极电流 i_{C1} 流过负载 R_L；在输入信号负半周时($u_i < 0$)，V_1 管截止，而 V_2 管加正向电压导通承担放大任务，集电极电流 i_{C2} 流过负载 R_L，但方向与正半周相反，电流波形如图 11.2.1(b)、(c)所示。

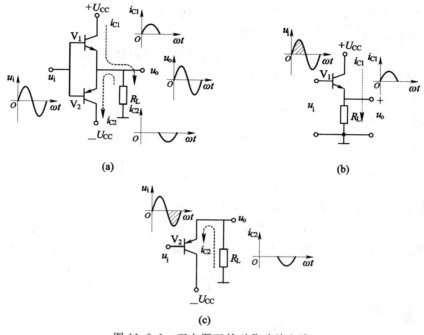

图 11.2.1 双电源互补对称功放电路

（a）电路图；（b）正半周；（c）负半周

显然，在输入信号一个周期内，一个晶体管在正半周工作，而另一个晶体管则在负半周工作，两个晶体管互补对方不能导通的半个周期的波形，在负载 R_L 上得到一个完整的输出波形。该电路由于两异型管特性参数相同、结构对称，并且正负电源相等，故又称之为互补对称功率放大电路。互补电路解决了 B 类放大电路中效率与失真的矛盾。

3. 指标分析计算

B 类互补对称功率放大电路的集电极电流和电压波形如图 11.2.2 所示。它是将 V_2 管导通特性倒置后与 V_1 管导通特性画在一起，让静态工作点 Q 重合，形成两管合成曲线。

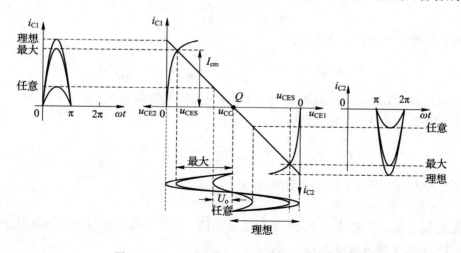

图 11.2.2 双电源互补对称电路的图解分析

图 11.2.2 中分别画出了功放输出波形的三种情况。

(1) 任意状态：$U_{om} = U_{in}$（因为是共集组态 $A_u = U_{om}/U_{in} \approx 1$）；

(2) 最大状态：$U_{om} = U_{CC} - U_{CES}$（式中 U_{CES} 为集电极饱和电压）；

(3) 理想状态：$U_{om} \approx U_{CC}$（不考虑 U_{CES}）。

有关指标计算如下：

1) 输出功率 P_o

负载 R_L 上获得的平均功率称为功放电路的输出功率，即

$$P_o = \frac{I_{om}}{\sqrt{2}} \cdot \frac{U_{om}}{\sqrt{2}} = \frac{1}{2} I_{om} U_{om} = \frac{1}{2} \frac{U_{om}^2}{R_L} \tag{11.2.1}$$

当考虑饱和压降 U_{CES} 时，输出的最大电压值为

$$U_{om} = U_{CC} - U_{CES} \tag{11.2.2}$$

一般情况下，输出电压的幅值 U_{om} 小于电源电压 U_{CC} 值，故引入电源利用系数 ξ，即

$$\xi = \frac{U_{om}}{U_{CC}} \tag{11.2.3}$$

式(11.2.1)可改写为

$$P_o = \frac{1}{2} \frac{U_{om}^2}{R_L} = \frac{1}{2} \frac{\xi^2 U_{CC}^2}{R_L} \tag{11.2.4}$$

输入信号越大，U_{om} 增大，电压利用率也增大。若忽略集电极饱和电压 U_{CES}，则 $\xi_{max} = 1$，故理想状态下最大输出功率 P_{om} 为

$$P_{om} = \frac{1}{2} \frac{U_{CC}^2}{R_L} \tag{11.2.5}$$

2) 直流电源提供的功率 P_E

由于每个晶体管的集电极电流为半个周期的正弦波，用傅立叶级数展开，其电流的平均值 I_o 为

$$I_o = \frac{1}{2\pi} \int_0^\pi I_{cm} \sin\omega t \, d(\omega t) = \frac{I_{cm}}{\pi} \tag{11.2.6}$$

因此，两个电源提供的总平均功率为

$$P_E = 2I_o U_{CC} = \frac{2 I_{cm} U_{CC}}{\pi} = \frac{2 U_{om}}{\pi R_L} U_{CC} = \frac{2 U_{CC}^2}{\pi R_L} \xi \tag{11.2.7}$$

可见电源电压越大，输入信号越强（ξ 越大），则电源提供的功率 P_E 就越大。

当 $\xi = 1$ 时，P_E 最大，其最大功率为

$$P_{Emax} = \frac{2 U_{CC}^2}{\pi R_L} \tag{11.2.8}$$

当 $\xi = 0$ 时，P_E 最小，其最小功率为

$$P_{Emin} = 0 \tag{11.2.9}$$

可见直流电源提供的功率 P_E 不是恒定不变的，而是随输入信号大小而变化的。输入信号小，P_E 也小；输入信号大，P_E 也大。

3) 效率 η

效率 η 指交流输出功率 P_o 与直流电源提供的功率 P_E 之比，即

$$\eta = \frac{P_{\circ}}{P_{E}} \times 100\% = \frac{\pi\xi}{4} \times 100\% \tag{11.2.10}$$

在理想情况下($\xi = 1$ 时)，效率达到最高：

$$\eta = \frac{\pi}{4} = 78.5\% \tag{11.2.11}$$

考虑到管子的饱和压降和电阻等元件上的损耗，实际功放电路的效率一般在 60% 左右。

4）最大管耗 P_C 与最大输出功率 $P_{\circ}$ 的关系

每只管子的管耗 P_C 等于每管由电源输入的直流功率与每管输出的交流功率之差。

单管管耗：

$$P_C = \frac{P_E}{2} - \frac{P_{\circ}}{2} = \frac{U_{CC}}{\pi} \frac{U_{\circ}}{R_L} - \frac{1}{4} \frac{U_{\circ}^2}{R_L} \tag{11.2.12}$$

可见，每个管子的损耗 P_C 是输出信号振幅的函数。无输入信号时，管子的损耗为零。当输入信号较小时，输出功率较小，管耗也小，这是容易理解的。但能否认为，当输入信号愈大，输出功率也愈大，管耗就愈大呢？答案是否定的。那么，最大管耗发生在什么情况下呢？

由式(11.2.12)可知，管耗 P_C 是输出电压幅值 $U_{\circ}$ 的函数，因此，可以用求极值的方法来求解。现将 P_C 对 $U_{\circ}$ 求导，可得出最大管耗 P_{Cm}。

令

$$\frac{\mathrm{d}P_C}{\mathrm{d}U_{\circ}} = \frac{1}{R_L}\left(\frac{U_{CC}}{\pi} - \frac{1}{2}U_{\circ}\right) = 0 \tag{11.2.13}$$

得出，当 $U_{\circ} = \frac{2}{\pi}U_{CC}$ 时，每管的损耗最大：

$$P_{Cm} = \frac{1}{R_L}\left[\frac{U_{CC}}{\pi} \cdot \frac{2}{\pi}U_{CC} - \frac{1}{4}\left(\frac{2}{\pi}U_{CC}\right)^2\right] = \frac{1}{\pi^2}\frac{U_{CC}^2}{R_L} \tag{11.2.14}$$

那么，我们可以得出一个重要结论，即最大管耗 P_{Cm} 与最大输出功率的关系为

$$\frac{P_{Cm}}{P_{om}} = \frac{\frac{1}{\pi^2}\frac{U_{CC}^2}{R_L}}{\frac{1}{2}\frac{U_{CC}^2}{R_L}} = \frac{2}{\pi^2} \approx 0.2 \tag{11.2.15}$$

式(11.2.15)提供了选择功率管管耗的依据。例如，负载要求的最大功率 $P_{om} = 10$ W，那么只要选一个管耗 P_{Cm} 大于 $0.2P_{om} = 2$ W 的功率管就行了。当然，在实际选管子时，还应留有充分的安全余量，因为上面的计算是在理想情况下进行的。

5）选择功率管

在功率放大电路中，为了输出较大的信号功率，功率放大管承受的电压要高，通过的电流要大，功率管损坏的可能性也就比较大，所以功率管的参数选择不容忽视。为保证功率管的安全和输出功率的要求，电源及功率管参数的选择原则如下：

(1) 电源电压的选择。已知 P_{om} 及 R_L，选 U_{CC}，则

$$\begin{cases} P_{om} = \frac{1}{2}\frac{U_{CC}^2}{R_L} \\ U_{CC} \geqslant \sqrt{2P_{om}R_L} \end{cases} \tag{11.2.16}$$

（2）功率管集电极的最大允许管耗的选择。对一个功率管而言，其最大管耗为

$$P_{CM} \geqslant P_{Cm} = 0.2 P_{om} \tag{11.2.17}$$

（3）功率管的最大反压的选择。由图 11.2.1 可知，当信号最大时，一管趋于饱和，而另一管趋于截止，截止管承受的最大反压为电源电压的两倍。因此，功率管耐压必须大于 $2U_{CC}$，即

$$U_{(BR)CEO} \geqslant 2U_{CC} \tag{11.2.18}$$

（4）功率管允许的最大集电极电流的选择。由图 11.2.1 知，V_1 管饱和导通时，V_2 管将截止，此时 V_1 管的射极电压为 U_{CC}，故

$$I_{CM} \geqslant I_{Cm} = \frac{U_{CC}}{R_L} \tag{11.2.19}$$

综上所述，对于 B 类互补对称功率放大电路两功率管的安全情况，在选择功率管时一般应考虑三个极限参数，即集电极最大允许功率损耗 P_{CM}（管耗）、集电极最大允许电流 I_{CM} 和集电极—发射极间的反向击穿电压 $U_{(BR)CEO}$。

11.2.2 AB 类互补对称功率放大电路

1. B 类互补对称功率放大电路的交越失真

实际的 B 类互补对称电路如图 11.2.3(a)所示，由于没有直流偏置，只有当输入信号 u_i 大于管子的门限结电压（硅管约为 0.7 V，锗管约为 0.3 V）时，管子才能导通。当输入信号 u_i 低于这个数值时，V_1 和 V_2 都截止，i_{C1} 和 i_{C2} 基本为零，负载 R_L 上无电流通过，出现一段死区，如图 11.2.3(b)所示，这种现象称为交越失真。

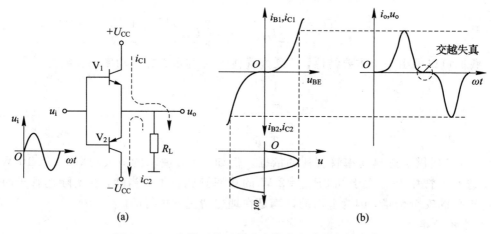

图 11.2.3 B 类互补对称功率放大电路的交越失真

（a）电路图；（b）波形图

2. AB 类双电源互补对称电路

为了克服 B 类互补对称电路产生的交越失真，需要给两管发射结设置一个正向偏置电压，其值稍大于门限结电压，使之工作在 AB 类状态。导通角 $\theta > 180°$，使之在靠近截止区附近有一小段两管是同时导通的，因此两管电流叠加后可消除交越失真。

克服交越失真的电路有多种，基本电路结构与集成运放输出级相同。图 11.2.4(a)电

路利用二极管 VD_1、VD_2 的正向压降，为 V_1、V_2 管提供正向偏压，从而消除了交越失真。
图 11.2.4(b)是减小交越失真的图解说明。

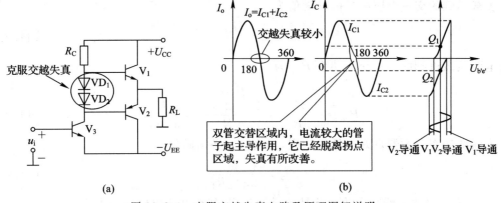

图 11.2.4 克服交越失真电路及原理图解说明
(a) 克服交越失真电路；(b)原理图解说明

11.2.3 AB类单电源互补对称功率放大电路

双电源互补对称功放电路需要两个独立的正
负电源。当只有一个电源时，可采用单电源互补
对称功放电路，如图 11.2.5 所示。它与双电源电
路的最大区别在于输出端必须接一个大容量的电
容 C_2。

由图 11.2.5 可见，其中 V_3 管为前置电压放
大级，以驱动功率级电路工作，V_1 和 V_2 组成互
补对称功率电路。

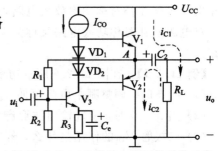

图 11.2.5 AB类单电源互补对称功率
放大电路

1. 工作原理

在静态($u_i=0$)时，调节 R_1、R_2，就可使 I_{C3}、U_{B2} 和 U_{B1} 达到所需大小。一是给 V_1 和
V_2 提供一个合适的偏置电压，以消除交越失真；二是可使 A 点电位 $U_A = \frac{1}{2}U_{CC}$，C_2 充放
电时间常数远大于交流信号的半个周期。所以两个功放管轮流导通时，大容量电容 C_2 两
端电压基本不变，电容 C_2 上的直流电位也为 $U_{CC}/2$。它取代了双电源功放电路中的负电
源，充当电源角色。

在动态($u_i \neq 0$)时，在输入信号的负半周，V_1 导通、V_2 截止，电流通过电源 U_{CC}、V_1
管集电极和发射极、负载 R_L 向大电容 C_2 充电，在负载 R_L 上得正半周信号；在输入信号
的正半周，大电容 C_2 放电代替电源向 V_2 提供电流，由于其容量很大，故放电时间常数远
大于输入信号周期，其上的电压可视为恒定不变。此时 V_1 截止、V_2 导通，电流通过大电
容 C_2、V_2 管发射极和集电极、地与负载 R_L，在负载 R_L 上得到负半周信号。

2. 分析计算

采用一个电源的互补对称功率电路，由于每个管子的工作电压不是原来的 U_{CC}，而是
$U_{CC}/2$，即输出电压幅值 U_{om} 最大也只能达到约 $U_{CC}/2$，所以前面导出的功率电路相关参数

的计算公式必须加以修正才能使用。修正的方法也很简单,只要以 $U_{CC}/2$ 代替原来公式中的 U_{CC} 即可。

负载得到的交流电压振幅的最大值为

$$U_{om} = \frac{U_{CC}}{2} \tag{11.2.20}$$

故该电路负载得到的最大交流功率 P_{om} 为

$$P_{om} = \frac{1}{2} \frac{U_{om}^2}{R_L} = \frac{1}{2} \frac{\left(\frac{U_{CC}}{2}\right)^2}{R_L} = \frac{1}{8} \frac{U_{CC}^2}{R_L} \tag{11.2.21}$$

为保证功率放大器良好的低频响应,电容 C_2 必须满足:

$$C_2 \geqslant \frac{1}{2\pi f_L R_L} \tag{11.2.22}$$

式中,f_L 为功率放大器所要放大信号的最低频率(忽略共集电路输出电阻)。

由于此电路的输出是通过大电容 C 与负载 R_L 相耦合,而不是用变压器,因此称其为无输出变压器互补对称功率放大电路,简称 OTL(Output Transformer Less)电路。

双电源互补对称功放电路又称为无输出电容电路,简称 OCL(Output Capacitor Less)电路。

【例 11.2.1】 在图 11.2.6 所示功率放大电路中,已知 $U_{CC} = \pm 15$ V,$R_L = 8$ Ω,试问:

(1) 静态时,调整哪个电阻可使 $u_o = 0$ V;

(2) 当 $u_i \neq 0$ 时,发现输出波形产生交越失真,应调节哪个电阻,如何调节;

(3) 二极管 V_D 的作用是什么,若二极管反接,对 V_1、V_2 会产生什么影响;

(4) 当输入信号 u_i 为正弦波且有效值为 10 V 时,求电路最大输出功率 P_{om}、电源供给功率 P_E、单管的管耗 P_C 和效率 η;

(5) 若 V_1、V_2 功率管的极限参数为:$P_{CM} = 10$ W,$I_{CM} = 5$ A,$U_{(BR)CEO} = 40$ V,验证功率管的工作是否安全。

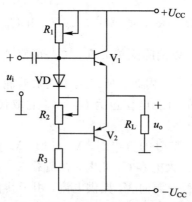

图 11.2.6　AB 类互补对称功率放大电路

解　(1) 静态时,调整电阻 R_1 可使 $u_o = 0$ V。

(2) 调整电阻 R_2 并适当加大其值,以恰好消除交越失真为限。

(3) 正向导通的二极管和 R_2 在功率管的基极与发射极之间提供了一个适当的正向偏置(微导通状态),使之工作在 AB 类状态。若二极管反接,则流过电阻 R_1 的静态电流全部

成为 V_1、V_2 管的基极电流，这将导致 V_1、V_2 管基极电流过大，甚至有可能烧坏功率管。

（4）因输入信号 u_i 的有效值为 10 V，故其最大值 $U_{im}=10\sqrt{2}$ V，又因该功放电路是射极跟随器结构（$A_u\approx1$），则有 $U_{om}=U_{im}=10\sqrt{2}$ V。故电路最大输出功率

$$P_{om}=\frac{U_{om}^2}{2R_L}=\frac{200}{16}=12.5\ \text{W}$$

电源供给功率

$$P_E=\frac{2U_{om}}{\pi R_L}U_{CC}=\frac{2\times10\sqrt{2}\times15}{3.14\times8}=16.9\ \text{W}$$

单管的管耗

$$P_C=\frac{1}{2}(P_E-P_{om})=2.2\ \text{W}$$

效率

$$\eta=\frac{P_{om}}{P_E}=74\%$$

（5）验证功率管安全与否，须计算功率管的最大工作电压和电流。

因最大管耗

$$P_{CM}=0.2P_{om}=0.2\frac{U_{CC}^2}{2R_L}=\frac{0.2\times15^2}{16}=2.8\ \text{W}<10\ \text{W}$$

最大工作电压

$$U_{omM}=2U_{CC}=30\ \text{V}<40\ \text{V}$$

最大工作电流

$$I_{omM}=\frac{U_{CC}}{R_L}=\frac{15}{8}=1.875\ \text{A}<5\ \text{A}$$

通过上述分析，该功放电路中的功率管工作在安全状态。

11.2.4　复合管及准互补 B 类功率放大电路（OCL 电路）

在互补 B 类功率放大电路中，如要求输出功率 $P_{om}=10$ W，负载电阻为 10 Ω，那么，功率管的电流峰值 $I_{Cm}=1.414$ A，则必须选择大功率的 NPN、PNP 管，但是特性相同的大功率异型管很难匹配，而特性相同的同型号小功率管却容易挑选。若选 $\beta=30$ 的功率管，则要求其基极驱动电流 $I_{Bm}=47.1$ mA。若前置级放大器或运算放大器，在输不出这样大的电流来驱动后级功率管时，则需要引入复合管来解决问题，也就是用易配对的小功率管去推动大功率管工作。

复合管又称达林顿管（Darlington Transistor），它是由两只三极管组成的一只等效三极管。在接法上，前一只三极管 C−E 极（或 FET 的 D−S 极）跨接在后一只三极管的 B−C 极之间，为后一只三极管的基极电流提供通路。其中前一只三极管为小功率推动管，后一只三极管为大功率输出管。复合管的总 β 值为 $\beta_\text{总}=\beta_1\cdot\beta_2$。

1. 组成复合管的原则

（1）电流流向要一致。

（2）各极电压必须保证所有管子工作在放大区，即保证 e 结正偏，c 结反偏。

(3) 因为复合管的基极电流 i_B 等于第一个管子的 i_{B1}，所以复合管的性质取决于第一个晶体管的性质。若第一个管子为 PNP，则复合管也为 PNP，反之为 NPN。正确的复合管连接方式有四种，如图 11.2.7 所示。图(a)、(b)为同型管复合，图(c)、(d)为异型管复合。

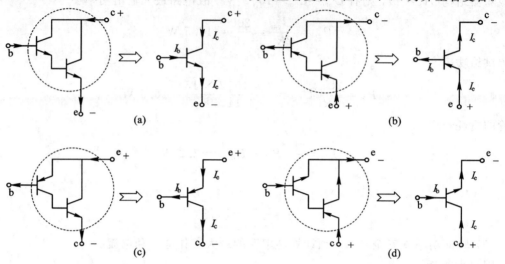

图 11.2.7　复合管的几种接法

2. 复合管等效电流放大倍数 β

由图 11.2.8 可得

$$I_B = I_{B1}$$

$$I_{B2} = I_{E1} = (1+\beta)I_{B1}$$

$$I_C = \beta I_B$$

$$I_E = (1+\beta)I_B$$

$$\beta = \beta_1 + \beta_2 + \beta_1\beta_2 \approx \beta_1\beta_2$$

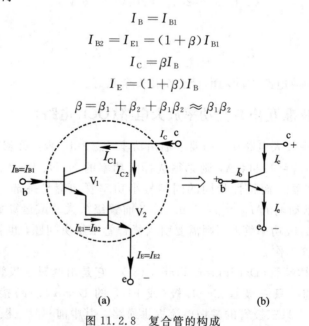

图 11.2.8　复合管的构成

(a) 复合管的组成；(b) 等效三极管

β 是复合管的电流放大倍数，它近似地等于两管电流放大倍数的乘积，比单管的增益要高 1~2 个数量级。因此，在工作电流 I_C 相同时，输入基极电流 I_B 也要降低 1~2 个数量级。表 11.2.1 给出了两个集成达林顿管的主要参数。

表 11.2.1　两个集成达林顿管的主要参数

型号	类型	P_{CM}	$U_{BR(CEO)}$	I_{CM}	β	$U_{BE(ON)}$	$U_{CE(sat)}$
TIP122	NPN达林顿	65 W	100 V	5 A	>1000	1.5~2.5 V	1~2 V
TIP127	PNP达林顿	65 W	100 V	5 A	>1000	1.5~2.5 V	1~2 V

由复合管组成的互补 B 类功率放大电路如图 11.2.9 所示。我们知道,互补 B 类功率放大电路中 NPN 和 PNP 两个功放管的特性要完全一致,对图中 V_3 和 V_4 要求既是互补又要能对称,这对于 NPN 型和 PNP 型两种大功率管来说,一般是比较难以实现的。为此最好选 V_3 和 V_4 是同一种型号的管子,通过复合管的接法来实现互补,这种电路称为准互补推挽电路,如图 11.2.10 所示。图中 V_1 和 V_3 等效为 NPN 管,V_2 和 V_4 等效为 PNP 管。而 V_3 和 V_4 为同型号管,不具互补性。互补作用靠 V_1 和 V_2 实现,图中 R_{e1} 和 R_{e2} 是为了分流复合管的反向饱和电流而加的电阻,目的是提高功放的温度稳定性,阻值约为几百欧姆。

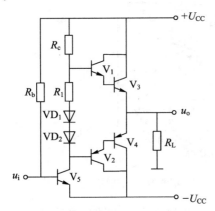

图 11.2.9　复合管组成功率放大电路

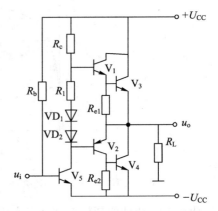

图 11.2.10　准互补推挽功率放大电路

11.3　D 类功率放大电路

上述 A 类、B 类和 AB 类功率放大器,当它们的输出功率小于额定输出功率时,效率就会明显降低,特别是播放动态的语言、音乐时平均工作效率只有 30% 左右。而功率放大器的效率低就意味着工作时有相当多的电能转化成热能,也就是说,这些类型的功率放大器要有足够大的散热器。因此,A 类、B 类和 AB 类音频功率放大器效率低、体积大,并不是人们理想中的音频功率放大器。为了解决节能和大功率音频输出之间的矛盾,D 类功放较之 AB 类在效率上有了很大的提升,目前已逐步应用在一些高端电子产品中。

D 类功率放大电路也称丁类功率放大电路或数字式功率放大电路,它是一种利用极高频率转换的开关技术来放大音频信号的音频功率放大电路。它具有效率高、体积小的优点。下面简单介绍 D 类功放的工作原理。

D 类开关音频功率放大器的工作原理是基于脉冲宽度调制技术 PWM 模式的。图 11.3.1 是这种放大器的原理框图,脉冲发生器产生占空系数 50% 的矩形波,然后用音频信号对该矩形波信号进行脉冲宽度调制(PWM),即把放大以后的音频信号和一个 250 kHz 的三角波相比较后形成一个 250 kHz 脉宽调制的方波信号,每个脉冲的宽度实时体现了输入信号的幅度,将此信号送到由开关管所组成的功率放大器进行脉冲功率放大,输出的信号再经过一个低通滤波器进行解调,得到音频信号推动扬声器发声。

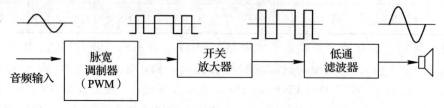

图 11.3.1　D 类功率放大器组成框图

D 类功率放大器中的功率管工作在开关状态,理论效率可达 100%,实际的效率也可达 80% 以上。图 11.3.2 给出了 AB 类和 D 类功率放大器的效率比较图。

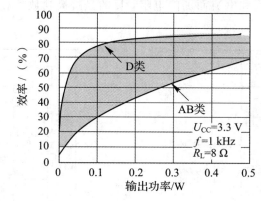

图 11.3.2　AB 类和 D 类功率放大器的效率比较图

D 类功放功率器件的耗散功率小,产生热量少,可以大大减小散热器的尺寸,连续输出功率很容易达到数百瓦。D 类功放低通滤波器(LPF)的作用是从 PWM 信号中滤出音频信号,故其带宽要略高于输入音频信号的带宽,对于高电感的扬声设备,在设计电路的时候,还可以省去低通滤波器(LPF),由于 D 类功放具有高效、节能、数字化的显著特点,是当前研究与应用的热点,目前已有许多集成产品,表 11.3.1 给出了一些常用产品参数供读者参考。

表 11.3.1　常用的集成 D 类功放

型　　号	通道	每通道最大 不失真输出功率	工作 电压/V	总谐波 失真 THD	PWM 频率/kHz	效率 /(%)	静态 电流/mA
TPA3122	2	15W(THD=10%)	10~30	0.1%(1W)	250	88	23
TPA3120	2	25W(THD=10%)	10~30	0.15%(5W)	250	90	23
TDA8922	2	50W(THD=10%)	±12~±30	0.5%(20W)	300	90	50
TDA8920	2	110W(THD=10%)	±12~±30	0.5%(36W)	300	90	50
TDA8954	2	210W(THD=10%)	±12~±42	0.5%(160W)	300	93	50

图 11.3.3 给出了一个 D 类功放立体声电路的典型接法。

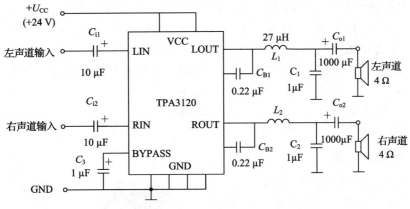

图 11.3.3 一个 D 类功放立体声电路的典型接法

11.4 集成功率放大电路

随着模拟集成电路的发展，集成化是功率放大器的发展必然，国内外厂家已生产出多种型号的集成功率放大器，它们大都工作在音频段，在此仅举例说明之。

11.4.1 通用型集成功率放大器 LM386

LM386 是美国国家半导体公司生产的音频功率放大器，具有功耗低、电压增益可调、电源电压范围大、外接元件少和总谐波失真小等优点，广泛应用于录音机、收音机、对讲机、方波发生器和正弦波振荡器等低电压消费类产品中。LM386 的封装形式有塑封 8 引线双列直插式和贴片式。

1. LM386 内部电路

LM386 内部电路原理图如图 11.4.1 所示。与通用型集成运放相类似，它是一个三级放大电路。

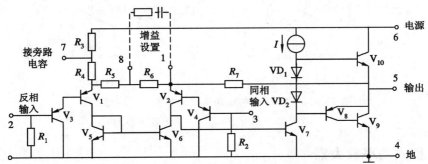

图 11.4.1 LM386 集成功率放大器内部电路

第一级为差分放大电路，V_1 和 V_3、V_2 和 V_4 分别构成复合管，作为差分放大电路的放大管；V_5 和 V_6 组成镜像电流源，作为 V_1 和 V_2 的有源负载；信号从 V_3 和 V_4 的基极输入，从 V_2 管的集电极输出，为双端输入单端输出差分电路。使用镜像电流源作为差分放大电路有源负载，可使单端输出电路的增益近似等于双端输出电路的增益。

第二级为共射放大电路，V_7 为放大管，恒流源作有源负载，以增大放大倍数。

第三级中的 V_8 和 V_9 管复合成 PNP 型管，与 NPN 型管 V_{10} 构成准互补输出级。二极管 VD_1 和 VD_2 为输出级提供合适的偏置电压，以消除交越失真。

引脚 2 为反相输入端，引脚 3 为同相输入端。电路由单电源供电，故为 OTL 电路。输出端(引脚 5)应外接隔直(耦合)电容后再接负载。

电阻 R_7 从输出端连接到 V_2 的发射极，形成反馈通路，并与 R_5 和 R_6 构成反馈网络，从而引入了深度串联电压负反馈，使整个电路具有稳定的电压增益。

2. LM386 的引脚图

LM386 的外形和引脚的排列如图 11.4.2 所示。引脚 2 为反相输入端，引脚 3 为同相输入端；引脚 5 为输出端；引脚 6 和 4 分别为电源和地；引脚 1 和 8 为电压增益设定端；使用时在引脚 7 和地之间接旁路电容，通常取 10 μF。电源电压为 4～12 V；静态消耗电流为 4 mA；电压增益为 20～200；在 1、8 脚开路时，带宽为 300 kHz；输入阻抗为 50 kΩ；音频功率为 0.5 W。

图 11.4.2　LM386 的外形和引脚排列

3. LM386 集成功率放大器的典型电路介绍

LM386 集成功率放大器共有 8 个引脚，外部的典型接线如图 11.4.3 所示。为使外围元件最少，电压增益内置为 20，此时引脚 1 和 8 为悬空状态。若在 1 脚和 8 脚之间增加一只外接电阻和电容，便可将电压增益调为任意值，直至最大为 200。静态时(输入端接地)输出端的直流电位被自动偏置到电源电压的一半。在 6 V 电源电压下，它的静态功耗仅为 24 mW，这使得 LM386 特别适用于电池供电的场合。

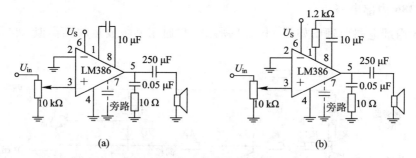

图 11.4.3　LM386 集成功率放大器典型应用接线图
(a) 放大器增益为 200；(b) 放大器增益为 50

11.4.2　桥式功率放大器

由两个功率放大器构成的桥式功放可以增大输出功率。如图 11.4.4 所示，其中包含 A_1 和 A_2 两个放大器，信号从 A_1 输入，其放大倍数 $A_{u1} = \dfrac{u_{o1}}{u_i} = -\dfrac{R_2}{R_1} = -2$，$A_1$ 输出又送 A_2 进行倒相放大，因为 $A_{u2} = \dfrac{u_{o2}}{u_{o1}} = -\dfrac{R_4}{R_3} = -1$。负载(扬声器)$R_L$ 跨接在 A_1 和 A_2 的输出

端，故负载得到的交流输出功率为

$$P_{\text{o}} = \frac{1}{2} \frac{(u_{\text{o}2} - u_{\text{o}1})^2}{R_{\text{L}}} = \frac{1}{2} \frac{(2u_{\text{o}1})^2}{R_{\text{L}}} = 4\left(\frac{1}{2} \frac{u_{\text{o}1}^2}{R_{\text{L}}}\right) \tag{11.4.1}$$

可见，桥式功放使输出功率增大到单个功放的 4 倍，即 $P_{\text{o}} = 4P_{\text{o}1}$，这是桥式功率放大器最显著的特点。

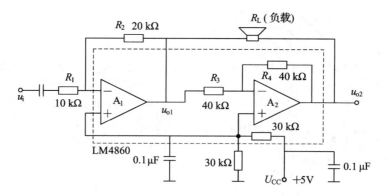

图 11.4.4　桥式集成功放 LM4860 及其外部电路

目前，已将两个单电源供电的功率运放集成在一个芯片上，这类产品有 LM4860、LM4861 等。

11.5　功率器件

11.5.1　双极型大功率晶体管(BJT)

在前面功率放大器的分析中，我们曾提到，功率管的最大工作电流必须小于该功率管的最大允许电流 I_{CM}，最大工作反压必须小于允许的击穿电压 $U_{\text{(BR)CEO}}$，功率管的功耗要小于允许的最大功耗 P_{CM}。这里有两个问题还需加以说明：一是散热与最大功耗的关系，二是有关二次击穿和安全工作区。

1. 散热与最大功耗 P_{CM} 的关系

我们知道，电源供给的功率，一部分转换为负载的有用功率，另一部分则消耗在功率管的集电结上，变为热能而使管芯的结温上升。如果晶体管管芯的温度超过管芯材料的最大允许结温 T_{jM}（锗管 T_{jM} 约为 75～100 ℃，硅管 T_{jM} 约为 150～200℃），则晶体管将永久损坏。我们把这个界限称为晶体管的最大允许功耗 P_{CM}。

最大允许功耗 P_{CM} 与管子的散热条件及环境温度有关。在环境温度一定的条件下，散热条件越好，热量散发就越快，管芯的结温上升将越小，允许的功耗将越大，越有利于发挥晶体管输出功率的潜力。为了使热传导达到理想状况，通常大功率管(BJT)有一个大面积的集电结，它的集电极衬底与金属外壳保持良好的接触。

热的传导路径称为热路，描述热传导阻力大小的物理量称为热阻 R_{T}。R_{T} 的量纲为 ℃/W，它表示每消耗 1 W 功率结温上升的度数。真空不易传热，即热阻大；金属的传热性能好，即热阻小。为减小散热阻力，改善散热条件，通常采用加散热器的方法。图11.5.1(a)所示为一种铝型材散热器的示意图。加散热器后，热传导阻力等效通路如图11.5.1(b)所示。图中：R_{Tj}为内热阻，表示管芯到管壳的热阻；R_{Tfo}为管壳到空间的热交换阻力；R_{Tc}为管壳到散热器之间的接触热阻，与管壳和散热器之间的接触状况有关；R_{Tf}为散热器到空间的热交换阻力，与散热器的形状、材料以及面积有关。

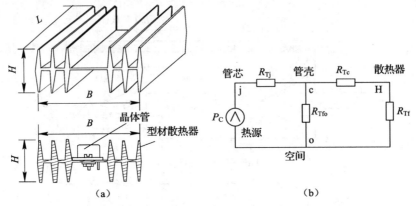

图 11.5.1　散热器和热传导阻力等效通路

(a) 铝型材散热器示意图；(b) 热传导阻力等效通路(热阻计算)

由图 11.5.1 可见，不加散热器时，总热阻 R_{To} 为

$$R_{To} = R_{Tj} + R_{Tfo} \tag{11.5.1}$$

由于管壳散热面积很小，因此 R_{Tfo} 是很大的。

加散热器后，由于 $(R_{Tc} + R_{Tf}) \ll R_{Tfo}$，所以总热阻 R_T 为

$$R_T \approx R_{Tj} + R_{Tc} + R_{Tf} \tag{11.5.2}$$

显然，$R_T \ll R_{To}$。

功率管的最大允许功耗 P_{CM} 与总热阻 R_T、最高允许结温 T_{jM} 和环境温度 T_o 有关，其关系式为

$$P_{CM} = \frac{T_{jM} - T_o}{R_T} \tag{11.5.3}$$

可见，允许结温越高，环境温度越低，热阻越小，则 P_{CM} 越大。例如，功率管 3AD6，不加散热器时，P_{CM} 仅为 1 W，而加 120 mm×120 mm×4 mm 的散热器后，由于热阻减小，P_{CM} 增大至 10 W。

2. 二次击穿现象与安全工作区

功率管在实际应用中，常发现功耗并未超额，管子也不发烫，但却突然失效。这种损坏不少是由于"二次击穿"所致。

二次击穿现象可由图 11.5.2(a) 来说明。当集电极电压 u_{CE} 逐渐增大时，首先可能出现一次击穿(图中 AB 段)，这种击穿是正常的雪崩击穿。一次击穿发生后，只要外电路对电流加以限制，功耗不超过 P_{CM}，管子是不会损坏的。若将 u_{CE} 减小，管子又可恢复正常工作，所以，一次击穿是可逆的。但有时，当一次击穿发生后，击穿电流 i_C 进一步增大，在超过某一临界值(图中 B 点)以后，突然发生管压降 u_{CE} 急剧减小，而 i_C 猛烈增大，工作状态从 B 点以毫秒级甚至微秒级的时间移至 C 点(图中 BC 段)，管子瞬间就永久损坏了，

而且此时管身并不发烫，人们将这种现象称为二次击穿。二次击穿是不可逆的。二次击穿的起点与 i_B 大小有关，通常把对应于不同 i_B 的二次击穿点连接起来，就得到一条二次击穿的临界线，如图 11.5.2(b) 所示。临界线左下方的区域是二次击穿的安全区。实践证明，BJT 处于脉冲工作状态时其安全区将有所扩大。脉冲持续时间越短，二次击穿临界线就向右移，安全区也就越大。

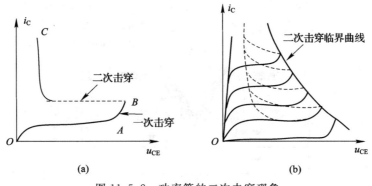

图 11.5.2　功率管的二次击穿现象

(a) 二次击穿现象；(b) 二次击穿临界线

二次击穿发生的机理人们目前还不十分清楚。一般来说，是由于流过 BJT 的电流在功率管结面上分布不均匀，造成结面局部过热(称为热斑)，因而产生热击穿所致。这可能与 BJT 的制造工艺有关。

为保证功率管安全可靠地工作，必须考虑二次击穿的因素，所以要保证电流小于 I_{CM}、功耗小于 P_{CM}、工作反压小于一次击穿电压 $U_{(BR)CEO}$ 外，还要避免进入二次击穿区。所以，功率管的安全工作区如图 11.5.3 所示。

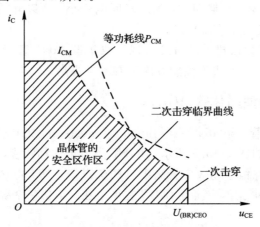

图 11.5.3　双极型功率管的安全工作区

11.5.2　功率 MOS 器件

有许多适合大功率运行的 MOS 器件，其中突出的代表是 VMOS 管和双扩散 MOS 管。

VMOS 管的结构剖面图如图 11.5.4 所示。由图可见，VMOS 管的漏区面积大，这有利于利用散热片散去器件内部耗散的功率。沟道长度(当栅极加正电压时,在 V 形槽下 P 型层部分形成)可以做得很短(例如 1.5 μm),且沟道间又呈并联关系(根据需要可并联多个),故允许流过的电流 I_D 很大。此外,利用现代工艺,使它靠近栅极形成一个低浓度的 N$^-$ 外延层,当漏极与栅极间的反向电压形成耗尽区时,这一耗尽区主要出现在 N$^-$ 外延层,N$^-$ 区的正离子密度低,电场强度低,因而有较高的击穿电压。这些都有利于 VMOS 制成大功率器件。目前制成的 VMOS 产品,耐压能力达 1000 V 以上,最大连续电流值高达 200 A。

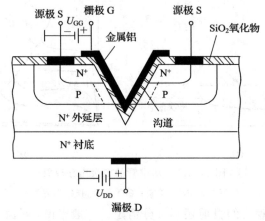

图 11.5.4 VMOS 管的结构剖面图

与 BJT 管比较,VMOS 具有以下优点:

(1) 输入阻抗大,所需驱动电流小,功率增益高。

(2) 温度稳定性好,漏极电阻为正温度系数,当器件温度上升时,电流受到限制,不可能产生热击穿,也不可能产生二次击穿。

(3) 没有 BJT 管的少子存储问题,加之极间电容小,所以开关速度快,适合高频工作(工作频率达几百千赫甚至几兆赫)。

在 VMOS 基础上加以改进,目前又出现了双扩散 MOS 管(简称 DMOS)。此类管子在承受高电压、大电流、速度快等性能方面又有不少提高。

11.5.3 绝缘栅双极型晶体管(IGBT)

绝缘栅双极型晶体管(Isolated Gate Bipolar Transistor,IGBT)是一种由场效应管和晶体管构成的复合器件,如图 11.5.5 所示。IGBT 类似于达林顿管,其内部用场效应管作前级推动末级晶体管,既保留了场效应管高阻抗的优点,又具有晶体管耐压高的特性,被广泛用于高压大功率系统中。但应注意 IGBT 在低电压、小功率系统中反而不具备优势。

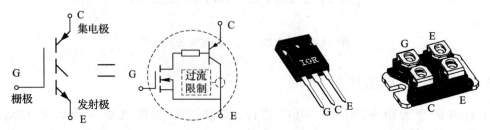

图 11.5.5 绝缘栅双极型晶体管

11.5.4　功率管的保护

为保证功率管在大信号条件下正常运行，要附加一些保护电路，包括安全区保护、过压保护、过流保护和过热保护。

例如，在 VMOS 的栅极加限流、限压电阻和反接二极管，在感性负载上并联电容和二极管，以限制过压或过流。又如，在功率管的 c、e 间并联稳压二极管，以吸收瞬时过压等。

习　　题

11-1　某 B 类互补对称功率放大电路，若在负载不变的情况下，要将输出功率提高一倍，供电电压应提高多少倍？设管子的饱和压降忽略不计。

11-2　在图 11.2.4(a)所示电路中，负载 $R_L=8\ \Omega$，管子的饱和压降为 1 V，若输入信号 u_i 为正弦波，要求负载上得到最大输出功率为 10 W，则电源电压应如何选？

11-3　减小或克服 B 类功放电路交越失真的方法是什么？

11-4　某 B 类互补对称功率放大电路，在输出端串接一熔断丝，其作用是什么？

11-5　设计一个输出功率为 20 W 的扩音机电路，若采用 AB 类互补对称功率放大电路(双电源)，应选取 P_{CM} 至少为多少瓦的功率管几个？

11-6　功率放大电路如图 P11-1 所示。已知 $U_{CC}=U_{EE}=15$ V，负载 $R_L=8\ \Omega$，忽略功率管饱和压降，试回答：

(1) 测得负载电压有效值等于 10 V，电路的输出功率、管耗、直流电源供给功率以及能量转换的效率各为多少？

(2) 当负载变为 $R_L=16\ \Omega$ 时，要求最大输出功率为 8 W，并重新选择功率管型号时，试确定功放电路的电源及功率管的极限参数 P_{CM}、$U_{(BR)CEO}$ 及 I_{CM} 应满足什么条件。

11-7　在图 P11-2 所示功率放大电路中，已知 $U_{CC}=\pm15$ V，$R_L=8\ \Omega$，忽略功率管的饱和压降，试问：

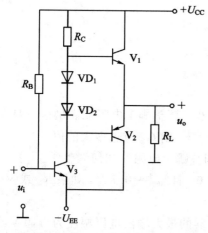

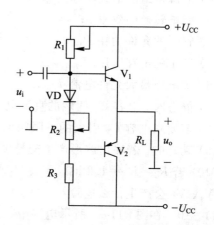

图 P11-1　习题 11-6 图　　　　　　　　　图 P11-2　习题 11-7 图

(1) 静态时，调整哪个电阻可使 $u_o=0$ V？

(2) 二极管 VD 的作用是什么?

(3) 当输入信号 u_i 为正弦波且有效值为 10 V 时,求电路输出功率 P_o。

11 - 8　某互补对称电路如图 P11 - 3 所示,已知三极管 V_1、V_2 的饱和压降 $U_{CES}=$ 1 V,$U_{CC}=18$ V,$R_L=8$ Ω。

(1) 电阻 R_1 和 VD_1、VD_2 的作用是什么?

(2) 电位器 R_W 的作用是什么?

(3) 计算电路的最大不失真输出功率 P_{om};

(4) 计算电路的效率 η;

(5) 求每个三极管的最大管耗 P_C;

(6) 为保证电路正常工作,所选三极管的 $U_{(BR)CEO}$ 和 I_{cm} 应为多大?

11 - 9　单电源供电 OTL 电路如图 P11 - 4 所示。已知电源电压 $U_{CC}=12$ V,负载 $R_L=8$ Ω,忽略功率管饱和压降,试求:

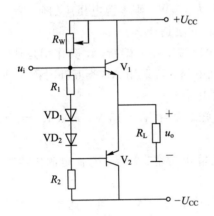

图 P11 - 3　习题 11 - 8 图

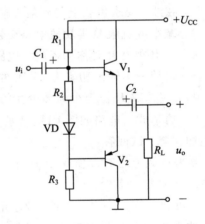

图 P11 - 4　习题 11 - 9 图

(1) 负载可能得到的最大输出功率 P_{omax};

(2) 电源供给的最大功率 P_{Emax};

(3) 能量转换的效率 η;

(4) 管子的允许功耗 P_{CM};

(5) 管子的击穿电压 $U_{(BR)CEO}$;

(6) 集电极最大允许电流 I_{CM};

(7) 静态时,电容 C_2 两端的直流电压应为多少?调整哪个电阻能满足这一要求?

(8) 若要求电容 C_2 引入的下限频率 $f_{L2}=10$ Hz,则 C_2 应选多大的值?

(9) 动态时,若输出波形产生交越失真,应调整哪个电阻?如何调整?

(10) 若 $R_1=R_3=1.2$ kΩ,V_1、V_2 管的 $\beta=30$,$|U_{BE}|=0.7$ V,如果 R_2 或 VD 断开,管子 V_1、V_2 会产生什么危险?

11 - 10　在图 P11 - 5 所示电路中,运算放大器的最大输出电压幅度为 ±10 V,最大负载电流为 ±10 mA,晶体管 V_1、V_2 的 $|U_{BE}|=0.7$ V。忽略管子饱和压降和交越失真,试问:

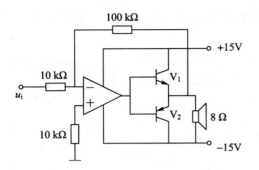

图 P11-5 习题 11-10 图

（1）为了能得到尽可能大的输出功率，晶体管 V_1、V_2 的 β 值至少应该为多大？

（2）电路得到最大输出功率是多少？

（3）能量转换的效率 η 是多少？

（4）每只管子的管耗有多大？

（5）输出最大时，输入信号 u_i 的振幅应为多少？

（6）电路引入的反馈类型是什么？

11-11 单电源供电的互补对称功率放大电路如图 P11-6 所示。已知负载电流振幅值 $I_{Lm}=0.45$ A，试求：

（1）负载上所获得的功率 P_o；

（2）电源供给的直流功率 P_E；

（3）每管的管耗及每管的最大管耗；

（4）放大电路的效率 η。

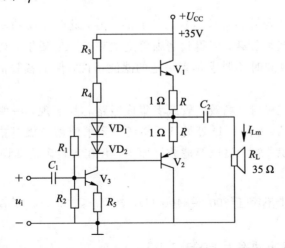

图 P11-6 习题 11-11 图

11-12 电路如图 P11-7 所示，已知 $|U_{BE}|=0.7$ V，忽略晶体管饱和压降。

（1）计算 I_{C1Q} 和 U_{C1Q}；

（2）计算负载 R_L 可能得到的最大交流功率 P_{omax}；

（3）S 闭合后，判断电路引入何种反馈；

（4）计算深反馈条件下的闭环电压增益 A_{uf}，以及为得到最大交流输出功率，输入电压 u_i 的幅度。

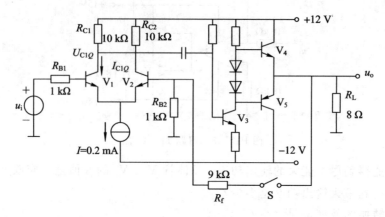

图 P11-7 习题 11-12 图

11-13 什么叫热阻？说明功率放大器为什么要用散热片。

11-14 从功率器件的安全运行考虑，可以从哪几方面采取措施？

11-15 与功率 BJT 相比，VMOS 突出的优点是什么？

大作业及综合设计实验——音频功率放大器制作

一、相关背景知识

经过声卡等设备解码后的音频信号是较弱的信号，此时需要功率放大器将音频信号放大到一定程度并推动喇叭负载，以得到清晰舒适的声音。实质上，功放是将直流功率转换为交流功率，好的功放同时还要求具有一定的滤波特性，保证音频信号中没有干扰或者背景声。

常用的功放利用三极管、场效应管或者集成电路芯片实现，一般根据功放电路的工作状态和效率要求分为 A、B、C、D 等类型。本任务要求使用三极管搭建功率放大器，需要用到三极管的基础知识、放大器以及滤波器原理，并在实践理论知识的同时兼顾实用性。

1. 基本要求

（1）-3 dB 通频带不窄于 300～3400 Hz，即 $f_L \leqslant 300$ Hz，$f_H \geqslant 3400$ Hz，输出正弦波无明显失真；

（2）最大不失真输出功率大于等于 1 W；

（3）输入阻抗大于 10 kΩ，电压放大倍数 1～20 连续可调；

（4）低频噪声电压（20 kHz 以下）小于等于 10 mV，在电压放大倍数为 10，输入端对地交流短路时测量；

（5）在输出功率 500 mW 时测量功率放大器效率（输出功率/放大器总功耗）大于等于于 50%。

2. 发挥部分

（1）－3 dB 通频带扩展至不窄于 20 Hz～20 kHz，即 $f_L \leqslant 20$ Hz，$f_H \geqslant 20$ kHz；

（2）在满足输出功率大于等于 1 W 时，尽可能降低信号输入幅度；

（3）输出功率为 500 mW 时，尽量提高放大器效率；

（4）设计一个带阻滤波器，阻带频率范围为 40～60 Hz，在 50 Hz 频率点衰减大于等于 10 dB。

（5）其他。

四、说明

（1）不得使用 MOS 集成功率模块或集成 D 类功放模块；

（2）测试时输入信号为正弦波信号，整个测试过程中，要求输出信号无明显失真；

（3）发挥部分(4)中的带阻滤波器可通过开关接入。

第十二章

电源及电源管理

直流稳压电源是所有电子设备的重要组成部分，它的基本功能是将电力网交流电压变换为电子设备所需要的稳定的直流电源电压。本章介绍直流稳压电源基本组成，主要参数指标，整流、滤波和串联型稳压电路的工作原理，三端集成稳压器的应用，以及开关型稳压电源电路的组成原理。

12.1 整流及滤波电络

直流稳压电源的基本组成框图如图 12.1.1 所示，图中电源变压器将 220 V 交流电压变换为所需要的交流电压值，然后由整流电路将交流电压变换为单向脉动电压，再经滤波电路滤去交流分量而输出带有波纹的直流电压。该电压是不稳定的，其值将随电网电压变化而变化，所以，还需稳压器来稳定输出电压。稳压电源是用途最广泛的功率电子电路之一，它的作用是在输入电压变化或负载电流变化时，始终能提供稳定的输出电压。

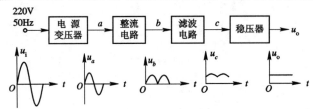

图 12.1.1 直流稳压电源的基本组成框图及相应的工作波形图

12.1.1 整流电路

利用二极管的单向导电特性实现整流功能，常用的整流电路有半波整流、全波整流、桥式整流以及倍压整流，如图 12.1.2 所示。

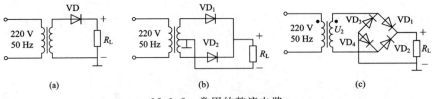

12.1.2 常用的整流电路

（a）半波整流；（b）全波整流；（c）桥式整流

半波整流电路简单，但因只有半周导通，故滤波效果差，波纹大。

全波整流电路由两个二极管和带有中心抽头的变压器组成，负载电流由两个二极管轮流导通来提供，波纹较小。

桥式整流电路由四个二极管和一个没有中心抽头的变压器组成。当 U_2 为正半周时，VD_1、VD_4 导通，VD_2、VD_3 截止；反之，当 U_2 为负半周时，VD_2、VD_3 导通，VD_1、VD_4 截止，负载电流由两路二极管轮流提供，波纹较小。该电路是最常用的整流电路。

12.1.2　滤波电路

滤波电路的功能是滤去整流器输出的交流分量，进一步减小输出电压的脉动成分，使其更加平滑。常用的滤波电路如图 12.1.3 所示，图中(a)、(c)为电容滤波，(b)为电感滤波。在小功率直流电源中，负载电阻 R_L 较大，用电容滤波效果好，且更方便，电感滤波一般用在大功率大电流直流电源中。由于电网电压频率很低(50 Hz，二次谐波为 100 Hz)，故滤波电容一般取值很大(几百微法至几千微法)。

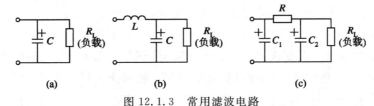

图 12.1.3　常用滤波电路

(a) 电容滤波；(b) 电感电容 Γ 型滤波；(c) 电容电阻 π 型滤波

下面以桥式整流电容滤波电路为例，进一步说明整流滤波的原理。电路如图 12.1.4(a) 所示，在分析中，特别要注意滤波电容两端电压对整流二极管导通角的影响。

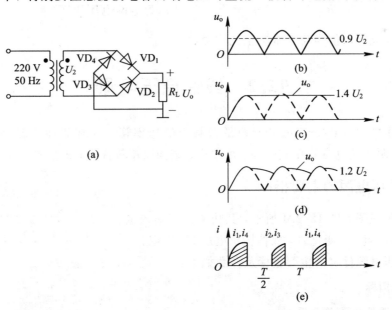

图 12.1.4　桥式整流电容滤波电路及电压电流波形

(a) 电路；(b) 无滤波电容的输出波形；(c) $R_L \to \infty$，仅有滤波电容的输出波形；

(d) 接 R_L、C 的输出波形；(e) 整流管的电流波形 u_o。

(1) 负载为纯电阻(无滤波电容),则输出波形如图 12.1.4(b)所示;输出电压平均值约为 $0.9U_2$。

(2) 负载为纯电容($R_L \to \infty$),设电容 C 的初始电压为零,接通电源后电容 C 被充电直到峰值 $\sqrt{2}U_2(1.4U_2)$,此后桥路中二极管被反偏而截止,电容无放电回路,输出电压保持为 $\sqrt{2}U_2$,如图 12.1.4(c)所示。

(3) 滤波电容 C 与负载 R_L 同时存在,当 U_2 为正半周时,VD_1、VD_4 导通,VD_2、VD_3 截止,电容被充电至峰值 $\sqrt{2}U_2$,如图 12.1.4(d)所示。此后 U_2 开始下降,但电容电压不能突变,导致 VD_1、VD_4 反偏而截止,电容 C 通过负载 R_L 放电,输出电压下降,由于 R_L 比二极管导通电阻大得多,故放电速度远小于充电速度。只有等到负半周输入信号 $|u_2| > u_C(u_o)$,则 VD_2、VD_3 导通时,再次向电容 C 充电,直到 $|u_2| < u_C(u_o)$,VD_2、VD_3 因反偏截止,电容 C 又通过负载 R_L 放电,如此循环往复,得到比较平滑的输出直流电压($U_o \approx 1.2U_2$),电容 C 和负载 R_L 越大,输出直流电压中锯齿状的波纹越小。在有滤波电容存在的电路中,每个二极管的导通时间均小于半个周期,脉冲电流波形如 12.1.4(e)所示。

一般情况下(接 R_L、C),因输出直流电压 U_o 的估算值为 $U_o \approx 1.2U_2$,其中 U_2 为变压器次级交流电压有效值。根据该式,由输出直流电压 U_o 可算出 U_2,从而算出变压比 $n = N_2/N_1 = U_2/220\text{ V}$。负载电流由两路整流管提供,故每个整流二极管电流等于负载电流的一半,即 $I_D = I_L/2$。每个截止管承受的反向电压为 $\sqrt{2}U_2$。以上分析可为选择整流二极管提供依据。

滤波电容取值尽量大,且满足:

$$R_L C_L \geqslant (3 \sim 5)\frac{T}{2} \qquad (T \text{ 为电网电压周期})$$

一般滤波电容取值为几百微法至几千微法。

12.2　线性稳压电源

线性稳压电源(Linear Regulator)是指其中的功率管工作在线性状态(放大区或恒流区)的一类电源。它具有稳压效果好、纹波小、结构简单等优点;缺点是效率较低。

12.2.1　稳压电源的主要指标

稳压电源框图如图 12.2.1 所示,其功能是当输入电压 U_i 或负载电阻 R_L 变化时,保持输出电压 U_o 稳定。

图 12.2.1　稳压电源框图

衡量稳压电源优劣的主要指标及参数如下:

1. 性能指标

1) 电压调整率或稳压系数

电压调整率又称稳压系数 S_V,定义为:负载满载且不变时,输出电压相对变化量与输入电压相对变化量之比,即

$$S_V = \frac{\Delta U_o / U_o}{\Delta U_i / U_i}\bigg|_{R_L = C} \tag{12.2.1}$$

稳压系数 S_V 越小，表征稳压电源抗输入电压变化的能力越强，输出电压稳定度越高。

2）负载调整率或输出电阻 R_o。

负载调整率表示当输入电压不变时，负载电流从 0 变化到额定值引起的输出电压相对变化量，即

$$S_L = \frac{\Delta U_o}{U_o}\bigg|_{U_i = C,\, I_L = 0 \to I_{Lmax}} \tag{12.2.2}$$

有时直接用输出电阻 R_o 表示负载电流变化对输出电压稳定性的影响，定义为当输入电压不变时，输出电压变化与负载电流变化之比，即

$$R_o = \frac{\Delta U_o}{\Delta I_L}\bigg|_{U_i = C} \tag{12.2.3}$$

输出电阻 R_o 越小，输出电压稳定度越高。稳压电源的输出电阻非常小，为毫欧姆（$m\Omega$）量级。

3）波纹

波纹（Ripple）指的是叠加在输出稳定电压 U_o 上的交流分量，可用绝对值或相对值表示。例如，稳压电源的输出电压和输出电流为 100 V、5 A，测得波纹有效值为 50 mV，则波纹绝对值为 50 mV，相对值为 50 mV/100 V＝0.05％。

2. 工作参数

（1）输出电压及调节范围；

（2）最大输出电流 I_{Lmax}；

（3）静态功耗 P 及效率 η。

12.2.2　串联型线性稳压电源

1. 最简单的稳压电源

在第四章曾学习过稳压管稳压电路，如图 12.2.2 所示，该电路有三个问题：

（1）带负载能力差，输出电流小；

（2）输出电压不可调节；

（3）稳压系数和输出电阻等指标也不够理想。

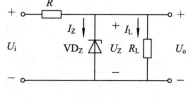

图 12.2.2　稳压管稳压电路

2. 串联型线性稳压电源的工作原理

针对带负载能力差、输出电流小的解决方案是加功率扩流管（也称调整管），如图 12.2.3 所示。负载电流由调整管供给。

针对输出电压不可调节和稳压性能不够好的解决方案是引入增益可调的深度电压负反馈，如图 12.2.4 所示。首先将输出电压经 R_1、R_2、R_w 分压，采样输出电压的变化信息，并加到放大器 A 的反相端，与放大器的同相端稳压管电压 U_Z（作为电压基准）相比较产生误差信号，此信号经放大器 A 放大后控制调整管的基极电压，从而构成电压负反馈的闭环使输出电压稳定。其稳压过程如图 12.2.5 所示。如上所述，串联型线性稳压电源由取样、

基准、误差放大和调整管等四个环节组成,可将图 12.2.4 重新整理为图 12.2.6。

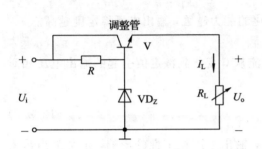

图 12.2.3　加调整管解决输出电流小的缺点

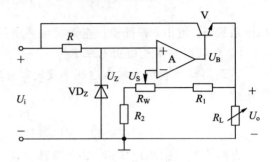

图 12.2.4　引入增益可调深度电压电源

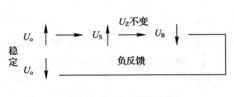

图 12.2.5　稳压过程

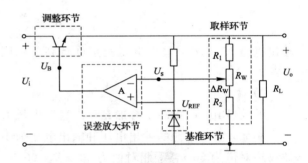

图 12.2.6　串联型线性稳压电源原理框图

图 12.2.6 中各环节要点说明如下:

(1) 取样环节:是用来提取输出电压变化信息的环节,由分压电阻和电位器组成,调节电位器 R_W,即可调节取样比,从而实现在一定范围内连续调节输出电压值之目的。

$$U_s = \frac{R_2 + \Delta R_W}{R_1 + R_W + R_2} U_o = U_+ = U_{REF}$$

即

$$U_o = \frac{R_1 + R_W + R_2}{R_2 + \Delta R_W} U_{REF} \tag{12.2.4}$$

输出电压最大值和最小值分别为

$$U_{omax} = \frac{R_1 + R_W + R_2}{R_2} U_{REF}, \ U_{omin} = \frac{R_1 + R_W + R_2}{R_2 + R_W} U_{REF}$$

(2) 基准环节:用来作为系统的基准电压源,将取样电压 U_s 与基准电压比较,产生误差信号。要求基准环节电压 U_{REF} 具有高度稳定性,一般采用具有温度补偿的稳压管或能隙基准源等。

(3) 误差放大环节:放大误差信号,其输出加到调整管基极,以控制调整管的管压降。一般采用具有高共模抑制比的集成运算放大器。

(4) 调整环节:无论是输入电压变化或负载电流变化,都要保证输出电压稳定,那么变化部分完全是靠调整管承受的。对调整管的要求是:

① 一定要工作在放大区,一般要保证其管压降 $U_{CE} \geqslant 3 \sim 4$ V。

② 所有电流都流过调整管,所以一定要采用大功率管,如负载电流 $I_L = 2$ A,$\beta = 50$,

则要求基极驱动电流 $I_B \geqslant 2/50 = 40$ mA，为减小驱动电流，一般调整管采用复合管（$\beta = \beta_1 \times \beta_2$）。

③ 调整管功耗大，最大功耗发生在输入电压最大、输出电压最小、负载电流最大时，即

$$P_{Cmax} = (U_{i(max)} - U_{o(min)}) \times I_{L(max)} \tag{12.2.5}$$

调整管允许功耗一定要大于实际最大功耗，即 $P_{CM} \geqslant P_{C(max)}$。

可见，串联型线性稳压器的效率是很低的，一般 $\eta \approx 30\% \sim 50\%$。通常调整管必须外加散热器，以利良好地散热。

12.3　低压差线性稳压电路(LDO)

通常的串联型线性稳压电路为保证调整管工作在放大区，其管压降 U_{CE} 至少要大于 $2 \sim 3$ V 左右，即输入电压与输出电压的"最小压差"必须高于 $2 \sim 3$ V，故效率较低。有些应用场合难以满足这一条件。例如，U 盘中将 5 V 的 USB 电源降压为存储器所需的 3.3 V，电压差为 1.7 V；又如，电子词典中将 3 V 电池电压稳压至 CPU 所需的 2.7 V，电压差仅为 0.3 V，都小于传统稳压器的最小压差。低压差稳压电路(Low Dropout Regulator，LDO)正是为这一类应用而设计的。

减小压差、提高效率的关键是寻找在低压差条件下仍能工作在放大区或恒流区的调整管。将传统稳压电源的调整管由 NPN 型换为 PNP 型或 PMOS 管，是可行的解决方案。如图 12.3.1 所示，调整管工作于共源组态，为保证是负反馈，将取样电压加到误差放大器的同相端。由于 PMOS 管在接近可变电阻区之处，其工作状态就像一颗很小的导通电阻，因此输入/输出的压差就变得很低。以 TPS76433 为例，在 150 mA 的负载电流下，电压差仅为 300 mV。而且由于 MOS 管是电压驱动元件，静态电流极小（最大为 140 μA），低压差和静态损耗小均使此类稳压器的效率大为提高。LDO 适用于低功耗应用，特别适合采用电池供电的便携式

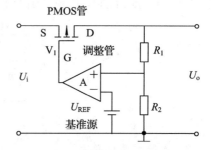

图 12.3.1　低压差稳压电路(LDO)

电子产品，例如手机、音乐播放器、数码相机、便携式仪表、医疗设备、汽车电子设备等领域。

12.4　集成线性稳压器

集成线性稳压器将线性稳压电源的全部器件，包括功率调整管、基准源、运放、采样以及过流保护、超温保护等电路全部集成在一片芯片上。各大半导体厂商都推出了多种规格、适用于各个应用领域的专用集成稳压器，以及可调输出的通用稳压器。它们大多采用三端接法，使用非常方便。常用集成三端稳压器有 78×× 和 79×× 两个系列，78×× 为正压输出，79×× 为负压输出，"××"一般有 5、6、9、12、15、18、24 V 等七种值，7805 表示输出为 +5 V，7912 表示输出为 -12 V。两个系列稳压器的引脚接法与外形如图 12.4.1 所示。

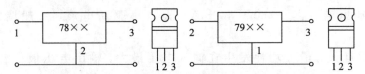

图 12.4.1　两个系列稳压器的引脚接法与外形图

三端集成线性稳压器应用广泛，下面介绍其基本应用电路。

1) 固定电压输出的典型接法

三端集成线性稳压器的典型接法如图 12.4.2 所示，其中三个电容的作用为：C_1 可防止输入引线较长带来的电感效应而可能产生的自激；C_2 可用来减小负载电流瞬时变化而引起的高频干扰；C_3 为容量较大的电解电容，用来进一步减小输出脉动和低频干扰。

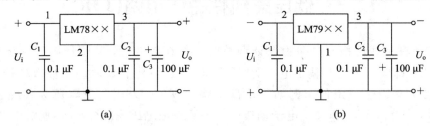

图 12.4.2　三端集成线性稳压器的典型接法

(a) 78×× 典型接法；(b) 79×× 典型接法

2) 电流扩展电路

如果三端稳压器的输出电流不够大，不能满足负载电流的要求，则可以外加扩流管，如图 12.4.3 所示。此时，负载得到的电流为三端稳压器输出电流与扩流管集电极电流之和。

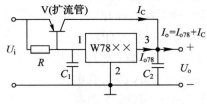

图 12.4.3　扩流电路

3) 电压扩展电路

当负载需要的电压高于三端稳压器的标称输出电压时，可采用电压扩展电路，如图 12.4.4 所示。由图可见，输出电压 U_o 为

$$U_o = \left(\frac{U_{××}}{R_1} + I_Q\right)R_2 + U_{××} \approx \left(1 + \frac{R_2}{R_1}\right)U_{××} \tag{12.4.1}$$

式中，$U_{××}$ 表示三端稳压器输出电压，并忽略 I_Q。如果需要输出电压可调，则可采用图 12.4.5 所示的电路。

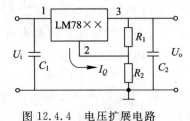

图 12.4.4　电压扩展电路　　　　图 12.4.5　输出电压可调电路

4）输出电压可调三端稳压器电路

这是一类输出电压可调的三端稳压器芯片，如 W117/W317，输出为正电压，典型接法电路如图 12.4.6 所示。其中图（a）令输出端和调整端的电压为 U_{oA}，则输出电压为

$$U_o = \left(1 + \frac{R_2}{R_1}\right)U_{oA} + I_{ADJ} \times R_2 \approx \left(1 + \frac{R_2}{R_1}\right)U_{REF} = \left(1 + \frac{R_2}{R_1}\right) \times 1.25 \text{ V} \quad (12.4.2)$$

W117/W317 的调节范围为 $1.25 \sim 37$ V，最大输出电流为 1.5 A（需加散热器）。W137/W337 为负电压输出的可调三端稳压器，调节范围为 $-37 \sim -1.25$ V。

此类可调三端稳压器性能优越，内置有各种保护电路，调整端使用滤波电容 C_2 可改善波纹抑制比（一般取 10 μF 左右）。二极管用来起保护作用，其中 VD_1 提供 C_3 的放电通路，以免当输入端意外短路时 C_3 向稳压器放电而损坏稳压器。VD_2 提供 C_2 的放电通路，以保证输出端意外短路时损坏稳压器。当输出电压较小（如 $U_o < 25$ V），C_2 也较小时，可省去二极管保护电路。

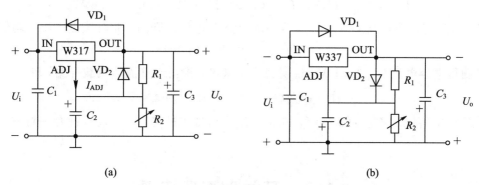

图 12.4.6 输出电压可调的三端稳压器电路

（a）正压输出可调的三端稳压器电路；（b）负压输出可调的三端稳压器电路

表 12.4.1 给出了一些常用集成线性稳压器的参数。

表 12.4.1 常用集成线性稳压器

型 号	输出电流/A	最大输入电压/V	输出电压规格/V	压差/V	静态电流/A	电压调整率/（%/V）	负载调整率/（%）	温度系数（mV/℃）
78××/79××	1.5	36/−36	±5/6/9/12/15/18/24	2	8 m	0.1	1	0.6~1.8
LM317/337	1.5	40/−40	可调	3	5 m	0.02	1.5	0.07U_o
LT1084	5	30	可调	1.3	5 m	0.02	0.3	0.025U_o
LM1117−××	0.8	15	2.85/3.3/5.0 可调	1	10 m	0.03	0.3	0.08
HT71×× HT75××	30 m 100 m	24	3.0/3.3/3.6/4.4/5.0	0.1	5 μ 10 μ	0.2	1.8	0.7
TPS764××	150 m	10	2.5/2.7/3.0/3.3	0.3	85 μ	0.1	2	0.2

【例 12.4.1】 直流稳压电源如图 12.4.7 所示。已知 $U_2 = 15$ V，$R_L = 20$ Ω。

（1）求负载电流 I_L；

（2）求三端稳压器的耗散功率 P_C；

(3) 若分别测得电容电压 U_C 为 13.5 V、21 V 和 6.8 V，分析电路分别出现何种故障。

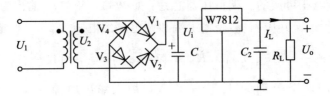

图 12.4.7　整流稳压电路

解　(1) 负载电流

$$I_\mathrm{L} = \frac{U_\mathrm{o}}{R_\mathrm{L}} = \frac{12}{20} = 0.6 \text{ A}$$

(2) 三端稳压器的耗散功率

$$P_\mathrm{C} = (U_\mathrm{i} - U_\mathrm{o}) \times I_\mathrm{L} = (1.2 \times 15 - 12) \times 0.6 = 3.6 \text{ W}$$

(3) 若测得电容电压 U_C 为 13.5 V、说明滤波电容 C 开路，此时该点电压平均值为

$$0.9 U_2 = 0.9 \times 15 = 13.5 \text{ V}$$

若测得电容电压 U_C 为 21 V，说明稳压器未接，相当于整流器负载开路，则

$$U_C = \sqrt{2} U_2 \approx 1.4 \times 15 = 21 \text{ V}$$

若测得电容电压 U_C 为 6.8 V，说明整流器出现了故障，4 个整流管有一对或一个损坏了。

12.5　开关型稳压电源

线性稳压电源主要存在两个问题，一是效率低，二是体积大、重量重(主要是工频变压器)。克服第一个缺点的关键是将调整管的工作由线性状态转换为开关状态；克服第二个缺点的关键是将工作频率由工频(50 Hz)提高到几十千赫，甚至几百千赫。开关稳压电源应运而生。

开关稳压电源也简称为"开关电源"(Switch Mode Power Supply，SMPS)，指的是功率管工作于开关状态的一类稳压电源。相比线性稳压电源，它具有以下优点：

(1) 效率高。开关电源的效率通常能达到 75%～90%，在大电流输出、输入输出电压悬殊的情况下，效率远高于线性稳压电路。

(2) 可以实现多种电源变换。开关电源能够实现降压、升压、负压、隔离等多种电压变换形式，而线性稳压电源只能实现降压。

(3) 体积小，重量轻。工作频率提高，变压器、滤波器体积减小，因此重量就减轻了。效率提高了，散热器体积、重量也就减小了。

因此，开关电源被广泛用于对效率、体积及重量有较高要求的场合，如台式计算机、笔记本、手机充电器、电视/平板显示器等。常用规格的开关电源也被作为标准模块出售，使用非常方便。它的缺点是纹波及噪声比线性稳压电源要大得多，所以不能用于对电源稳定度、纹波和噪声要求高的场合(如高保真音响系统、高精度信号调理、弱信号放大等)。

12.5.1　开关电源的原理和基本组成

开关电源与线性电源的区别在于，调整管被高效率的 PWM 发生器与开关管所替代。其框图如图 12.5.1 所示。图中，取样反馈控制电路与线性稳压电源差不多，由取样环节、基准环节和误差放大环节组成。PWM 控制与驱动电路由三角波或锯齿波发生器和电压比较器组成，三角波与来自误差放大器的信号比较后产生占空比可变的方波信号，驱动开关管的导通或截止。储能滤波电路由储能电感、滤波电容及续流二极管组成，开关管导通时，给电感充电、存储能量，开关管截止时，通过续流二极管释放能量，从而使负载得到连续的直流电流。图 12.5.2 给出了一个典型的开关电源原理结构图。

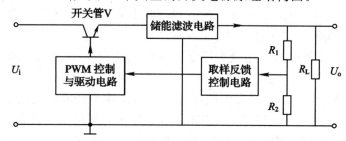

图 12.5.1　开关电源的基本组成框图

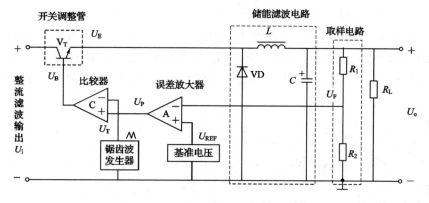

图 12.5.2　开关电源的原理结构图

1. 取样—基准—比较误差放大环节

图 12.5.2 所示开关电源的取样—基准—比较误差放大环节与线性稳压类似：若 U_o 因某种原因升高，导致采样点 U_F 高于基准电压 U_{REF}，运放输出 U_P 将降低，从而使 PWM 信号的占空比减小，导致输出电压 U_o 降低，最终使输出电压 U_o 稳定，反之亦然。在深度负反馈条件下，即 $U_F \approx U_{REF}$，则

$$U_o = \left(1 + \frac{R_1}{R_2}\right) U_{REF} \tag{12.5.1}$$

与线性电源一样，只要基准电压 U_{REF} 稳定，则输出电压也稳定。

2. 脉宽调制（PWM）控制器

1）占空比与输出平均功率的关系

脉宽调制（Pulse Width Modulation）简称 PWM，是一种频率固定，但占空比可变的调制方式。所谓占空比(Duty Cycle)指的是方波高电平时间 T_H 与总周期 T 的比值,常用符号 D 来表示:

$$D = \frac{T_H}{T} \times 100\% \qquad (12.5.2)$$

利用脉宽调制和功率开关电路,可以实现高效率地调节负载功率,假设负载是线性的,其额定功率为 P,在开关导通(T_H)期间其功率为 P,开关关断($T - T_H$)期间功率为 0,即一个周期内负载的平均功率为

$$\bar{P} = \frac{T_H P}{T} = DP \qquad (12.5.3)$$

可见,不改变供电电压,仅调节占空比 D,即可调节负载的平均功率。

2)PWM 与反馈控制稳压的原理

下面以图 12.5.2 所示的应用最为广泛的电压控制模式(Voltage-Mode Control)进一步说明 PWM 与反馈控制稳压的原理。

如图 12.5.2 所示,由一个锯齿波电压发生器和比较器构成可变占空比的 PWM 发生器,该 PWM 发生器的占空比受控于误差放大器的输出,即利用反馈电压与基准之间的误差来改变 PWM 信号的占空比,从而实现输出电压的自动调节。

图 12.5.3 给出 PWM 调制器的各点波形,图中,锯齿波 U_T 加到比较器的反相端,放大后的误差信号 U_P 加到比较器的同相端,当 $U_P = U_{P1}$ 时,比较器输出波形为 U_{B1},其平均值为 U_{B1D}。假如由于某种原因使 U_o 增大,则 U_F 增大,U_P 减小为 U_{P2}(如虚线所示),那么,比较器的输出波形变为 U_{B2} 所示,占空比 D 减小了,其平均值也随之下降为 U_{B2D},导致输出 U_o 减小,最终达到输出电压稳定之目的。整个反馈控制调节过程如图 12.5.4 所示。

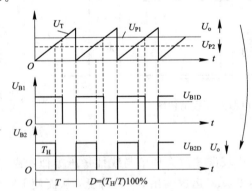

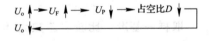

图 12.5.3　PWM 工作原理及稳压过程　　　　图 12.5.4　反馈调节过程

用 PWM 方式调节功率,开关自身损耗很小(当开关管导通时,电流大,但管压降很小,而当开关管截止时,管压降大,但电流趋于零)。PWM 技术不仅实现了高效率开关电源,而且也是许多机电控制、D 类放大器、逆变等技术的基础。

3)储能滤波电路

如图 12.5.2 所示,储能滤波电路由储能电感 L、滤波电容 C 和续流二极管 VD 组成。功率开关管输出为占空比可变的矩形波,经储能滤波电路平滑后负载得到的是连续的直流,因为当开关管导通时,电流给电感 L 充电而存储能量,并供给负载电流,电容 C 起旁

路滤波作用，此时，续流二极管 VD 反偏而截止。当开关管截止时，电感 L 电流不能突变，并产生反电势使二极管 VD 导通，电感 L 通过二极管和负载释放能量，维持流过负载的电流方向不变，从而使负载得到一脉动的直流电流。不同于线性稳压电源，储能滤波电路是开关电源不可缺少的部件之一。

12.5.2　开关变换器的基本拓扑结构

开关变换器的拓扑结构决定了开关电源的类型。所谓拓扑（Topology）结构，指的是开关、电感、电容、续流二极管等四类元件的连接关系。开关变换器有四种基本类型，即降压型、升压型、极性反转型和隔离型，其他拓扑结构大多可以由这四种基本类型衍生而得。多种变换形式是开关电源的优越之处，而线性稳压电源仅仅只有降压一种类型。由于各种类型开关电源 PWM 控制与驱动电路以及取样反馈控制电路基本一致（隔离型有所差别），故在以下电路中未画出。

1. 降压型（Buck）拓扑结构

降压型拓扑结构如图 12.5.5 所示。如前所述，当开关 S 接通时，$U_D = U_i$，续流二极管反偏截止，电源通过电感 L 向电容 C 充电，并且为负载供电，在此期间电感上的电流 I_L 逐渐增大，电感储存磁能。当开关断开时，由于电感上的电流不能突变，I_L 由电容和二极管构成闭合回路，释放电感上存储的磁能，其间 $U_D \approx 0$。当电感量足够大时，由于电感电流的连续性，无论开关导通或截止，负载都能得到连续的电流和电压，实际上输出电压就是 U_D 的平均值，即

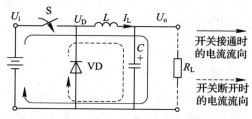

图 12.5.5　降压型拓扑结构

$$U_o = DU_i \qquad (12.5.4)$$

D 为占空比，$D \leqslant 1$，故只能实现降压。

2. 升压型（Boost）拓扑结构

升压型拓扑结构如图 12.5.6 所示。当开关 S 接通时，$U_D = 0$，续流二极管反偏截止，电源直接向电感 L 储存磁能，电感电流 I_L 增大，直到开关断开前达到峰值。当开关断开后，由于电感上的电流不能突变，I_L 由电容和二极管构成闭合回路给电容 C 充电，释放电感上存储的磁能，I_L 逐渐下降至 0。电感上的能量释放至电容 C 上，输出电压等于输入电压与电感电压叠加，据分析，此类开关电源输出电压与输入电压的关系为

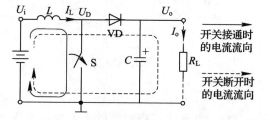

$$U_o = \frac{1}{1-D} U_i \qquad (12.5.5)$$

图 12.5.6　升压型拓扑结构

可见，输出电压总高于输入电压，故实现了升压。

3. 极性反转型（Inverting）拓扑结构

所谓极性反转型，指的是开关电源的输出电压与输入电压极性相反，其拓扑结构如图

12.5.7 所示。设输入为正压,当开关 S 接通时,$U_D = U_i$,电感 L 储能,当开关断开后,电感上的能量经二极管释放至电容 C,得到负压输出,故也称此类开关电源为"负压型"开关电源。此类开关电源输出电压 $|U_o|$ 既可以高于输入电压,也可以低于输入电压,所以负压型拓扑结构也被称为升/降压型(Buck-Boost)拓扑。

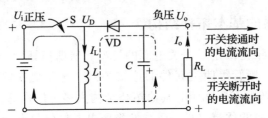

图 12.5.7 极性反转型拓扑结构

据分析,极性反转型开关电源的输出电压与输入电压的关系为

$$U_o = -\frac{D}{1-D}U_i \tag{12.5.6}$$

当 $D > (1-D)$ 或 $D > 0.5$ 时,除极性相反外,输出电压大于输入电压,即为极性反转型升压开关电源;反之,当 $D < (1-D)$ 或 $D < 0.5$ 时,除极性相反外,输出电压小于输入电压,即为极性反转型降压开关电源。

4. 隔离型(Isolatian)拓扑结构

在许多应用场合,为了避免公共地电流引入的干扰,也为了安全起见,可采取隔离技术,即将电网交流输入高压端与低压直流用电端互相隔离,使输入输出"不共地"。电路"不共地"但又不要影响信号传输,一般采用变压器和光耦合器,既实现了电气隔离,又耦合了信号。如图 12.5.8 所示,开关管的高频方波信号采用变压器隔离和交流耦合,而取样反馈控制信号是靠光耦合器件实现隔离和传输的,即实现了输入输出"不共地"。

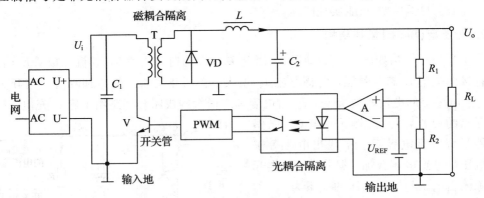

图 12.5.8 具有隔离(不共地)作用的开关电源

目前,半导体厂商们提供了大量的集成开关稳压器件可供选用。根据用途的不同,集成开关稳压器可以分为两大类:一类是单片式开关电源,它几乎包含了开关电源的所有部件,只需增加电感、电容等少量外围元件即可构成特定用途的开关电源;另一类是通用 PWM 控制器,它不含功率开关管以及反馈取样等部分,所需的外围器件较多,但可以灵活地构成各种拓扑结构,或实现某些特殊指标。常用的单片式开关电源以及 PWM 控制器

分别参见表 12.5.1。

表 12.5.1　常用集成开关稳压器

单片式开关电源							
型　号	拓扑结构	最大输出电流/功率	最大输入电压/V	输出电压/V	电压调整率/(%/V)	输出纹波/mV$_{p-p}$	效率/(%)
MC34063	升/降/反	1 A	40	可调	0.02	120～500	60～80
LM2574	降压	0.5 A	40	5/12/15	0.03	<50	72～88
LM2576	降压	3 A	40	5/12/15	0.03	<50	75～88
LM2674	降压	0.5 A	40	3.3/5/12	0.02	<60	86～94
LM2577	升压	3 A	40	12/15/可调	0.07	<100	80
TOP-221～TOP-227	单端反激	12～150 W	700	可调	外围电路决定	外围电路决定	90
通用 PWM 控制器							
型　号	控制模式	开关频率/Hz	工作电压/V	其他控制功能			
UC3842/3	电流	50 k	16/9～30	单周期过流保护、欠压锁闭			
TL494	电压/双环	<300 k	7～40	可调死区、单端/双端模式选择、双环反馈			
SG3525	电压	<400 k	8～40	可调死区时间、软启动、推挽驱动			
MC34066 MC34067	可变频率（软开关）	<1.1 M	9～20	软启动、零电压/零电流开关(高效率)			

【例 12.5.1】　LM2576 是一款大功率单片式开关电源，具有 3 A 的电流输出能力。图 12.5.9 和图 12.5.10 是由 LM2576 构成的两种开关电源，分析其原理并计算输出电压值。

分析：LM2576 内部包含了可变占空比的 PWM 发生器、误差放大器、1.23 V 基准源以及大功率开关管。该芯片工作于电压控制模式，且属于降压型拓扑结构，根据 $U_{FB} \approx U_{REF}$，有 $U_o = (1 + R_1/R_2) \times 1.23$ V。图 12.5.10 的电路属于负压型拓扑结构，根据 $U_{FB} \approx U_{REF}$，有 $U_o = -(1 + R_1/R_2) \times 1.23$ V。反馈电阻 R_1 与 R_2 集成在 LM2576 的内部，具有 3.3 V、5 V、12 V、15 V 以及可调输出五种规格可供选择。

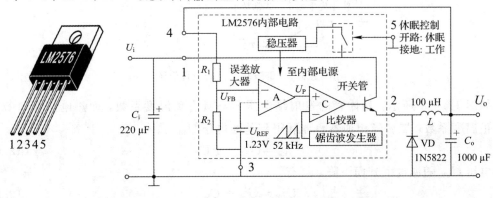

图 12.5.9　LM2576 及其构成的降压型开关电源

LM2576内部反馈电阻

电压	R_1	R_2
3.3 V	1.7 kΩ	
5.0 V	3.1kΩ	1.0 kΩ
12 V	8.84 kΩ	
15 V	11.3 kΩ	
ADJ	0	开路

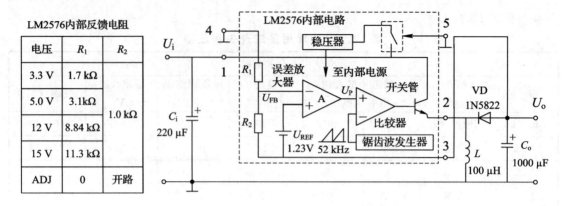

图 12.5.10　用 LM2576 构成负压型开关电源

12.6　基 准 电 压 源

　　如前分析，基准电压 U_{REF} 在稳压电路中至关重要，它的稳定度将直接影响电源的稳定度，通常要求 U_{REF} 几乎不随温度、输入电压和负载变化的影响，具有极高的稳定性。提供这种高稳定电压的器件被称为"基准源"或者"参考源"，广泛用于稳压电源、计量仪表以及一切需要高稳定度电压信号的场合。需要注意的是它的带载能力很弱，最大输出电流通常仅能达到毫安级，不能直接作为电源使用。

　　常见的基准源可以分齐纳基准源(Zener)、带隙基准源(Bandgap)和掩埋齐纳基准源(Buried Zener)三类。齐纳基准源就是稳压二极管，规格丰富、成本最低，但性能较差；带隙基准源性能好、成本较低，应用十分广泛；掩埋齐纳基准源是一种特殊工艺的齐纳管，温度特性极佳但成本较高。以下对带隙基准源的原理作简单介绍。图 12.6.1 给出了带隙基准源的原理简图。

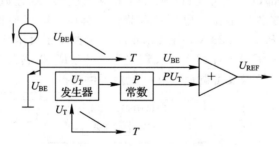

图 12.6.1　带隙基准源的原理简图

　　如图 12.6.1 所示，晶体管的发射结电压 U_{BE} 具有负温度系数，而热电压 $U_T = kT/q$ 具有正温度系数，二者经相加器叠加后得到基准电压 U_{REF}：

$$U_{REF} = U_{BE} + PU_T \qquad (12.6.1)$$

而结电压 U_{BE} 随温度上升而下降，且有

$$U_{BE} = U_{g0} - CT \qquad (12.6.2)$$

故

$$U_{\mathrm{REF}} = U_{\mathrm{BE}} + PU_{\mathrm{T}} = U_{\mathrm{g0}} - CT + P\frac{kT}{q} \tag{12.6.3}$$

式中：P、C 均为比例常数；U_{g0} 为半导体材料在绝对零度（0 K）下的带隙（Band-Gap）电压，即禁带宽度。硅材料的 $U_{\mathrm{g0}} = 1.205$ V，这是一个固定不变的电压值。设计电路，将式（12.6.3）后两项互相抵消，则基准电压等于带隙电压，将非常稳定，故将此类电压源称为"带隙基准源"，即

$$U_{\mathrm{REF}} = U_{\mathrm{g0}} \tag{12.6.4}$$

人们还发明了许多实用电路，使"带隙基准源"不仅只是 1.205 V。半导体厂商通常将基准源以集成 IC 器件的形式提供，根据实际的指标要求来选择，在选型时一般关注初始误差、温度系数 T_{C} 和输出阻抗 R_{o} 等指标。

以上分别介绍了稳压管电路、线性稳压电源、开关稳压电源和基准电压源，这四种稳压电路各有特点和不同的应用，它们之间的性能对比参照表 12.6.1，实际应用中应合理选择最适用的电路。

表 12.6.1 各类稳压电路指标对比

指标 \ 类型	稳压管	基准电压源	线性稳压电源		开关电源
			常规稳压器	低压差稳压器	
电压稳定性	很差	极好	较好	较好	较差
输出纹波、噪声	大（宽带噪声）	极小（μV 级）	小（mV 级）	小（mV 级）	很大（百 mV 级）
转换效率	很低	一般不考虑	低（30%～70%）	较高（30%～85%）	很高（75%～95%）
压差	较小	一般不考虑	大（通常 2～3 V）	很小（<1 V）	大（通常 >2 V）
静态电流	高	一般不考虑	低（mA 级）	很低（通常 <1 mA）	高（数十 mA）
电压变换类型	降压	降压	降压	降压	升压/降压/负压/隔离等多种
输出带载能力	弱（<100 mA）	极弱（μA～mA 级）	中（可达数 A）	较弱（通常 <1 A）	极强（可达上百 A）
成本	低	与指标有关	低	中	高
适用场合	粗略而低成本的简易稳压	在电路内部作为高稳定基准	一般用途，成本较低	有低压差、低功耗需求的应用	高效率、大功率、小体积的应用

习 题

12-1 直流电源通常由哪几部分组成？各部分的作用是什么？

12-2 在变压器副边电压相同的情况下，比较桥式整流电路与半波整流电路的性能，回答如下问题：

(1) 输出直流电压哪个高？

(2) 若负载电流相同，则流过每个二极管的电流哪个大？

(3) 每个二极管承受的反压哪个大？

(4) 输出波纹哪个大？

12-3 采用 5 V 三端稳压器 7805/7905 的双路电源如图 P12-1 所示。

(1) 判断该整流电路的类型；

(2) 要求整流输出电压为 $U_{o1}=10$ V，则变压器的副边电压 U_1 的有效值应为多少，变压比 $n=\dfrac{N_1}{N_2}$ 为多少，每个二极管的击穿电压 U_{BR} 应大于多少；

(3) 输出电压 U_o、U'_o 各等于多少；

(4) 要求负载电流 $I_L=50$ mA，求三端稳压器的功耗 P_C。

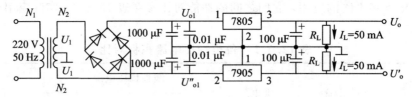

图 P12-1 习题 12-3 图

12-4 整流及稳压电路如图 P12-2 所示。

(1) 整流器类型是什么，整流器输出电压约为多少伏；

(2) LM7812 中调整管所承受的电压约为多少伏；

(3) 负载电流 $I_L=100$ mA，求 LM7812 的功耗 P_C。

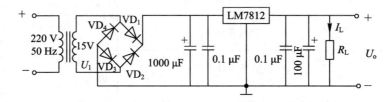

图 P12-2 习题 12-4 图

12-5 根据应用场合选择最恰当的电源类型，并说明理由(填线性稳压器、低压差稳压器、开关电源、稳压管、基准源)。

(1) 将锂电池(3.7～4.2 V)降压至 3.3 V，为数字逻辑器件供电，应选择_____；

(2) 便携式计算机、平板电视的电源，应优先考虑采用_____；

(3) 为运放提供 12 V/10 mA 电源供电，为降低成本可选择_____；

(4) 产生精密的 5.000 V 参考电压，应选择_____；

(5) 电子捕蝇器中，将 6 V 电池的电压升至 3 kV，应选择_____；

(6) 智能手机中，从锂电池(3.7～4.2 V)降压，为 CPU 提供 1.8 V/1 A 的内核电压，应选择_____；

(7) LED 手电筒中，为了延长电池寿命，驱动 LED 应该选用_____。

12-6 某电源电路如图 P12-3 所示，假设运放是理想的，且输入电压 U_i 足够高。

（1）标出运放＋/－输入端以及三极管发射极箭头，使负反馈成立；

（2）计算输出电压 U_o 的范围。

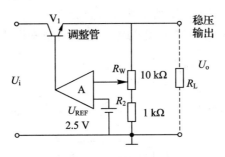

图 P12-3 习题 12-6 图

12-7 AD584 是一款高性能基准源 IC，其内部等效电路及应用如图 P12-4 所示，计算 S_1、S_2 和 S_3 分别闭合，以及全部断开时的输出电压值。

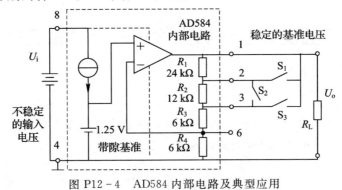

图 P12-4 AD584 内部电路及典型应用

12-8 MC34063 为一款常用的开关电源芯片，配合少量的外围元件即可搭建开关电源。图 P12-5 给出了 MC34063 芯片内部的等效电路，配合外部元件构成了某种开关电源，试分析电路并回答问题。

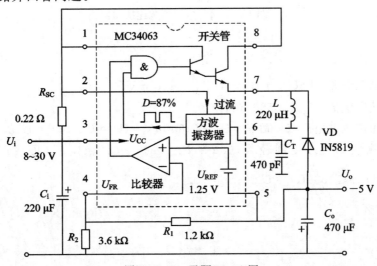

图 P12-5 习题 12-8 图

（1）画出该开关电源的拓扑结构，并分析电路的工作原理及工作过程（至少分析说明

开关过程及反馈过程);

(2) 根据图中标注的参数计算输出电压;

(3) 如何减小输出电压纹波,试列举两种可行方案。

12-9 图 P12-6 是采用 AD584 作为电压基准的精密恒流源电路,求输出电流 I_o。

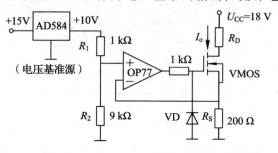

图 P12-9 习题 12-9 图

大作业及综合设计实验——开关稳压电源

一、任务

设计并制作一个升压型直流开关稳压电源。额定输入直流电压为 $U_{irv}=6$ V 时,额定输出直流电压为 $U_{orv}=9$ V。测试电路可参考图 PP12-1。

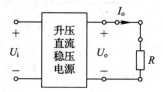

图 PP12-1 电源测试连接图

二、要求

(1) 输出电压偏差:$|\Delta U_o| = |U_o - U_{orv}| \leqslant 240$ mV;

(2) 最大输出电流:$I_{omax} \geqslant 500$ mA;

(3) 输出噪声纹波电压峰—峰值:$U_{opp} \leqslant 180$ mV $(U_i = U_{irv},\ U_o = U_{orv},\ I_o = I_{omax})$;

(4) I_o 从满载(I_{omax})变到轻载($0.2 \times I_{omax}$)时,负载稳定度(负载调整率):$S_i = \left| \dfrac{U_{轻载}}{U_{重载}} - 1 \right| \times 100\% \leqslant 15\% (U_i = U_{irv})$;

(5) $\eta \geqslant 80\%$。

第十三章

模拟电路系统设计及实验案例

　　模拟电路系统设计是一项创造性的工作，它是在满足技术要求的前提下，将各种元件、芯片、电路加以综合，以达到系统所规定的功能和指标。为完成某一任务可能会有不同的技术方案，而为实现该方案可能还有不同性能的各种器件，这就要求设计人员在深入分析任务的基础上，对功能、性能、体积、成本等多方面因素权衡比较。模拟电路系统设计虽然有一定规律可循，但这些规律不是一成不变的，它往往与设计者的经验、兴趣有关。本章将通过两个综合实验设计实例，从任务分析、方案选择、电路设计及仿真、电路装配调试等环节阐述电子系统设计方法和过程。

13.1 "波形产生、分解和合成"的综合设计、仿真及实验

13.1.1 命题内容

　　设计集成运放电路，对一个方波进行滤波，滤出基波和三次谐波后，对三次谐波移相，并与基波叠加，观察波形叠加的各种结果。

　　这里给出用 Matlab 仿真的波形变换的过程。图 13.1.1 是频率为 1 Hz 的方波及其基波和三次谐波的波形，图 13.1.2 是对三次谐波移相后与基波叠加的波形。

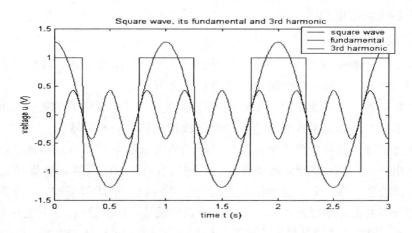

图 13.1.1　1 Hz 的方波及其基波和三次谐波的波形

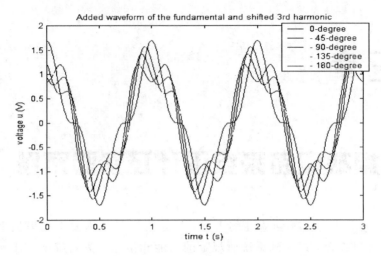

图 13.1.2 移相后的三次谐波与基波叠加的波形

要求：

(1) 设计方波发生器，频率为 35 Hz(某学生学号后三位为 035)。

(2) 设计滤波器，用低通滤波器滤出基波，用带通滤波器滤出三次谐波。确定集成运放的型号，计算滤波器中电阻和电容的取值，实现合适的通带增益和阻带抑制。

(3) 设计移相器，对三次谐波移相。在 0～180°范围中选取具体移相值，计算移相器相应的电阻和电容的取值。

(4) 设计加法器，叠加基波和移相后的三次谐波的波形。计算加法器中电阻的取值。

13.1.2 方案论证

1. 运放型号选取

在工程设计中，运算放大器型号选取是一项重要的工作。设计电路时需要结合放大器的特性参数，其中包括压摆率、共模抑制比等进行综合考虑。此次题目工作频率低，对运放的各项特性没有严苛的要求，因此选择易于获得且成本较低的 LM324 运算放大器模块。其中方波发生器模块采用 OP07。

2. 题目论证

此题中需要将工程分解为方波发生器、低通滤波器、带通滤波器、移相器和加法器五个模块进行设计实现，下面对各个模块分别进行论证分析。

(1) 方波发生器。在前面学习了单运放弛张振荡器、双运放构成的弛张振荡器和 555 电路三种产生方波的方法，本次设计选择由单运放构成的方波发生器。

(2) 低通滤波器。题目中要求将除基波以外的所有谐波全部滤出。结合之前所学内容得出，为了滤出基波，需要设计低通滤波器。本题选取有源 RC 低通滤波器方案。

(3) 带通滤波器。题目要求滤除除三次谐波之外的所有谐波和基波，结合前面所学内容可知，此部分需要设计带通滤波器。带通滤波器的设计有两种思路，一种是采用低通串联高通的方法，另一种是直接设计带通滤波器，本设计中采取直接设计带通滤波器的方案。

(4) 移相器。题目中要求实现基波和三次谐波移相相加的功能，在由运放构成的有源滤波器部分了解到全通滤波器具有移相的作用，所以选用全通滤波器作为移相器的实现方案。

（5）加法器。加法器是由运放构成的基本运算电路之一，有同相相加器和反相相加器两种，此次方案中选取同相相加器的实现方案。

图 13.1.3 为方案总体框图。

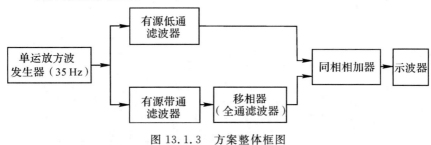

图 13.1.3 方案整体框图

13.1.3 理论设计及仿真

在方案论证部分，已经对本题目的设计实现有了大体的了解，下面将结合教材理论知识对各个模块的理论设计进行详细的讲解。

1. 方波发生器设计与仿真

方波发生器的设计是题目中较为简单的部分，其主要设计参数为方波频率。本题目要求为 35 Hz。结合单运放弛张振荡器的振荡频率计算公式

$$f = \frac{1}{2R_5 C \ln\left(1 + 2\dfrac{R_4}{R_3}\right)} \tag{13.1.1}$$

进行参数的计算选取。在工程设计中，一般首先选取电容 C，因为相对于电阻来说，电容的可选容值较少。此次首先选取电容 $C_1 = 1.5\ \mu\mathrm{F}$，然后选取电阻 $R_4 = 5\ \mathrm{k\Omega}$，$R_3 = 10\ \mathrm{k\Omega}$，算出 $R_5 = 20.7\ \mathrm{k\Omega}$，电路如图 13.1.4 所示。考虑到电容电阻值的实际误差，用一个电阻（10 kΩ）和一个电位器（20 kΩ）串联，调节电位器使方波频率为 35 Hz。

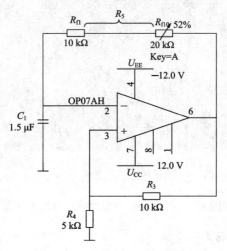

图 13.1.4 方波发生器

图 13.1.5 为 35 Hz 方波发生器的电路仿真图。

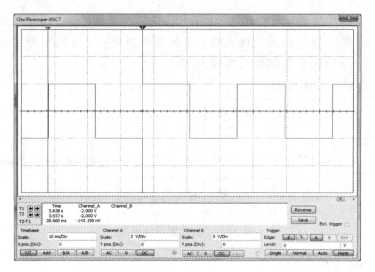

图 13.1.5   35 Hz 方波发生器电路仿真图

2. 滤波器设计与仿真

在进行滤波器的设计之前，首先要知道方波的频谱分布图，将方波进行傅立叶级数展开可得：

$$f(t) = \frac{2E}{\pi}\left(\sin\omega_0 t + \frac{1}{3}\sin3\omega_0 t + \frac{1}{5}\sin5\omega_0 t + \cdots \frac{1}{n}\sin n\omega_0 t + \cdots\right) \quad (13.1.2)$$

由展开式可知方波含有基波分量(35 Hz)以及三次谐波(105 Hz)、五次谐波(175 Hz)等奇次谐波分量。图 13.1.6 为 35 Hz 方波的频谱分析仿真图，可见与数学公式的结果是相一致的。

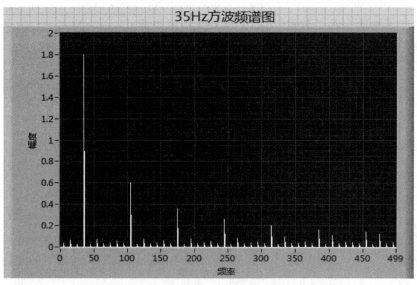

图 13.1.6   35 Hz 方波的频谱分析仿真图

1) 低通滤波器设计与仿真

(1) 二阶低通滤波器设计与仿真。低通滤波器的任务是滤除基波以外的所有谐波。设计滤波器时需要考虑的因素有拓扑结构、阶数等。拓扑结构可选取前面学过的 Sallen-key

结构。图 13.1.7 所示是一个典型的 Sallen-key 二阶低通滤波器电路，该电路的主要参数如下：

截止频率：

$$f_0 = \frac{1}{2\pi}\sqrt{\frac{1}{R_1 R_2 C_1 C_2}} \tag{13.1.3}$$

通带增益：

$$A_{uf} = 1 \tag{13.1.4}$$

品质因数：

$$Q = \frac{\sqrt{R_1 R_2 C_1 C_2}}{C_1(R_1 + R_2) + R_1 C_2(1 - A_{uf})} = \frac{RC\sqrt{2}}{2RC} = \frac{1}{\sqrt{2}} = 0.707 \tag{13.1.5}$$

$Q = 0.707$，可见是巴特沃斯低通滤波器。

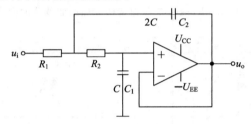

图 13.1.7　Sallen-key 二阶巴特沃斯低通滤波器原理电路

根据以上公式，设计电路如下：

① 首先选电容：

$$C_1 = C = 1 \ \mu\text{F}, \ C_2 = 2C = 2 \ \mu\text{F}$$

② 根据截止频率选电阻：

$$R_1 = R_2 = R = 0.707 \frac{1}{2\pi C f_0} = 0.707 \frac{1}{2\pi \times 10^{-6} \times 35} \approx 3.22 \ \text{k}\Omega$$

③ 画出实际电路如图 13.1.8 所示。

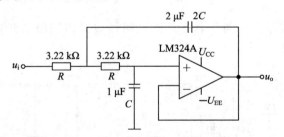

图 13.1.8　Sallen-key 低通滤波器实际电路

④ 对图 13.1.8 电路的频率响应用 Multisiml 3.0 进行仿真，得幅频响应如图 13.1.9 所示。可见该电路的通带增益为 1(0 dB)，上限频率为 35 Hz(衰减 -3 dB)，三次谐波为 105 Hz(衰减 -19.16 dB)，其瞬态仿真波形如图 13.1.10 所示。可见波形不十分理想，说明三次谐波滤除不够，仍然少量混在基波之中，为增大幅频特性的滚降速度，特此增加滤波器阶数为六阶。

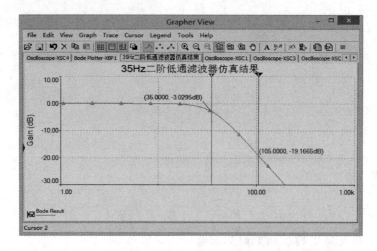

图 13.1.9　Sallen-key 二阶巴特沃斯低通滤波器的幅频响应

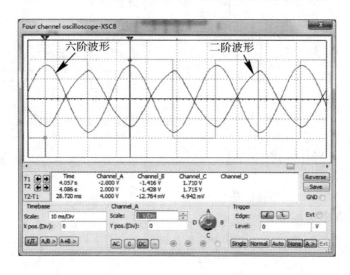

图 13.1.10　方波分别经二阶低通和六阶低通滤波后得到的基波波形

（2）六阶低通滤波器设计与仿真。六阶低通滤波器由三级二阶低通滤波器级联而成，电路如图 13.1.11 所示。

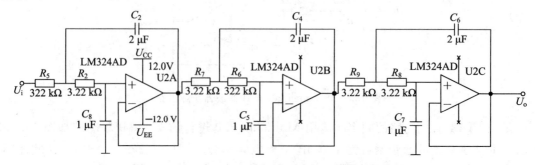

图 13.1.11　由三级二阶级联而成的六阶低通滤波器

六阶低通滤波器的仿真幅频特性如图 13.1.12 所示。由图可见，通带增益仍为 0 dB，曲线滚降大大增大，35 Hz 处的衰减为 −9 dB，三次谐波 105 Hz 处的衰减为 −57.5 dB，将近 1000 倍，说明对三次谐波分量抑制得很好。从图 13.1.10 的波形也证实了这一点，经六阶低通滤波器滤波后的基波波形已经接近理想正弦波了。

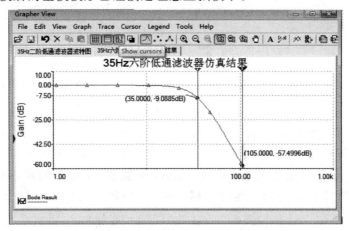

图 13.1.12　六阶低通滤波器的仿真幅频特性

思考题：

① 可否采用四阶低通滤波器，以节省元器件资源？

② 截止频率可否设置在高于 35 Hz，例如 40 Hz、45 Hz，这样对基波振幅衰减可小些？

③ 如果每个二阶滤波器电路参数不一样，又该如何设计？

④ 如果改用切比雪夫滤波器、椭圆滤波器或贝塞尔滤波器，效果又如何？

2）带通滤波器设计与仿真

带通滤波器的任务是滤出方波的三次谐波，去除基波和其他高次谐波，其设计共有两种思路，一种是用低通串联高通构成带宽较宽的带通滤波器，另一种是直接构成带通滤波器，即带宽较窄、选择性更好的带通滤波器。在本题目设计中选用后者比较合适，而且仍然采用 Sallen-key 类型的带通滤波器电路。在带通滤波器的设计中，应该把中心频率设置为需要滤出信号的频率即 105 Hz，同时要对基波和五次及以上谐波进行衰减，因此需要把基波和高次谐波置于通频带以外，用一节二阶带通滤波器可能是不行的，但由于高阶可由二阶组合而成，故还是首先从设计二阶带通滤波器入手。

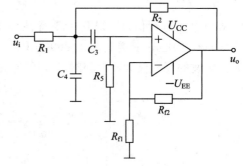

图 13.1.13　二阶 Sallen-key 带通滤波器电路

（1）二阶带通滤波器设计与仿真。二阶 Sallen-key 带通滤波器电路如图 13.1.13 所示。

图 13.1.13 所示二阶 Sallen-key 带通滤波器电路参数如下：

中心频率：

$$f_0 = \frac{1}{2\pi} \sqrt{\frac{1}{C_3 C_4 R_5} \left(\frac{1}{R_1} + \frac{1}{R_2} \right)} \tag{13.1.6}$$

—3 dB 带宽：

$$BW_{-3dB} = \frac{1}{2\pi}\left(\frac{1}{R_5 C_3} + \frac{1}{R_5 C_4} + \frac{1}{R_1 C_4} + \frac{1-A_{uf}}{R_2 C_4}\right) \tag{13.1.7}$$

品质因数：

$$Q = \frac{f_0}{BW_{-3\ dB}} \tag{13.1.8}$$

$$A_{uf} = 1 + \frac{R_{f2}}{R_{f1}} \text{（注意这里 } A_{uf} \text{ 并不等于中心频率增益 } H(\omega_0)\text{）} \tag{13.1.9}$$

根据以上理论公式，可以计算出电路元件值：

① 本题二阶带通的中心频率 $f_0 = 105$ Hz，选电容 $C_3 = C_4 = 1\ \mu F$，电阻 $R_1 = 10$ kΩ，$R_5 = 1.5$ kΩ，根据中心频率表达式(13.1.6)可计算出 $R_2 \approx 1.8$ kΩ。

② 根据带宽及 Q 值表达式可计算出 A_{uf} 值，带宽越窄，Q 值越高，选择性越好，但 Q 值太高，将使电路工作不稳定，本设计选 $BW_{-3\ dB} = 40$ Hz 左右，$Q = 2.6$ 左右，计算出 $A_{uf} \approx 3.1 = 1 + \frac{R_{f2}}{R_{f1}}$，选 $R_{f2} = 1$ kΩ，算出 $R_{f1} = 476$ Ω，选 $R_{f1} = 470$ Ω。

给出设计后的实际电路图如图 13.1.14 所示。

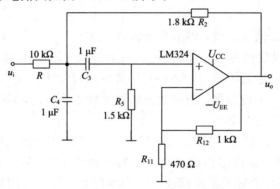

图 13.1.14 二阶带通滤波器电路图

对该电路进行仿真，得其幅频特性如图 13.1.15 所示。图中表明，该电路的中心频率为 105 Hz，中心频率增益为 1.8696 dB(1.24 倍)，对基波(35 Hz)的衰减为 -15.1315 dB，对五次谐波的衰减仅为 -7.5624 dB，可见衰减量太小，瞬态波形仿真进一步说明了这一点。

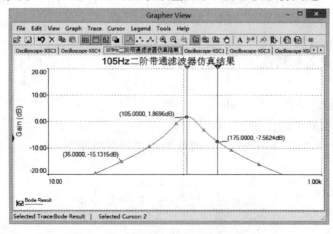

图 13.1.15 二阶带通滤波器的幅频特性

（2）波形仿真。图 13.1.16 给出了二阶、四阶和六阶带通滤波器的波形仿真图，可见方波经二阶滤波器滤出的三次谐波失真极大，四阶的波形大有改善，但还不理想，而六阶的波形失真小，比较理想，因此选择六阶滤波器。

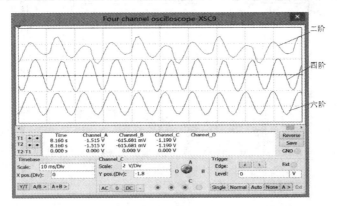

图 13.1.16　经二阶、四阶和六阶带通滤波器滤波后的三次谐波波形

（3）六阶带通滤波器。六阶带通滤波器采取三级二阶带通滤波器级联构成。为设计方便，各级采用同样的电路参数，如图 13.1.17 所示。

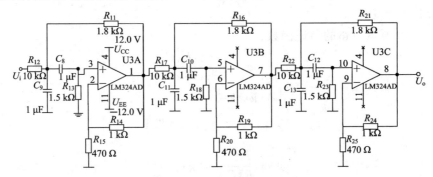

图 13.1.17　六阶带通滤波器电路

对六阶带通滤波器进行仿真，得其幅频特性如图 13.1.18 所示。图中表明，该电路的中心频率为 105 Hz，中心频率增益为 5.6068 dB（1.9 倍），对基波（35 Hz）的衰减为 −45.3946 dB，对五次谐波的衰减为 −22.6875 dB，基本满足要求，从图 13.1.19 看瞬态波形失真较小。

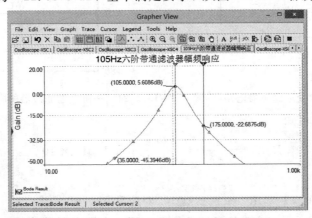

图 13.1.18　六阶带通滤波器的幅频特性

图 13.1.19 同时给出方波、基波和三次谐波的波形对比，这里要说明的是，经过滤波器后，会产生一定的相移，限于篇幅及题目要求内容，对滤波器的相频特性这里不再讨论。

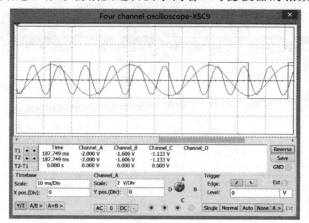

图 13.1.19　三次谐波与基波和方波的对比

3. 移相器的设计与仿真

移相器的任务是对三次谐波进行移相，采用一阶全通滤波器实现此功能最为简单，电路如图 13.1.20 所示。

图 13.1.20 所示电路的传递函数为

$$
\begin{cases}
A(j\omega) = \dfrac{1 - j\omega R_1 C_1}{1 + j\omega R_1 C_1} \\[2mm]
|A(j\omega)| = 1 \\[2mm]
\varphi(j\omega) = -2\arctan\left(\dfrac{\omega}{\omega_0}\right) \\[2mm]
\omega_0 = \dfrac{1}{R_1 C_1} = 2\pi f_0
\end{cases}
\tag{13.1.10}
$$

画出相频特性如图 13.1.21 所示。

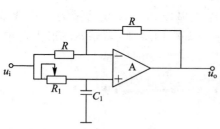

图 13.1.20　一阶全通滤波器电路　　图 13.1.21　一阶全通滤波器的附加相移频率特性

由式(13.1.10)可知，

$$
R_1 C_1 = \frac{1}{2\pi f_0} = \frac{1}{2\pi \times 105} \approx 1.516 \times 10^{-3}
$$

选 $C_1 = 690$ nF，则

$$
R_1 \approx 2.2 \text{ k}\Omega \quad \text{（对应移相} -90°\text{）}
$$

为了移相可调，选 R_1 为 20 kΩ 的可调电位器。两个反馈电阻选为 $R = 2.7$ kΩ。那么移相器实际电路如图 13.1.22 所示。图 13.1.23 给出经移相的方波与三次谐波的相位关系，改变可调电阻值，相位关系也随之变化。

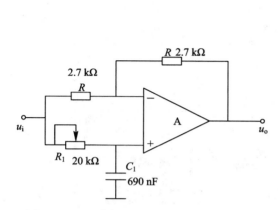

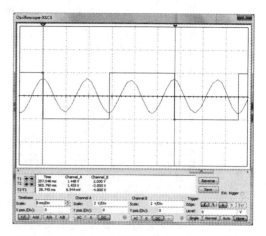

图 13.1.22　移相器实际电路　　　图 13.1.23　经移相的方波与三次谐波的相位关系（可调）

4. 相加器的设计与合成波形的仿真

1）相加器设计

相加器的任务是将方波的基波分量与三次谐波分量叠加，设计较为简单和灵活，主要考虑方波与三次谐波的幅度大小及其比例问题，因题目没有严格要求，本设计采用同相相加器，电路如图 13.1.24 所示。

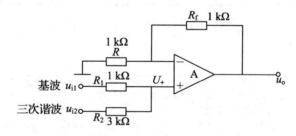

图 13.1.24　相加器电路

电路对基波和三次谐波的增益分别为

$$A_{u1} = \frac{u_o}{u_{i1}} = \frac{R_2}{R_1 + R_2}\left(1 + \frac{R_f}{R}\right) = \frac{3}{4} \times 2 = 1.5$$

$$A_{u2} = \frac{u_o}{u_{i2}} = \frac{R_1}{R_1 + R_2}\left(1 + \frac{R_f}{R}\right) = \frac{1}{4} \times 2 = 0.5$$

因为低通滤波器对基波幅度有所衰减，而带通滤波器对三次波幅度有所放大，故此相加器设计对基波的增益比三次谐波的增益大。

2）合成波的仿真

图 13.1.25 分别给出了方波、基波、三次谐波以及对应此相位关系的基波和三次谐波叠加后的合成波波形，图 13.1.26 给出了调节移相器 R_1 使三次谐波处于另一位相位时的合成波波形。

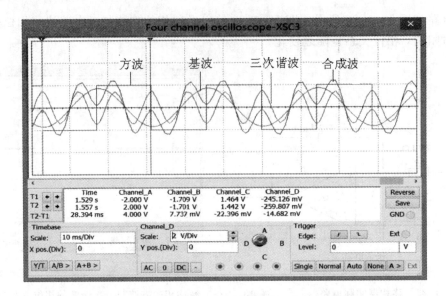

图 13.1.25　方波、基波、三次谐波以及合成波波形

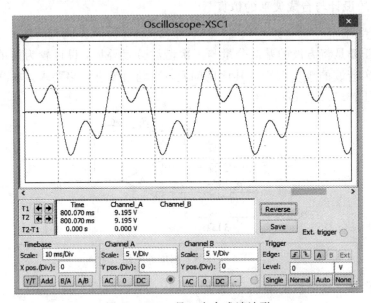

图 13.1.26　另一个合成波波形

13.1.4　总电路图

本设计总电路图如图 13.1.27 所示，其中 A_1（OP07）为方波产生器，A_2、A_3、A_4（1/4LM324）构成六阶 Sallen-key 巴特沃斯低通滤波器，A_5、A_6、A_7（(1/4LM324)构成六阶 Sallen-key 带通滤波器，A_8 为移相器，A_9 为相加器。LM324 为四运放，为了连线方便，三级低通用 1 片 LM324，三级带通用 1 片 LM324，移相器和相加器另用 1 片 LM324，故该电路共用 1 片 OP07 和 3 片 LM324。

如果设计印制板，连线可设计紧凑合理些，可充分利用每一片 LM324，从而省掉一片 LM324，仅用两片就够了。

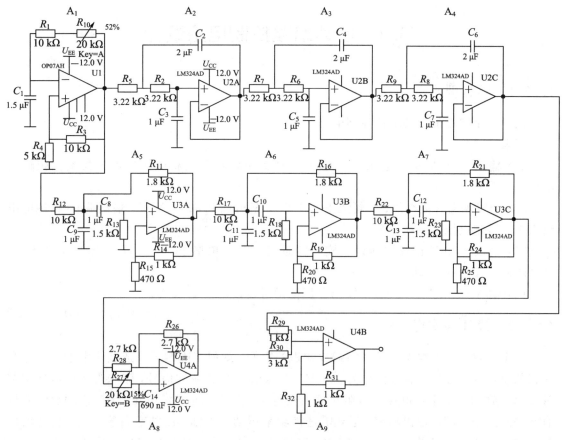

图 13.1.27　总电路图

13.1.5　硬件装配与调试

经过设计与仿真，硬件装配与调试就容易得多，限于篇幅，调试中的细节就不叙述了。图 13.1.28 给出某同学装配的波形测试照片。

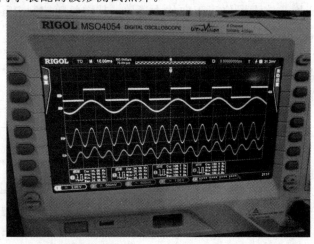

图 13.1.28　电路及测试照片

13.2　自动增益控制电路设计

13.2.1　题目要求

设计一个宽带的自动增益控制电路。

要求:

(1) 输入 50 mV 正弦电压,输出端 50 Ω 纯电阻负载上获得 5 V 的不失真正弦输出电压。

(2) 自动增益控制功能:当输入电压由 50 mV 升高到 500 mV 时,输出端 50 Ω 纯电阻负载上的输出电压保持在 5 V±10%。

(3) 输入 50 mV 正弦电压时,放大器带宽:下限频率 $f_L \leqslant 1$ kHz,上限频率 $f_H \geqslant$ 10 MHz,带内增益波动小于 2 dB。

(4) 输入 50 mV 正弦电压,输出电压范围可以设定在 1~5 V。

13.2.2　设计与实现

这个题目是一个典型的偏考察运放知识的案例,如何正确对运放选型非常重要。这个题目的设计要点在于:输入信号为 10 MHz 带宽以上的正弦波信号,意味着运放需选型宽带高速运放;输出端在 50 Ω 纯电阻负载上获得 5 V 不失真正弦波电压,意味着输出级要具有高的压摆率和较高输出功率,运放需选择功率驱动能力强、压摆率高的运放;自动增益控制功能要求需选择灵活的增益可变宽带放大器,并且通过闭环反馈使输出维持要求的电压范围;输出电压范围可调,则要求闭环反馈时误差放大器参考端电压可调。

题目中自动增益控制(Automatic Gain Control,AGC)是使放大电路的增益自动地随信号强度而调整的自动控制方法,广泛应用于广播、电视、摄像机、雷达前端、自动测量仪器等电路中。实现自动增益控制的电路是由可变增益放大器和增益控制电路组成的负反馈闭环系统。通常可变增益放大器位于正向放大通路,其增益随控制电压而改变。增益控制电路的基本组成是信号幅度检波器、低通平滑滤波器和误差放大器。

图 13.2.1 是一种常见的自动增益控制电路原理框图,放大电路的输出信号经幅度检波并经滤波器滤除高频信号分量和噪声后,获得输出信号的幅度信息。再通过反相误差放大器,产生控制可变增益放大器的控制电压。当输入信号增大时,输出信号亦随之增大。

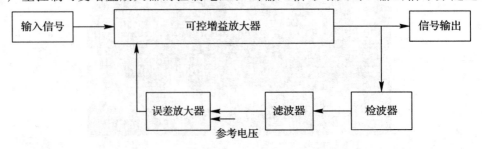

图 13.2.1　一种常见的自动增益控制电路原理框图

经误差放大器反相比较放大后，控制电压降低，减小放大电路的增益，从而使输出信号的变化量显著小于输入信号的变化量，实现输出信号幅度的稳定。模拟电路需要对信号进行放大或衰减，这一功能可由可变增益放大器（Variable Gain Amplifier，VGA）实现。可变增益放大器第九章已介绍过，它是增益可以随控制信号变化的放大器，常用的 VGA 芯片有 TI 公司的 VCA810/VCA820/VCA822/VCA824 和 ADI 公司的 AD603/AD8367 等。

1. 方案论证

根据 AGC 电路的原理，可将电路分为放大链路和反馈网络两个模块。放大链路设计时，不但要考虑放大器增益（Gain），还要考虑带宽（GBW）、压摆率（SR）、噪声（Noise）、驱动能力等多种指标。根据题目要求的电路最大增益为 5 V/50 mV＝100 倍，即 40 dB；放大器带宽大于 10 MHz，需选择增益带宽积足够高的宽带高速运算放大器芯片，且按照 AGC 电路要求增益可控，因此在此需选择合适的可变增益放大器，TI 公司的 VCA821 是一种宽带高（大于等于 320 MHz）（G＝＋10V/V）、增益变化范围大于 40 dB、增益与控制电压呈 dB 线性关系的 VGA 芯片，满足题目对于带宽和增益变化范围的要求。中间级采用宽带低噪声放大器 OPA820，低输入噪声达 2.5 nV/$\sqrt{\text{Hz}}$，带宽可达 240 MHz（G＝2）。为进一步增强输出级驱动能力，采用宽带高速电流型运放 THS3091，压摆率 SR 达 7100 V/μs、带宽达 210 MHz（G＝2）、高输出电流达 ±250 mA 并且低失真（77－dBc HD2，10 MHz，R_L＝1 kΩ）。

反馈网络可采用模拟反馈或数字反馈方式，模拟反馈是将输出检波滤波值经模拟误差放大器输出后送至 VGA 的电压控制端，数字反馈是将输出信号幅度信息经单片机 ADC 采样，与预设值比较后计算得控制电压的值，再通过 DAC 输出控制 VGA 的控制端。本案例选用简单易行的模拟反馈方式，选用 AD8361 集成均方根值检波器将输出信号转化为输出端信号的有效值，经过 TL081 构成的低通滤波器和误差放大器来完成反馈控制。

2. 电路设计

1）放大链路设计

图 13.2.2 所示为系统结构框图。

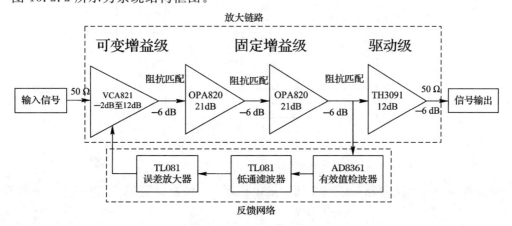

图 13.2.2　系统结构框图

放大链路设计为三个部分：可变增益级、固定增益级和驱动级。每级放大器间频率较高时需考虑级间阻抗匹配问题，输入、输出阻抗均设计为 50 Ω。

可变增益级采用 VCA821,在供电电压为±5 V 时,其增益动态范围大于 40 dB。当 VCA821 的增益变化范围选择在增益−28~12 dB 时,在 50 MHz 以内频率响应较为平坦,且满足输入电压 50~500 mV 的输入范围。VCA821 应用电路如图 13.2.3 所示。图 13.2.4 给出了增益与控制电压的关系曲线。VCA821 的最大增益计算公式为

$$G = 2 \times \frac{R_F}{R_G} \qquad (13.2.1)$$

考虑功耗、R_F 上并联寄生电容对带宽的影响,结合数据手册 R_F 选 402 Ω,则相应 R_G 为 200 Ω。芯片的 V_G 引脚为器件的增益控制端,其控制电压与增益呈 dB 线性关系。将反馈信号调理后输入 V_G 引脚即可实现自动增益控制。

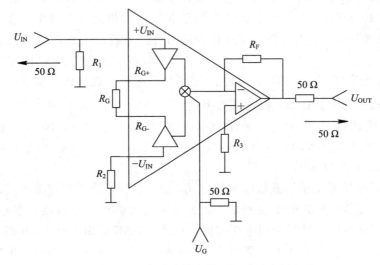

图 13.2.3 可变增益放大器 VCA821 应用电路

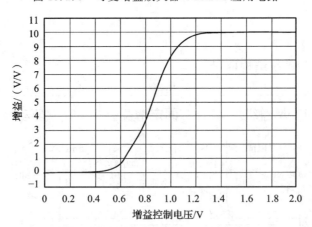

图 13.2.4 增益与控制电压关系($U_S = \pm 5$ V,$A_{uMax} = 20$ dB)

固定增益级为放大链路提供一个固定的电压增益,增益带宽积 GBW 可按下式估算:

$$GBW > H \times f_{hf} \times A_F \qquad (13.2.2)$$

式中:H 为一保险系数,取值通常为 1~10,取值越大则带宽余量越大;f_{hf} 为闭环带宽;A_F 为闭环电压增益。固定增益级选用宽带且低噪声的运放 OPA820,其单位增益带宽为 300 MHz,这里选 H 为 2,f_{hf} 为 10 MHz,则可得到闭环增益最高为 23.5 dB。为补偿阻

抗匹配引入的插损，达到放大链路整体较高的增益，同时留有一定余量，需采用两级 OPA820 放大，因此在固定增益级采用两级 OPA820 同相放大，每级增益设定为 21 dB。

如图 13.2.5 所示，同相放大电路实际增益与图中 R_F 和 R_G 的关系为

$$A = 1 + \frac{R_F}{R_G} \tag{13.2.3}$$

电阻 R_F 取值一般建议为 200 Ω～2 kΩ，过小时反馈电阻会从运放输出吸取较大电流而引起功耗增大，过大时会增大输出噪声，同时由于寄生电容的存在而降低带宽。参考芯片数据手册的应用实例和电阻值系列，电阻 R_F 取 400 Ω，根据增益值，可得 R_G 取值为 39.2 Ω。

驱动级提供较高的驱动能力，根据题目要求，输出端 50 Ω 负载上需要获得峰峰值为 5 V 的电压，同时频率又高达 10 MHz 以上，因此选用驱动能力较强、压摆率高、输出电流大的电流反馈型运放 THS3091。同时考虑整体链路增益，设计实现 12 dB 的电压放大。由 THS3091 构成的驱动级电路如图 13.2.6 所示，图中电阻 R_F 取值为 1.21 kΩ，R_G 取值为 400 Ω。

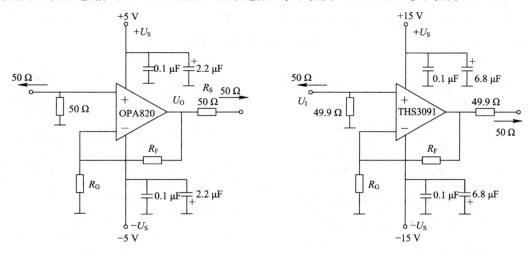

图 13.2.5　一级 OPA820 同相放大电路　　图 13.2.6　THS3091 驱动级电路

在运放的电源配置中，应注意电源的去耦及滤波，在每个器件的正、负电源端对地均通过 LC 组成的 π 型低通滤波来保证运放电源的稳定。

由可变增益级、固定增益级和驱动级级联而成的放大链路在仿真软件 TINA 中建立的模型如图 13.2.7 所示，级与级之间均采用 50 Ω 阻抗匹配。

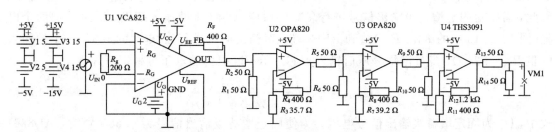

图 13.2.7　放大链路仿真图

当 VCA821 的电压控制端 U_G 输入电压为 2 V 时，放大链路增益达到最大。此时，仿真得出放大链路的幅频特性如图 13.2.8 所示，从图中可得放大链路增益约为 43 dB，带宽大于 16 MHz，完全满足题目要求。

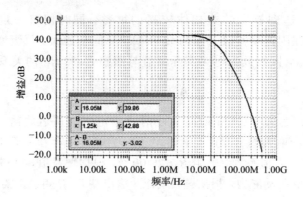

图 13.2.8　放大链路幅频特性曲线图

2) 反馈网络电路设计

反馈网络电路由信号均方值采样电路、低通滤波器和误差放大器三部分构成。

均方值采样电路采用了 AD8361,如图 13.2.9 所示。其工作频率高达 2.5 GHz,输入范围高达 30 dB,线性度优于±0.25 dB,如图 13.2.10 所示。

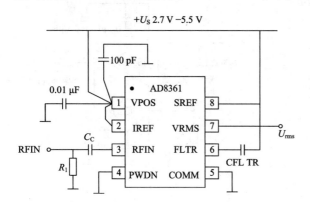

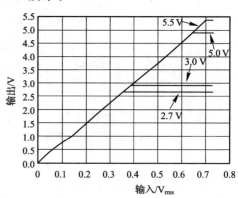

图 13.2.9　AD8361 电路图　　　　图 13.2.10　AD8361 输出与输入电压有效值关系曲线

考虑环路稳定性,在驱动级前采样闭环实现自动增益控制,即采样电路 AD8361 均方值检波器对经分压、隔直后的固定增益级输出的信号进行采样,以获得信号的有效值。根据计算,当驱动级输出电压为 5 V 时,固定增益级输出信号为 0.885 V。而对于 AD8361 要求的输入范围,由图 13.2.10 可知 AD8361 在 5 V 供电时,输入电压范围是 0～0.63 V。因此,需要对固定增益级输出信号进行衰减以适应 AD8361 的输入范围,通过外加两个电阻(图 13.2.13 中的 R_{18}、R_{19})接到 RFIN 端,对输出电压进行衰减。考虑 AD8361 的输入电阻 $R_{IN} = 225\ \Omega$,经过网络分压后输入到芯片 RFIN 引脚的电压可根据下式得出:

$$U_{RFIN} = U_1 \times \frac{R_{IN} \ /\!/\ R_{19}}{R_{IN} \ /\!/\ R_{19} + R_{18}} \tag{13.2.4}$$

式中,U_1 为固定增益级输出信号电压。为使固定增益级输出信号为 0.885 V 时,AD8361 输入电压在 0.63 V 的范围,需将固定增益级输出电压相应衰减,此处分压电阻 R_{18}、R_{19} 取值分别为 100 Ω 和 182 Ω。

低通滤波器设计采用有源滤波器,误差放大器采用运放构成的相减器电路实现,在实际电路中将两部分电路合并由一个运放 TL081 加外围阻容元件构成。电路工作时,

AD8361 的输出电压通过误差放大器 TL081 与基准电压进行比较放大，然后控制电压输出到 VCA821 的电压控制端 V_G 以实现自动增益控制。为增大 AGC 环路控制精度，需加大误差放大器的增益，本设计将误差放大器的增益设定为 10 倍左右。为防止因环路延迟引起的高频自激振荡，需在误差放大器基础上设计低通滤波器，为环路引入一个低频的极点，消除环路高频自激振荡的条件。具体电路如图 13.2.11 所示，在反馈电阻 R_{23} 上并联一电容，同时实现误差放大和低通滤波。选取 R_{21} 与 C_5 的时间常数 τ 为 0.51 s，故 C_5 取值为 10 μF。

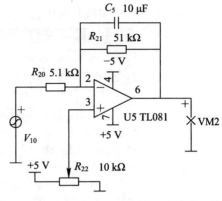

图 13.2.11　误差放大器与低通滤波器电路图

仿真结果如图 13.2.12 所示，直流增益为 20 dB，-3 dB 带宽约为 0.31 Hz。

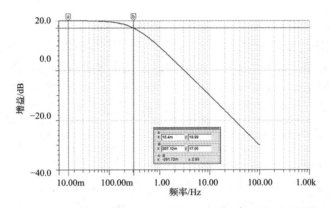

图 13.2.12　误差放大器与低通滤波器电路仿真结果

本设计中，基准电压通过电位器对电源电压分压获得变化范围约 0~4 V 的电压，对应可控制 AGC 在输入 50 mV 正弦电压时输出电压范围可设定超过 1~5 V 范围，完全满足指标要求。

将放大链路与反馈环路连接，构成的整体自动增益控制电路如图 13.2.13 所示。

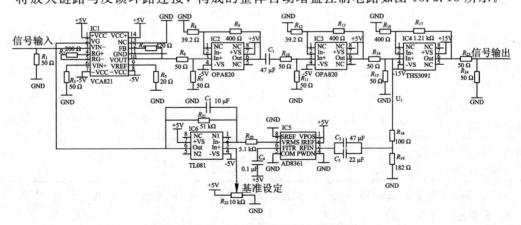

图 13.2.13　自动增益控制电路原理图

3. 测试结果与分析

方案设计并进行实现,制作的 AGC 电路实物测试如图 13.2.14 所示。

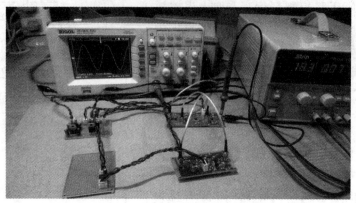

图 13.2.14　自动增益控制电路实物测试图

1) AGC 输出幅度稳定测试

连接 50 Ω 负载用信号源分别输入 50 mV、500 mV 的正弦波,频率范围为 1000 Hz～10 MHz,用示波器观察 50 Ω 负载电阻上的波形并测量输出电压的峰峰值。观测的正弦波形无明显失真,且不同输入电压时输出电压与频率的关系测试结果如表 13.2.1 所示。

表 13.2.1　不同输入电压时输出电压与频率的关系

输入频率/kHz	1	10	50	200	500	1000	4000	10 000
输入 10 mV 时 输出峰峰值/V	2.09	2.09	2.09	2.07	2.05	2.05	2.03	1.73
输入 20 mV 时 输出峰峰值/V	3.98	3.98	3.98	3.98	3.98	3.94	3.82	3.34
输入 26 mV 时 输出峰峰值/V	4.98	4.98	4.94	4.94	4.94	4.86	4.82	4.38
输入 50 mV 时 输出峰峰值/V	5.11	5.09	5.03	5.03	5.00	4.99	4.98	4.92
输入 200 mV 时 输出峰峰值/V	5.19	5.15	5.07	5.07	5.03	5.00	5.00	4.94
输入 500 mV 时 输出峰峰值/V	5.19	5.19	5.16	5.16	5.11	5.05	5.03	4.92
输入 800 mV 时 输出峰峰值/V	5.28	5.27	5.22	5.19	5.1	5.07	5.07	5.03
输入 1000 mV 时 输出峰峰值/V	5.31	5.28	5.19	5.15	5.15	5.11	5.11	5.03

根据输入电压为 200 kHz 时的数据,绘出输入电压随输出电压变化的曲线如图 13.2.15 所示。

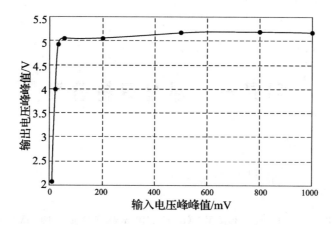

图 13.2.15　输出电压随输入电压变化图(200 kHz)

由以上测试数据可看出,输入电压峰峰值在 26 mV～1 V 时,输出电压峰峰值稳定在 5 V±3%(200 kHz),满足题目要求。当输入电压为 26 mV 时,VCA821 增益达到最大。当输入电压小于 26 mV 时放大链路的增益不够,输出电压降低,超出 AGC 环路调整范围。当输入电压大于 1 V 时,输入电压超过 VCA821 的最大增益为 12 dB 是允许的输入范围,输出电压波形出现顶部和底部的失真。输入 50 mV 正弦电压时,满足放大器带宽:下限频率 $f_L \leqslant 1$ kHz,上限频率 $f_H \geqslant 10$ MHz,并且带内增益波动小于 0.5 dB。

2)AGC 输出电压设定

信号源分别输入频率范围为 1000 Hz～10 MHz,电压峰峰值为 50 mV 的正弦波,用示波器观察负载电阻上的波形并测量输出电压的峰峰值。设定为输出电压为 1 V 时,实际输出电压与频率的关系测试结果如表 13.2.2 所示。

表 13.2.2　输出电压与频率关系

输入频率/kHz	1	10	50	200	500	1000	4000	10 000
输入 20 mV 时输出峰峰值/V	0.97	0.97	0.97	0.97	0.96	0.96	0.95	0.94
输入 50 mV 时输出峰峰值/V	1.02	1.01	1.00	1.00	1.00	0.995	0.99	0.97
输入 200 mV 时输出峰峰值/V	1.05	1.05	1.04	1.04	1.03	1.02	1.01	1.00
输入 500 mV 时输出峰峰值/V	1.07	1.06	1.05	1.05	1.05	1.04	1.02	1.02
输入 1000 mV 时输出峰峰值/V	1.09	1.09	1.08	1.08	1.07	1.06	1.06	1.06

由测试数据可看出,输入电压峰峰值在 20 mV～1 V 时,输出电压峰峰值稳定在 1 V 左右,满足题目要求。当输入电压过低时,放大链路增益不足,输出电压降低。当输入电压过高时,输出波形出现失真。仿真得放大链路最大增益约为 43 dB,当输入电压峰峰值为 50 mV,最大输出约为 6.9 V,实际测得设定电压最大达 6.7 V,与仿真结果基本吻合。

附录一　　部分习题答案

第二章

2-1　$u_o = -\dfrac{R_5}{R_1}u_{i1} + \dfrac{R_4}{R_1+R_4}\left(1+\dfrac{R_5}{R_1 \| R_3}\right)u_{i2}$

2-2　$u_o = u_{i1} + 2u_{i2}$

2-4　(a) $u_o = 30$ mV　(b) $u_o = 30$ mV　(c) $u_o = 10$ mV　(d) $u_o = 10$ mV

2-6　$u_o/u_i = 6$, $u_o = 10.8$ V, $i_{R1} = -0.18$ mA, $i_{R2} = 0$, $i_{Rf} = -0.18$ mA, $i_{RL} = 2.7$ mA, $i_o = 2.88$ mA

2-7　$u_{o1} = 1.5u_i$, $u_o = 0.5u_i$

2-8　$u_o = 5$ V

2-9　$u_o = \dfrac{R_f}{R_1}u_{i1} - \dfrac{R_f}{R_2}u_{i2}$

2-10　(2) $A_{u\max} = 205$, $A_{u\min} = 25$

2-13　$U_o(s) = \dfrac{R_2R_3}{R_1}sCU_i(s)$, $U_o(j\omega) = \dfrac{R_2R_3}{R_1}j\omega CU_i(j\omega)$, $u_o(t) = \dfrac{R_2R_3}{R_1}C\dfrac{d}{dt}u_i(t)$

2-14　$I_L = -0.4\sin\omega t$ mA

2-17　(1) $Z_i = \dfrac{R_1R_2}{Z}$　(2) Z 为电容 C, $C = 0.01$ μF

2-18　$I_L = \dfrac{u_s}{R_2}$

2-19　$u_o = \dfrac{R_{10}(R_7+R_8)}{R_7R_9}\left(\dfrac{R_8}{R_7+R_8}u_{i2} - \dfrac{R_6}{R_5+R_6}u_{i1}\right)$, 若 $R_5 = R_7$, $R_6 = R_8$, 则 $u_o = \dfrac{R_{10}}{R_9} \times \dfrac{R_8}{R_7}(u_{i2} - u_{i1})$

2-20　$u_o(t) = \dfrac{2}{RC}\int u_i(t)dt$, $U_o(s) = \dfrac{2}{sRC}U_i(s)$, $U_o(j\omega) = \dfrac{2}{j\omega RC}U_i(j\omega)$, 电路是同相积分器

2-21　$U_o(s) = \left[-\dfrac{R_2}{R_1}\left(1+\dfrac{1}{sC(R_3+R_4)}\right) + \dfrac{R_4}{R_3+R_4}\left(1+\dfrac{R_2}{R_1}\right)\right]U_i(s)$, 当 $R_1 = R_3$, $R_2 = R_4$ 时,

$U_o(s) = -\dfrac{R_2}{sCR_1(R_1+R_2)}U_i(s)$, $u_o(t) = -\dfrac{R_2}{CR_1(R_1+R_2)}\int u_i(t)dt$

2-22　$U_A = 3.33$ V

2-23　(1) $u_o = -u_i$　(2) $u_o = u_i$　(3) $u_o = u_i$

第三章

3-1　(1) 带阻滤波器　(2) 带通滤波器　(3) 低通滤波器　(4) 高通滤波器

3-3　(a) $U_o(s) = -\left(1+\dfrac{1000}{s}\right)U_i(s)$　(b) $U_o(s) = -\left(2+\dfrac{s}{1000}\right)U_i(s)$

(c) $U_o(s) = \dfrac{1000}{s}U_i(s)$　(d) $U_o(s) = -\dfrac{100}{s}U_{i1}(s) - \dfrac{50}{s}U_{i2}(s)$

3-4　(1) $A_u(j\omega) = \dfrac{A(0)}{1+j\dfrac{\omega}{\omega_H}}$, $A(0) = -\dfrac{R_2}{R_1}$, $\omega_H = \dfrac{1}{R_2C}$　(2) $A_u = 20$ dB　(3) $C = 318$ nF

3-8 $R_1 = 10\ \text{k}\Omega$, $R_f = 5.86\ \text{k}\Omega$, $C = 0.01\ \mu\text{F}$, $R = 7.96\ \text{k}\Omega$

3-9 (a) 一阶高通滤波器 (b) 二阶带通滤波器 (c) 二阶带通滤波器 (d) 二阶带阻滤波器

3-11 (a) 低通滤波器 (b) 高通滤波器 (c) 带通滤波器 (d) 带阻滤波器

3-14 (1) $A_u(s) = \dfrac{A(\omega_0)\dfrac{\omega_0}{Q}s}{s^2 + \dfrac{\omega_0}{Q}s + \omega_0^2}$, $A(\omega_0) = -\dfrac{1}{2}$, $\omega_0 = \dfrac{1}{RC}$, $Q = \dfrac{1}{2}$, 带通滤波器

3-15 (a) 二阶低通滤波器; (b) 二阶低通滤波器

第四章

4-1 等于,掺杂浓度

4-2 载流子浓度梯度,电场强度,变窄,大于

4-3 $R_{DA} = 200\ \Omega$, $r_{DA} = 8.67\ \Omega$, $R_{DB} = 100\ \Omega$, $r_{DB} = 4.33\ \Omega$

4-4 $475\ \Omega \leqslant R \leqslant 528\ \Omega$

4-5 $I = 5.4\ \text{mA}$, $I_D = 23\ \text{mA}$

4-6 (a) $U_A = 1.9\ \text{V}$, $U_B = 1.2\ \text{V}$; (b) $U_A = 5\ \text{V}$, $U_B = -5\ \text{V}$

4-8 (1) $14.2\ \text{V} \leqslant U_i \leqslant 24\ \text{V}$ (2) $84.7\ \Omega \leqslant R_L \leqslant 500\ \Omega$

4-10 (a) $U_o = 6\ \text{V}$ (b) $U_o = 0.7\ \text{V}$

4-11 $u_o = \begin{cases} 8\ \text{V} & (u_i \leqslant -1\ \text{V}) \\ 2(3 - u_i)\ \text{V} & (-1\ \text{V} < u_i \leqslant 5\ \text{V}) \\ -4\ \text{V} & (u_i > 5\text{V}) \end{cases}$

4-13 (1) NPN 型晶体管,U_1——发射极,U_2——集电极,U_3——基极

(2) PNP 型晶体管,U_4——基极,U_5——发射极,U_6——集电极

4-14 (1) NPN 型晶体管,I_1——集电极,I_2——基极,I_3——发射极,$\bar{\beta} = 125$,$\bar{\alpha} = 0.992$

(2) PNP 型晶体管,I_4——发射极,I_5——集电极,I_6——基极,$\bar{\beta} = 63.3$,$\bar{\alpha} = 0.984$

4-15 (a) N 沟道增强型 MOSFET,$U_{GS(th)} = 2\ \text{V}$

(b) P 沟道耗尽型 MOSFET,$U_{GS(off)} = 3\ \text{V}$,$I_{D0} = -0.5\ \text{mA}$

第五章

5-1 (1) $I_{CQ} = 1.17\ \text{mA}$, $U_{CEQ} = 4\ \text{V}$ (2) $R_B = 1140\ \text{k}\Omega$, $R_C = 12\ \text{k}\Omega$

5-2 (1) $I_{CQ} = 1.98\ \text{mA}$, $U_{CEQ} = 5.44\ \text{V}$

(2) R_{B1} 开路,$U_C = 0$,截止状态,R_{B2} 开路,$U_C = 7.3\ \text{V}$,饱和状态

(3) $R_{B1} = 454\ \text{k}\Omega$

5-3 (1) $I_{CQ} = \beta \dfrac{U_{CC} - U_{BE(on)}}{R_B + (1+\beta)R_C}$, $U_{CEQ} = U_{CC} - (1+\beta)\dfrac{U_{CC} - U_{BE(on)}}{R_B + (1+\beta)R_C}R_C$

5-6 $r_{be} = 1.5\ \text{k}\Omega$, $\beta = 100$, $r_{ce} = 60\ \text{k}\Omega$

5-7 (1) $I_{CQ} = 1\ \text{mA}$, $U_{CEQ} = 6.1\ \text{V}$

(2) $A_u = -65$, $R_i = 1.5\ \text{k}\Omega$, $R_o = 3.9\ \text{k}\Omega$

(3) $A_u = -0.94$, $R_i = 85\ \text{k}\Omega$, $R_o = 3.9\ \text{k}\Omega$

5-8 (1) $I_{CQ} = 1.4\ \text{mA}$, $U_{CEQ} = -3.3\ \text{V}$ (3) $A_{us} = -7.7$

5-9 $R_i = 1\ \text{k}\Omega$, $R_o = 4\ \text{k}\Omega$

5-10 (1) $I_{CQ} = 1.4\ \text{mA}$, $U_{CEQ} = 6.3\ \text{V}$

(2) $A_u = 0.98$, $R_i = 51.4\ \text{k}\Omega$, $R_o = 22\ \Omega$

5-11 (1) $R_i = 19\ \text{k}\Omega$ (2) $A_{u2} = 0.99$, $R_{o2} = 27\ \Omega$, $A_{u1} = -0.99$, $R_{o1} = 3\ \text{k}\Omega$

5 - 12 　(1) $I_{CQ}=1.46$ mA, $U_{CEQ}=6.2$ V　(2) $A_u=0.99$, $R_o=19$ Ω

5 - 13 　(1) $I_{CQ}=1.65$ mA, $U_{CEQ}=3.8$ V　(2) $A_u=89.5$, $R_i=16$ Ω, $R_o=3$ kΩ

5 - 15 　$A_u=-3.33$, $R_i=1.075$ MΩ, $R_o=10$ kΩ

5 - 16 　$A_u=0.98$, $R_i=400$ kΩ, $R_o=0.1$ kΩ

5 - 18 　(1) $R_2=16.4$ kΩ

　　　　(2) $u_o=-590\sin\omega t$ mV

　　　　(3) $R_i=7.6$ kΩ, $R_o=43$ Ω

5 - 22 　(1) $I_{CQ}=1.8$ mA, $U_{CEQ}=5$ V

5 - 23 　(1) $I_{CQ}=2.6$ mA, $U_{CEQ}=7.5$ V

5 - 24 　(1) $R_B=188$ kΩ

　　　　(2) $U_{CC}=12$ V, $R_C=4$ kΩ, $U_{CEQ}=5$ V, $I_{CQ}=2$ mA, $R_L=1.3$ kΩ, $R_B=283$ kΩ, $U_{opp}=4$ V

5 - 25 　$U_{opp}=4$ V

第六章

6 - 1 　(1) $I_{C4}=0.365$ mA　(2) $R_1=3.3$ kΩ

6 - 2 　$A_i=6$

6 - 4 　(1) $I_{CQ}=1$ mA, $U_{CEQ}=9.7$ V

　　　　(2) $A_{ud}=-71.4$, $R_{id}=5.6$ kΩ, $R_{od}=12$ kΩ

6 - 5 　(1) $I_{C2Q}=1.10$ mA, $U_{CE2Q}=7.25$ V

　　　　(2) $A_{ud}=83.3$, 同相

　　　　(3) $K_{CMR}=172$

　　　　(4) $R_{id}=6$ kΩ, $R_{oc}=10$ kΩ

　　　　(5) $u_o=-1.08\sqrt{2}\sin\omega t$ V

6 - 6 　(1) $u_o=1.96\sin\omega t$ V

6 - 8 　(1) $R_r=29.3$ kΩ　(2) $A_{ud}=-50$

6 - 10 　$-41\leqslant A_{ud}\leqslant-12.6$

6 - 13 　(1) $I=1$ mA　(2) $A_{ud}=210$

6 - 15 　(1) R_W 动臂右移　(2) $A_{ud}=-25$, $R_{id}=64.5$ kΩ

第七章

7 - 1 　$A_{uI}=200$, $\omega_H=10^6$ rad/s (或 $f_H=159.2$ kHz), $A_u \cdot BW = 31.85$ MHz

7 - 2 　$\beta(j\omega)=\dfrac{100}{1+j\dfrac{\omega}{4\times10^6}}$, $\omega_\beta=4$ Mrad/s, $\omega_T=400$ Mrad/s

7 - 3 　(2) $A_{uI}=120$ dB, $f_H=1.6$ MHz

7 - 5 　接 a 点, $f_{H1}=\dfrac{1}{2\pi R_C C_L}$；接 b 点, $f_{H2}=\dfrac{1}{2\pi\left(R_E//\dfrac{r_{be}}{1+\beta}\right)C_L}$

7 - 6 　(1) $A_{uI}=1000$ (60 dB)

　　　　(2) $|A_u(j\omega)|=\dfrac{1000}{\sqrt{\left[1+\left(\dfrac{\omega}{10^7}\right)^2\right]^3}}$, $\Delta\varphi(j\omega)=-3\arctan\dfrac{\omega}{10^7}$　(4) $f_H=812$ kHz

7 - 7 　(1) $r_{b'e}=2.6$ kΩ, $C_{b'e}=20.4$ pF, $g_m=38.46$ mS

　　　　(2) $C_M=40.4$ pF　(3) $A_{uIs}=-17.86$　(4) $f_{H1}=14.1$ MHz, $\Delta\varphi(jf_{H1})=-45°$

7 - 8　(1) $R_C = 2.8\ \text{k}\Omega$　(2) $C_1 \geqslant 5.68\ \mu\text{F}$　(3) $f_H = 16.1\ \text{MHz}$

7 - 9　$C_1 \geqslant 7.66\ \mu\text{F}$, $C_2 \geqslant 2.12\ \mu\text{F}$, $C_3 \geqslant 766\ \mu\text{F}$

第八章

8 - 1　$A = 2500$, $F = 0.96\%$

8 - 2　$\dfrac{A_{ufmax}}{A_{ufmin}} = 1.08$

8 - 3　$A_f = \dfrac{A_1 A_{2f}}{1 + F_2 A_1 A_{2f}} \left(A_{2f} = \dfrac{A_2}{1 + A_2 F_1} \right)$

8 - 4　(1) $A_u = 80\ \text{dB}\ (10\ 000\ 倍)$, $f_H = 100\ \text{Hz}$, $A_u \cdot f_H = 10^6\ \text{Hz}$

　　　(2) $F_u = 0.01$, $A_{uf} = 100\ (40\ \text{dB})$, $f_{Hf} = 10\ \text{kHz}$

8 - 5　(1) $U_o = 2.2\ \text{V}$　(2) $U_i = 196\ \text{mV}$

8 - 6　$A_{If} = 90.9$, $f_{Hf} = 1.751\ \text{MHz}$

8 - 7　(2) $A_{uf} \approx 38$

8 - 12　$A_u = A_{u1} \cdot A_{u2}$

$$\left[A_{u1} = \frac{g_m (R_D \| R_{i2})}{1 + g_m R_s}, \ A_{u2} = -\frac{\beta R_L}{r_{be2} + (1+\beta)R_E}, \ R_{i2} = r_{be2} + (1+\beta)R_E \right]$$

$$F_u = \frac{R_s}{R_s + R_f}, \ A_{uf} = 1 + \frac{R_f}{R_s}$$

8 - 13　$A_u = A_{u1} \cdot A_{u2} \left[A_{u1} = -\dfrac{1}{2} \dfrac{\beta R_2}{R_1 + r_{be}}, \ A_{u2} = 1 + \dfrac{R_8}{R_7} \right]$

$$A_{uf} \approx -\frac{R_9}{R_1}$$

8 - 14　(2) $A_{uf} = -\dfrac{R_5}{R_4} \left(1 + \dfrac{R_3}{R_2} \right)$

8 - 15　(3) $A_{uf} = 91$

8 - 16　$A_{uf} = -2.77$

8 - 17　(4) (a) $A_{ufa} = -\dfrac{R_8 + R_5 + R_3}{R_3} \cdot \dfrac{R_7}{R_8}$, (b) $A_{ufb} = -\dfrac{R_8}{R_s}$

8 - 19　(1) 相位裕度为 $45°$;

　　　(3) $\text{BW} = 0.1\ \text{MHz}$, $\text{BW}_f = 10\ \text{MHz}$

8 - 20　(2) $F_{max} = 0.2$

第十章

10 - 5　$u_o = |u_i|$

10 - 12　(2) $t_1 = 4\ \text{s}$

10 - 19　$f_{osc} = 1026\ \text{Hz}$

10 - 20　(2) $f_{osc} = 1.59\ \text{MHz}$, $\dot{F}_{\text{正}} = 0.25$

10 - 21　(2) $f_{osc} = 5\ \text{MHz}$; (3) $f_{osc} = 6\ \text{MHz}$

10 - 22　(3) $f_{osc} = 4.5\ \text{MHz}$

第十一章

11 - 1　0.414 倍

11 - 2　$\pm 15\ \text{V}$

11 - 5　4 W 功率管 2 个

11 - 6　(1) $P_o = 12.5\ \text{W}$, $P_C = 2.2\ \text{W}$, $P_E = 16.9\ \text{W}$, $\eta = 74\%$

(2) $U_{CC}=U_{EE}=16$ V, $P_{CM}=1.6$ W, $U_{(BR)CEO}\geqslant32$ V, $I_{CM}\geqslant1$ A

11-7　(3) $P_o=12.5$ W

11-8　(3) $P_{om}=18.1$ W　(4) $\eta=74.2\%$　(5) $P_C=4.1$ W　(6) $U_{(BR)CEO}\geqslant35$ V,　$I_{CM}\geqslant2.13$ A

11-9　(1) $P_{omax}=2.25$ W　(2) $P_{Emax}=2.87$ W　(3) $\eta=78.5\%$

(4) $P_{CM}=0.45$ W　(5) $U_{(BR)CEO}\geqslant12$ V　(6) $I_{CM}\geqslant0.75$ A　(7) $U_{C2}=6$ V

11-10　(1) $\beta\geqslant125$　(2) $P_o=6.25$ W　(3) $\eta=52.3\%$　(4) $P_C=2.85$ W　(5) $U_{im}=1$ V

11-11　(1) $P_o=3.54$ W　(2) $P_E=5.01$ W　(3) $P_C=0.74$ W, $P_{CM}=0.862$ W　(4) $\eta=70.7\%$

11-12　(1) $I_{C1Q}=0.1$ mA, $U_{C1Q}=11$ V　(2) $P_{omax}=9$ W　(4) $A_{uf}=10$, $U_{im}=1.2$ V

第十二章

12-3　(2) $U_1=8.3$ V, $n=13.2$, $U_{BR}>23.5$ V　(3) $U_o=5$ V, $U'_o=-5$ V

(4) $P_C=250$ mW

12-4　(1) $U_{o1}=18$ V　(2) 6 V　(3) $P_C=600$ mW

12-6　(2) 2.5 V$\leqslant U_o\leqslant$27.5 V

12-7　S_1 闭合时, $U_o=5$ V; S_2 闭合时, $U_o=7.5$ V; S_3 闭合时, $U_o=2.5$ V;

S_1、S_2 和 S_3 全部断开时, $U_o=10$ V

12-8　(2) $U_o=5$ V

12-9　$I_o=45$ mA

附录二　专用名词汉英对照

模拟信号　Analog Signal

信号量化　Signal Quantification

数字信号　Digital Signal

取样数据信号　Sampled-Data Signal

系统　System

真空管(电子管)　Vacuum Tube

晶体管　Transistor

集成电路　Integrated Circuit(IC)

反馈　Feedback

负反馈　Negative Feedback

正反馈　Positive Feedback

放大器　Amplifier

放大器的电路模型　Circuit Model for Amplifier

增益　Gain

电压增益　Voltage Gain

电流增益　Current Gain

功率增益　Power Gain

互导增益　Transconductance Gain

导阻增益　Transresistance Gain

输入电阻　Input Resistance

负载电阻　Load Resistance

频率响应　Frequency Response

传递函数　Transfer Function

带宽　Bandwidth

振幅响应　Magnitude Response

相位响应　Phase Response

－3 dB 频率　－3 dB Frequency

非线性失真系数　Nonlinear Distortion Factor

谐波失真　Harmonic Distortion

运算放大器　Operational Amplifiers

集成运算放大器　Integrated OP Amp

理想运算放大器　Ideal OP Amp

深度负反馈　Strong Negative Feedback

电压传输特性　Voltage Transfer Characteristic

虚短路　Virtual Short Circuit

虚地　Virtual Ground

虚断路　Virtual Open Circuit

反相组态　Inverting Configuration

同相组态　Noninverting Configuration

反相输入端　Inverting Input Terminal

同相输入端　Noninverting Input Terminal

闭环增益　Closed-Loop Gain

开环增益　Open-Loop Gain

阻抗　Impedance

积分器　Integrator

微分器　Differentiator

相加器(求和电路)　Adder(Summing Circuit)

减法器　Subtractor

电压跟随器　Voltage Follower

电压表　Voltmeter

差分放大器　Differential Amp

仪用放大器　Instrumentation Amp

电流-电压转换器(I－V)　Current-Voltage Converter

有源滤波器　Active Filter

巴特沃斯滤波器　Butterworth Filter

切比雪夫滤波器　Chebyshev Filter

贝塞尔滤波器　Bessel Filter

椭圆滤波器　Elliptic Filter

零-极点　Zeros－Poles

一阶函数　First－Order Function

低通滤波器　Low Pass Filter

高通滤波器　High Pass Filter

带通滤波器　Band Pass Filter

带阻滤波器(陷波器)　Band Reject Filter (Wave Notch)

全通滤波器　All Pass Filter

模拟电子电路及技术基础(第三版)

波特图　Bode Plot

过渡带　Transition Band

通带　Pass Band

阻带　Stop Band

品质因素(Q 值)　Quality Factor

截止频率　Cut‐Off Frequency

无限增益多路反馈　Infinite Gain Multiple Feedback

压控电压源　Voltage-Controlled Voltage Source

中心频率　Central Frequency

状态变量滤波器　State Variable Filter

开关电容网络　Switched Capacitor Network

开关电容积分器　Switched Capacitor Integrator

半导体　Semiconductor

本征半导体　Intrinsic Semiconductor

掺杂半导体　Doped Semiconductor

杂质　Impurity

共价键　Covalent Bond

空穴　Hole

自由电子　Free Electron

束缚电子　Bonded Electron

载流子　Carrier

扩散电流　Diffusion Current

漂移电流　Drift Current

温度电压当量(U_T)　Voltage-Equivalent of Temperature

PN 结　PN Junction

多数载流子　Majority Carrier

少数载流子　Minority Carrier

受主原子　Acceptor Atom

施主原子　Donor Atom

伏安特性　Volt-Ampere Characteristics

反向饱和电流(I_s)　Reverse Saturation Current

空间电荷区　Space-Charge Region

耗尽层　Depletion Layer

击穿电压　Breakdown Voltage

齐纳击穿　Zener Breakdown

雪崩击穿　Avalanche Breakdown

结电容　Junction Capacitance

势垒电容　Barrier Capacitance

扩散电容　Diffusion Capacitance

二极管　Diode

稳压管　Zener Diode

参数　Parameter

晶体三极管(双极型晶体管)　Bipolar Junction Transistor

发射极　Emitter

基极　Base

集电极　Collector

场效应晶体管　Field Effect Transistor (FET)

栅极　Gate

源极　Source

漏极　Drain

输出特性　Output Characteristic

输入特性　Input Characteristic

转移特性　Transfer Characteristic

跨导　Transconductance

沟道　Channel

结型场效应管　Junction Field Effect Transistor (JFET)

金属-氧化物-半导体场效应管
Metal-Oxide Semiconductor (MOS) FET

绝缘栅场效应管　Isolated Gate Type FET

增强型场效应管　Enhancement‐Type MOSFET

耗尽型场效应管　Depletion‐Type MOSFET

夹断电压　Pinch‐Off Voltage

开启电压　Threshold Voltage

恒流区(饱和区)
Constant Current Region (Saturation Region)

可变电阻区　Variable Resistance Region

截止区　Cutoff Region

氧化层　Oxide Layer

衬底　Substrate(Body)

(N)阱　(N)Well

多晶硅　Polysilicon

沟道长度(L)　Channel Length

沟道宽度(W)　Channel Width

宽长比(W/L)　Width-To-Length Ratio

互补型 MOS(CMOS)Complementary MOS

沟道长度调制效应　Channel Length Modulation Effect

基区宽度调制效应　Base Width Modulation Effect

小信号模型 Small Signal Model

共射组态　Common-Emitter Configuration

共基组态　Common-Base Configuration

— 398 —

共集组态　Common-Collector Configuration

直流通路　DC Path

交流通路　AC Path

阻容耦合　Resistance-Capacitance Coupling

偏置电路　Bias Circuit

偏置电流　Bias Current

工作点稳定　Operation Point Stabilization

放大区　Active Region

截止区　Cutoff Region

饱和区　Saturation Region

击穿区　Breakdown Region

小信号分析　Small-Signal Analysis

等效电路　Equivalent Circuit

小信号模型　Small Signal Model

射极跟随器　Emitter Follower

源极输出器　Source Follower

图解法　Graphical Method

静态工作点　Quiescent Point

直流负载线　DC-Load Line

交流负载线　AC-Load Line

失真　Distortion

非线性失真　Nonlinear Distortion

最大输出幅度　Maximum Output Amplitude

多级放大器　Multistage Amp

变压器耦合　Transformer-Coupling

直接耦合　Direct Coupling

直接耦合放大器　Direct Coupled Amp

零点漂移　Zero Drift

差动放大器　Differential Amp

差模放大倍数　Difference-Mode Gain(Amplification)

共模放大倍数　Common-Mode Gain(Amplification)

共模抑制比　Common-Mode Rejection Ratio

差动放大器传输特性

Transfer Characteristic Of Differential Amp

共模负反馈　Common-Mode Negative Feedback

有源负载　Active Load

电流源　Current Source

恒流源　Constant Current Source

横向 PNP 管　Lateral PNP Transistor

镜像电流源　Mirror Current Source

比例电流源　Scaling Current Source

微电流电流源　Micro-Current Source

威尔逊电流源　Wilson Current Source

多集电极晶体管　Multi-Collector Transistor

互补对称输出极

Complementary Symmetry Output Stage

交越失真　Cross Over Distortion

自动增益控制电路　Automatic Gain Control Circuit

模拟乘法器　Analog Multiplier

函数发生器　Function Generator

吉尔伯特电流增益单元　Gilbert Current Gain Unit

基准(参数)偏置电流　Reference Bias Current

短路保护电路　Short-Circuit Protection Circuit

输入级　Input Stage

输出级　Output Stage

输入共模范围　Input Common-Mode Range

失调电压　Offset Voltage

失调电流　Offset Current

输入偏置电流　Input Bias Current

转换速率(压摆率)　Slew Rate

闭环放大器频率响应

Frequency Response of Closed-Loop Amp

单位增益带宽(BG)　Unit Gain Bandwidth

频率响应　Frequency Response

频率特性　Frequency Characteristic

幅频特性　Amplitude-Frequency Characteristic

相频特性　Phase-Frequency Characteristic

上限(截止)频率　Upper Cut-Off Frequency

下限(截止)频率　Lower Cut-Off Frequency

高频响应　High-Frequency Response

低频响应　Low-Frequency Response

增益带宽积　Gain-Bandwidth Product

特征频率(f_T)　Characteristic Frequency

混合"π"模型　Hybrid-π Model

密勒电容　Miller Capacitance

密勒效应　Miller Effect

中频区　Middle Frequency Region

高频区　High Frequency Region

低频区　Low Frequency Region

中频放大　Midband Amplification

附加相移　Additive Phase Shift

输入电容　Input Capacitance

负载电容　Load Capacitance

时间常数　Time Constant

斜率　Slope

—20 dB/10 倍频程　—20 dB/ decade

主极点　Dominant Pole

近似分析　Approximate Analysis

反馈放大器特性

Feedback Amp Characteristics

放大器分类　Classification Of Amp

反馈概念　Feedback Concept

反馈网络　Feedback Network

取样网络　Sampling Network

混合(比较)网络

Mixer (Comparator) Network

电压串联反馈　Voltage-Series Feedback

电流串联反馈　Current-Series Feedback

电压并联反馈　Voltage-Shunt Feedback

电流并联反馈　Current-Shunt Feedback

电压串联反馈对

Voltage-Series Feedback Pair

无反馈放大器　Non-feedback Amp

基本假设　Fundamental Assumption

反馈深度　Feedback Depth

反馈系数　Feedback Factor

基本方程　Basic Equation

环路增益　Loop Gain

深度负反馈电路

Circuit with Strong Negative Feedback

反馈极性判断　Examination of Feedback Polarity

信噪比　Signal-Noise Ratio

噪声系数　Noise Factor

改变　Improvement

稳定性　Stability

负反馈的优点

Advantages of Negative Feedback

振荡条件　Oscillation Criterion

自激振荡　Self-Excited Oscillation

稳定判据　Stability Criterion

稳定裕度　Stability Margin

增益裕度　Gain Margin

相位裕度　Phase Margin

相位补偿　Phase Compensation

电流反馈　Current Feedback

电流模　Current Mode

电压反馈　Voltage Feedback

轨到轨　Rail to Rail

增益控制放大器　Gain Controlled Amp

对数/反对数放大器　Log/Antilog Amp

乘/除器　Multiplier/Divider

迟滞比较器　Hysteresis Comparator

方波-三角波发生器

Square Wave – Triangular Wave Generator

阈值电压　Threshold Voltage

迟滞电压(回差)　Hysteresis Voltage

波形发生器　Waveform Generator

脉宽调制　Pulse Width Modulation

脉冲发生器　Pulse Generator

正弦波振荡器　Sinusoidal Oscillator

文氏电桥振荡器　Wien Bridge Oscillator

选频网络　Frequency-Selective Network

压控振荡器　Voltage Controlled Oscillator

功率放大器　Power Amp(PA)

A 类功放　Class A Power Amp

B 类功放　Class B Power Amp

AB 类功放　Class AB Power Amp

D 类功放　Class D Power Amp

互补对称功率放大器

Complementary Symmetry PA

推挽式功放　Push-Pull PA

变压器耦合功放　Transformer Coupled PA

效率　Efficiency

功率管　Power Transistor

散热器　Heat Sink

二次击穿　Second Breakdown

安全工作区　Safety Operating Area

过流保护　Current Overload Protection

输出功率　Output Power

OTL 功放　Output Transformer Less PA

OCL 功放　Output Capacitor Less PA

BTL 功放　Balanced Transformer Less PA

热阻　Thermal Resistance

准互补电路　Quasi-Complementary Circuit

复合管（达林顿电路）　Darlington Circuit

稳压电源　Regulated Power Supply

基准　Reference

输入调整系数　Input Regulation Factor

温度系数　Temperature Coefficient

脉动系数　Ripple Factor

三端稳压器　Three-Terminal Regulator

开关稳压器　Switching Regulator

串联反馈型稳压器　Series-Feedback-Type Regulator

桥式整流电路　Bridge Rectifier Circuit

π型滤波电路　π-Type Filter

脉宽调制器　Pulse Width Modulator(PWM)

参 考 文 献

［1］　孙肖子，谢松云，李会方，等. 模拟电子技术基础. 北京：高等教育出版社，2012.

［2］　王水平，周佳社，李丹，等. 开关电源原理及应用设计. 北京：电子工业出版社，2015.

［3］　孙肖子，楼顺天，任爱锋，等. 模拟及数模混合器件的原理与应用. 上册. 北京：科学出版社，2009.

［4］　王公望，谢松云，钱聪. 现代电子电路应用基础. 西安：西安电子科技大学出版社，2005.

［5］　孙肖子，邓建国，陈南，等. 电子设计指南. 北京：高等教育出版社，2006.

［6］　孙肖子，徐少莹，李要伟，等. 现代电子线路及技术实验简明教程. 2 版. 北京：高等教育出版社，2007.

［7］　Allen P E，Holberg D R. CMOS Analog Circuit Design，2nd ed. Oxford University Press，USA，2002.
　　　中译本：Allen P E，Holberg D R. CMOS 模拟集成电路设计. 2 版. 冯军，李智群，译. 北京：电子工业出版社，2005.

［8］　Sedra A S，Smith K C. Microelectronic Circuits. 4th ed. Oxford University Press，1998.

［9］　王淑娟，蔡惟铮，齐明，等. 模拟电子技术基础. 北京：高等教育出版社，2009.

［10］　Soclof S. Design and Applications of Analog Integrated Circuits. Prentice Hall，1992.

［11］　Toumazou C，Lidgey F J，Haigh D G. Analogue IC Design-The Current Mode Approach，Peter Peregrinus Ltd，1990.
　　　中译本：Toumazou C，Lidgey F J，Haigh D G. 模拟集成电路设计：电流模法. 姚玉洁，等，译，北京：高等教育出版社，1996.

［12］　康华光. 电子技术基础(模拟部分). 5 版. 北京：高等教育出版社，2006.

［13］　童诗白，华成英. 模拟电子技术基础. 3 版. 北京：高等教育出版社，2001.

［14］　谢嘉奎. 电子线路(线性部分). 3 版. 北京：高等教育出版社，1999.

［15］　Gray P R，Hurst P J. Analysis and Design of Analog Integrated Circuits. 4th ed. John Wiley&Sons，Inc，2001.
　　　中译本：Gray P R，Hurst P J. 模拟集成电路分析与设计. 4 版. 张晓林，等译. 北京：高等教育出版社，2005.

［16］　Brown M. Power Supply Cookbook. 2nd ed. Newnes，2001.

［17］　赵修科. 实用电源技术手册. 沈阳：辽宁科学技术出版社，2005.

［18］　Putzeys B. Simple Self-Oscillating Class D Amplifier with Full Output Filter Control. 118th AES Convention. Barcelona，Spain，2005.

［19］　林欣. 功率电子技术. 北京：清华大学出版社，2009.

［20］　Duncan B. High Performance Audio Power Amplifiers. Elsevier，1996.

中译本：Duncan B. 高性能音频功率放大器. 钟旋，薛国雄，译. 北京：人民邮电出版社，2010.

[21] 张兴柱. 开关电源功率变换器拓扑与设计. 北京：中国电力出版社，2010.

[22] 陶桓齐，张小华，彭其圣. 模拟电子技术. 武汉：华中科技大学出版社，2007.

[23] 贾学堂. 电路及模拟电子技术. 上海：上海交通大学出版社，2010.

[24] 廖惜春. 模拟电子技术基础. 武汉：华中科技大学出版社，2008.

[25] 陈光梦. 模拟电子学基础. 上海：复旦大学出版社，2009.

[26] 吴丽华，童子权，张剑. 电子测量电路. 哈尔滨：哈尔滨工业大学出版社，2004.

[27] 赵家贵. 电子电路设计. 北京：中国计量出版社，2005.

[28] （日）铃木雅臣. 晶体管电路设计. 周南生，译. 北京：科学出版社，2004.

[29] 江晓安，董秀峰. 模拟电子技术. 3 版. 西安：西安电子科技大学出版社，2008.

[30] 张肃文. 低频电子线路. 2 版. 北京：高等教育出版社，2003.

[31] 陈大钦，彭容修. 模拟电子技术基础学习与解题指南. 修订版. 武汉：华中科技大学出版社，2003.